U0317802

二十一世纪高职高专院校规划教材

JISUANJI YINGYONG JICHU
ANLI SHIZHAN YU JINENG TUOZHAN

计算机应用基础

——案例实战与技能拓展

主　编　刘永红　陈　萍
副主编　张晓健　吴树鑫　谢志妮　闫振中

中山大学出版社
·广州·

图书在版编目（CIP）数据

计算机应用基础：案例实战与技能拓展/刘永红，陈萍主编；张晓健，吴树鑫，谢志妮，闫振中副主编．—广州：中山大学出版社，2012.9

ISBN 978－7－306－04279－8

Ⅰ．①计… Ⅱ．①刘… ②陈… ③张… ④吴… ⑤谢… ⑥闫… Ⅲ．①电子计算机—高等职业教育—教材 Ⅳ．①TP3

中国版本图书馆 CIP 数据核字（2012）第 202966 号

出 版 人：祁 军
策划编辑：周建华
责任编辑：赵丽华
封面设计：曾 斌
责任校对：张礼凤
责任技编：何雅涛
出版发行：中山大学出版社
电 话：编辑部 020－84111996，84113349，84111997，84110779
发行部 020－84111998，84111981，84111160
地 址：广州市新港西路 135 号
邮 编：510275 传 真：020－84036565
网 址：http://www.zsup.com.cn E-mail:zdcbs@mail.sysu.edu.cn
印 刷 者：广州中大印刷有限公司
规 格：787mm×1092mm 1/16 23.25 印张 550 千字
版次印次：2012 年 9 月第 1 版 2013 年 7 月第 2 次印刷
印 数：3601～9600 册 定 价：38.00 元

前　言

计算机应用基础是高职高专院校开设的一门公共必修课程，是高职高专院校学生学习其他计算机相关技术课程的前导和基础课程，是学生将来从事各种职业的工具和基础。为落实计算机公共课改革“面向社会、针对岗位、强化能力、促进发展”的指导思想，满足高职高专院校计算机应用基础课程教学的要求，针对高职高专院校学生的特点，我们组织教学一线的老师编写了本教材。

本书编者多年来一直在教学一线从事计算机应用基础教学和教育研究。在本书编写过程中，编者通过总结多年的教学实践，并吸取同类教材的优点，采用案例教学的理念，把全国高等学校计算机水平考试所要求的各个知识点恰当地融入案例的分析和制作过程中，使学生不但能够掌握所学的知识点，而且能真正提高实际使用计算机的能力。

本书紧跟课程改革的步伐和人才培养的目标，具有以下几个特点：第一，注重通用性，即所有专业均可使用本教材的案例进行教学；第二，注重实用性，即每一个案例都是作者精心设计的，内容贴近社会生活，对实际工作也有较好的借鉴作用；第三，注重操作与应用，即每个模块以案例为教学主线，设计了案例说明、相关知识点、操作步骤、技能拓展、课后思考等环节，注重培养学生的实操能力及应用所学知识解决问题的能力，并侧重培养学生自主学习的能力。

本书分为七个模块，包括计算机基础概述、Windows XP 操作系统、文字处理软件 Word 2003、电子表格软件 Excel 2003、幻灯片制作软件 PowerPoint 2003、计算机网络与应用、常用的工具软件。本书内容丰富、由浅入深、循序渐进、重点突出，可作为高职高专院校所有专业的计算机应用基础课程教材，也可作为计算机应用的培训教材、广大青年朋友的自学教材和参考书。

本书由刘永红、陈萍担任主编，第一模块由闫振中编写，第二、第七模块由张晓健编写，第三模块由陈萍编写，第四模块由刘永红编写，第五模块由谢志妮编写，第六模块由吴树鑫编写。

在本书的编写过程中，我们参阅了大量有关计算机方面的书籍，并引用了其中的一些资料，在此向作者深表感谢。

由于作者水平有限，编写时间仓促，书中难免存在不妥之处，敬请读者批评指正。

编　者

2012 年 7 月

目　　录

模块一 计算机基础概述

媒介理论专家马歇尔·麦克卢汉在《理解媒介：论人的延伸》中提出："媒介是人的延伸。"作为人类大脑延伸的媒介——计算机，其广泛的应用已经渗透到社会生产、工作学习和日常生活的各个方面，成为人类工作、学习、娱乐必不可少的工具，极大地改变了人类社会传统的工作、生活、学习及思维方式，推动着信息化社会的发展。

本模块主要介绍计算机的发展历史与趋势，计算机的工作原理，计算机系统的构成，计算机网络基础及网络安全基础，为后续章节的深入学习打下必要的基础。

知识点列表

案例名称	能力目标	相关知识点
案例一 计算机概述	➢了解计算机的发展历史 ➢认识计算机的发展趋势	1. 计算机发展的历史阶段划分 2. 计算机技术未来的发展方向
案例二 计算机工作原理	➢了解计算机工作思想 ➢掌握计算机中数据表示与编码	1. 冯·诺依曼思想的内容和核心 2. 数制中的基本概念、数制间的转换方法、数据存储的单位 3. 计算机中数据的编码方式
案例三 计算机系统构成	➢掌握计算机硬件系统构成 ➢掌握计算机软件系统构成	1. 计算机硬件系统的五个组成部分 2. 计算机软件系统的分类
案例四 微型计算机	➢掌握微型计算机的组成 ➢了解微型计算机的几个常用性能指标 ➢掌握微型计算机选购的基本标准	1. 微型计算机的五个组成部分 2. 常用的衡量微型计算机性能的指标 3. 微型计算机的选购标准
案例五 计算机网络基础	➢理解计算机数据通信的基本概念 ➢了解计算机网络的基本组成 ➢认识常见的计算机网络拓扑结构	1. 计算机数据通信的相关概念 2. 计算机网络基本组成的两部分 3. 五种常见的计算机网络拓扑结构
案例六 计算机安全常识	➢了解计算机的基本安全常识	1. 计算机病毒的基本常识 2. 黑客的基本常识 3. 计算机安全防护的常识

案例一　了解计算机的发展历史

案例说明

随着计算机技术的飞速发展，计算机的应用已经广泛渗透到社会生产的各个领域和社会生活的各个方面，特别是在已经步入信息化时代的当今社会，计算机已成为工业、商业、金融、交通、军事、教育和影视娱乐等领域中不可或缺的基本工具。了解计算机的发展历史，把握计算机的发展趋势是学习与掌握计算机的基础。

知识准备

本案例将对计算机发展的几个阶段和未来的发展趋势作一简要介绍，以使读者能够熟悉计算机的发展历史，把握计算机发展的未来趋势。

一、计算机的发展历史

计算机的发明和发展经历了一个从无到有、从简单到复杂、从低级到高级的过程，从形式上依次经历了机械计算机、电动计算机和电子数字计算机。

1946 年，世界上第一台现代意义上的电子计算机 ENIAC（中文名：埃尼阿克）在美国宾夕法尼亚大学问世，其英文全称为 Electronic Numerical Integrator and Calculator（电子数字积分计算机）。它体积庞大、占地 170 m^2，重 30 t，使用了成千上万的真空管、二极管、电阻电容等，运算速度为 5 000 次/秒，相当于现代普通计算机运算速度的几十万分之一。但 ENIAC 在计算机发展史上具有划时代的意义，它奠定了计算机发展的基础，其问世标志着计算机时代的到来。

此后，经过 60 多年的发展，计算机的体积越来越小，功能越来越强，价格越来越低，应用越来越广。根据计算机的性能及其主要元器件的不同，可将计算机的发展划分为 4 个阶段：

1. 第一代：电子管计算机（1946—1958 年）

主要特点是：以电子管为逻辑元件，采用磁带、卡片来存储数据；体积大，功耗大，价格高，运算速度慢。主要应用在科学计算领域。

2. 第二代：晶体管计算机（1959—1964 年）

主要特点是：晶体管替代电子管成为主要逻辑器件，以存储量大的磁盘作为外存；相对于电子管计算机，晶体管计算机体积变小，功耗降低，运算速度有所提高。主要应用在科学计算、数据处理及工业控制等方面。

3. 第三代：集成电路（IC）计算机（1965—1970 年）

主要特点是：用中小规模集成电路代替晶体管作为计算机组成的主要元器件，采用速度较高的半导体作为外存，存储容量进一步提升；体积更小，价格更低，运算速度和运算稳定性进一步提高。主要应用于科学计算、工业控制、企业管理等方面。

4. 第四代：大规模、超大规模集成电路计算机（1971 年至今）

主要特点是：采用大规模、超大规模的集成电路，用半导体材料制作内存，存取速度更快，容量更大。计算机的体积变得更小，功能更强大，运算速度达到每秒数十亿次；计算机的各种 I/O（输入/输出）设备也大量涌现，如打印机、扫描仪等，出现了多媒体计算机。

一般情况下，计算机就是指数字计算机。根据计算机的规模、性能等标准的不同，可以将计算机分为巨型机、大型机、小型机和微型机。对于普通用户而言的计算机，就是指个人计算机（Personal Computer，PC），它具有体积小、价格低、功能强、使用灵活等特点，已广泛应用于办公室和家庭生活中。

如今，计算机的应用领域更加宽泛，已经渗透到政府、教育、科研、工商、军事、家庭等领域，应用类型大致分为：科学计算、数据处理、实时控制、计算机辅助系统（CAD，CAM，CAI，CAE 等）、办公自动化（OA）、网络通讯、虚拟现实、云计算、人工智能等。

二、计算机发展趋势

随着计算机技术的发展，计算机已经成为我们工作、生活、娱乐等方面的基本工具。然而，随着人们要求的不断提高，计算机的发展在满足整机性能不断提高的基础上，也更加人性化、智能化和环保。当前，计算机的发展趋势正在逐步朝着巨型化、微型化、网络化、智能化的方向发展。

➢巨型化：巨型机的研制水平，可以衡量一个国家的科学技术能力、工业发展水平和国家综合实力。巨型机主要用于军事、天文、气象、地震、核反应等领域。

➢微型化：是指由于微电子技术和超大规模集成电路技术的迅猛发展，使计算机体积微型化。微型计算机在机关、企事业单位、学校、家庭得到普及，人们利用微型计算机完成各种工作，计算机成为信息处理的有力工具。

➢网络化：是指利用计算机技术和现代通信技术，把各个地区的计算机互联起来，组成一个规模巨大、功能强大的计算机网络，从而使一个地区、一个国家乃至全世界的计算机共享信息资源。例如，当前的“网格技术”、“虚拟化与云计算”以及“云服务和云安全”等。

➢智能化：就是要求计算机能模拟人的感觉和思维，具备逻辑推理和判断能力。

展望未来，计算机技术进一步与控制技术、仿真技术、通信技术、网络技术、生物技术、智能技术、光学技术等结合，发展出如超导计算机、纳米计算机、光计算机、DNA 计算机和量子计算机等，计算机的明天也将会更加辉煌灿烂。

案例二　了解计算机的工作原理

案例说明

刘成同学的父亲从事可编程逻辑控制器（Programmable Logic Controller，PLC）相关的研究工作，每当父亲工作时，刘成都会看到父亲在计算机前熟练地修改着一堆英文单词，然后通过一根电线（数据线）传输到一个不认识的设备中（实际是一台PLC），最后用这个设备来控制机床等机械设备。事后，刘成都会一个人痴痴地想电脑究竟是怎样工作的？为什么电脑的信号能够传送给那个奇怪的设备？那个设备怎么能够用来控制机器呢？机器怎么能够理解设备中的英文单词呢？在思考未果之后，刘成向父亲请教了这些问题。父亲详细地为刘成解答了上述问题，并为刘成推荐了《计算机基础》、《通信原理与技术》及《单片机原理与接口技术》等相关书籍。

知识准备

在了解了计算机的发展历史及发展趋势的基础上，接下来我们需要深层次地了解一下：计算机内部是如何运作的？它的工作思想是什么？人类传递给计算机的指令、程序及数据等信息，在一堆机械硬件上是如何表示并被计算机“理解”的？本案例将着重介绍计算机的工作原理。

一、计算机的工作思想

“现代计算机之父”——美籍匈牙利数学家冯·诺依曼（von Neumann，1903—1957年）提出了“程序存储”的思想，并将其成功地运用在计算机设计中，促进了计算机的飞速发展。其计算机设计思想主要包括三个方面：

➢基本构成：计算机硬件由运算器、控制器、存储器、输入设备和输出设备5部分组成。

➢信息编码：采用“二进制”表示计算机的信息（指令、数据）。

➢工作方式：采用存储程序工作方式，即程序和数据存放在存储器中，由计算机自动执行。

冯·诺依曼思想的核心是“程序存储”与“程序控制”，即将执行的程序与数据存储在存储介质上，通过向计算机发出命令，让计算机自动连续地执行。依据冯·诺依曼的计算机设计思想设计的计算机称为冯·诺依曼计算机，其体系结构称为冯·诺依曼结构。

尽管未来计算机的设计思想有可能跳出冯·诺依曼“程序存储”与“程序控制”的传统，但当前的计算机发展仍旧以冯·诺依曼原理与结构为基础，在此基础上进行改进与变革，如指令流水线技术等。

二、计算机中的数据表示与编码

现代计算机具有强大的运算、处理数据的能力，能够帮助人们处理工作、生活、学习、娱乐等多方面的事情，如处理业务报表、进行数据统计分析、网上购物、网络学习及观看动画视频、听音乐等。计算机能够帮助人们处理如此多的事务，许多人不禁要问：计算机中的数据是如何表示的？计算机是如何识别这些数据的？计算机处理的数据是什么样的？人与计算机是怎样进行沟通的？为了解决这些问题，我们需要了解数制、数制间的转换、数据存储单位及信息编码的基本常识。

1．计算机中的数据表示

由于计算机的物理机制决定了计算机传输和处理的实际对象是电信号，包括模拟信号或数字信号两种。而由于模拟信号在计算机处理中的种种弊端，当前计算机实际处理的是高/低电平两种状态的电信号，用数字代码 1 和 0 来表示，称为二值逻辑。因此，计算机中的所有信息，无论是文字、图片、声音、动画和视频等都要转换成二进制的形式，才能被计算机识别和处理。而计算机采用二进制主要有下列原因：

➢二进制只有 0 和 1 两个状态，技术上容易实现。

➢二进制数运算规则简单。

➢二进制数 0 和 1 与逻辑代数的“真”和“假”相吻合，适于计算机进行逻辑运算。

➢二进制数与十进制数之间的转换容易实现。

（1）数制

数制（Number System）也称计数制，是指采用一组固定的符号和统一的规则来表示数的方法。计数的方法通常采用进位计数制，它包含一组数码符号和数位、基数、位权三个基本要素。

数码（Digital）是一组用来表示某种数制的符号，如十进制的数码是 0，1，2，3，4，5，6，7，8，9；二进制的数码是 0，1。

数位是数码在一个数中所处的位置。

基数是某数制可以使用的数码个数。例如，十进制的基数是 10，二进制的基数是 2。

位权：权是基数的幂，表示数码在不同位置上的数值。数码所处的位置不同，代表数的大小也不同。例如，在十进位计数制中，小数点左边第一位为个位数，其位权为 10^0；第二位为十位数，其位权为 10^1；依此类推，小数点右边第一位为十分位数，其位权为 10^{-1}；第二位为百分位数，其位权为 10^{-2}；依此类推。

通常，可以用若干数位的组合表示一个数，形成一串代码序列（如 $X_nX_{n-1}\cdots X_0$）。这种形式可以写成按位权展开的多项式，清晰地表明了各数位之间的关系：

$$S(r) = X_nR^n + X_{n-1}R^{n-1} + \cdots + X_0R^0 + X_{-1}R^{-1} + X_{-2}R^{-2} + \cdots + X_{-m}R^{-m}$$
$$= \sum_{i=n}^{-m} X_iR^i \qquad (X_i \text{ 为 } 0,1,\cdots,r-1 \text{ 中的一个})$$

上式中包含 $n+1$ 位整数和 m 位小数。其中，R 为基数，R^i 是位权，X_i 是第 i 位上的数码，m 和（$n+1$）分别是小数部分和整数部分的位数。例如，十进制数 $(135.7)_{10} = 1\times10^2 + 3\times10^1 + 5\times10^0 + 7\times10^{-1}$，二进制数 $(1010.1)_2 = 1\times2^3 + 0\times2^2 + 1\times2^1 + 0\times2^0 + 1\times2^{-1}$，八进制数 $(135.7)_8 = 1\times8^2 + 3\times8^1 + 5\times8^0 + 7\times8^{-1}$，十六进制数 $(2A3.F)_{16} = 2\times16^2 + 10\times16^1 + 3\times16^0 + 15\times16^{-1}$。

在科学计算中，常见的进位计数制有二进制、八进制、十进制和十六进制等，它们的特点和对照关系如表 1.2.1 和表 1.2.2 所示。

表 1.2.1　常用数制的特点

进位制	十进制（Decimal）	二进制（Binary）	八进制（Octal）	十六进制（Hexadecimal）
规则	逢十进一	逢二进一	逢八进一	逢十六进一
基数	R=10	R=2	R=8	R=16
数码	0，1，…，9	0，1	0，1，…，7	0，1，…，15
位权	10^i	2^i	8^i	16^i
缩写符	D	B	O	H

表 1.2.2　常用数制对照

十进制	二进制	八进制	十六进制	十进制	二进制	八进制	十六进制
0	0	0	0	8	1000	10	8
1	1	1	1	9	1001	11	9
2	10	2	2	10	1010	12	A
3	11	3	3	11	1011	13	B
4	100	4	4	12	1100	14	C
5	101	5	5	13	1101	15	D
6	110	6	6	14	1110	16	E
7	111	7	7	15	1111	17	F

（2）数制转换

由于二进制数制只包含 0 和 1 两种数码，并且当二进制数很长时，不便于人们的阅读、书写和记忆。为了适应人们的日常习惯，计算机内部统一采用二进制数运算，输入输出采用十进制数，由计算机自身完成二进制与十进制间的转化。

对于较小数字之间的数制转换，可参考表 1.2.2 中不同数制间的对应关系。对于较为复杂的数字之间的数制转化，可以调用操作系统中的“计算器”进行转换。以 Windows 系统为例，可以执行如下操作：

➢选择“开始”→“所有程序”→“附件”→“计算器”。

➢选择计算器菜单中“查看”→“科学型（S）”选项。

➢通过对十六进制、十进制、八进制、二进制的不同选择，就可以完成不同数制之间的转换（如图 1.2.1、图 1.2.2 所示）。

图 1.2.1 输入二进制数“1100”

图1.2.2 将二进制数字“1100”转化为十进制数

（3）数据存储

数据分为数值型和非数值型两类，这些数据在计算机中以二进制的形式表示、存储、运算和处理。在计算机中，数据的存储单位有位、字节和字等。

➢位（bit）：音译为“比特”，它是计算机存储数据的最小单位，由数字 0 或 1 组成。

➢字节（Byte）：简写为“B”，是计算机处理数据的基本单位。1 个字节包含 8 位比特，即 1 B =8 bit。通常，1 个 ASCII 码占 1 个字节，1 个汉字占 2 个字节。比字节更大的存储单位有 KB，MB，GB，TB，它们之间的换算关系为：1 TB = 1 024 GB，1 GB = 1 024 MB，1 MB = 1 024 KB，1 KB = 1 024 B。

➢字（Word）：计算机一次存取、处理和传输的数据长度。1 个字通常由 1 个或多个字节构成。

➢字长：1 个字中包含的二进制数的位数。不同的计算机字长不同。字长是衡量计算机精度的重要指标。字长越长，计算机处理数字的位数就越大。目前，常用的字长有 8 位、16 位、32 位和 64 位。

2. 数据编码

在计算机中，数字、字符、图像、声音、动画视频等，都是以二进制的形式存在的，即采用 0 和 1 的二进制代码来表示。计算机能够识别这些不同的数据是由于它们采用了不同的编码规则。

（1）ASCII 码

目前，计算机中使用最广泛的字符集和编码是 ASCII 码（American Standard Code for Information Interchange，美国信息交换标准码），它适用于所有的拉丁字母。ASCII 码有 7 位和 8 位两种形式，其字符集共有 128 个常用字符，包含 96 个可打印字符，32 个控制字符。其中包括：数字 0 ~ 9、大小写英文字母、常用符号（运算法、标点符号、标示符、控制符等）。ASCII 码表中的字符与编码的对应关系如表 1.2.3 所示。

表 1.2.3　常用的 ASCII 码

ASCII 值	控制字符	ASCII 值	控制字符	ASCII 值	控制字符	ASCII 值	控制字符
0	NUT	32	(space)	64	@	96	、
1	SOH	33	!	65	A	97	a
2	STX	34	”	66	B	98	b
3	ETX	35	#	67	C	99	c
4	EOT	36	$	68	D	100	d
5	ENQ	37	%	69	E	101	e
6	ACK	38	&	70	F	102	f
7	BEL	39	,	71	G	103	g
8	BS	40	(	72	H	104	h
9	HT	41	)	73	I	105	i
10	LF	42	*	74	J	106	j
11	VT	43	+	75	K	107	k
12	FF	44	,	76	L	108	l
13	CR	45	–	77	M	109	m
14	SO	46	.	78	N	110	n
15	SI	47	/	79	O	111	o
16	DLE	48	0	80	P	112	p
17	DCI	49	1	81	Q	113	q
18	DC2	50	2	82	R	114	r
19	DC3	51	3	83	X	115	s
20	DC4	52	4	84	T	116	t
21	NAK	53	5	85	U	117	u
22	SYN	54	6	86	V	118	v
23	TB	55	7	87	W	119	w
24	CAN	56	8	88	X	120	x
25	EM	57	9	89	Y	121	y
26	SUB	58	:	90	Z	122	z
27	ESC	59	;	91	[	123	{
28	FS	60	<	92	/	124	|
29	GS	61	=	93	]	125	}
30	RS	62	>	94	^	126	~
31	US	63	?	95	—	127	DEL

（2）汉字编码

汉字编码是针对汉字的计算机输入及机内表示设计的内码，用连续的 2 个字节表示，并且规定每个字节的最高位为“1”，这是中国国家标准。常见的汉字编码有以下几种：

➢汉字外码：对于所有的汉字输入人员来讲，要记住数千个汉字的二进制编码非常困难，为方便汉字的输入而制定的汉字编码，称为汉字输入码，又称汉字外码。编码方法归纳起来可以分为：拼音码、字形码、音形结合、提示联想等。常见的输入法有：区位码、全拼、简拼、双拼、智能 ABC、五笔输入法等。

➢汉字交换码：是一种用于计算机汉字信息处理系统之间或者通信系统之间进行信息交换的汉字编码。我国于 1980 年颁布了《信息交换用汉字编码字符集——基本集》，简称国标码，其中规定用 2 个字节的十六位二进制表示 1 个汉字，该标准包括 3 755 个一级汉字、3 008个二级汉字以及 682 个英文、俄文、日文和其他字符。

➢汉字内码：是计算机系统内部对汉字进行存储、处理、传输时统一使用的编码。由于汉字数量多，用 1 个字节的 2^7 种状态不能全部表示出来，而国标码不能直接存储在计算机内，所以为方便计算机内部处理和存储汉字，又区别于 ASCII 码，在国标码的基础上，将国标码中的每个字节的最高位修改为 1，从而形成在计算机内部进行汉字存储、运算的编码。

➢汉字字形码：又称“汉字输出码”，是为了将汉字在显示器或打印机等设备上输出而使用的编码。它依据汉字的字形，将其按图形符号设计成点阵图。每个汉字的字形码必须预先存放在计算机内，全部汉字字码的集合就构成了字库。根据不同的用途，字库可以分为显示字库和打印字库。

（3）Unicode 编码

伴随着 Internet 的迅猛发展，传统字符编码方式的局限给因特网的信息共享造成的极大不便日益凸显，于是 Unicode 编码应运而生。它用 2 个字节表示 1 个字符，因此可以表示 2^{16}个字符，它为每种语言中的每个字符设定了统一并且唯一的二进制编码，满足跨语言、跨平台进行统一编码的要求。

案例三　掌握计算机系统的构成

案例说明

朱葛的父母为儿子朱葛购买了一款新上市的品牌台式电脑，以庆祝儿子朱葛顺利考入大学。由于中学阶段专注于学习和考试，所以朱葛对计算机的认知还停留在 1 + 1 = ? 的认识水平上，为了让儿子能够深入地理解计算机系统的组成，父母为朱葛请了计算机专业人士，深入浅出地为朱葛介绍计算机系统的基本硬件构成和软件构成，以及一些计算机专业的基本知识，为朱葛日后大学学习打下良好的基础。

知识准备

一个完整的计算机系统由计算机硬件系统和计算机软件系统两大部分组成（如图

1.3.1 所示）。

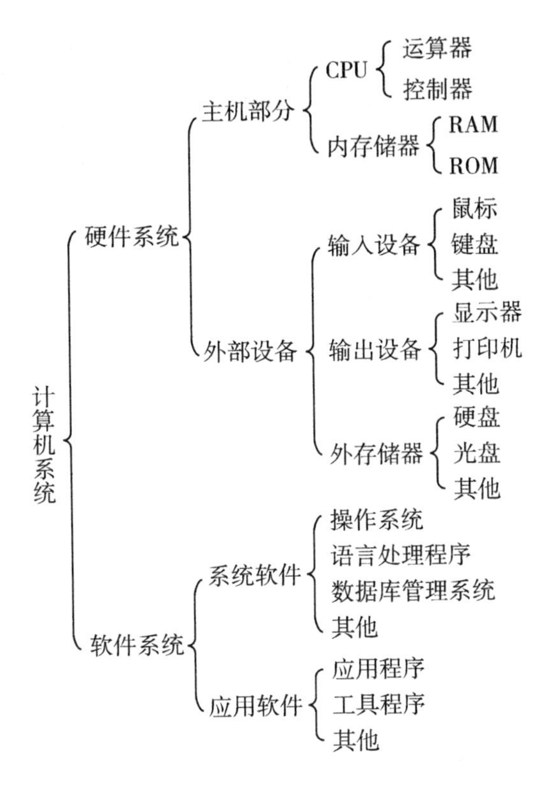

图 1.3.1　计算机系统的组成

计算机硬件系统是指构成计算机的各种看得见、摸得着的设备实体，这些构成了计算机工作的物质基础。计算机软件系统是所有系统软件和应用软件的集合。

一、计算机硬件系统的构成

在冯·诺依曼体制中，计算机硬件系统主要包括：运算器、控制器、存储器、I/O 设备等。随着计算机技术的发展，硬件系统已经发生了许多重大的变化，如运算器和控制器组合为一个整体，称为中央处理器（CPU）；存储器为多级存储器，包含主存、外存和高速缓存三个层次。计算机硬件系统的构成如图 1.3.2 所示。

下面分别对各个部件进行简要介绍（在本节的“微型计算机的组成”部分将作详细介绍）。

（1）运算器

运算器是处理指令的单元，进行算术和逻辑运算，它是命令的执行者。

（2）控制器

控制器的作用是向计算机各个部件提供协同运行所需的控制信号，它是计算机的指挥中心，用来协调指挥整个计算机系统的工作。

（3）存储器

存储器是计算机的记忆部件，用来存放程序、数据。存储器可以分为：

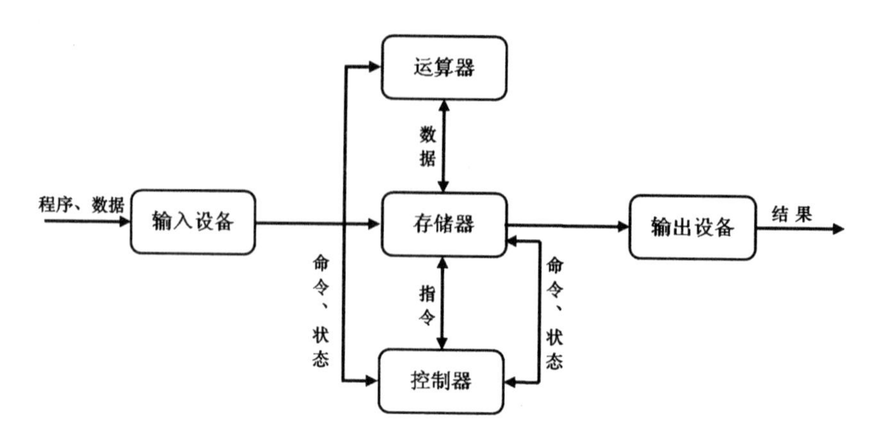

图 1.3.2 计算机硬件系统的构成

➢内存储器：又称主存储器，用于存储运行中的程序和相关数据。它的特点是：与 CPU 及输入/输出设备直接联系，故存取速度快，但成本高而容量小。其存储容量与读写速度等指标对计算机总体性能有重大影响。

➢外存储器：又称辅助存储器，是指外部的存储设备，主要包括硬盘、软盘、磁带和光盘等。其特点是存储容量大、存储成本低，特别是在断电后仍能长期保存信息。

（4）输入设备

输入设备是用来向计算机输入程序和数据的设备。

（5）输出设备

输出设备是将计算机对数据处理后的结果显示、打印出来和存储到外存上的设备。

二、计算机软件系统的构成

通常将不安装软件的计算机称为“裸机”，只有安装了计算机软件，计算机的强大功能才能够得以发挥。

按功能划分，计算机的软件系统主要包括系统软件和应用软件两部分，这两个部分又可以细分为三个层次，这三个层次依次建立在计算机硬件的基础上，其结构如图 1.3.3 所示。

应用软件
支持软件
系统软件
计算机硬件

图 1.3.3 计算机软件分层结构

1. 系统软件

系统软件是指管理、监控、运行和维护计算机资源（硬件和软件），充分发挥计算机效能的软件，主要包括操作系统、语言处理系统、网络系统软件和数据库管理系统等。

① 操作系统：主要用来管理计算机的全部硬件资源和软件资源，合理地组织计算机的工作流程，是其他软件运行的基础，也是计算机运行的最基本、最核心的系统软件。常用的操作系统有 DOS 系统、Windows 系统、Unix 系统、Linux 系统、Mac 系统等。

② 语言处理系统：是指对采用计算机编程语言（如 Java、C 语言、C#、C＋＋等高

级语言及汇编语言）编写的程序进行解释、编译的程序。

③ 数据库管理系统：是指能够在计算机上实现数据库技术的系统软件。它用来实现用户对数据库的建立、管理、使用和维护等功能。常用的数据库管理系统有 Oracle，SQL Server，Access 等。

2. 应用软件

在计算机软件中，应用软件是使用最多的。它包括从普通的办公软件到科学计算与各种控制系统的软件等，类型众多。这类专门为解决具体领域中的实际问题而开发的程序软件，称为应用软件。

常用的应用软件包括如下几类：

① 办公软件类：指的是日常办公所需的软件，包括文字处理软件、电子表格制作软件、幻灯片制作软件、数据库处理软件、个人信息处理软件等。常见的系列办公软件有 Microsoft Office 系列、金山 WPS 系列、OA 办公系统等。

② 多媒体软件类：多媒体技术是当前计算机技术发展的重要方向之一，多媒体的处理需要众多的多媒体软件完成。常用的多媒体软件包括图形图像处理软件、音频制作与处理软件、动画制作软件、视频制作与处理软件等，如 Adobe 公司的 Photoshop，Flash CS，Fireworks，3D MAX，Premiere，Aftereffect 等。

③ Internet 软件类：Internet 的出现及发展，将全球分散的计算机资源（硬件、软件资源）融为一个有机整体，实现了计算机资源的全面共享与有机协作，极大地提升了全球计算机资源的共享与利用率。Internet 发展至今，出现了如网格计算、云计算、云服务等前沿技术。常用的 Internet 软件有：网站浏览器 IE 等、邮件收发工具 Outlook、文件传输工具 FTP、远程访问工具 Telnet、下载工具 FlashGet、即时通信软件 QQ 和 MSN、网络会议系统 NetMeeting 等。

案例四　认识微型计算机

案例说明

经历高考千军万马的“厮杀”之后，关瑜同学顺利考入某重点大学，并报读了计算机专业。在大学开学前的暑假，关瑜同学想购买一台计算机，提前学习一下计算机方面的基础知识，但是自己又无从下手，于是就去咨询从事电脑销售的表哥，为了专业学习的需求，应该购买一款什么样的个人计算机。关瑜的表哥很快为关瑜开出了一款符合其个人需求的计算机的配置清单，然后陪关瑜一同去电脑城购买了一款个人计算机。配置详细清单如表 1.4.1 所示。

表 1.4.1 关瑜表哥开出的电脑配置清单（台式组装机）

配件名称	配置参数
主板	华硕 M4A77TD
CPU	Intel® Core™ i5 - 2500K
内存	金士顿 DDRIII 4G
硬盘	希捷 1T SATAII
显卡	NVIDIA GeForce GTS 250
电源	酷冷至尊 天尊 400W
显示器	三星 S22B360HW
鼠标	Logitech M235 无线鼠标
音响	漫步者 R101T06

知识准备

作为非专业的微型计算机用户，如果想要购买一台符合自己需求的个人计算机，就需要了解微型计算机的基本组成、性能指标以及购买时的相关注意事项。本实例将为您详细介绍微型计算机的相关知识。

一、微型计算机的组成

微型计算机在计算机领域中占有重要的地位，其 CPU 采用大规模或超大规模集成电路技术，其 CPU 芯片称为微处理器（Micro Processing Unit，MPU）。随着电子技术的飞速发展及产业化生产的成本的降低，微型计算机的性价比不断提高。“摩尔定律”的提出，揭示了微型计算机性能与价格的鲜明关系。微型计算机的主要组成部件包括：

1. 微处理器

微处理器（Micro Processing Unit，MPU）是一个体积小、集成度高、功能强的芯片，其构成主要有 （Algorithm Logic Unit，ALU）和 （Controlling Unit，CU）两大部件，是计算机的核心部件。MPU 控制计算机的所有操作，可以直接访问内存、外存以及计算机的输入/输出（I/O）设备等外部设备（简称“外设”）。

MPU 的性能直接影响整个计算机系统的性能，其性能指标直接决定了由它构成的微型计算机系统的性能指标。MPU 的性能指标主要包括两个方面：字长和时钟主频。

➢字长：是 CPU 一次能够直接传输、处理的二进制的数据位数，是 CPU 性能的重要指标。CPU 能够处理的字长越长，表明计算机的运算精度越高，处理能力越强。如今 CPU 已经普遍能够处理 64 位的字长，并向 128 位字长的处理能力发展。

➢时钟主频：是指 CPU 的时钟频率，主要由计算机中的晶体振荡器发出的脉冲信号控制，其高低在一定程度上决定了计算机的运算速度。时钟主频的衡量单位是 GHz。一般来讲，主频越高，运算速度越快。目前，CPU 的主频通常在 1.5 ~ 3.0 GHz 之间。

2. 存储器

存储器（Memory）是指用来存储数据和程序的“记忆”装置，相当于一个可以存储货物的容器。存储器主要分为内存储器和外存储器两类。

（1）内存储器

根据功能来分，内存储器（简称“内存”）分为随机存储器（Random Access Memory，RAM）、只读存储器（Read Only Memory，ROM）和高速缓冲存储器（Cache）。内存的主要特点是容量相对较小、程序与数据的存取速度较快、不用于长期保存程序和数据。

➢随机存储器（RAM）可以分为静态 RAM（Static RAM，SRAM）和动态 RAM（Dynamic RAM，DRAM）。SRAM 的特点是速度快、价格高，应用领域特殊；DRAM 的特点是速度相对较慢，价格低，应用于当前内存条的制作中。目前，常见的 DRAM 有 DDR2 和 DDR3。

➢只读存储器（ROM）用来存储计算机系统管理程序，如监控程序、I/O 系统模块 BIOS 等，这些程序通常固化在 ROM 中，用户无法修改。

➢高速缓冲存储器（Cache）可以分为 CPU 内部 Cache 和 CPU 外部 Cache。CPU 内部 Cache 又称为一级缓存，主要负责 CPU 内部的寄存器和外部缓存之间的缓冲。CPU 外部缓存是二级缓存，用于弥补 CPU 内部缓存容量的不足，主要负责整个 CPU 与内存之间的缓冲。

（2）外存储器

外存储器简称外存，位于计算机的主机外部，主要用于长期保存计算机程序与数据。外存中的程序与数据不能被 CPU 直接访问，需要将外存的程序与数据调入内存中，才能够被计算机的 CPU 访问和处理。外存的特点是容量大、存取速度相对较慢、能够长期保存程序和数据。外存主要包括硬盘、移动硬盘、U 盘、光盘等。

3. 总线和主板

微型计算机是由各种组成部件构成的，这些部件之间必须有机地连接在一起才能够协调工作，才能发挥作用。

（1）总线

总线（Bus）是指计算机系统各部件间传递信息的通道，用于连接计算机的各部件并在它们之间传递数据和控制信号。总线技术是目前微型机中广泛采用的连接方法，是计算机系统结构的重要组成方面。

总线连接的优势体现在计算机各部件之间连接的规范性、简约性；结构由面向 CPU 转向面向总线；使外增设备的连接具有易拓展性，即需要增加的硬件设备只需连接到总线上即可，降低了用户自行扩展计算机硬件的技术门槛。其缺点是传输速率较低，且需要增加相应的总线控制逻辑。

对于计算机系统而言，为使各种外部设备和接口能够连接到系统总线上，就需要定义设备连接总线所应遵循的原则（又称总线标准）。常见的微型机总线标准有：

➢ ISA 总线：采用 16 位的总线结构，只能支持 16 位的 I/O 设备，数据传输率大约是 16 MB/s。又称 AT 标准。

➢ EISA 总线：是对 ISA 总线的扩展，兼容 ISA 总线，是为配合 32 位 CPU 而设计，现已被淘汰。

➢ PCI 总线：采用 32 位高性能总线结构，可扩展至 64 位，兼容 ISA 总线。目前，个人电脑的主板上都设有 PCI 总线，几乎所有的主板上都带有 PCI 插槽，是当前计算机普遍采用的总线标准。例如，常见的 ATX 结构主板一般带有 5 ~ 6 个 PCI 插槽，而 MATX 主板也都带有 2 ~ 3 个 PCI 插槽。

➢ AGP 总线：AGP 是加速图像接口，AGP 总线是为处理 3D 图像而发展起来的一种总线标准，能够提供 4 倍于 PCI 的效率。

（2）主板

主板（Main Board）是一块承载了计算机的主要电路系统的矩形电路板，是计算机最基本、最重要的部件之一。通常主板上配有 CPU、内存条、显卡、声卡、网卡、鼠标、键盘和显示器等部件的扩展插槽或接口。衡量主板性能的指标主要有：主板采用的芯片组、提供的插槽总类与数目、主板对硬件的兼容性、工作时的稳定性等。

4. 输入设备

输入设备（Input Device）是指用于向计算机输入命令、程序、数据等信息的硬件设备，主要作用是将人们可读、可理解的信息转换为计算机能够识别的二进制代码输入计算机。例如，计算机语音输入设备能够拾取人的声音信号，然后将声音信号转换为计算机能够识别的高低电平的电信号，通过计算机内部电路传输给计算机。常见的输入设备主要包括：键盘、鼠标、触摸板、触摸屏、语音输入设备、条形码阅读器等。

5. 输出设备

输出设备（Output Device）是指能够将计算机处理后的信息以人能够阅读、理解的方式输出的硬件设备，主要功能是将计算机的处理结果转换为人能够理解的形式输出。常见的输出设备主要包括：显示器、打印机、音响设备、投影设备等。

二、微型计算机的性能指标

微型计算机的整机性能涉及计算机的体系结构、软硬件配置、指令系统等多种元素。通常，其主要的性能指标包括如下几个方面：

1. 基本字长

在计算机中，算术运算可以分为定点运算和浮点运算两大类。基本字长是计算机运算部件一次定点运算能够同时处理的二进制数据的位数。计算机一次能够处理的二进制位数越多，则基本字长就越长，运算精度越高。通常，1 个字节是 8 位比特（bit），字长是字节的整数倍数。因此，字长的长度主要有 8 位、16 位、32 位和 64 位等，它影响计算精度、硬件成本，甚至指令系统的功能。目前，微型计算机中的 CPU 普遍已经能够支持 32 位和 64 位的运算字长。

2. 运算速度

运算速度是衡量计算机性能的一项重要指标，拥有更高的运算速度永远是计算机发展所追求的重要目标之一。计算机运算速度可以采用多种方式来描述，如 CPU 主频与时钟频率、平均每秒执行的指令条数。

➢ CPU 的主频是 CPU 内核工作的时钟频率，是计算机中一切操作所依据的基准信号，其高低影响计算机的工作速度。时钟频率是主频脉冲信号经过分频后形成的脉冲信号的频率，两个相邻时钟信号之间的时间差形成一个“时钟周期时间”，是 CPU 完成一次操作所需的时间。例如，Intel Core i3 2120 的 CPU 主频为 3.3 GHz。

➢每秒钟执行的指令条数：计算机的运算速度通常是指计算机每秒钟能够执行的加法指令的数目，衡量该指标的性能单位是百万次/s（Million Instructions Per Second，MIPS）。该指标能够直观地反映机器的运算速度。

3. 存储容量

存储容量主要包括内存容量和外存容量。内存容量越大，计算机能够运行的程序越大，处理能力越强。外存容量越大，计算机本机能够长期存储的程序与数据的能力就越强。当前多媒体技术及超媒体技术的发展，对计算机的内存容量和外存容量提出了更高的要求。

通常，常见的计算机存储容量的衡量单位有：位（bit）、字节（Byte）、千字节（Kilo Byte，KB）、兆字节（Mega Byte，MB）、吉字节（Giga Byte，GB）、太字节（Tera Byte，TB）。这些单位之间的换算关系如表 1.4.2 所示。

表 1.4.2 常见存储容量单位之间的换算关系

存储单位	换算关系
B	1 B = 8 bit
KB	1 KB = 1024 B = 2^{10} B
MB	1 MB = 1024 KB = 2^{10} KB = 2^{20} B
GB	1 GB = 1024 MB = 2^{10} MB = 2^{30} B
TB	1 TB = 1024 GB = 2^{10} GB = 2^{40} B

目前，微型计算机的内存容量通常在 2 ~ 8 GB 之间，服务器的内存容量达到 32 GB，甚至更高。微型计算机的外存容量已经普遍达到 500 GB，甚至几 TB 的容量。

此外，计算机的可靠性、可维护性、平均故障率以及性价比等，也是衡量微型计算机性能的重要技术指标。

三、微型计算机的选购

微型计算机的应用已经普遍渗透到社会生产和生活的各个方面，并发挥越来越重要的作用。在选购计算机时，应当遵循以下基本的选购标准和原则。

1. 微型计算机类型

当前计算机技术的发展，使得微型计算机的性价比不断提高。计算机的选购类型通常分为：笔记本电脑、品牌台式机以及组装台式机。不同选购类型的计算机间的特点如表 1.4.3 所示。

选购计算机时，在满足自身需求的前提下，通过对表 1.4.3 的各种类型微型计算机特点的了解，就能够确定自己倾向的、喜欢的微型计算机类型。

表 1.4.3 不同选购类型的微型计算机的特征对比

选购类型 / 比较标准	笔记本电脑	品牌台式机	组装台式机
优点	体积小、易携带、硬件集成度高、低能耗、较高性能	整机性能协调稳定、售后服务较好	性价比高，可以根据个性化的需求自由组装
缺点	屏幕较小、可扩展性较差、更新换代快	与同等性能的组装机相比，价格偏高	使用一段时间之后，可能出现硬件不兼容等一些问题，售后服务需主动联系代理销售商
适用领域	个人学习、办公、娱乐	有不同层次的性能配置	根据个人的需求配置

2. 微型计算机的各性能指标

在确定选购计算机的类型之后，需要参考计算机的各项性能指标。

3. 兼容性

在选购计算机时，应适当考虑不同计算机及计算机硬件间的兼容性问题。兼容性好的计算机可以扩展更多的通用硬件、软件。因此，在购买计算机时，应尽可能地选购具有较好品牌知名度与信誉度的计算机和计算机硬件。

4. 售后服务

由于计算机的应用已经大众化，成为人们日常工作、学习和生活的基本工具，很多选购计算机的用户不是专业人士，在遇到各种软硬件或技术等方面的问题时，无法自行解决。此时，就需要良好的售后服务的支持。良好的售后不仅包括计算机的维修，还包括技术支持、服务及时性、服务态度、产品的技术及培训资料等。

最后，在选购计算机之前，除了遵循基本的选购标准与原则外，还有一些选购方法与策略。例如，在购买价格方面，采用“网络查询”和“货比三家”的方法；在计算机性能方面，咨询有经验的人、计算机专业人士或相关专家等。

案例五 认识计算机网络

案例说明

刚入大学，张楚和宿舍的室友就全部配备了最新上市的笔记本电脑，由于学校的网络架设工程尚未完成，所以大家期望的全班同学团队玩网游的梦想似乎已宣告破灭。为了能够在宿舍内部联网玩网游，张楚和室友就自行购买了路由器、网线等网络设备，组建了宿舍局域网，实现了宿舍内联网玩游戏的梦想。随后，张楚和宿舍同学进一步学习计算机网络的专业知识，组建了全班的宿舍间局域网，终于实现了全班同学团队玩网游的梦想，更重要的是张楚宿舍的同学还掌握了扎实的计算机网络知识。

知识准备

计算机网络是计算机技术与通信技术紧密结合和高度发展的产物，它涉及计算机技术和通信技术两个领域。这种结合的特点体现在两个方面：一方面，通信技术为计算机之间的数据传递和信息共享提供了必要条件；另一方面，计算机技术在通信领域的应用，进一步提高了通信网络的性能，拓宽了通信技术的应用领域。

随着计算机技术与通信技术的飞速发展，计算机网络几乎遍布世界的各个角落，涉及人类社会的诸多领域，如政治、经济、文化、教育、科研、军事国防等，并发挥着越来越重要的作用，深深地影响和改变了人们的工作、生活和学习方式。

一、计算机网络概述

1. 计算机网络的定义

计算机网络（Computer Networks）是指分布在不同地理位置上的具有独立功能的计算机系统或计算机控制的外部设备，通过通信设备和通信线路相互连接起来，依据一定的通信协议进行数据通信，实现资源共享的系统，简称网络。计算机网络的功能主要表现为“资源共享”与“快速通信”。资源共享可降低资源的使用费用，共享的资源包括硬件资源、软件资源及信息资源。

根据计算机网络的定义，通常计算机网络系统包括三个要素：

➤计算机及辅助设备：分散的多个具有独立功能的计算机系统和辅助设备。

➤通信介质：连接计算机和辅助设备的各种通信设备和通信线路。

➤网络软件：在遵循一定的网络通信协议下，为用户共享网络资源和信息传递提供管理和服务。

2. 计算机网络分类

依据不同的分类标准，计算机网络可以分为不同的类型。

按网络覆盖范围来分，计算机网络可以分为：局域网（LAN）、城域网（MAN）、广域网（WAN）和因特网（Internet）。

按照传输介质来分，计算机网络可以分为：同轴电缆网、双绞线网、光纤网、卫星网、无线网等。

按带宽速率分类，计算机网络可以分为：低速网、中速网和高速网。

根据网络的带宽，计算机网络可分为基带网（窄带网）和宽带网。一般来说，高速网是宽带网，低速网是窄带网。

按网络的拓扑结构来分，计算机网络的基本拓扑结构可以分为：星型结构、环型结构、总线型结构、树型结构和网状拓扑结构。

3. 计算机网络的发展阶段

计算机网络在近几十年的发展历史中，经历了一个从简单到复杂、从低级到高级、从区域到全球的发展过程。综观计算机网络的形成与发展历史，计算机网络的发展可以划分为四个阶段：

➤第一阶段：20 世纪 50 ~ 60 年代，面向终端的具有通信功能的单机系统。这个阶段是计算机网络产生的奠基阶段，人们通过通信系统将分散的多个终端连接到中心主机上，中心主机集中处理终端的用户数据。

➢第二阶段：20 世纪 60 年代末到 70 年代后期，ARPANET 网与分组交换技术。ARPANET 是计算机网络技术发展过程中的里程碑，其研究成果对推动世界计算机网络的发展意义深远。它开启了不同地域的终端计算机通过网络相互共享软件、硬件和数据资源的时代。

➢第三阶段：20 世纪 70 年代末到 80 年代末，网络结构与网络协议标准化阶段。这个阶段全球的广域网、局域网和公用分组交换网发展迅速。为了使不同体系结构的网络能够实现互联，国际标准化组织（International Organization for Standardization，ISO）提出了著名的 ISO/OSI 参考模型，实现了网络体系结构的标准化，推动了全球网络技术的发展。

➢第四阶段：20 世纪 90 年代初开始，以因特网迅猛发展为标志的信息时代。迅猛发展的 Internet、信息高速公路的提出、无线网络及网络安全的全面发展，标志着信息时代的全面到来。因特网作为网络技术发展的标志性形态，已经融入到人们社会活动的方方面面，并发挥着越来越重要的作用。

二、计算机数据通信基础

计算机数据通信是指在两台计算机或终端之间以二进制的形式进行信息交换和数据传输，是通信技术与计算机技术交叉产生的一种新的通信方式。以下介绍几个与数据通信相关的概念。

1. 数字信号和模拟信号

通信的目的是传输数据，信号是数据的表现形式。信号通常分为“数字信号”和“模拟信号”两类。数字信号是一种离散的脉冲信号，计算机采用高低电平来表示数字 0 和 1；模拟信号是一种连续变化的信号，如电话线产生的随声音强弱而连续输出的电信号。

2. 信道

信道是信息传输的媒介与渠道，用于将信号从信源（发送端）传输到信宿（接收端）。根据传输媒介的不同，信道可以划分为有线信道和无线信道。常见的有线信道包括双绞线、同轴电缆、光纤等；常见的无线信道有地波传播、超短波传播、短波传播、人造卫星中继等。

3. 调制与解调

电话线传输的是模拟信号，因此，在用电话线传输计算机的数字信号时就涉及数字信号与模拟信号的转换问题。调制（Modulation）是指在发送端将计算机的数字信号转换为模拟信号的过程。解调（Demodulation）是指在接收端将模拟信号转换为数字信号的过程。集调制与解调功能于一身的设备成为调制解调器（Modem）。

4. 带宽与传输速率

在模拟信道中，带宽表示信道的传输能力，它是最高频率与最低频率之差。模拟信道的带宽越宽，其可用频率越多，传输的数据量越大。

在数字信道中，传输速率表示信道的传输能力，用每秒传输的二进制位数（bps，比特/秒）来表示，单位为 bps，Kbps，Mbps，Gbps 和 Tbps。理论上，它们之间的换算关系为：

1 Tbps = 1 024 Gbps，1 Gbps = 1 024 Mbps，1 Mbps = 1 024 Kbps，1 Kbps = 1 024 bps

5. 误码率

误码率是指二进制数据在传输过程中的传错率，是衡量通信系统传输可靠性的指标。信道在传输信号的过程中，传输出错是正常的且不可避免的，但要控制在一定的范围内。一般情况下，计算机网络系统中要求误码率低于 10^{-6}（即百万分之一）。

三、计算机网络的组成

根据网络系统中数据通信和数据处理功能的不同，从逻辑结构上可将计算机网络的组成分为“通信子网”和“资源子网”两部分（如图 1.5.1 所示）。

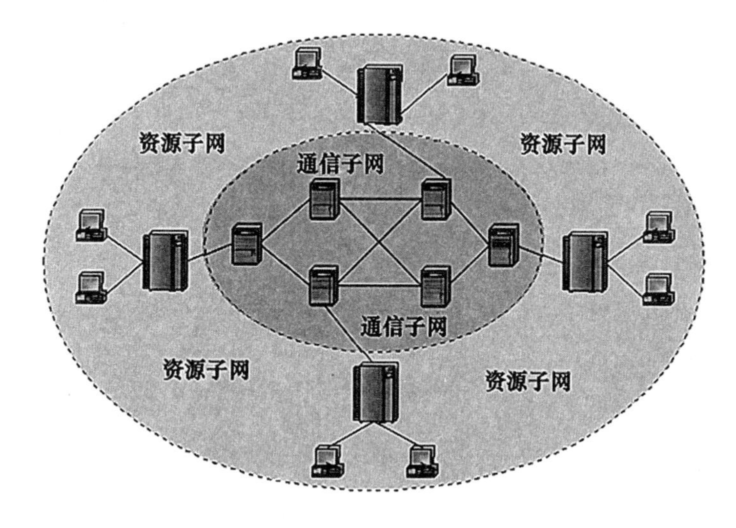

图 1.5.1　通信子网和资源子网

通信子网是指计算机网络中实现网络通信功能的设备及软件的集合，主要由通信控制处理机、通信线路和其他通信设备组成，负责网络数据的传输、转发和通信任务的处理。

资源子网是指网络中实现资源共享的设备及其软件的集合，主要由计算机系统、终端、终端控制器、联网外设、各种软硬件资源和信息资源组成，负责网络数据的处理，向网络用户提供网络资源与网络服务。

在局域网中，通信子网通常由网卡、交换机、路由器、集线器和线缆等硬件设备以及相关软件组成，资源子网通常由网络服务器、共享打印机、扫描仪和其他硬件设备以及相关软件组成。

四、计算机网络拓扑结构

拓扑学是几何学的分支，主要研究点、线和面构成的图形在连续变形下的不变特征。计算机网络拓扑是将网络中的结点和线路抽象为几何学中的点和线，进而反映点线之间的结构关系。常见的网络拓扑结构有：星型、环型、总线型、树型和网状结构等（如图 1.5.2 所示）。

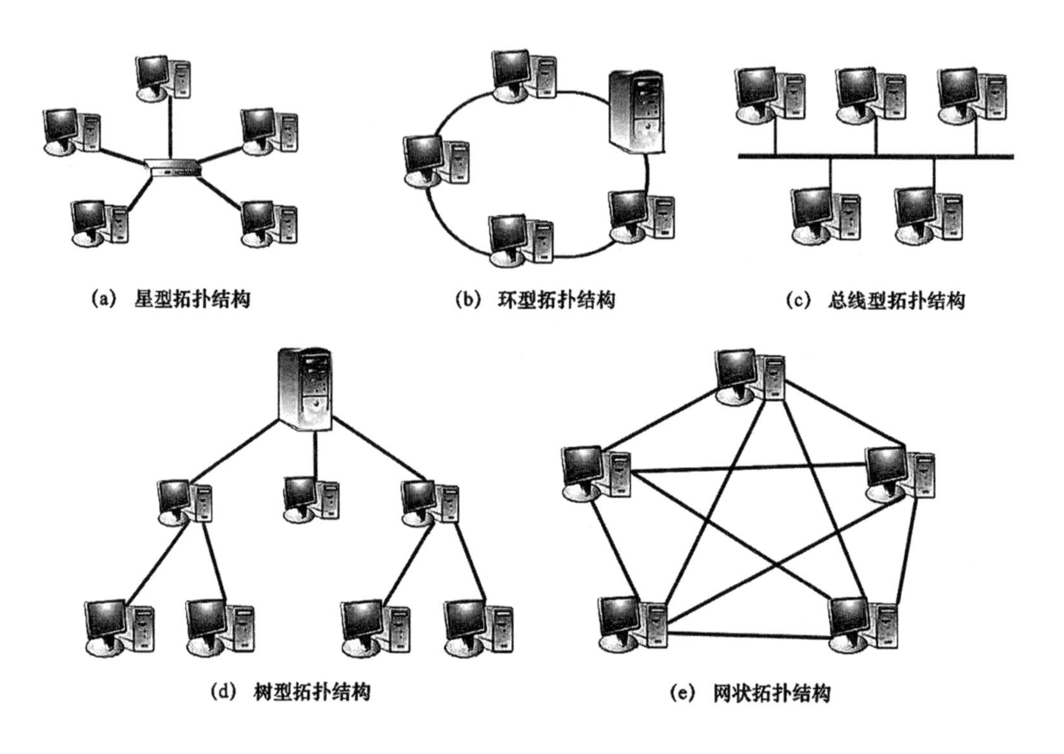

图 1.5.2 常见的网络拓扑结构

1. 星型拓扑结构

图 1.5.2（a）描述了星型拓扑结构。星型拓扑结构是最早采用的网络拓扑结构形式，其结构特点是：每个结点与中心结点连接，中心节点控制全网通信，任何两个非中心结点的通信都需要经过中心结点，对中心结点的要求高。星型拓扑的优点是结构简单，容易实现和管理，易于维护；其缺点是一旦中心结点出现故障，整个网络就会瘫痪。

2. 环型拓扑结构

图 1.5.2（b）描述了环型拓扑结构。其结构特点是：各个结点通过中继器形成一个闭合环路，环路中的数据沿某一方向传输，最后由目的结点接收。环型拓扑结构的优点是结构简单、成本低；其缺点是闭合环路中的一个结点出现故障，整个环路就会瘫痪。

3. 总线型拓扑结构

图 1.5.2（c）描述了总线型拓扑结构。其结构特点是：网络中所有的结点都连接在一根总线上，结点之间的数据传输通过总线完成。其优点是结构简单，方便结点的扩展和退出，某个结点出现故障时不会影响到其他结点的通信，可靠性较高。总线型拓扑结构是目前局域网普遍采用的形式。

4. 树型拓扑结构

图1.5.2（d）描述了树型拓扑结构。其结构特点是结点按照层次排布，像树一样有分支，有根节点和叶节点，信息的传输主要在上、下结点之间进行。

5. 网状拓扑结构

图1.5.2（e）描述了网状拓扑结构。其结构特点是网络中结点之间的连接是任意的、无规律的。网状拓扑结构的优点是系统的可靠性高，一个结点的故障不会影响到其他结点间的通信。其缺点是网路结构复杂，需要路由算法、路由协议、流量控制等方法，此类结构通常应用在广域网中。

五、网络技术前沿简介

随着网络技术的应用范围越来越广泛，传统的网络技术也在原有的应用领域逐步趋于完善。然而，随着人们对网络性能及功能不断提出更新、更高的要求，原有的网络技术已无法满足人们日益增长的需求，此时旧技术就必然被更新的、更先进的技术所取代。下面简要介绍网络新技术中的IPv6技术、网格技术及P2P技术。

1. IPv6技术

IPv4协议是目前Internet运行的基础，是构成现今互联网技术的基石协议。随着Internet及无线网络的飞速发展，同时伴随着个人计算机市场规模的急剧膨胀，移动上网设备、移动互联网IPv4的地址空间日益匮乏，并存在许多不足之处，这都迫切要求新一代的IP协议出现。

IPv6是“Internet Protocol Version 6”的缩写，是由互联网工程任务组（Internet Engineering Task Force，IETF）设计的，用于替代现行IPv4协议的新一代IP协议。其地址长度是128位，与IPv4的32位地址长度相比，IPv6的地址空间增加了296倍，能够保证整个地球上的每平方米内可以分配到1 000多个IP地址。

与IPv4相比，IPv6具有以下优势：

➢能够分配更多的地址空间：IPv4中规定IP地址的长度为32，最大地址个数为$2^{32}-1$个；而IPv6中IP地址的长度为128，即最大地址个数为$2^{128}-1$，增加了$2^{96}-2$个。

➢支持即插即用：IPv6支持自动配置（Auto-configuration）功能，是对DHCP的改进和扩展，方便网络的管理。

➢能够使用更小的路由表：IPv6的地址分配遵循聚类（Aggregation）原则，使得路由器在路由表中采用一条记录来表示一片子网，减小了路由器中路由表的长度，提高了路由器转发数据包的速度。

➢增加了增强的组播（Multicast）支持及对流（Flow-Control）的支持：促进了网络多媒体的发展，为服务质量（QoS）控制提供了良好的网络平台。

➢具有更高的安全性：IPv6强制要求实施因特网安全协议IPSec，并将其标准化。IPSec支持验证头协议、封装安全性载荷协议和密钥交换IKE协议。

2. 网格技术

网格是一个高度可伸缩的、物理分布的、在硬件和软件结构上属于异构的网络，被很多的机构同时管理的资源，协调地提供透明的、可信赖的、普遍的和一致的计算以支持多样的应用。这些应用能执行包括分布式计算、高吞吐量计算、按需计算、数据精细计算、协作计算和多媒体计算等。

网格的目的是利用互联网把分散在不同地理位置的计算机组织成一台“虚拟的超级计算机”，实现计算资源、存储资源、数据资源、信息资源、软件资源、通信资源、知识资源、专家资源等的全面共享。

网格被认为是互联网发展的第三阶段，其主要特征有：高度的伸缩性、地理分布性、异构性、资源共享、资源协调能力、透明接入、可靠接入、兼容接入、普遍性等。其根本特征是资源共享，消除资源孤岛。

当前，网格技术普遍已应用在商业领域中的生物医学、工程技术、娱乐产业等方面，在科学计算领域广泛运用于分布式超级计算、数据密集型计算、高吞吐量计算、广泛的信息共享和资源共享等方面。

3. P2P 技术

P2P 是英文 Peer-to-Peer（对等）的简称，又被称为“点对点”网络，是一种网络新技术，它依赖网络中参与者的计算能力和带宽，而不完全依赖网络上仅有的几台服务器。

常用的 P2P 软件包括：电驴（eMule）、迅雷（Thunder）、酷狗（Kugou）、易载（ezPeer）、OPENEXT 等。

通常，P2P 网络具有可扩展性、负载均衡、健壮性、高性能、隐私性、分散化等特征，具体如下：

➢可扩展性：理论上，P2P 的可扩展性几乎可以认为是无限的。在 P2P 网络中，其整个体系是全分布式的。随着用户的增多，服务需求的增加，系统整体的资源和服务能力也会同步地扩充，始终能较容易地满足用户的需要。

➢负载均衡：P2P 网络环境下，由于每个节点既是服务器又是客户机，减少了对传统 C/S 结构的依赖，又因为资源分布在多个节点，能更好地实现整个网络的负载均衡。

➢健壮性：P2P 架构天生具有耐攻击、高容错的优点。由于服务是分散在各个结点之间进行的，所以部分结点或网络遭到破坏时对其他部分的影响很小。

➢自适应性：P2P 网络通常是以自组织的方式建立起来的，并允许结点自由地加入和离开。此外，P2P 网络还能够依据网络带宽、结点数、负载等变化不断地进行自适应式调整。

➢性价比：性能优势是 P2P 被广泛关注的一个重要原因。随着硬件技术的发展，个人计算机计算性能不断提高，采用 P2P 架构可以有效地利用互联网中闲置的、散布的大量普通结点，将计算任务或存储资料分布到所有结点上来处理或存储。

案例六　了解计算机安全常识

案例说明

为了专业学习的需要，刚进入大学的赵云同学购买了一台性价比较高的名牌笔记本电脑，并连接了因特网。由于大学之前从未深入接触过电脑，计算机安全常识几乎为零，赵云同学在没有安装杀毒软件及其他电脑保护软件的情况下，经常安装一些从网络随意下载的游戏软件、即时通信软件，浏览一些黑客基地、黑客技术等 IT 技术类网站，时间不长，赵云的计算机运行速度变得非常慢，许多磁盘文件变成了莫名其妙的格式，甚至分区磁盘都无法打开。他马上咨询了专业老师，被告知计算机中了木马和蠕虫病毒，需要安装杀毒软件查杀电脑病毒。

知识准备

在如今的信息化社会中，随着网络的普及和移动存储设备的广泛使用，网络黑客的入侵和计算机病毒的传播成为当前计算机安全问题中主要威胁到用户计算机的两大主题。特别是伴随计算机硬件的飞速发展，计算机存储设备的容量越来越大，计算机中存储的程序和数据越来越多，如何保障计算机中存储数据的安全，是计算机用户首先要考虑的问题。

"计算机安全是指计算机资产安全，即计算机信息系统资源和信息资源不受自然和人为有害因素的威胁和危害"。

要解决计算机的安全问题，首先需要认识威胁计算机安全的因素有哪些。通常，威胁计算机安全的因素主要有：计算机病毒传播、人为攻击（如骇客入侵）、计算机电磁辐射、计算机存储器硬件损坏等。其中，计算机病毒、骇客的入侵与攻击是当前威胁计算机安全最常见的方式。

关于计算机病毒和黑客问题的防范，最重要的一点就是树立"预防为主，防治结合"的思想，树立计算机安全意识，防患于未然，积极地预防计算机病毒的侵入和黑客的攻击。

一、计算机病毒

计算机病毒（Computer Virus）是指"编制者在计算机程序中插入的破坏计算机功能或者破坏数据，影响计算机使用并且能够自我复制的一组计算机指令或者程序代码"。计算机病毒具有隐蔽性、潜伏性、传染性、破坏性、繁殖性及可触发性的特点。其传播途径主要有两种方式：通过网络传播和通过移动存储设备传播。

随着网络的普及，网络病毒成为当前计算机病毒传播的主要方式，由于它通过网络传播，其传播速度更快、传播范围更广，危害性也更大。例如，熊猫烧香病毒、CIH 病毒、蠕虫病毒等都给计算机的安全带来了巨大的危胁。网络病毒除了具有计算机病毒的基本特征外，还有一些新的特点：

1. 传染方式多样化

网络病毒传播的主要途径是通过工作站传播到网络服务器，然后再传播到网络上其他的工作站中。其传播方式主要有：

➢引导性病毒传染工作站或服务器的硬盘分区或DOS引导区。

➢通过感染服务器程序，迅速扩散到网络上其他的工作站中。

➢通过工作站的复制操作感染服务器，进而在网络上传播。

➢通过感染服务器文件，在工作站访问或下载服务器文件时，扩散到网络上的工作站中。

2. 传染速度快

由于借助网络途径进行传播，因此，网络病毒的传染速度非常快，扩散范围非常大，不仅能够在局域网中迅速传播，更能借助远程服务器瞬间传遍整个网络。

3. 破坏性强

网络病毒不仅破坏网络上的服务器和工作站中的数据安全，还能直接影响网络的工作，轻则降低网络速度，重则造成网络的严重瘫痪，危害巨大。

4. 清除难度大

由于网络病毒传播的速度更快、传播范围更广，甚至在传播的过程中会发生变异，因此相对于传统的单机病毒的整机格式化或整机查杀病毒方式清除而言，网络病毒的清除难度更大。

二、黑客

“黑客”（Hacker）是指热衷于计算机技术，专门研究、发现计算机和网络漏洞的计算机爱好者。黑客伴随网络而生，主要研究计算机和网络，发现其中的漏洞，然后向管理员提出解决方法和修补方法。黑客有黑客的职业道德、职业原则和职业操守，如不搞恶意破坏、不泄露被侵入者的机密等。

我们所指的具有危害性的“黑客”是特指“骇客（Cracker）”，这类人群缺乏黑客的职业道德，专门利用电脑网络搞破坏或恶作剧。

三、计算机安全防护

要保障计算机的安全，应当采取两方面的防护措施：一是非技术性措施，如制定相关的法律法规，加强各方面的信息安全管理；二是技术性措施，如网络通信安全保密、软件安全保密及数据安全保密等措施。

计算机病毒的传播与感染、骇客的入侵与攻击是当前威胁计算机安全的常见方式。因此，一般的计算机安全防护措施集中在以下两个方面：

1. 计算机病毒防护策略

对于计算机病毒的防护，必须采取预防为主，主要体现在以下两个方面：

首先，应采取“切断病毒传播途径”的预防措施。例如，不随便使用外来存储设备；不要在系统盘上存放用户数据和程序，并对系统盘和文件加写保护；定期对磁盘进行检查，及时发现并消灭病毒。

其次，应当采用人工处理、软件或硬件技术来检测和消除病毒。由于人工处理计算机病毒需要对计算机有深入的了解，对初学者而言相对较难。因此，常用防病毒卡和杀毒软件来检测与消除病毒。

➢防病毒卡是被固化在一块电路板上的硬卡，具有广谱识别机制，对一定范围内的病毒具有防护和消除功能。常用的防病毒卡有瑞星防病毒卡、蓝芯防病毒卡等。

➢杀毒软件能够检测和消除单机或网络中许多常见的病毒，且能够及时更新病毒库，进而有效地保护计算机的安全。目前常用的杀毒软件有：瑞星、江民、金山、360杀毒、卡巴斯基、诺顿、avast 等。

2. 骇客防护策略

对于普通的计算机用户而言，由于其与黑客在技术程度上的不对称性，积极主动地发现并有效防止黑客的攻击并不现实。但这并不意味着面对黑客的网络攻击普通用户就束手无策，用户仍可采取一些防护策略来保护自己计算机的安全，如提高计算机安全意识；定期将重要的数据备份或迁移到安全的地方；设置个人防火墙；设置尽可能复杂的账户和密码；不随意浏览黑客网站、色情网站；不下载未知程序和软件；不打开来历不明的邮件及其附件；经常查杀计算机的内存、硬盘、引导区、系统邮件及关键区域；注意防范间谍软件等。

3. 计算机物理安全

除了上述的计算机病毒、骇客攻击的安全问题之外，计算机的物理安全也是计算机安全的重要方面。计算机的物理安全是指对场地环境、设备设施以及人员采取的安全策略与措施。主要应当注意以下几个方面：

➢注意用电安全、保证电压和供电稳定。

➢注意防静电、防电磁干扰。

➢注意计算机机房的温度、湿度、清洁度等。

➢注意防火、防水、防震。

复习思考题

一、选择题

1. 世界上第一台计算机在________年，产生于________。
   （A）1946，宾夕法尼亚大学　（B）1946，麻省理工学院
   （C）1951，哈佛大学　（D）1952，斯坦福大学
2. 第一台电子计算机 ENIAC 的运算速度是________。
   （A）5 亿次/秒　（B）5 000 次/秒　（C）5 万次/秒　（D）500 万次/秒
3. 冯·诺依曼计算机工作原理的核心是“程序控制”和“________”。
   （A）程序存储　（B）顺序存储　（C）集中存储　（D）运算存储分离
4. 计算机中的指令和数据采用的存储形式是________。
   （A）二进制　（B）八进制　（C）十进制　（D）十六进制
5. 计算机将程序和数据同时存放在________中。
   （A）运算器　（B）控制器　（C）存储器　（D）输入/输出设备
6. 大规模和超大规模集成电路是第________代计算机主要使用的逻辑元器件。

（A）1　　（B）2　　（C）3　　（D）4

7. 将计算机分为：大型机、中型机、小型机、微型机等类型，其分类依据是________。

（A）重量　　（B）运算速度　　（C）耗电量　　（D）体积

8. CAI 的中文意思是________。

（A）计算机辅助制造　　（B）计算机辅助设计

（C）计算机辅助教学　　（D）信息处理

9. 计算机的 CPU 是________。

（A）控制器和内存　　（B）运算器和控制器

（C）运算器和内存　　（D）控制器和寄存器

10. 微型计算机主要使用的逻辑部件是________。

（A）电子管　　（B）晶体管

（C）固体组件　　（D）大规模和超大规模集成电路

11. 如果一个存储单元只能存放一个字节，一个 32K 的存储器共有________个存储单元。

（A）32 000　　（B）32 768　　（C）32 767　　（D）65 536

12. 计算机处理的最小数据单位是________。

（A）ASCII 码字符　　（B）byte　　（C）word　　（D）bit

13. 将八进制数 56 转换成二进制数是________。

（A）00101010　　（B）00010101　　（C）00110011　　（D）00101110

14. 将十六进制数 3AD 转换成二进制数________。

（A）1110101101　　（B）1100110011　　（C）1101010011　　（D）1010101101

15. 将十进制数 100 转换成二进制数________。

（A）1100100　　（B）1100011　　（C）00000100　　（D）10000000

16. 依据 ASCII 码表进行比较，下列关系正确的是________。

（A）“A” > “B”　　（B）“f” > “Q”　　（C）空格比逗号大　　（D）“H” > “R”

17. 我国的国家标准 GB2312 用________位二进制数来表示一个字符。

（A）8　　（B）16　　（C）4　　（D）9

18. 在计算机中，汉字采用________存放。

（A）输入码　　（B）字形码　　（C）机内码　　（D）输出码

19. 应用软件是指________。

（A）游戏软件　　（B）Windows XP

（C）信息管理软件　　（D）帮用户完成具体工作的各种软件

20. 操作系统是________之间的接口。

（A）用户和计算机　　（B）用户和控制对象

（C）硬盘和内存　　（D）操作系统和计算机设备

21. 计算机病毒式可以使整个计算机瘫痪，危害极大的________。

（A）一种芯片　　（B）一段特制程序　　（C）一种生物病毒　　（D）一条命令

22. 一般情况下，计算机病毒会造成________。

（A）用户患病　　（B）CPU 破坏

（C）硬件故障　　（D）程序和数据被破坏

23. 计算机病毒的主要特点是________。

（A）传播性、破坏性　　（B）传染性、破坏性

（C）排他性、可读性　　（D）隐蔽性、排他性

24. 病毒的清除是指________。

（A）去医院看医生
（B）请专业人员清洗设备
（C）安装监控器监控计算机
（D）从内存、磁盘和文件中清除掉病毒

25. 计算机的安全包括________。
（A）系统资源安全
（B）信息资源安全
（C）系统资源和信息资源安全
（D）防盗

26. 使计算机病毒传播范围最广的媒介是________。
（A）硬盘　（B）软盘　（C）内部存储器　（D）互联网

27. 配置高速缓冲存储器（Cache）是为了解决________。
（A）内存和外存之间速度不匹配的问题
（B）CPU 和外存之间速度不匹配的问题
（C）CPU 和内存之间速度不匹配的问题
（D）主机和其他外设之间速度不匹配的问题

二、填空题

1. 1MB = ________KB，1KB = ________B。
2. 程序在执行之前，必须转换为________语言。
3. 计算机能够直接执行的程序在计算机中是以________编码的形式存放的。
4. 根据软件的用途，计算机软件一般分为________和________两大类。
5. 计算机病毒主要通过________和________传播。
6. 计算机中的存储器通常分为________和________两大类。
7. 无符号的二进制整数 101100101101 等于十进制数________、八进制数________、十六进制数________。
8. 存储器是计算机用来存储程序和________的部件。
9. 运算速度是指计算机每秒能执行________的条数。
10. ________是衡量计算机精度的重要因素。
11. 某微型计算机的运算速度为 2MIPS，则该微型机每秒钟执行________条指令。
12. 现代微型计算机体系结构被称为________体系结构。
13. 通过计算机和网络进行商务活动，称为________。
14. 现代计算机按其信息表示可分为两类，即模拟计算机和________。
15. USB 的中文名称是________。

模块二 Windows XP 操作系统

Windows XP 是当今市面上使用最广泛的个人计算机操作系统之一。本章以 Windows XP Professional Service Pack 3 版本为操作平台，循序渐近地描述了四个实际应用的案例，通过案例学习使用户认识和掌握 Windows XP 的常用操作技能。每个案例附有相应的概念、功能、分类等知识点，以及相关技能的拓展。

知识点列表

案例名称	能力目标	相关知识点
案例一 桌面个性化与管理	➢桌面背景个性化 ➢桌面图标管理 ➢桌面组件操作	1. 更换桌面主题和图片 2. 设置屏幕保护程序 3. 调整屏幕属性 4. 自定义桌面图标 5. 给计算机命名 6. 设置任务栏 7. 调整系统日期和时间 8. 调整键盘和鼠标的设置 9. 安装中文输入法
案例二 文件操作与分类整理	➢文件和文件夹操作 ➢ Windows 搜索 ➢文件和文件夹共享 ➢文件和文件夹安全 ➢磁盘管理 ➢程序管理	1. 磁盘格式化 2. 新建文件或文件夹 3. 重命名、复制、移动文件和文件夹 4. 搜索符合条件的文件 5. 创建快捷方式 6. 共享文件夹 7. 运行程序命令 8. EFS 加密 9. 安装与卸载程序 10. 截屏与画图
案例三 多用户管理与安全设置	➢设置多用户使用环境 ➢管理受限用户环境 ➢管理公共用户环境	1. 创建用户 2. 创建用户组 3. 添加用户到用户组 4. 权限管理 5. 用户共享 6. 组策略安全配置
案例四 设备应用与管理	➢打印机应用 ➢ WIA 设备应用 ➢ Windows 光盘刻录 ➢蓝牙连接设备	1. WIA 图像采集 2. 添加打印机 3. 打印相册 4. Windows 刻录文件 5. 用蓝牙传送文件到手机

案例一　桌面个性化与管理

案例说明

最近，单位给每位员工配备一台新电脑，电脑里安装了常用的 Windows XP 操作系统。

打开新电脑，首先可以依据自己的使用习惯和工作需求，设置个性化的 Windows XP 系统的桌面。桌面主题一般用来定义操作系统的桌面风格，是计算机个性化的直接体现，选择一幅自己喜爱的图片作为桌面背景，将为用户带来赏心悦目的感觉。此外，还应对显示器的屏幕分辨率、颜色质量和刷新频率等进行设置。最后，给自己添加一套熟悉的中文输入法。

知识准备

一、鼠标与键盘的基本操作

1. 鼠标的基本操作

在 Windows XP 环境中鼠标是最常用的输入设备。利用鼠标可以在屏幕上精确定位，方便快捷地进行各种操作。对鼠标的操作主要有移动、单击、右击、双击、三击、拖曳等。

① 移动：当移动鼠标时，屏幕上的鼠标指针会以相同方向移动。在使用鼠标进行操作时，需要先将鼠标指针移动到指定的位置。

② 单击：按下鼠标左键并迅速释放。单击可选中鼠标指针所指的对象。

③ 右击：按下鼠标右键并迅速释放，右击通常可弹出快捷菜单。

④ 双击：快速连续地按下鼠标左键两下。双击操作一般用于执行一个应用程序或打开一个窗口。

⑤ 三击：快速连续地按下鼠标左键三下。一般用于文档编辑时选中全文。

⑥ 拖曳：将鼠标指针移到某个对象或对象的某个位置，按住鼠标左键，移动鼠标指针到新的位置后再释放左键。

在 Windows XP 中，鼠标指针的常见形状及其相应的含义见表 2.1.1。

表 2.1.1　鼠标指针的常见形状及含义

指针形状	含义说明
(箭头指针)	系统处于就绪状态，用于指向、单击、双击、拖动等操作
(箭头加沙漏)	表示当前操作正在后台运行
(沙漏)	表示系统忙，要等待操作完成后，才能接受鼠标操作
I	出现在文本区，用于选择文本或定位插入点

续上表

指针形状	含义说明
	求助指针，此时指向某个对象并单击，即可显示该项目的帮助说明
	不可用指针，表示当前操作无效
	垂直调整指针，鼠标指向可改变对象上、下边界的大小，出现该指针，拖动可改变对象的纵向大小
	水平调整指针，鼠标指向可改变对象四角的大小，出现该指针，拖动可同时改变对象的纵向和横向大小
	对角线调整指针，鼠标指向可改变对象四角的大小，出现该指针，拖动可同时改变对象的纵向和横向大小
	移动指针，鼠标指向可移动对象时，出现该指针，拖动可移动对象的位置
	超级链接指针，鼠标指向超级链接时出现该指针，单击可打开该链接

2. 键盘的基本操作

使用键盘可以输入各种文字信息，还可以通过各种快捷键进行快速操作。常用的快捷键见表 2. 1. 2。

表 2. 1. 2 常用键盘快捷键

快捷键	功　能
【F1】	显示当前程序或者 Windows 的帮助内容
【Alt】	激活当前程序的菜单栏
【Esc】	取消当前执行的任务
【Ctrl】 + 【Esc】	打开“开始”菜单
【Ctrl】 + 【Alt】 + 【Delete】	打开“Windows 任务管理器”对话框
【Shift】 + 【Delete】	直接删除被选择的项目，不放入回收站
【Ctrl】 + 【C】	复制被选择的项目到剪贴板
【Ctrl】 + 【V】	粘贴剪贴板中的内容
【Ctrl】 + 【Z】	撤销上一步的操作
【Alt】 + 【F4】	关闭当前应用程序
【Alt】 + 【Tab】	切换当前程序
【Alt】 + 【Esc】	结束当前程序
【Print Screen】	将当前屏幕以图像方式复制到剪贴板
【Alt】 + 【Print Screen】	将当前活动程序窗口以图像方式复制到剪贴板
【Ctrl】 +空格键	打开/关闭中文输入法
【Ctrl】 + 【Shift】	切换各种输入法

二、桌面组成

Windows XP 系统启动成功后，计算机屏幕的整个背景区域称为桌面，它是用户和计算机进行交互的窗口，主要由桌面背景、图标和任务栏几个部分组成（如图2.1.1所示）。

图 2.1.1 Windows XP 桌面

1. 图标

用户可以根据需要在桌面上添加各种快捷图标（快捷方式）。双击桌面上的图标可以快速启动相应的程序或文件。Windows XP 桌面上常用图标的名称及其功能如下：

①“我的文档”：是一个便于存取的桌面文件夹，通过“我的文档”可以快速访问当前用户保存的文档、图形或其他文件。一般是 Windows XP 应用程序保存文档的默认位置。

②“我的电脑”：主要是对计算机资源进行管理，包括日常的磁盘管理、文件管理。还可以添加打印机、设置计划任务、打开控制面板、更改各种设置等。

③“网上邻居”：管理和浏览网络中的其他计算机的共享资源。双击该图标用户可以查看工作组中计算机的网络位置及添加网络位置等。

④“回收站”：一切可以删除的文件或文件夹都可以用拖曳操作放到回收站。在回收站中暂时存放着用户已经逻辑删除的文件、文件夹、快捷方式等对象。用户可以右击回收站，选择“还原”将已删除的文件等对象恢复到原来的位置，也可以彻底删除，即物理删除（不能恢复）。

⑤“Internet Explorer”：双击该图标打开和浏览 Internet 网页信息。

2. 任务栏

任务栏是位于桌面最下方的一个小长条区域，它显示了系统正在运行的程序、打开的窗口和当前系统时间等内容。Windows XP 中的许多操作都要借助任务栏来完成。任务栏可分为“开始”菜单按钮、快速启动工具栏、活动任务区、语言栏和通知区域等几个部分（如图 2. 1. 2 所示）。

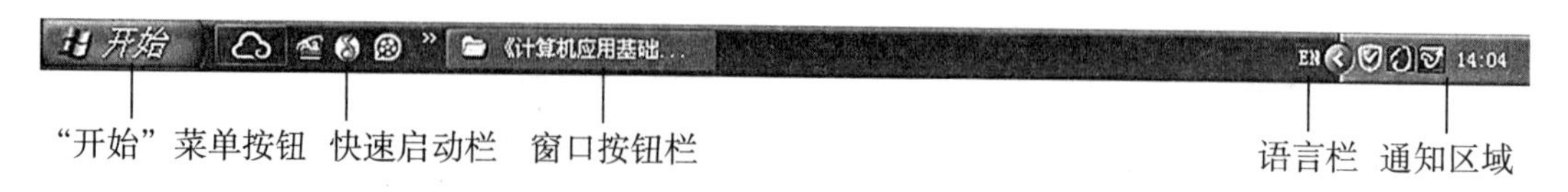

图 2. 1. 2　Windows XP 任务栏

①“开始”菜单按钮：“开始”菜单为用户提供了启动应用程序、打开文档、完成系统设置、资源搜索、获取联机帮助以及退出系统等功能选项，用户的日常工作大多可通过“开始”菜单来完成。“开始”菜单包含了 Windows XP 下的所有应用程序，无论是系统的应用程序还是用户自己安装的应用程序；Windows XP 有两种“开始”菜单样式，即默认“开始”菜单和经典“开始”菜单。

② 快速启动工具栏：单击快速启动栏中的应用程序图标即可运行应用程序，打开应用程序窗口。快速启动工具栏中的按钮因安装程序的不同而不同。当快速启动工具栏的长度不够大，无法显示全部程序图标时，有些程序图标可以被隐藏，单击按钮则可以显示出隐藏的程序图标。

③ 活动任务区：用来放置已打开的窗口按钮。Windows XP 是一个多任务的操作系统，可同时运行多个应用程序。每运行一个应用程序就会打开一个窗口，在活动任务区便会显示一个有该窗口名称的按钮，单击这些按钮可以实现各个窗口之间的切换。这些窗口中只有一个是当前活动窗口，当前活动窗口的按钮以凹陷状态显示，非当前窗口的按钮呈凸起状态。需要注意的是，非当前窗口并没有关闭，仍在后台运行。

④ 语言栏：在此选择各种语言输入法，单击“语言栏”，在弹出的菜单中选择已安装的输入法。

⑤ 通知区域：该区域显示的是在开机状态下常驻内存的一些应用程序，主要有“音量控制”、“系统时间”、“杀毒软件”等，双击图标可以打开相应的应用程序。默认情况下，在一定时间内不使用通知区域时，它会自动隐藏部分内容，单击按钮可以展开通知区域。

三、认识对话框

对话框是用户与系统或应用程序进行交互操作的主要方式，在命令执行时进行人机对话，显示或提示并等待用户输入信息。各种对话框因其功能不同，其形状、内容与复杂程度也各不相同。图 2. 1. 3 是典型的两个对话框。

① 标签：又称选项卡。主要用于多个栏目之间的切换，不同的标签对应不同的栏目。标签的作用在于使一个对话框能够安排更多的内容，而且按其内容进行分类，单击标签可在各栏目之间切换。

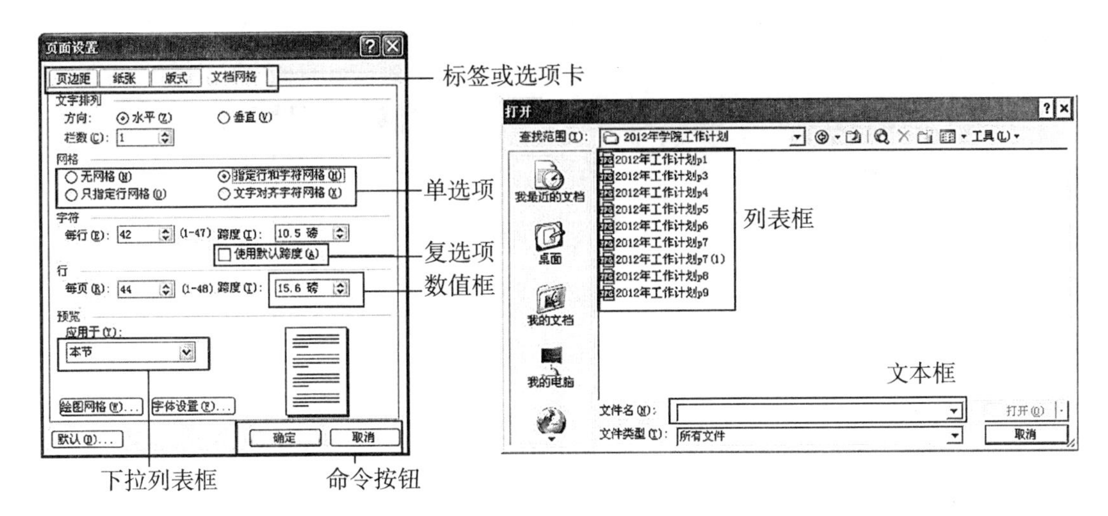

图 2.1.3 对话框的组成

② 列表框：显示选择列表供用户选择。如果列表框容纳不下所列的信息项，则会伴有滚动条。通常只能选中一项，单击该项即可。

③ 下拉列表框：是一长条矩形框，并在其右边有一个箭头标志，称为下拉按钮。单击下拉按钮，出现具有多个选项的列表，可以从中选择其一。

④ 单选按钮：标识一组多选一的选项，选项前带有圆圈状按钮，单击选项表示被选中。

⑤ 复选按钮：标志着一组可复选的选项，供用户进行多项选择，有选中或未选两种状态。

⑥ 数值框：用于输入数值信息，可单击该框右边的增量或减量按钮，来调整框中的数值。

⑦ 文本框：可用于接受输入的文字信息，当鼠标指针指向该框时会变成如表 2.2.1 所示的文本区状态，单击插入点后，就可由键盘输入文字信息。

⑧ 命令按钮：一般对话框中都包含“确定”、“取消”等按钮。不同的对话框，命令按钮也会有所不同。单击对话框中的“确定”按钮，确认刚才的操作，同时关闭对话框；单击“取消”、“关闭”或按【Esc】键则取消刚才的操作，同时也关闭对话框。

❖**提示：** 拖曳对话框的标题栏，就可以像拖曳窗口那样改变对话框的位置。对话框与窗口最本质的区别在于对话框没有菜单栏，而且不能改变大小。

四、认识窗口

窗口是指在桌面上可出现的形似窗口的矩形工作区，当 Windows 运行一个应用程序或打开一个文档、文件夹时，就会在屏幕上弹出一个窗口，其风格大同小异。用户可以同时启动多个应用程序，打开多个窗口。但只有用户正在使用的窗口是活动窗口，该窗口常称为当前窗口。当前窗口的标题栏呈高亮色，其他窗口的标题栏颜色则较暗。

1. 窗口的组成

在 Windows XP 窗口中，大部分都包括标题栏、菜单栏、工具栏、工作区和状态栏等几部分。图 2.1.4 是一个“写字板”的窗口。

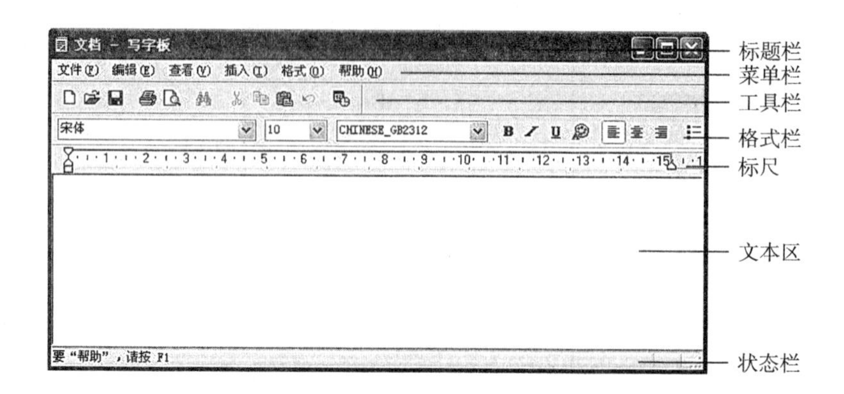

图 2.1.4 **窗口的组成**

2. 窗口的类型

Windows XP 采用多窗口技术，所以在桌面上经常看到多种类型的窗口。窗口一般分为三类，即应用程序窗口、文档窗口和文件夹窗口。

（1）应用程序窗口

应用程序窗口是最常见的一种窗口，是应用程序运行时的人机交互界面。应用程序窗口包含一些与该应用程序相关的菜单栏、工具栏等。关闭应用程序窗口，也就关闭了该应用程序。例如，“写字板”窗口便是一个应用程序窗口。

（2）文档窗口

文档是运行应用程序时所生成的文件。文档窗口是隶属于应用程序窗口的子窗口，它常常包含用户的文档或数据文件。文档窗口与应用程序窗口的最大区别是：应用程序窗口有菜单栏，而文档窗口没有，文档窗口共享应用程序窗口的菜单栏。如图 2.1.5 所示，在 Excel 应用程序窗口中包含了一个“Book1”文档的子窗口。

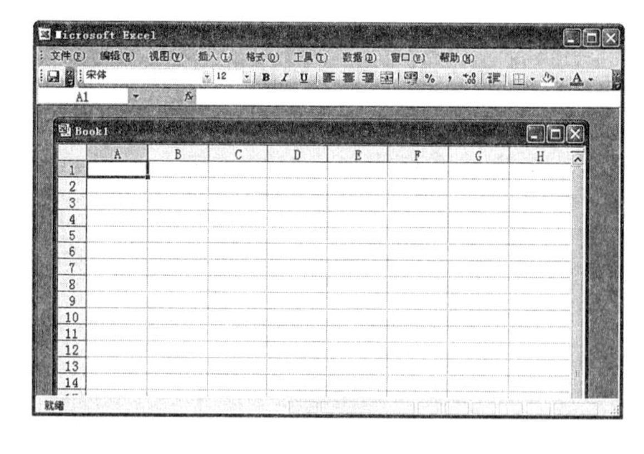

图 2.1.5 **“文档”窗口类型**

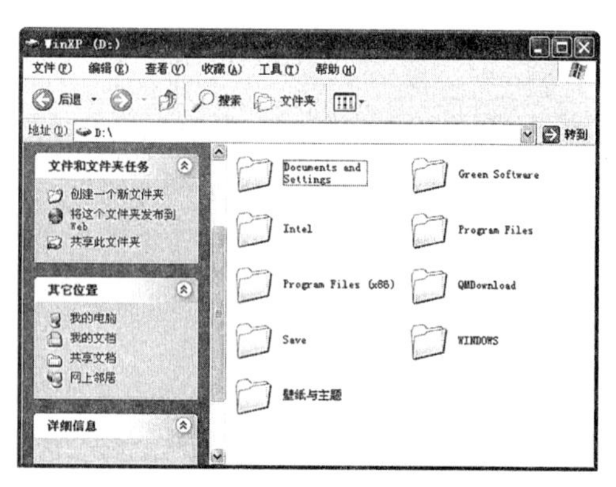

图 2.1.6 **“文件夹”窗口类型**

（3）文件夹窗口

文件夹用于存放文件和子文件夹。双击文件夹图标可以打开文件夹窗口，在文件夹窗口中可以显示文件夹中的文件和子文件夹的图标。图 2.1.6 是一个“文件夹”窗口。

操作步骤

一、桌面个性化设置

1. 更换桌面主题

在桌面上空白位置右击鼠标，选择“属性”菜单项，打开“显示属性”对话框。然后进入“主题”选项卡，如图 2.1.7 所示，在“主题”项中有一个下拉菜单，菜单项包括“Windows XP”和“Windows 经典”两个主题风格，“Windows XP”风格是第一次运行 Windows XP 时看到的桌面风格；而“Windows 经典”是 Windows 98 操作系统的桌面风格。另外，通过“其他联机主题”和“浏览”可以加载用户喜爱的主题风格。

❖**提示：** 用百度在互联网上搜索最新的 Windows XP 主题，将自己喜欢的主题（文件后缀名为 . theme）下载后依照上述操作更换到桌面系统。

2. 更换桌面图片

在桌面上空白位置右击鼠标，选择“属性”菜单项，打开“显示属性”对话框。然后进入“桌面”选项卡，如图 2.1.8 所示，在“背景”列表框中可选择一幅自己喜爱的背景图片。例如，系统自带的“Home”选项，在“显示器”中显示了此图片作为桌面背景的效果。也可以选择系统外的一张图片作为桌面图片，单击“浏览”，在文件对话框中选择合适的图片文件，若图片尺寸不合适，可以在“位置”上选择“拉伸”或“平铺”模式即可。

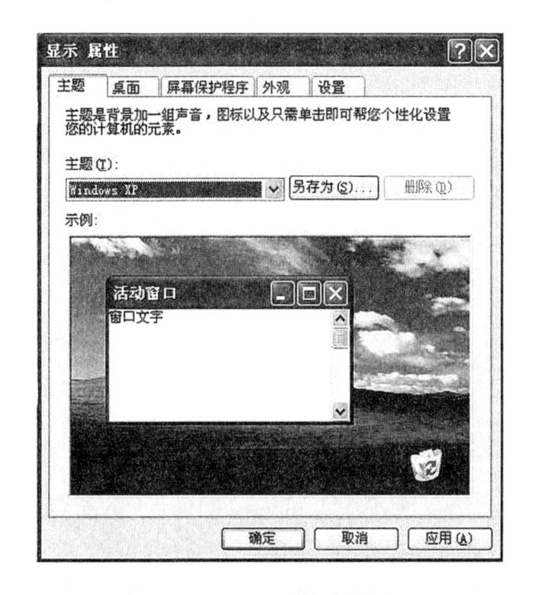

图 2.1.7　更换主题

图 2.1.8　更换桌面背景

3. 设置系统自带的屏保程序

在“显示属性”对话框中选择“屏幕保护程序”选项卡（如图 2.1.9 所示），在“屏幕保护程序”项的下拉列表中选择一种自己喜欢的动感效果，如三维文字。在等待时间文本框中输入 5，这表示如计算机没有接受到任何操作，5 分钟后将自动进入屏幕保护程序。

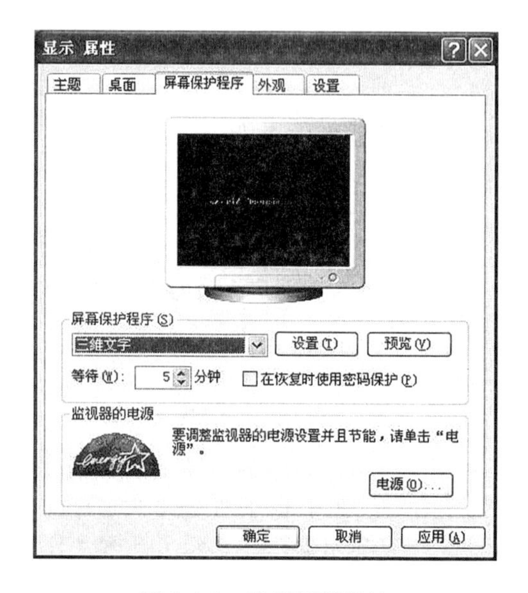

图 2.1.9 设置屏幕保护

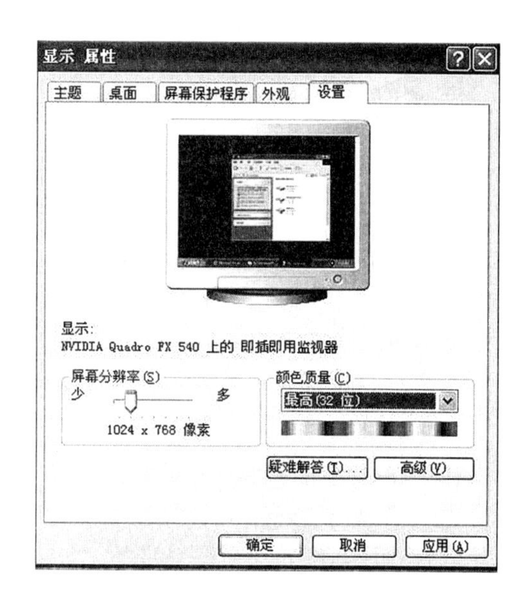

图 2.1.10 调整屏幕分辨率

❖**提示**：网络上有许多有趣的屏保程序可供下载，免费使用，如梦幻水族馆、书法作品等。

4. 调整屏幕属性

在“显示属性”对话框中选择“设置”选项卡（如图 2.1.10 所示），通过拖动滑块设置“屏幕分辨率”为 1024×768；在“颜色质量”下拉列表中选择“最高（32 位）”。

单击“高级”按钮会弹出“即插即用监视器”对话框，在“屏幕刷新频率”项的下拉列表中选择“85 赫兹”。然后，单击“确定”按钮即可。至此，便完成了对“屏幕分辨率”、“颜色质量”和“屏幕刷新频率”的设置。

二、自定义桌面图标

1. 设置常见图标

Windows XP 提供了强大的图标管理功能。在第一次进入 Windows XP 时，桌面只有“回收站”图标，其他常见图标可以通过自定义桌面的操作显示出来。

一般操作步骤为：右击桌面空白位置，在弹出的快捷菜单中选择“属性”命令，打开“显示属性”对话框，单击“自定义桌面”按钮弹出“桌面项目”对话框（如图

2.1.11 所示)，在“常规”选项卡中可选择“我的文档”、“我的电脑”、“网上邻居”图标。若觉得图标不够美观，可单击“更改图标”按钮更换一张新图标，然后单击“确定”。

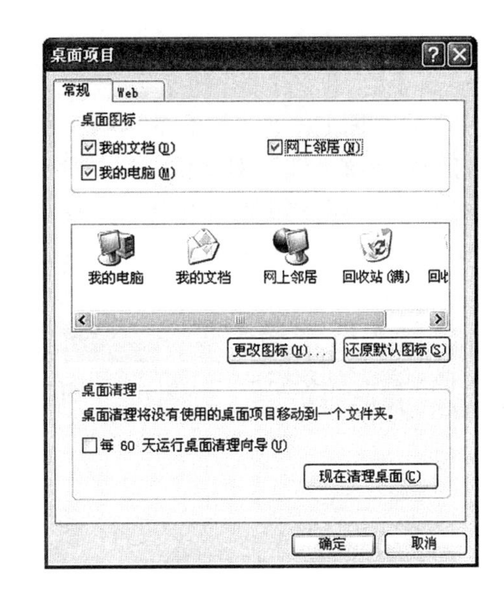

图 2.1.11 定义桌面图标

2. 添加与删除图标

添加与删除图标的操作如下：

① 创建对象的桌面快捷方式：这里的对象是指桌面图标、文件和文件夹三类。右击需要创建桌面快捷方式的对象，在弹出的快捷菜单上选择“发送到”→“桌面快捷方式”，便会在桌面上新建该对象的一个快捷方式（图标）。

② 删除图标：桌面的图标太多会影响桌面的美观。在桌面上用鼠标的拖曳操作可以移动图标，调整图标在桌面上的位置。当将图标移到回收站图标上面时，就可以删除图标。删除一些不用或不显示的图标能够保持桌面的简洁美观。

③ 将开始菜单的程序图标添加到桌面：将程序图标拖曳到桌面方便程序启动操作。例如，单击“开始”→“所有程序”→“附件”→“娱乐”，选中“Windows Media Player”，用【Ctrl】+拖曳操作将“Windows Media Player”程序的图标添加到桌面上。

3. 清理桌面图标

软件越装越多时，桌面上的图标增加到遮蔽墙纸影响美观的程度。这时，应对桌面进行清理。单击“桌面项目”中“现在清理桌面”按钮，在打开的“桌面项目”对话框中，首先勾选“每 60 天运行桌面清理向导”，然后单击“现在清理桌面”进入“桌面清理向导”，单击“下一步”。接着，选择用户想要清除的快捷方式（图标），单击“下一步”即可完成。清理完毕后，桌面上将会增加一个“未使用的桌面快捷方式”文件夹。如果觉得碍眼，可将它拖曳放入“回收站”，也可以将它隐藏起来，具体方法请查阅隐藏文件与文件夹部分。

4. 给桌面图标排队

如果想让桌面看上去更有条理，可以按照一定的规则对它们进行整理，使它们更加整齐。在桌面的空白位置右击鼠标，选择“排列图标”的四种排列规则：名称、大小、类型和修改时间。通过这四种图标排列规则，可以获得不同的信息。比如，按照修改时间排列，可以知道每个程序安装的时间顺序；按照大小排列，可以知道哪个图标本身占内存较大，等等。

另外，用户可以让所有的图标一起消失。在“排列图标”项中，取消勾选“显示桌面图标”项。这时，图标都隐藏起来，桌面上就只剩下背景图片了。

三、给计算机命名

在桌面上，右击“我的电脑”图标，在弹出的快捷菜单中选择“属性”命令，会打开“系统属性”对话框，在“常规”选项卡查看系统的基本信息。在“计算机名”选项卡中单击“更改”按钮，会打开“计算机名称更改”对话框（如图2.1.12所示），输入自定义的计算机名后，单击“确定”按钮即可。

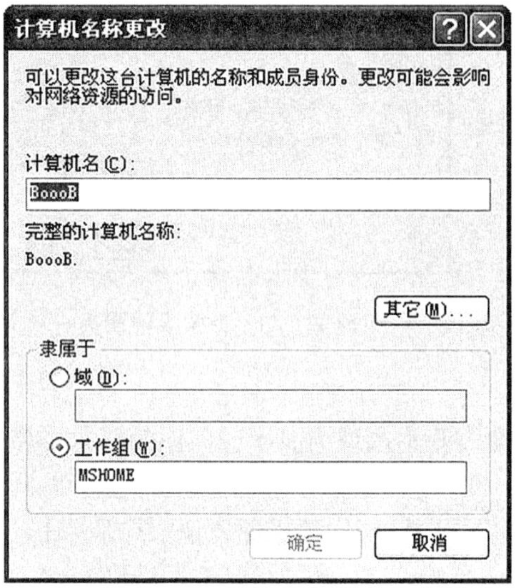

图2.1.12　更改计算机名称

图2.1.13　任务栏属性对话框

四、调整任务栏

1. 将“开始”菜单设置为惯用的“经典”形式

右击“开始”按钮，在弹出的菜单中选择“属性”，打开“任务栏和‘开始’菜单”对话框（如图2.1.13所示），选择“经典‘开始’菜单”，然后，单击“自定义”按钮自定义经典菜单选项，在“高级‘开始’菜单选项”对话框中选择“启用拖放”、“使用个性化菜单”、“使用管理工具”、“显示运行”四个选项，同时单击“清除”按钮删除最近访问过的文档、程序和网站记录。

2. 调整系统日期和时间

调整系统日期与时间的方法有两种：

① 手动调整：双击任务栏最右侧的“时间”，会弹出“日期和时间属性”对话框，选择“时间和日期”选项卡（如

图2.1.14　“时间和日期”选项卡

图2.1.14所示）。在该选项卡中可以通过微调按钮调节年份，在下拉列表中可以选择月份，在列表框中点击日期进行选择；在“时间”文本框中可以直接输入或通过按钮调节时间。更改完毕后，单击“确定”按钮即可。

② 自动调整：双击任务栏最右侧的“时间”，会弹出“日期和时间属性”对话框，选择“Internet 时间”选项卡，勾选“自动与 Internet 时间服务器同步”，服务器选择“time. windows. com”，在计算机连接互联网的状态下系统会与该服务器时间同步，若立即更新时间，则单击“立即更新”按钮。更改完毕后，单击“确定”按钮即可。

五、设置鼠标与键盘

1. 键盘设置

单击“开始”按钮，在“设置”菜单中选择“控制面板”命令，打开“控制面板”窗口。在“控制面板”窗口中双击“键盘”图标，打开“键盘属性”对话框。选择“速度”选项卡（如图2.1.15所示）。在该选项卡中的“字符重复”选项组中，拖动“重复延迟”滑块，调整在键盘上按住一个键需要多长时间才开始重复输入该键；拖动“重复率”滑块，调整输入重复字符的速率，可在文本框中进行输入测试；在“光标闪烁频率”选项组中拖动滑块，调整光标的闪烁频率，根据习惯调整。

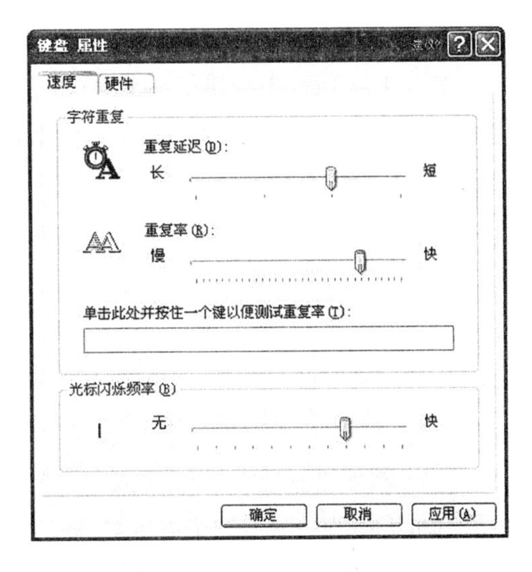

图2.1.15 设置键盘速度

2. 鼠标设置

设置鼠标的方法如下：

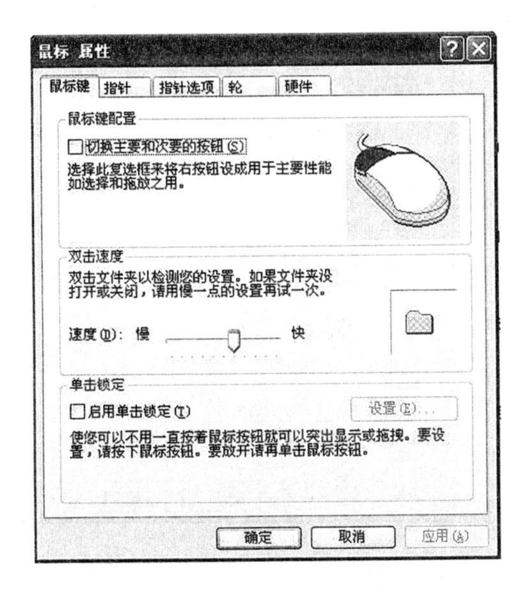

图2.1.16 设置鼠标键

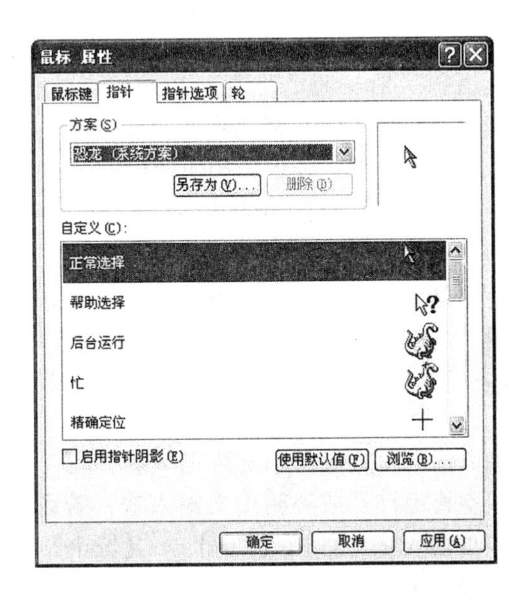

图2.1.17 设置鼠标指针

① 鼠标键设置：单击“开始”按钮，在“设置”菜单中选择“控制面板”命令，打开“控制面板”窗口。在“控制面板”窗口中双击“鼠标”图标，打开“鼠标属性”对话框。选择“鼠标键”选项卡（如图2.1.16所示），系统默认鼠标左键为主要键，在“双击速度”选项组中拖动滑块调整鼠标的双击速度，可在右侧“文件夹”图标上对该项设置进行测试。

② 鼠标指针设置：选择“指针”选项卡（如图2.1.17所示），在该选项卡中，“方案”下拉列表中提供了多种鼠标指针的显示方案，可以选择一种自己喜欢的鼠标指针方案，如恐龙（系统方案）。

图2.1.18 设置指针选项

③ 鼠标指针选项设置：选择“指针选项”选项卡（如图2.1.18所示），在“移动”选项中拖动滑块调整鼠标指针的移动速度；在“可见性”选项中选中“在打字时隐藏指针”复选框，这样在输入文字时将隐藏鼠标指针。

六、添加中文输入法

1. 添加系统自带的输入法

Windows XP中自带了微软拼音、智能ABC、区位等输入法，其中有的系统在默认情况下没有加载，所以就需要用户手工安装。单击选择“开始”→“控制面板”，双击“区域和语言选项”图标，打开“区域和语言选项”对话框，选择“语言”选项卡。在“语言”选项卡中单击“详细信息”按钮，打开如图2.1.19所示的“文字服务和输入语言”对话框。然后，单击“添加”按钮，在“输入法”列表中选择需要添加的输入法后，单击“确定”按钮即可。

2. 安装系统外的输入法

以安装谷歌拼音输入法为例。首先，用户打开IE，访问“谷歌”网站，将“谷歌拼音输入法”的安装文件（GooglePinyinInstaller.exe）下载到“桌面”。然后，双击安装文件的图标启动安装程序，依据向导的提示完成输入法的安装操作。安装完毕后，用【Ctrl】+空格键打开或关闭中文输入法；若系统有多种输入法，可用【Ctrl】+【Shift】键切换输入法。

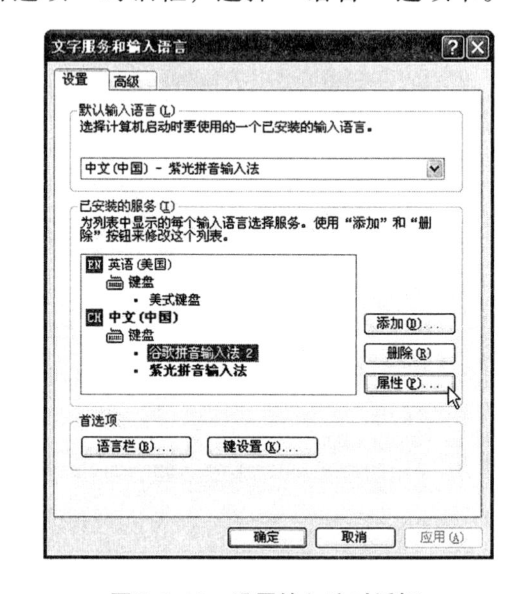

图2.1.19 设置输入法对话框

3. 设置输入法属性

打开“文字服务和输入语言”对话框，选择列表中的输入法，单击“属性”按钮。如图 2.1.20 所示，选择“谷歌拼音输入法”后，可以设置输入法的属性，同时也可以删除它。

❖**提示：**为了简化输入法操作，添加一两种常用的中文输入法即可。不用的输入法，可以选择删除。

技能拓展

一、用组策略管理 Windows 桌面

单击“开始”菜单，选择“运行”，在运行对话框中输入“gpedit. msc”，如图 2.1.20 所示，单击“确定”后打开组策略编辑器。在组策略编辑器窗口中，选择“‘本地计算机’策略 | 用户配置 | 管理模板 | 桌面”，即可在右侧窗格中显示相应的策略选项（如图 2.1.21 所示）。

图 2.1.20 运行命令启动组策略编辑器

比如，对于公共场合的电脑，一般不希望别人随意改变计算机桌面的设置。这样可以在电脑桌面设置好后，进入组策略编辑器，将“桌面”的“退出时不保存设置”这个策略选项设为启用。同时需要设置的还有启用“控制面板”→“显示”→“阻止更改墙纸”项和禁用“屏幕保护程序”项。设置完毕重启系统后，其他用户可以对桌面做某些更改，但有些更改，如图标、窗口位置、任务栏位置及大小、桌面图案、屏保程序在用户注销后都无法保存，电脑重启后桌面设置会恢复原貌。

图 2.1.21 桌面组策略编辑窗口

案例二　文件操作与分类整理

案例说明

计算机用得越久，其中的文件资料就越多。平时操作电脑时不注意，文件随意存放，结果硬盘里的资料乱七八糟。虽然 Windows XP 提供了强大的文件搜索功能，但是，每次找资料的时候都搜索一遍会很麻烦。更何况有时候还会遭遇文件丢失找不着或文件损坏无法打开的无奈。因此，养成文件分类管理的好习惯是极为重要的。

首先，准备好容量足够大的移动硬盘，做好分区；接着建好管理各类文档的各级文件夹，最后把文件分门别类地进行备份。本案例操作结束后，能得到分类整理后的目录结构（如图 2.2.1 所示）。

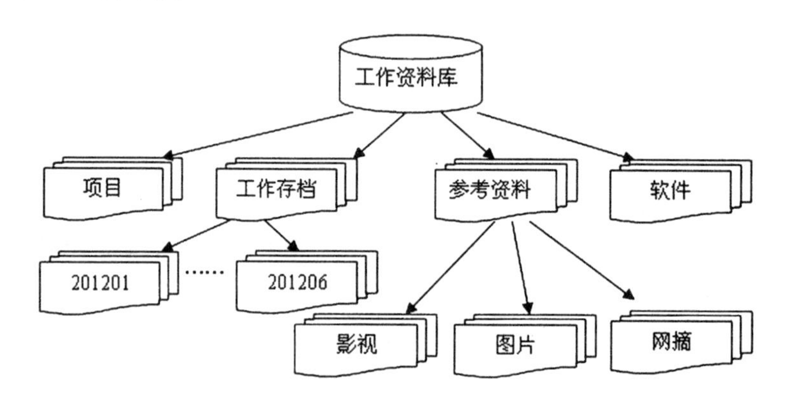

图 2.2.1　分类整理后的目录结构

知识准备

一、认识文件与文件夹

1. 文件

（1）文件的概念

文件是存储在计算机存储介质中的一组相关信息的集合，如数据信息、程序等都是以文件的形式存储在计算机存储器中的。每个文件都必须有名字，操作系统对文件的组织和管理都是通过文件名进行的。

（2）文件的命名规则

Windows XP 操作系统支持长文件名，其长度（包括扩展名）可达 255 个字符；扩展名由 1 ~4 个合法字符组成（大部分为 3 个），为可选项。文件名由文件主名和扩展名组成，文件主名和扩展名之间必须用分隔符圆点“.”隔开，格式为：<文件主名>[.扩展名]。注意：< >为必选项，[ ] 为可选项。此外，给文件取名字的时候，还需特别注意以下几个方面：

① 9 个符号不可用：\ /： * ?“ < > | 。

② 文件名不区分大小写字母。

③ 可以使用空格（扩展名中一般不使用）。

④ 给文件主名命名时，不得独立使用设备名，如 Aux，Com1，Com2，Com3，Com4，Con，Lpt1，Lpt2，Lpt3，Prn，Nul 等。

⑤ 文件名中可以使用多个分隔符，但只有最后一个分隔符“.”后面的部分是扩展名。例如，“zhangsan. China. txt”文件名中的“txt”是扩展名或者后缀名。

系统用扩展名说明文件所属的类型，也就是操作系统通过扩展名来识别文件的类型。借助扩展名，可以判定用于打开该文件的应用软件。应用程序在创建文件时自动给出扩展名，如用 Word 创建的文件，自动给出的扩展名是 . doc。对应每一种文件类型，一般都有一个独特的图标与之对应（如表 2. 2. 1 所示）。

表 2. 2. 1　常见文件的扩展名及其图标

文件类型	扩展名	图标	文件类型	扩展名	图标
网页文件	. html		Word 文档	. doc	
文本文件	. txt		Access 数据库	. mdb	
批处理文件	. bat		演示文稿	. ppt	
命令文件	. com		Excel 表格	. xls	
动态链接文件	. dll		安装文件	. inf	
图像文件	. bmp		压缩文件	. rar	

不同类型的文件有不同的使用方法，由于扩展名决定了文件类型，在 Windows XP 中，为了防止用户不小心删除或修改文件的扩展名，造成文件不能使用，因此采用了隐藏文件扩展名的保护措施。

（3）通配符

通配符是用于实现模糊查找的一类键盘字符，有星号（*）和问号（?）。如果需要对几个文件做相同的操作，比如一次复制一组文件或列出一组文件名等，通配符可以帮助达到这个目的。当查找文件或文件夹时，可以使用它来代替一个或多个真正字符。或者，当不知道真正字符或者不想键入完整名字时，常常使用通配符代替一个或多个真正字符。文件名的通配符代表含义如下：

?：代表其所在的位置可以是任意一个字符。

*：代表其所在的位置可以是任意多个字符。

用一个“*”号就相当于几个“?”号，因此带“*”通配符的文件名更为简短，如*. *表示所有文件。需要注意的是，主文件名和扩展名均不允许两个“*”号连用。通配符只能用于成批的文件搜索、文件复制、文件移动与文件删除等，不能用于文件的命名。例如，*.TXT 表示扩展名为.TXT 的所有文件，A?.TXT 则表示以 A 开头后面跟一个任意字符组成文件主名且扩展名为.TXT 的所有文件。

2. 文件夹

为了便于对存放在磁盘上的文件进行管理，通常将一些相关的文件共同存放在磁盘上一个相对集中的地方，以方便存取，这个相对集中的地方就称为文件夹。

磁盘上的文件夹呈树状结构。磁盘格式化后有且只有一个根文件夹，没有名字，只有盘符，一般用“\”表示，如 H：\。用户不能创建根文件夹，也不能删除它。用户可以在根文件夹下创建多个文件夹或文件，还可以在文件夹下再创建子文件夹，在每个文件夹中都可以存放足够多的文件或文件夹，从而形成磁盘文件的树状组织结构。

每个文件夹都有自己的名字（除根文件夹外），文件夹的命名规则和文件的命名规则相同，但通常不使用扩展名。操作系统规定同一级文件夹不允许出现同名的子文件夹或文件。

3. 路径

为了对存放在磁盘上的某个文件进行操作，需要指出该文件的存放位置（路径），即需要指明找到该文件所在的磁盘以及需经过的文件夹的名称。例如，名为“风光.JPG”的文件存放在 H 盘下的“参考素材”文件夹的“图片”子文件夹中，则该文件的路径就是：H：\参考素材\图片\风光.JPG，其中“H：\参考素材\图片”就是路径，“\”除了表示根文件夹外，还表示文件夹与文件夹之间、文件夹与文件之间的分隔符，“H:”是 H 分区的盘符。

二、“我的电脑”与“资源管理器”

“我的电脑”和“资源管理器”是 Windows XP 系统中两个功能强大的文件管理工具，它们的使用方法十分相似，功能也基本相同，下面对这两个文件管理工具进行介绍。

1. 我的电脑

双击桌面上“我的电脑”图标，即可打开“我的电脑”窗口，在该窗口中可以查看和管理所有的计算机资源。在“我的电脑”窗口中浏览文件时，要按照层次关系，逐层打开各个文件夹。用鼠标双击任何驱动器或文件夹图标即可打开它们。

2. 资源管理器

“资源管理器”与“我的电脑”的区别在于它的窗口显示了两个不同的信息窗格，左窗格中以树状结构显示了计算机中的资源项目，右窗格中显示所选项目的详细内容（如图 2.2.1 所示）。

打开资源管理器的常用操作是：

① 右击“开始”→“资源管理器”命令。

② 右击桌面上“我的电脑”图标，或“我的文档”图标或“网上邻居”图标，在弹出的快捷菜单中选择“资源管理器”命令。

③ 单击“开始”→“程序”→“附件”→“资源管理器”。

④ 右击任一驱动器的图标，在快捷菜单中选择“资源管理器”。

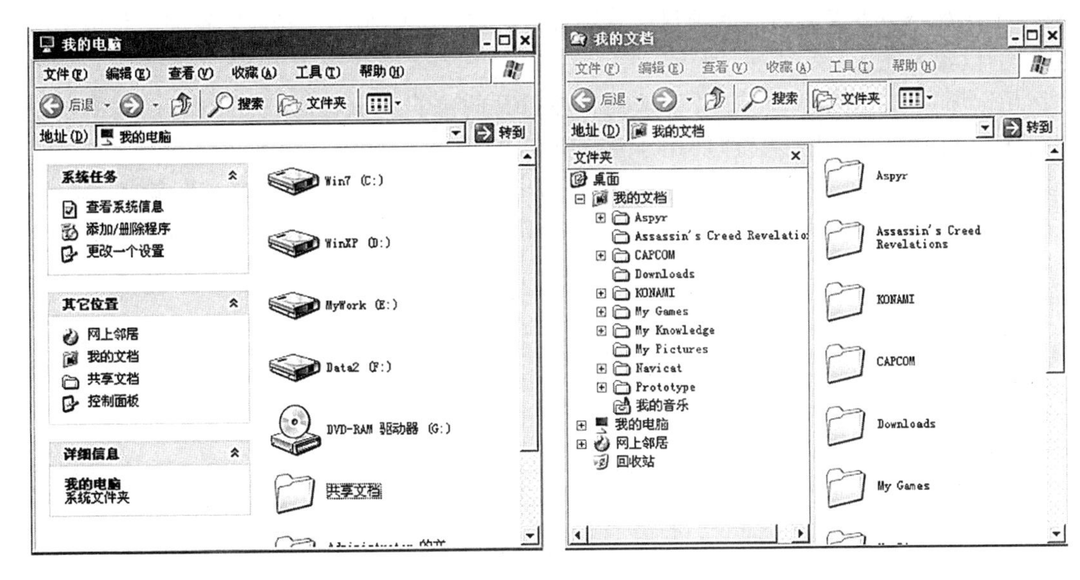

图 2.2.2　比较“我的电脑”和“资源管理器”

⑤ 单击“开始”→“运行”命令，在弹出的对话框中，输入“explorer”后单击“确定”按钮，即可运行“资源管理器”。

3. 设置文件和文件夹属性与查看方式

(1) 设置文件夹属性

打开“我的电脑”窗口，在“工具”菜单中选择“文件夹选项”命令，打开“文件夹选项”对话框，单击“查看”选项卡，可以对文件和文件夹进行相应的设置。比如，在 Windows XP 中，一些比较重要的系统文件往往设置为“隐藏”属性，如 IO. SYS 和 BOOT. INI 等文件。如果需要管理这些文件，那么首先就要让这些隐藏文件显示出来。

一般的方法是：在“文件夹选项”窗口中，选择“查看”选项卡，取消勾选“隐藏受保护的操作系统文件”复选框，同时选择“显示所有文件和文件夹”复选框，单击“确定”按钮即可在合适位置查看到隐藏的文件和文件夹。

(2) 设置文件和文件夹的查看方式

在“我的电脑”中，单击工具栏的“查看”菜单，在其下拉菜单中选择查看方式：缩略图、平铺、图标、列表和详细信息。其中，“详细信息”方式给出了名称、所在文件夹、类型、大小、属性等多项信息，也可以自定义这些显示信息。

(3) 设置常见的排列顺序

在默认情况下，“我的电脑”或资源管理器的右侧窗口是以文件夹在前文件在后的顺序排列的，文件夹和文件分别按名称的字母顺序升序列出。如果有需要的话，可以在“详细信息”的查看方式下，单击文件列表上方的“名称”、“大小”、“类型”、“修改日期”按钮，分别按名称的字母顺序、文件大小、文件类型和文件修改日期的先后顺序重新排列文件和文件夹。

(4) 设置汉字笔画顺序排列

有时遇到大量以中文命名的文件或文件夹，比如，人事档案中以汉字姓名命名的文件、工作存档中以汉字命名的项目文件夹等，都需要按笔画顺序排序。这时，可以采取这样的设置方法：在“控制面板”中，双击打开“区域和语言选项”对话框，单击“区域选项”选项卡的“自定义”按钮，在打开的“自定义区域选项”对话框中选择“排序”选项卡，单击“选择要用于这个语言的排序方法”下拉列表框选择“笔画”选项。然后，单击“确定”按钮。当重启 Windows 系统，再次进入“资源管理器”窗口，单击文件标题列表上方的“名称”时会发现中文名的文件或文件夹已经按笔画顺序排序了。

4. 磁盘管理

磁盘是计算机的重要硬件，用户的所有文件以及安装的操作系统、应用程序都存储在这个存储设备上。用户可以对磁盘执行如下的两种常见操作。

(1) 查看磁盘属性

打开“我的电脑”或“资源管理器”窗口，右击选定某个磁盘驱动器，在弹出的快捷菜单中选择“属性”命令，打开“属性”对话框。

① 在“常规”选项卡中，显示有磁盘的类型、文件系统、已用空间、可用空间和容量等信息。用户可以为“本地磁盘”重新命名卷标。单击“磁盘清理”按钮可以对当前磁盘存储空间进行清理。

② 在“工具”选项卡中，有“查错”、“碎片整理”和“备份”3 个磁盘管理工具。

③ 在“硬件”选项卡中，显示驱动器的名称、类型和状态等。

④ 在“共享”选项卡中，可以对当前磁盘设置共享，设置方法与文件夹设置共享的方法相同。

(2) 磁盘格式化

格式化磁盘是指将磁盘上所有的文件彻底删除并为磁盘分配存储单元。磁盘格式化处理主要包括按照规定的格式重新划分磁道和扇区、分配磁盘空间、检测损坏的磁道和扇区并做上标记使其禁止分配使用。

三、Windows 搜索器

如果需要在包含许多子文件夹的文件夹中快速找到所需的文件夹，或者需要在文件较多的文件夹中快速找到所需的文件，靠排序浏览的方法往往比较费时。Windows 系统提供了功能强大的搜索器，支持文件和文件夹的快速定位。

1. 打开“搜索”窗口

打开如图 2.2.3 所示的“搜索”窗口，有两种方法：

方法一：单击“开始”按钮，选择“搜索”命令。

方法二：在搜索的磁盘驱动器或文件夹窗口中，单击工具栏中的“搜索”按钮。

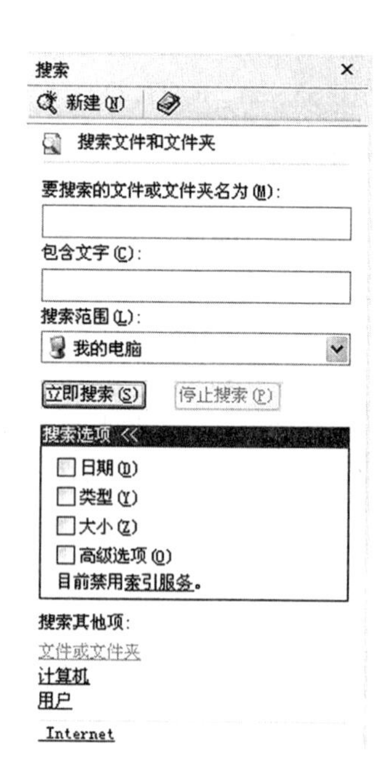

图 2.2.3 Windows 搜索器

2. 指定搜索条件

要查找文件或文件夹，就需要提供查找线索。搜索条件至少要输入一条，也可以使用多条组合。

① 在“要搜索的文件或文件夹名为”中，输入要查找的文件或文件夹名称。如果不能准确输入文件名，那么就用通配符“＊”和“?”代替文件名的字符实现模糊查找。例如，搜索第三个字符是 a 的文件名称，可以输入“?? a＊. ＊”来搜索。

② 在“包含文字”中，输入要查找文件所包含的一段文字。这也就是按文件内容查找。

③ 在“搜索范围”中，输入指定查找的驱动器范围或通过“浏览”窗口指定到具体的某一文件夹位置。

④ 在“搜索选项”中勾选“日期”，可以指定文件的修改日期，按照指定的日期范围查找。

⑤ 在“搜索选项”中勾选“大小”，可以指定文件的大小进行查找。

⑥ 在“搜索选项”中勾选“类型”，可以指定文件类型。

⑦ 在“搜索选项”中勾选“高级选项”，可以指定搜索隐藏文件和文件夹、子文件夹、系统文件夹等。

操作步骤

一、格式化备份盘

首先，用 USB 线将备份硬盘连接到工作电脑上。连接成功后，Windows XP 系统会自动识别该备份盘，在本例中假定被识别后的备份盘的盘符是“H:”。然后，在“我的电脑”窗口中，右击磁盘驱动器 H 盘图标，在弹出的快捷菜单中选择“格式化”命令。在打开的“格式化”对话框中，设置“文件系统”是“NTFS”，输入“卷标”是“工作资料库”（如图 2.2.4 所示）。接着，单击“开始”按钮，在弹出的格式化警告提示框中单击“确定”按钮，备份盘开始磁盘格式化。最后，系统弹出“格式化完成”的提示框后，单击“确定”按钮关闭。

❖**提示：**将磁盘格式化为“NTFS”文件系统的目的是使程序运行更快更稳定，并且享受到一些 Windows 的文件服务，如文件和文件夹的加密。

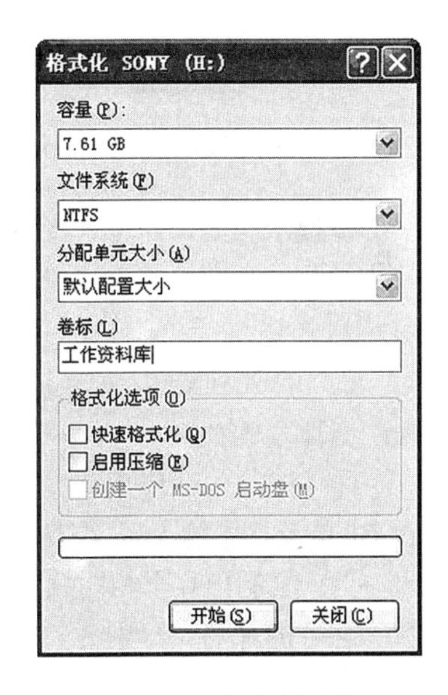

图 2.2.4　格式化磁盘

二、创建资料分类整理的文件夹

1. 用一般方法新建文件夹

在“我的电脑”中，双击“工作资料库（H:）”驱动器图标打开 H 盘窗口，右击该窗口空白区域弹出快捷菜单（如图2.2.5所示），选择执行“新建”→“文件夹”命令。此时，会在空白地方出现新文件夹的图标。然后，输入“项目”两个汉字后按回车键结束。同理，创建“工作存档”、“参考资料”和“软件”三个一级文件夹。

双击“参考资料”文件夹图标，打开该文件夹的窗口，用上述新建文件夹的操作创建“图片”、“影视”和“网摘”三个子文件夹。创建完毕后，关闭“H：\参考资料”窗口即可。

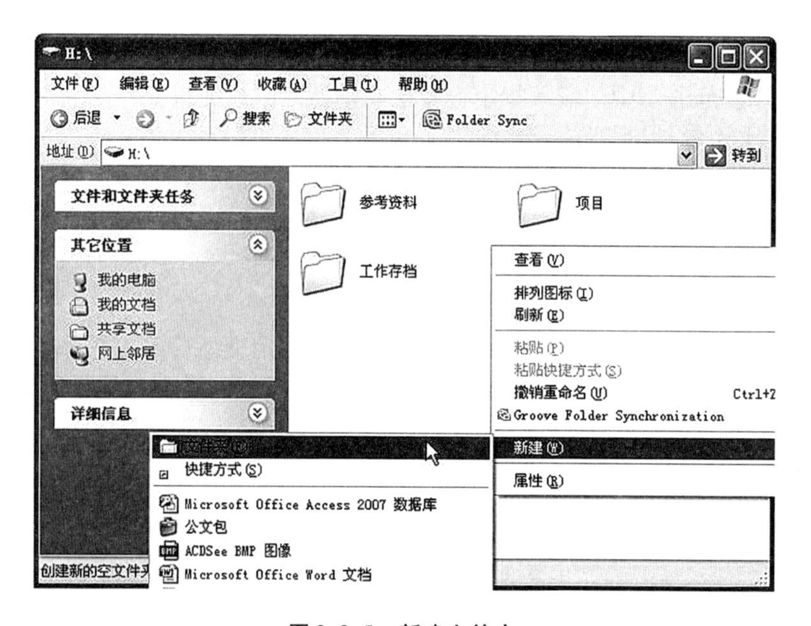

图2.2.5 **新建文件夹**

❖**提示**：如果在输入文件夹名称时点击鼠标退出了输入状态，那么，可以右击该文件夹后执行“重命名”命令重新输入文件夹名。对于多余的文件夹，可以将它们拖曳到“回收站”。

2. 利用Excel快速批量创建文件夹

具体步骤如下：

① 打开Excel应用程序，在新工作表的A1单元格中输入“md ”（后面有个空格），在B1单元格中输入子文件夹名“201201”，然后，向下拉动A1单元格右下角的描点（“+”）复制出6个相同数目的md，按住【Ctrl】键下拉B1单元格的描点复制出6个数字递增的命名，分别为“201201”，“201202”……“201206”，接着，在C1单元格中输入“=a1&b1”并按回车键，再下拉C1单元格描点，对下面单元格自动填充。结果如图2.2.6所示。

❖**提示**：md是常用的DOS命令，其功能是建立目录（文件夹）。

② 在桌面的空白区域右击弹出快捷菜单，选择执行“新建”→“文本文档”命令，并输入文件名“mywork”，双击打开此文件，将上图所示C列的内容复制到文本文件中（如图2.2.7所示）。然后，选择记事本的“文件”→“另存为”菜单项命令，在“另存为”对话框的“文件名”一栏将“mywork”文件的后缀名从“.txt”更改为

“.bat”，并且保存位置选为“桌面”。最后，单击“保存”按钮，在桌面上出现自动批处理文件“mywork.bat”的图标。

	A	B	C	D
1	md	201201	md 201201	
2	md	201202	md 201202	
3	md	201203	md 201203	
4	md	201204	md 201204	
5	md	201205	md 201205	
6	md	201206	md 201206	
7				
8				

图 2.2.6 用 Excel 生成 md 命令组

图 2.2.7 用记事本创建自动批处理文件

③ 在“我的电脑”中，双击打开 H 盘的“工作存档”文件夹窗口，用鼠标的拖曳操作将桌面上的“mywork.bat”文件复制到“工作存档”文件夹中，然后，双击执行“mywork.bat”批处理便会快速创建如图 2.2.8 所示的所有子文件夹。最后，将桌面上多余的“mywork.txt”和“mywork.bat”两个文件拖放到“回收站”即可。

3. 给“工作存档”文件夹创建桌面快捷方式

在图 2.2.5 所示的窗口中，单击“工具栏”的“向上”按钮，返回上一级的 H 盘窗口，单击选中“工作存档”文件夹，用【Alt】+拖曳操作将“工作存档”文件夹的快捷方式图标拖放到桌面上（如图 2.2.9 所示）。

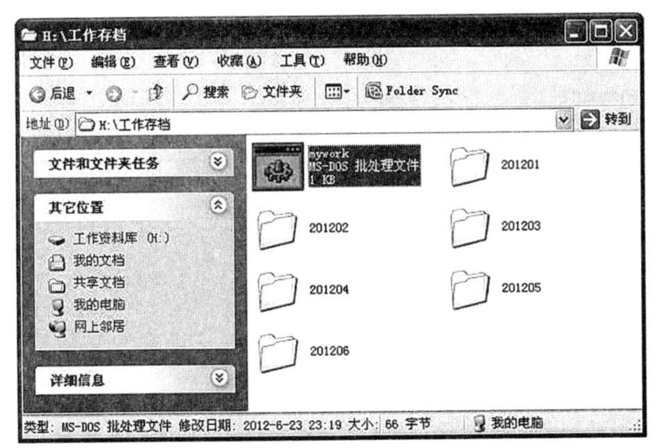

图 2.2.8 运行自动批处理文件创建多个文件夹

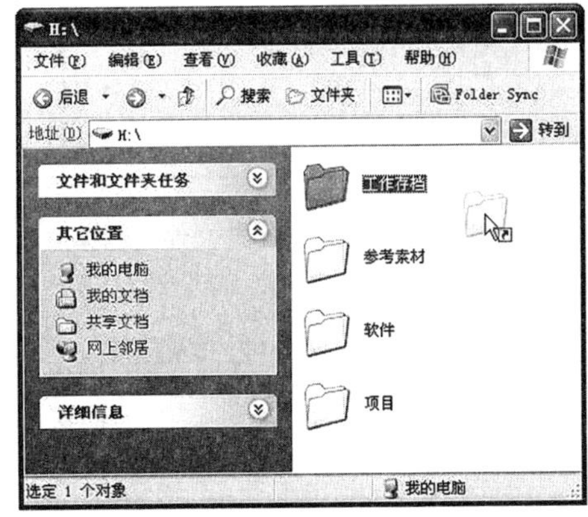

图 2.2.9 用【Alt】+拖曳方法创建文件夹的快捷方式

4. 重命名“参考资料”文件夹

在 H 盘窗口中，右击“参考资料”文件夹弹出快捷菜单，选择执行“重命名”命令，将原来的“参考资料”名称改为“参考素材”。

5. 设置“软件”文件夹共享

在“我的电脑”中，双击打开“工作资料库 H 盘”窗口，右击“软件”文件夹，在弹出的快捷菜单中选择“共享和安全”，打开属性对话框。在“共享”选项卡中，单击选择“共享此文件夹”，并在“共享名”一栏中输入名称“共享软件”，该名是当用户连接到共享文件夹时看到的名称（如图 2.2.10 所示）。一般情况下，将共享文件夹设为只读属性，禁止网络上的用户修改和删除共享文件夹中的文件。

在无法连通网络的状态下，公共电脑设置了多用户使用环境，则可以将“软件”文件夹拖动到桌面上的“我的电脑”的“共享文档”中，实现同机多用户共享，否则，勾选“将这个文件夹设为专用”，设为仅允许当前用户访问的私有文件夹。

❖**提示**：若在文件夹属性窗口中没有发现“共享”选项卡，可以在资源管理器窗口中选择菜单栏的“工具”→“文件夹选项”命令，在弹出的窗口中选择“查看”选项卡，然后将“高级设置”列表中的“使用简单文件共享”复选框的勾选标记去掉即可。

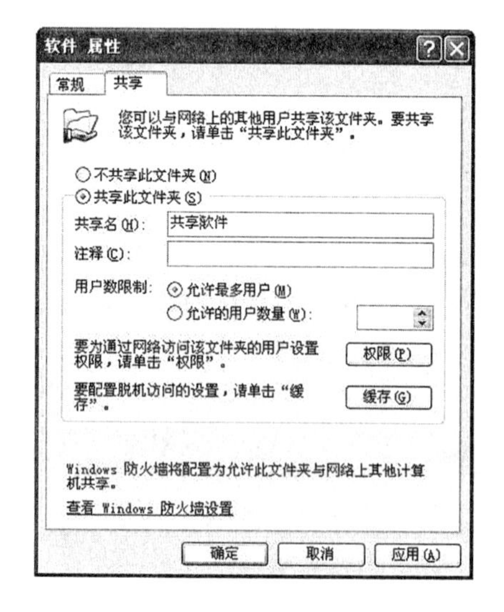

图 2.2.10　设置“软件”文件夹共享

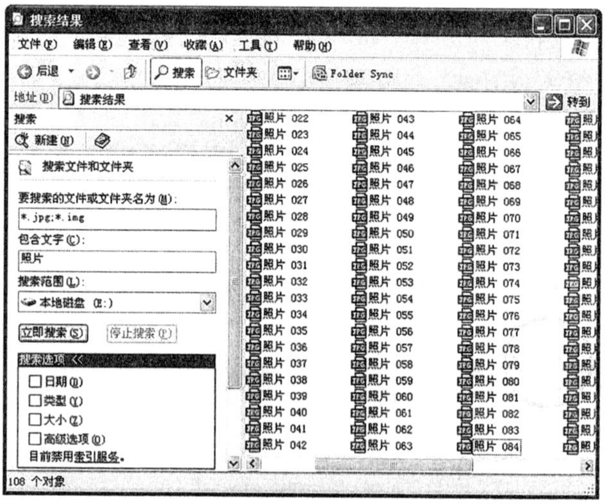

图 2.2.11　搜索图片

三、搜索备份文件资料

1. 搜索同类的照片文件并备份

打开“我的电脑”或“资源管理器”窗口，在窗口的工具栏上单击“搜索”按钮打开左侧的搜索器，在“要搜索的文件或文件夹名为”一栏输入“＊. jpg；＊. img”，在“包含文字”一栏输入“照片”，在“搜索范围”选择工作电脑的盘符（如 E 盘）（如图 2.2.11 所示）。然后，单击“立即搜索”按钮。等待片刻后，在窗口右侧会出现所有包含“照片”二字的图片文件（jpg 格式和 img 格式）。最后，用【Ctrl】＋【A】全选图片文件，单击“编辑”→“复制”，选择打开 H 盘“参考素材”的“图片”文件夹窗口后单击“编辑”→“粘贴”，将搜索到的图片文件复制到“图片”文件夹。

2. 按日期搜索文档文件并备份

打开“我的电脑”窗口，在窗口的工具栏上单击“搜索”按钮打开左侧的搜索器。在“要搜索的文件或文件夹名为”一栏输入“＊.doc；＊.xls；＊.txt”，在“搜索范围”选择工作电脑的盘符（如 E 盘），在“搜索选项”中勾选“日期”，选择“修改过的文件”，选择“介于 2012－01－01 和 2012－01－31”日期范围（如图 2.2.12 所示）。然后，单击“立即搜索”按钮。等待片刻后，在窗口右侧会出现所有 doc，xls，txt 格式的文档文件，这些文件都是 2012 年 1 月修改过的。最后，用【Ctrl】＋【A】全选所有文档文件，复制到“工作存档”的“201201”文件夹中。同理，备份 2 月、3 月、4 月……的文档文件。

图 2.2.12　搜索同一时间段的文档

3. 快速定位文件与文件夹，备份易损坏的 Windows 系统文件

打开“我的电脑”窗口，在窗口的工具栏上单击“搜索”按钮打开左侧的搜索器。在“要搜索的文件或文件夹名为”一栏输入“＊dll＊”；在“搜索范围”中选择“浏览”弹出“浏览文件夹”对话框，选择 C 系统盘的“Windows”的“system32”文件夹，再单击“确定”按钮；在“搜索选项”中勾选“高级选项”，再勾选“搜索系统文件夹”和“搜索隐藏文件和文件夹”两项。然后，单击“立即搜索”按钮。等待片刻后，窗口右侧列出搜索结果。单击其中一个文件后，在键盘上按下要查找的文件名称的前几个字母，每输入一个字母，系统快速定位到以该字母组合开头的文件。例如，想查找 mfc42u.dll，则直接在键盘上按下 mf，就能找到。找到文件后，右击文件，选择“发送｜工作资料库”盘即可。同理，备份 rundll32.exe，gpedit.dll，wsock32.dll 等一些容易损坏的系统文件。

❖**提示**：扩展名 . dll 表示动态链接库文件类型，mfc42u. dll 是查看系统状态的文件，Rundll32. exe 是执行 32 位的 DLL 文件，gpedit. dll 是组策略管理器的文件，wsock32. dll 是控制台的文件。

4. 批量重命名文件，分类管理照片

在“我的电脑”中打开路径为“H:\ 参考素材 \ 图片”的文件夹，在工具栏的“查看”按钮中选择“列表”。然后，选择要重命名的所有文件，按【F2】键，重命名这些文件中的一个，输入新的文件名后回车，这样所有被选择的文件将会被重命名为新的文件名（在末尾处加上递增的数字）（如图 2. 2. 13 所示）。

❖**提示**：在列表中选择文件的方法是：【Ctrl】 + 单击来点取；【Shift】 + 单击顺序选取；【Ctrl】 + 【A】 全选。

5. 收录网络资料，备份收藏夹

备份网页文档：用上述 Windows 搜索器的搜索方法，查找工作电脑的网页文档（ *. html； *. htm； *. mht），并备份到工作资料库的“参考素材”的“网摘”文件夹中。

备份收藏夹的方法是：首先，打开工作资料库的“参考素材”的“网摘”文件夹窗口。然后，双击打开桌面上的“我的文档”（如图 2. 2. 14 所示），用鼠标将“收藏夹”拖曳到工作资料库的“参考素材”的“网摘”文件夹窗口中即可。

图 2. 2. 13 对选中的照片批量命名

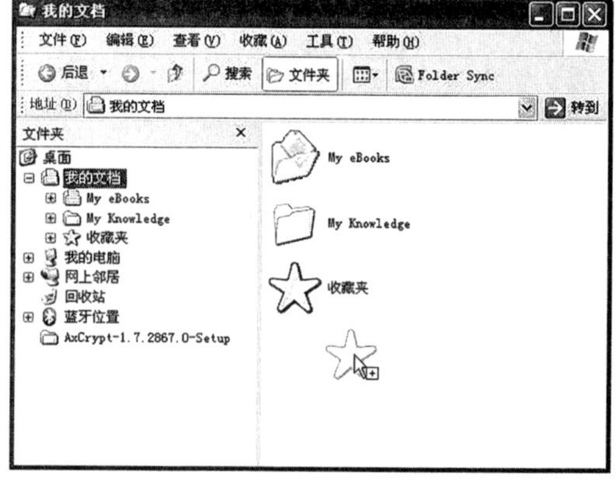

图 2. 2. 14 拖曳“收藏夹”

6. 生成“工作存档”清单

（1）用截屏画图操作制作清单

首先，打开“我的电脑”，单击“搜索”按钮，将“工作存档”文件夹中的所有文件和文件夹搜索出来。然后，单击“查看”按钮，选择“详细信息”，右击标题栏“名称”弹出文件属性菜单，只勾选“名称”和“所在文件夹”两项，这样做可以使文件列表更简洁。同时，关闭搜索器、标准按钮、状态栏等部分，并且调整窗口的大小，将文件列表显示在合适位置。接着，单击选中“搜索结果窗口”，执行一次【Alt】 + 【Print Screen】的截屏操作将结果保存起来，同时，启动“开始”→“所有程序”→

“附件”→“画图”程序，在“画图”窗口中执行如下操作：

图 2. 2. 15 用画图程序制作文件清单

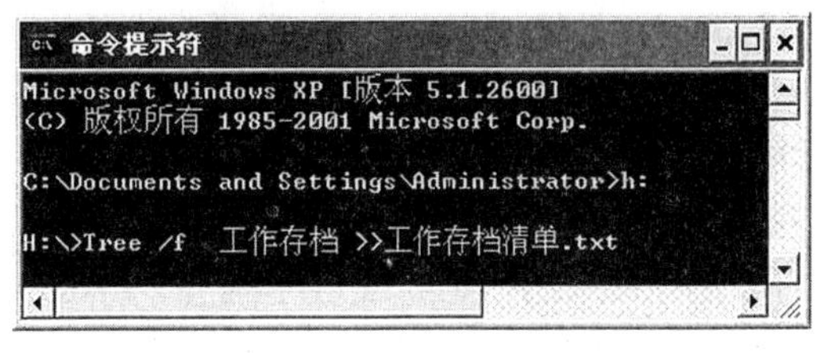

图 2. 2. 16 在命令提示符执行 DOS 命令

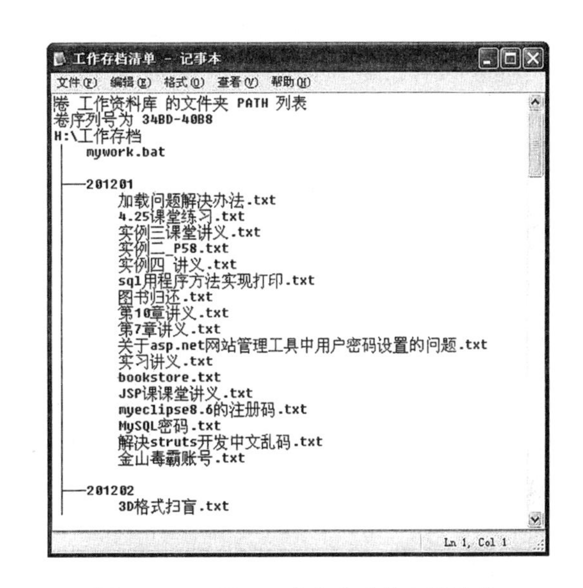

图 2. 2. 17 用 tree 命令生成的文件清单

① 单击“编辑”→“粘贴”，将搜索结果窗口的截屏图像粘贴到窗口中。

② 将截屏图像移动到合适位置，必要时裁减多余的图像，可参考图 2. 2. 15。

③ 单击“文件”→“另存为”，在“保存为”窗口中输入文件名是“工作存档清单（一）”，保存类型是“JPEG”格式，保存位置在“桌面”，单击“保存”按钮。

④ 关闭“画图”窗口。

最后，要将桌面的“工作存档清单（一）. jpg”文件移动到“工作存档”文件夹中。其操作是：右击桌面的“工作存档清单（一）. jpg”文件，在快捷菜单中选择“剪切”命令，右击“工作存档”文件夹图标，在快捷菜单中选择“粘贴”。

（2）用 tree 命令快速生成文件清单

首先，单击“开始”→“所有程序”→“附件”→“命令提示符”，在“命令提示符”窗口中参考输入下列两行 DOS 命令：

H: ↙ （转到 H 盘）

tree /f 工作存档 > > 工作存档清单 . txt ↙（用 tree 命令将工作存档的文件结构写入文本文件中）

执行过程如图 2. 2. 16 所示。

命令执行完毕，会在 H 盘的根文件夹中生成一个名为“工作存档清单 . txt”文本文件。如图 2. 2. 17 所示，用记事本打开这个文件显示了树形的文件夹和文件结构。

❖**提示**：“↙”表示回车执行，tree 是 DOS 命令，用“tree /f prn”格式的命令可以将详细文件结构打印出来。

四、EFS 加密“项目”文件夹

在“我的电脑”中，选择打开“工作资料库 H 盘”，右击选择要加密的“项目”文件夹，在快捷菜单中选择“属性”，打开属性窗口，在“常规”选项卡中单击“高级”按钮，在打开的“高级属性”窗口中勾选“加密内容以便保护数据”选项（如图 2.2.18 所示）。然后单击“确定”按钮。这时，“项目”文件夹加密后，其名称会以绿色显示。此时，当系统重启后，若加密的用户合法登录，则能访问“项目”文件夹。但是，当其他用户登录，试图访问已经加密的“项目”文件夹时则会给出拒绝访问的提示。

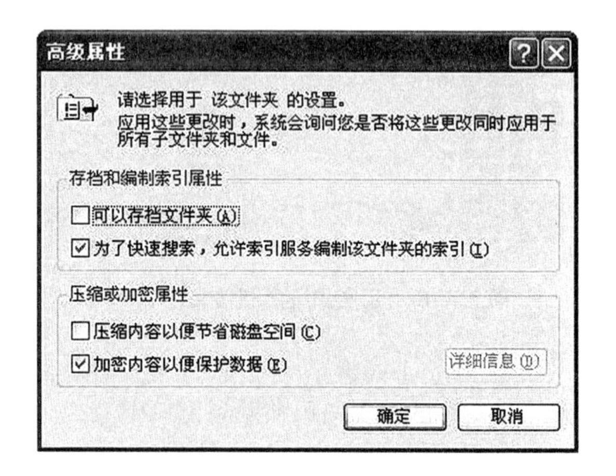

图 2.2.18　EFS 加密的高级属性

❖**提示**：使用 EFS 加密必须注意三点：①加密用户的账户需要设置强健的登录口令。②这种加密方式适用于 NTFS 分区的磁盘。若非 NTFS 分区，可以在“运行”对话框内键入“Convert X：/fs：ntfs”命令转换为 NTFS 分区（其中 X 就是被转换的磁盘驱动器）。③在重装系统之前一定要备份密钥，如果没有备份，那么即使在安装成功后，再新建相同的账户并且将其加入管理员组都不能打开加密文件。请参考后面的备份密钥的导出与导入。

技能拓展

一、添加与卸载程序

1. 添加（安装）程序

（1）通过自运行方式安装程序

若存放程序的光盘上带有自运行安装程序（autorun. exe），将此类光盘放入光驱中，安装程序将自动运行“安装向导”。用户只需按“安装向导”界面的提示一步一步地操作即可。

（2）从“桌面”、“资源管理器”或“我的电脑”中安装程序

安装程序文件都是 . exe 格式，其中大部分的文件名包含“Setup”或“Install”。在“桌面”、“资源管理器”或“我的电脑”里找到有这种命名特征的文件，双击该文件图标即可启动程序的“安装向导”，用户只需依照“安装向导”的提示进行设置，然后单击“下一步”按钮，直至完成。例如，安装谷歌拼音输入法。

(3) 用“添加或删除程序”窗口安装程序

在“控制面板”窗口中单击“添加或删除程序”图标，在打开的窗口中单击左侧的“添加新程序”按钮（如图2.2.19所示），然后单击“CD或软盘”按钮，在弹出的“运行安装程序”对话框中单击“浏览”，在“浏览”对话框中选择左侧的“我的电脑”，找到安装程序所在的文件夹或光盘，系统将自动搜索安装程序文件并完成安装。

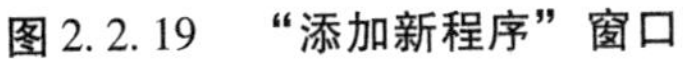
图2.2.19 “添加新程序”窗口

图2.2.20 卸载QQ

2. 卸载程序

卸载程序不能像删除文件或文件夹那样直接删除，因为这样不能把该程序的注册信息从Windows注册表中删除，而注册表中含有的大量无用信息将会造成系统性能下降，运行速度变慢。

(1) 用程序自带的卸载文件删除程序

一些程序在安装时还安装了它的卸载文件，用户可以在“开始”菜单中找到卸载程序的快捷方式来卸载程序。例如，执行“开始”→“程序”→“腾讯软件”→“卸载腾讯QQ”，即可卸载该程序（如图2.2.20所示）。

(2) 在“添加或删除程序”窗口卸载程序

单击“添加或删除程序”窗口中左侧的“更改或删除程序”按钮（如图2.2.21所示），在列表框中选择要卸载的应用程序名，然后单击“卸载”按钮，出现提示，单击“确认”或“是”继续卸载，直至完毕。

3. 卸载隐藏的程序项

对于有些程序项，无法直接通过“添加|删除程序”卸载。例如，MSN Messenger等一些微软自己开发的程序，在“添加|删除程序”窗口列表中是无法找到的。其实，这些程序项是存在的，只是被隐藏起来了，需要用恢复操作将它们显示出来后，再卸载。

一般的方法是：打开“我的电脑”，单击“搜索”，在Windows XP系统文件所在的驱动器（一般是C盘）中搜索隐藏文件“sysoc. inf”，双击该文件图标会在记事本中打开文件，显示当前已经安装的程序组件列表。然后，用记事本的“查找|替换”功能

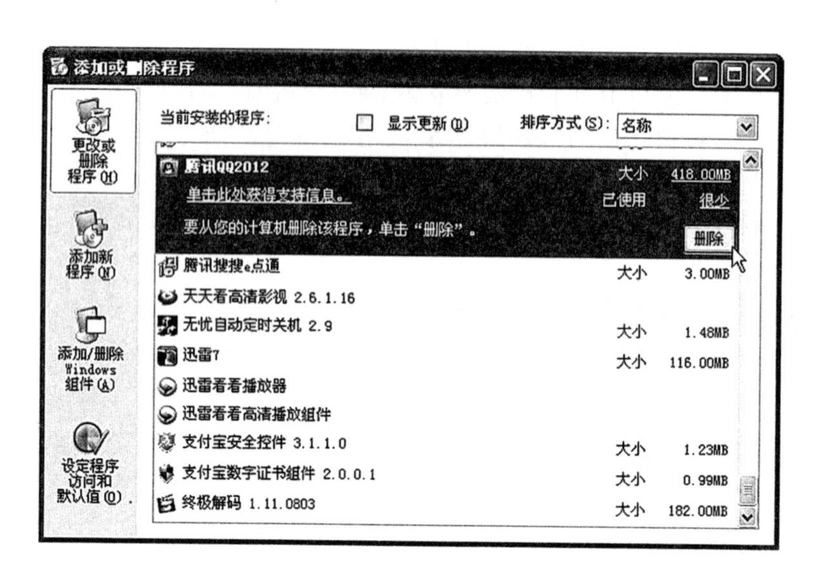

图 2.2.21 “卸载程序”对话框

将列表中的“hide”字符全部替换为空。这样做是为了将所有组件的隐藏属性都去掉。接着，保存文件后，重新运行“添加”→“删除程序”，在打开的对话框中可以看见隐藏的选项。最后，根据使用情况，卸载其中使用率低的程序项即可。

二、EFS 备份密钥的导出与导入

由于 EFS 加密是一种安全的加密技术，与用户登录时身份验证捆绑在一起，如果用户登录时无法通过，就完全无法访问被加密的文件。另外，重装系统前如果没有取消加密文件的加密属性，就会导致重装系统后数据访问失败故障的发生。因此，EFS 加密技术需要做好密钥的备份。密钥的备份简单而言就是启动证书导出向导生成用户在本地计算机的 EFS 证书（私钥文件），并将其存放在安全位置。

一般的方法是：单击“开始”菜单的“运行”窗口，在“运行”窗口中输入“certmgr. msc”后按回车键，打开证书管理器（如图 2.2.22 所示）。在窗口左侧依次选择“个人”的“证书”，在窗口右侧即可看到一个以用户名为名称的证书。右击该证书，在弹出的菜单中选择“所有任务”→“导出”命令，打开证书导出向导。然后，根据向导说明，选择导出私钥、输入私钥密码、设置私钥文件名和保存路径。最后，导出成功后单击“确定”按钮，并将导出后的文件的属性设为“隐藏”，同时再次复制一份放到自己的存储器中。

如果系统出现异常，如重装系统导致加密的内容无法访问，那么只需取出备份好的私钥文件，双击私钥文件，打开证书导入向导。然后，根据向导的提示输入导出时的保护密码，如图 2.2.23 所示，其他选项一律使用默认值。当提示“导入成功”后，就可以正常访问原来的 EFS 加密文件。

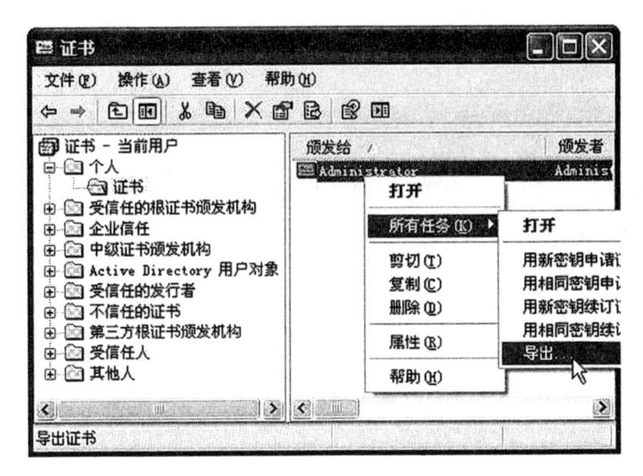

图 2.2.22　证书导出

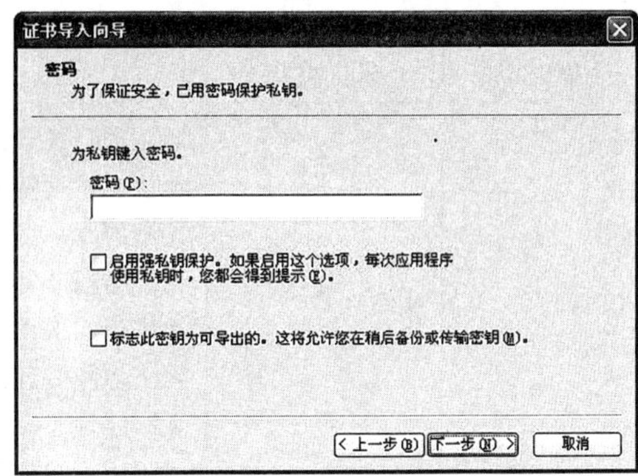

图 2.2.23　证书导入时输入密码

案例三　多用户管理与安全设置

案例说明

单位有一台公用电脑，平时提供给相关的工作人员上网查阅资料。电脑管理者在管理这台电脑时应充分考虑公共使用环境所带来的危害，除了系统需要加装一套安全维护软件外，还要禁止非法安装和卸载软件，避免用户删除和修改重要的文件和文件夹。同时，禁止公共用户修改 Internet Explorer 浏览器的设置，指定运行工作所需的应用程序。在公用电脑的系统维护中，电脑管理者有时允许一般用户协助安装软件。这时就应根据各类用户的工作需求，创建相应类型的用户账户，并合理分配相应的权限。

在实际工作和家庭生活中，多用户共用一台电脑的情况经常出现，电脑管理者需创建一个多用户的使用环境。在 Windows XP 系统中，必须至少有一个拥有完全权限的计算机管理员账户，其他身份的用户被视为一般用户。一般用户可以是适合公共无密码登录的来宾账户，也可以是带有密码登录和适当权限的受限账户。在本例中，创建四个用户，其名称、类型与功能见表 2.3.1。管理多用户使用环境时可以采用用户权限设置、组策略配置、文件夹共享、任务计划等多种管理手段。

表 2.3.1　列举用户名称、类型与功能

用户名称	账户类型	应用活动	适用范围
Admin	计算机管理员	拥有计算机管理完全权限	系统管理
User1 User2	受限账户	密码登录，被分配只读权限； 无法安装软件或硬件，但可用已安装的程序； 无法更改账户类型； 无法访问配置文件中的文件	一般应用 协作管理

续上表

用户名称	账户类型	应用活动	适用范围
Guest	来宾账户	无需密码登录； 无法安装软件或硬件，运行指定的程序； 无法更改来宾账户的类型和名称； 无法访问“共享文档”文件夹中的文件； 无法访问来宾配置文件中的文件； 无法访问磁盘； 无法修改桌面； 访问指定的网站	公共查询

知识准备

一、Windows 本地用户和组

1. 用户与用户组的概念

用户：当多个用户共同使用一个操作系统时，需要创建多个账户，以便于不同用户利用相应账户登录到账户所在的计算机，访问本机内的资源，或者是网络上的其他计算机利用此账户访问此计算机。

组：组是管理员进行用户管理的有效工具，通过将用户加入到组统一权限分配管理。Windows XP 系统定制的用户组主要有：Adiministrators，Backup Operators，Guests，NetWork Configuration Operators，Power Users，Remote Desktop Users，Users。

2. 用户账户类型

（1）计算机管理员账户

计算机管理员账户是专门为对计算机进行全系统更改、安装卸载程序和访问计算机上所有文件的电脑管理者而设置的。只有计算机管理员才拥有对计算机上其他用户的完全访问权。该账户的特点是：可以创建和删除计算机上的用户账户，可以为计算机上其他用户账户创建账户密码，可以更改其他人的账户名、图片、密码和账户类型。

（2）受限账户

当多人共用一台计算机时，计算机中的内容有可能被其他人意外更改，而使用受限制账户，可以防止别人对自己在计算机中的内容进行更改。受限制账户的特点是：无法安装软件或硬件，但可以访问已经安装在计算机上的程序；可以更改其账户图片，还可以创建、更改或删除其密码；无法更改其账户名或者账户类型。图 2.3.1 是两种用户账户类型的比较。

	计算机管理员	受限用户
安装程序和硬件	√	
进行系统范围的更改	√	
访问和读取所有非私人的文件	√	
创建与删除用户账户	√	
更改其他人的用户账户	√	
更改自己的账户名或类型	√	
更改自己的图片	√	√
创建、更改或者删除自己的密码	√	√

图 2.3.1 用户账户类型

3. 来宾账户

来宾账户是供那些在计算机上没有用户账户的人使用的。来宾账户没有密码，所以可以快速登录，以检查电子邮件或者浏览 Internet。该账户的特点是：无法安装软件，但可以访问已经安装在计算机上的程序；无法更改来宾账户类型，但可以更改来宾账户图片。

二、认识用户权限

要对 Windwos XP 的用户管理作出合理的设置，就必须了解用户管理机制。Windows XP 采用的是 WinNT/2000 内核的用户管理安全机制。这种安全机制建立在用户权限的分配上。用户组是统一用户权限的重要工具。所以，这里列举系统定制的几类用户组的名称及其相应的权限。

① Administrator（系统管理员）——有对计算机/域的完全访问控制权。

② Backup Operator（备份操作员）——可以备份和还原计算机上的文件，而不论这些文件的权限如何；还可登录到计算机和关闭计算机，但不能更改安全性设置。

③ Guest（客人）——权限略低于受限用户，适合公共用户，无法设置密码。

④ Power User（高级用户）——权限同标准用户，该用户可修改大部分计算机设置，安装不修改操作系统文件且不需安装系统服务的应用程序，创建和管理本地用户账户和组，启动或停止默认情况下不启动的服务等，但不可访问 NTFS 分区上属于其他用户的私有文件。

⑤ Replicator（复制员）——权限是在域内复制文件。

⑥ User（普通用户）——权限同受限用户。该用户可操作计算机并保存文档，但不可以安装程序或进行可能对系统文件和设置有潜在破坏性的任何更改。

我们知道，用户组有自己相应的权限，新建用户后，将用户加入到用户组就可以获得该组的权限。那么，如何将用户添加到用户组，即授予用户权限的方法是什么呢?

一般的方法是：首先，打开“计算机管理”窗口，在“计算机管理（本地）”→“系统工具”→“本地用户和组”→“用户”上单击鼠标右键，选择“新用户”命令创建新用户（如图 2.3.2 所示）。关闭“新用户”对话框。然后，右击新建的用户，选择“属性”，打开 user1 用户的属性对话框，单击“隶属于”选项卡（如图 2.3.3 所

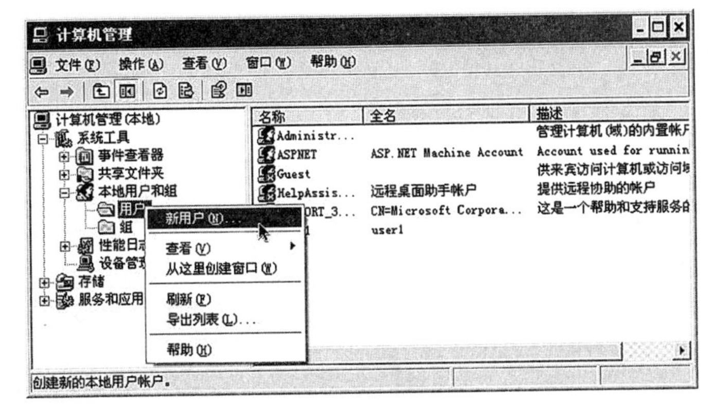

图 2.3.2 新建用户

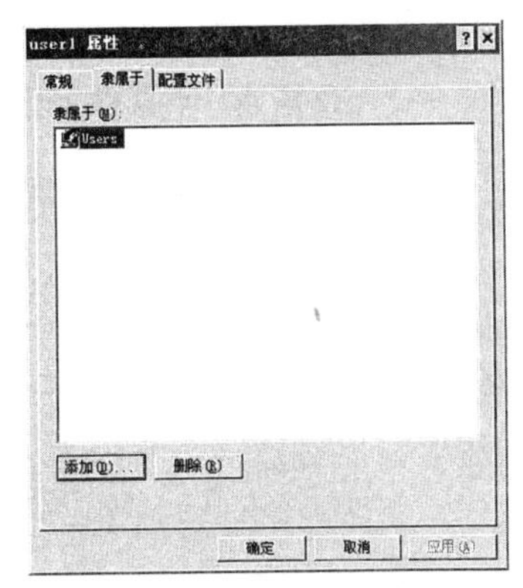

图 2.3.3 设置新用户隶属的用户组

示）。这里有两种操作方法：①单击“确定”按钮直接将user1隶属于已添加的Users用户组；②单击“添加”按钮给user1重新选择一个新的用户组。最后，单击“确定”，关闭“计算机管理”对话框。

三、认知组策略

组策略编辑器是Windows系统重要的管理工具之一。所谓组策略（Group Policy），即基于组的策略。它以Windows中的一个管理控制台单元的形式存在，可以帮助系统管理员针对整个计算机或特定用户设置多种配置，包括桌面配置和安全配置。

比如，可以为特定用户或用户组定制运行程序、桌面个性化等，也可以在整个计算机范围内创建特殊的桌面配置。简而言之，组策略是Windows中的一套系统更改和配置管理工具的集合。

创建“组策略对象编辑器”是配置组策略的第一步。这可以通过在管理控制台（MMC）中的组策略编辑器（GPE）插件来实现。

一般的方法是：单击“开始”菜单，选择“运行”，在“运行”对话框中输入“mmc”后按回车键，打开“控制台”窗口。然后，执行菜单项的“文件”→“添加”→“删除管理单元”，打开“添加”→“删除管理单元”对话框。接着，单击“添加”按钮，在“添加独立管理单元”对话框中选择“组策略对象编辑器”（如图2.3.4所示），单击“添加”按钮后关闭对话框。这时，在控制台窗口中会出现一个组策略控制台。最后，单击控制台的菜单项“文件”→“保存”，将这个组策略控制台保存在管理工具中作为一个独立管理单元即可。

图2.3.4 在控制台中添加组策略管理单元

操作步骤

一、设置多用户使用环境

1. 添加计算机管理员的账户

（1）创建一个新计算机管理员账户

单击“开始”→“控制面板”→“用户账户”，打开“用户账户”对话框。单击“创建一个新账户”，输入账号名称（如Admin）（如图2.3.5所示），单击“下一步”按钮，在“挑选一个账户类型”中选择“计算机管理员”，再单击“创建账户”按钮，这样，新账户就创建好了。

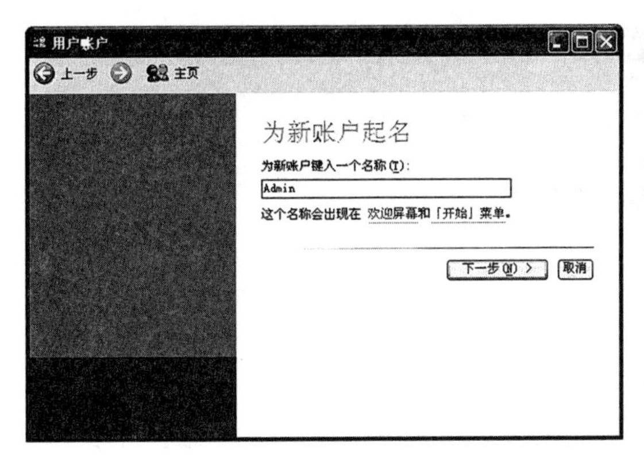

图 2.3.5 创建 Admin 账户

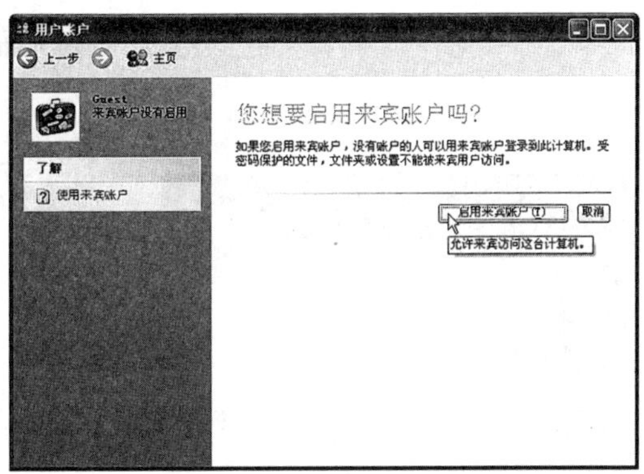

图 2.3.6 启用来宾账户

(2) 设置账户个性化

在“用户账户”主页中，单击“更改账户”，选择上述创建的 Admin 账户，进行该账户的个性化设置：选择“创建密码”，输入登录 Windows 系统的账户密码，将文本框填写好后，单击“更改密码”按钮即可；选择“更改图片”，选择自己喜爱的用户图片（如 red flower 图片），单击“更改图片”按钮。

❖**提示：**添加新的计算机管理员账户后，原来的 Administrator 账户会在系统重启后消失，直至删除新的计算机管理员账户后，它才会重新出现。

2. 启用“来宾账户”

单击“用户账户”对话框工具栏的“主页”按钮，回到“挑一个账户做更改”选项中选择“Guest”，在“您想要启用来宾账户吗”对话框中单击“启用来宾账户”（如图 2.3.6 所示），并设置来宾账户的个性化。

3. 添加受限用户 User1 和 User2

在“用户账户”主页对话框中，单击“创建一个新账户”，输入账号名称（如 User1），单击“下一步”按钮，在“挑选一个新的账户类型”中选择“受限”，再单击“创建账户”按钮，新账户就创建好了。同理，创建 User2 受限账户。

4. 多用户切换

在 Windows XP 系统中可以实现用户之间的快速切换，而不必关闭其他用户正在执行的程序。这是 Windows XP 优越的地方。单击“开始”菜单的“注销”按钮，弹出如图 2.3.7 所示的对话框，选择“切换用户”，即可实现不同用户之间的快速切换。

❖**提示：**使用“切换用户”功能的前提是，在“用户登录或注销的方式”中选择了“使用欢迎屏幕”和“使用快速用户切换”选项。

5. 多用户共享资源

一般情况下，用户可以单击桌面上的“我的文档”，快速访问用户私有空间保存的文档、图形或其他文件。倘若要设置多用户共享资源，可以有两种方式：一是本地多用户共享，将需要共享的文件或文件夹复制到如图 2.3.8 所示的“我的电脑”的共享文档中即可；二是网络用户共享，将需要共享的文件夹设为网络共享状态，并在共享设置的权限分配中指定受限用户账户及其权限类型。

图 2.3.7 切换用户

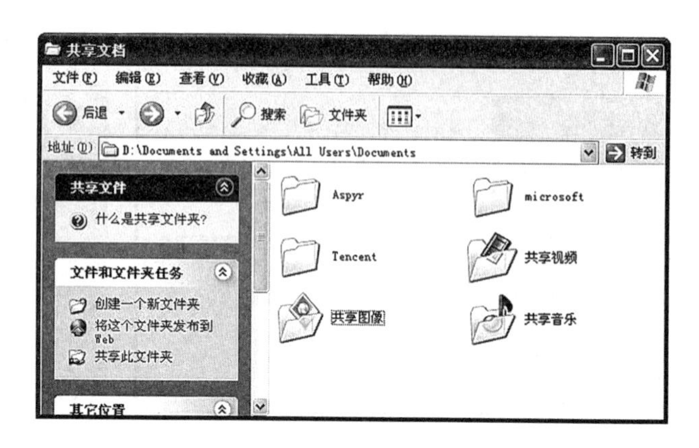

图 2.3.8 共享文档窗口

二、管理受限账户的使用环境

1. 统一管理 User1 和 User2 的权限

创建一个名为“Work Member”的用户组，将 User1 和 User2 添加到该组中，然后再给该组分配权限，这样就可以统一管理该组中所有用户的权限了。

一般的操作方法是：

① 在“控制面板”中，选择“性能和维护”→“管理工具”→“计算机管理”，打开“计算机管理”窗口（如图 2.3.9 所示）。

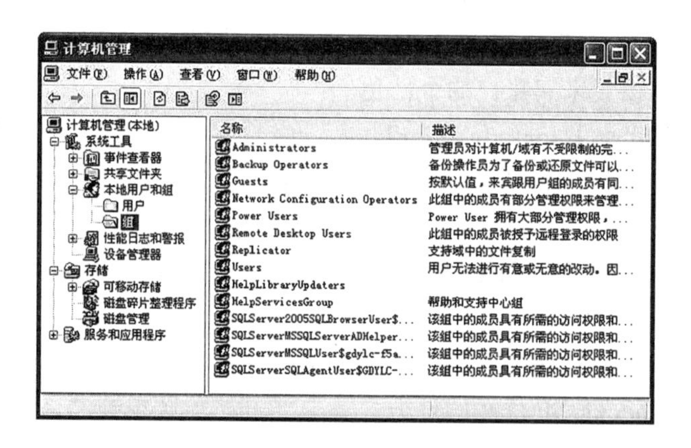

图 2.3.9 计算机管理窗口

② 在左侧窗格的树形结构中，逐级展开“系统工具”的“本地用户和组”，在该分支下有“用户”和“组”两个选项。选择“组”，在右侧窗格中会显示“Administrators”、“Power Users”、“Users”和“Guests”等系统内建的组。

③ 选择菜单项的“操作”→“新建组”命令，打开如图 2.3.10 所示的“新建组”窗口，在“组名”框内输入“Work Member”。

④ 单击“添加”按钮，打开“选择用户”窗口，在该窗口中单击“对象类型”按钮，对象类型仅选择“用户”一项，然后单击“确定”按钮。

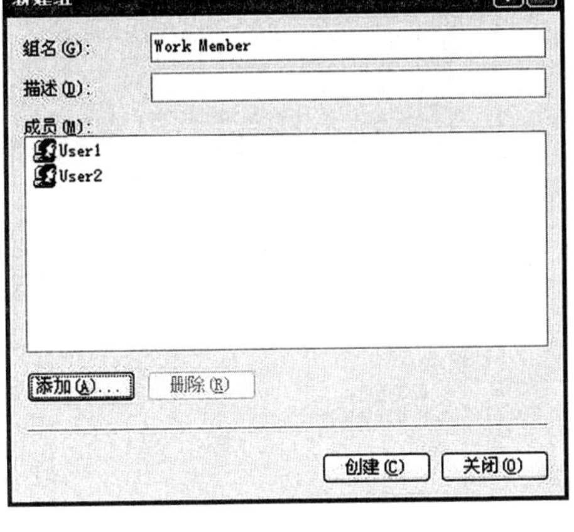

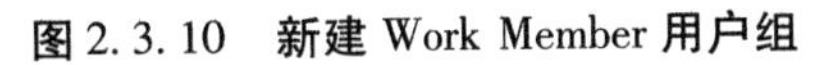

图 2.3.10　新建 Work Member 用户组

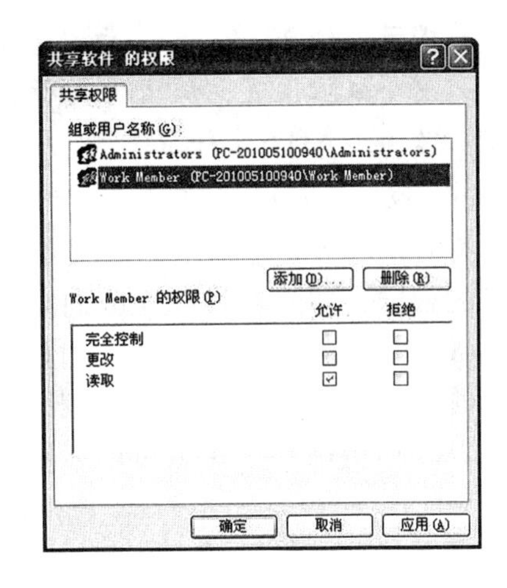

图 2.3.11　Work Member 组的只读权限

⑤ 单击“高级”按钮，扩展“选择用户”窗口，单击“立即查找”按钮，在窗口下方的搜索结果列表中用【Ctrl】+单击选择“User1”、“User2”用户，然后单击“确定”按钮。

⑥ 确认添加完毕后，在新建组对话框中单击“创建”按钮创建该组，然后关闭对话框，在计算机管理窗口的右侧就出现了新的“Work Member”组。

⑦ 选择需要共享的文件夹（如图 2.3.11 所示），在共享设置中统一分配该组的只读权限。

2. 给 Work Member 组设置私有文件夹

当多用户共用一台电脑时，如何保护用户文档不被误删或非法查看呢？有两种方法，即 EFS 加密和设置私有文件夹。

在本例中，给“Work Member”组的用户设置“My Documents”私有文件夹，禁止管理员或其他组外的用户访问“My Documents”文件夹的操作步骤是：

① 以“User1”身份登录，右击“My Documents”文件夹，选择快捷菜单中的“属性”命令。在打开的属性窗口中选择“安全”选项卡。

② 单击“高级”按钮，在弹出的高级安全设置窗口中，取消勾选“从父项继承那些可以应用到子对象的权限项目”一项，此时屏幕上会弹出一个安全提示，这里选择“复制”（或者“删除”）即可。然后，单击“确定”按钮回到属性窗口。

③ 在“用户和组”列表中将除“Administrators”组外的其他组，如“SYSTEM”、“CREATOR OWNER”、“Users”删除。

④ 单击“添加”按钮，在“选择用户和组”对话框中，查找“Work Member”组后添加到“组或用户名称”列表中。

⑤ 设置权限，在属性窗口的“组或用户名称”列表中选取“Administrators”组，然后在下面的权限列表中勾选“完全控制”行的“拒绝”复选框，这一列的其他复选框会自动打上勾选标记。这样，管理员组的成员将被拒绝访问该文件夹。

⑥ 选择“Work Member”组，在权限列表中勾选“读取和运行”行的“允许”复选框（如图 2.3.12 所示）。这样，该组中的成员就能查看和运行该文件夹中的文档。

❖**提示**：在 Windows XP 中，若要对文件夹进行安全权限设置，该文件夹所在的磁盘驱动器必须是 NTFS 文件系统。

3. 授予 User1 用户标准权限

有时，由于工作需要，可授予受限用户更多的权限，如解除软件安装的限制。Windows XP 系统内建的 Power User 组权限比受限用户的权限高些，等同于标准权限。若将 User1 添加到 Power User 组就可以解除软件安装的限制。

授于 User1 用户标准权限的操作方法是：

① 脱离原来的 Work Member 组：在"计算机管理"窗口中，选择"本地用户和组"分支的"组"，在右侧窗格中双击"Work Member"组，在"属性"窗口的"成员"列表中点选"User1"，然后单击"删除"按钮将其删除，单击"确定"按钮返回到"计算机管理"窗口。

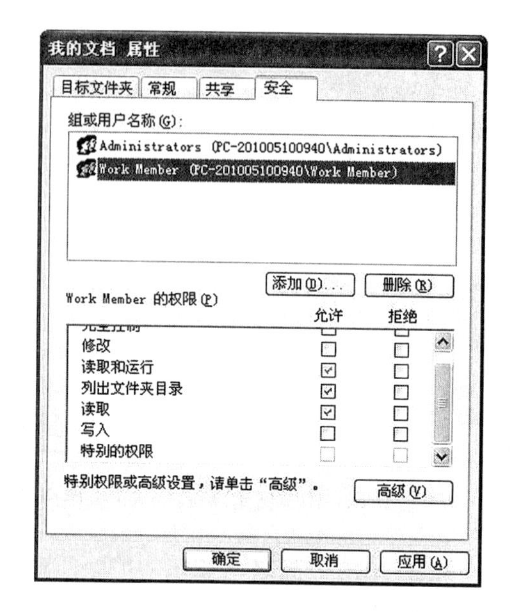

图 2. 3. 12 私有文件夹安全属性窗口

② 添加到 Power Users 组：双击"Power Users"组，在"Power Users"属性窗口中单击"添加"按钮，将"User1"添加到"Power Users"组中即可。

三、管理"来宾账户"的公共环境

1. 设置 Internet Explore 浏览器

① 将 IE 的默认主页设为用于公共查询信息的主页（如公司主页），再在打开的 IE 工具栏上右击鼠标，分别将"链接"和"地址栏"前面的勾去掉，将 IE 的链接栏和地址栏隐藏起来。

② 在"开始"菜单的"运行"对话框中输入"gpedit. msc"命令后按回车键打开组策略编辑器。在组策略窗口的左侧，选择依次展开"用户配置"→"管理模板"→"Windows 组件"→"Internet Explorer"项（如图 2. 3. 13 所示）。在本例中，选择"Internet Explorer"项的"浏览器菜单"子项目，将该项目下的"禁用关闭浏览器和资源管理器窗口"和"禁用'在新窗口中打开'菜单项"两个策略设为启用，目的是允许用户浏览许可网站，但禁止用户关闭 Micorosft Internet Explorer，同时禁止使用快捷菜单在新窗口中打开链接。

2. 运行指定的应用程序

在右侧策略窗口的"系统"项目中，双击本项目下的"只运行许可的 Windows 应用程序"策略项，打开该策略的属性对话框，先选择"已启用"选项，再点击下方的"允许的应用程序列表"后的"显示"按钮，如图 2. 3. 14 所示分别添加指定执行的应用程序，如"winword. exe"和"explore. exe"，这两个应用程序分别是 Word 和 Internet Explorer 的可执行程序。

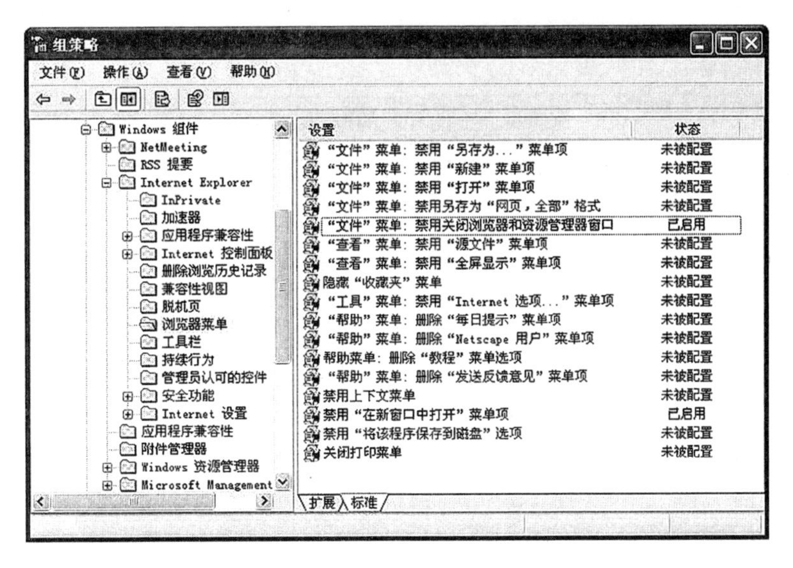

图 2.3.13　在组策略中设置浏览器

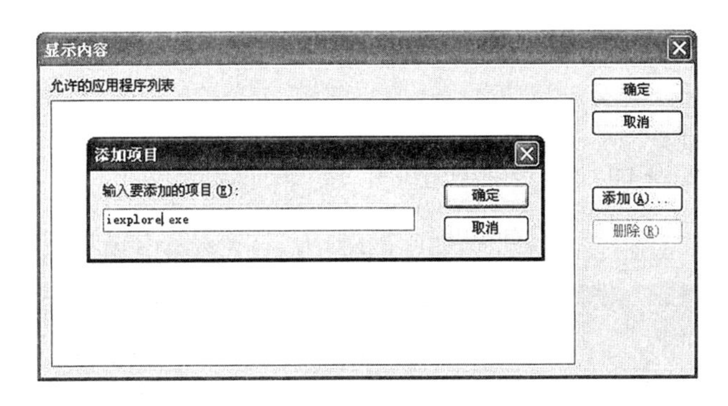

图 2.3.14　添加指定的运行程序

3. 禁止更改桌面系统设置

在管理公共环境时，用组策略设置系统安全尽可能考虑周详。为了防止桌面环境被肆意更改，一些策略项有必要设为启用或禁用状态。表 2.3.2 列举了一些相应策略项的配置方案。

表 2.3.2　禁止更改桌面系统的组策略配置方案

策略项所在项目	名　　称	状态
桌面	隐藏桌面上"网上邻居"图标	启用
桌面	隐藏桌面上的 Internet Explorer 图标	启用
桌面	隐藏和禁用桌面上的所有项目	启用
桌面	删除桌面上的"我的文档"图标	启用

续上表

策略项所在项目	名　　称	状态
桌面	删除桌面上的“我的电脑”图标	启用
桌面	从桌面删除回收站	启用
桌面	退出时不保存桌面设置	启用
桌面	删除清理桌面向导	启用
桌面→Active Desktop	禁用“活动桌面”	启用
任务栏和“开始”菜单	删除开始菜单上的“注销”	启用
任务栏和“开始”菜单	删除和阻止访问“关机”命令	启用
系统	阻止访问注册表编辑工具	启用
系统	阻止访问命令提示符	启用
控制面板	禁止访问控制面板	启用
Windows 资源管理器	隐藏“我的电脑”的驱动器	启用

技能拓展

一、制订任务计划

公共计算机由于使用频率高，必须定期维护，这类维护工作可以制订任务计划交给Windows 系统自动完成。使用任务计划，用户可以设定计算机定期运行或在最方便时自动运行用户所设定的程序，如用户可以设定计算机在每周星期一的 12 时自动执行“磁盘碎片整理程序”，则在每周星期一的 12 时系统将自动执行该程序。

1．创建任务计划

创建任务计划的具体操作如下：

① 单击“开始”按钮，选择打开“控制面板”的“性能和维护”，打开“任务计划”窗口。然后，双击窗口的“添加任务计划”图标，启动“任务计划向导”。

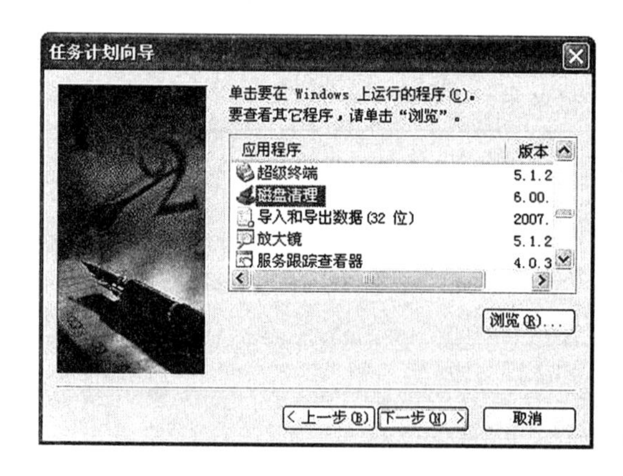

图 2.3.15　任务计划项目

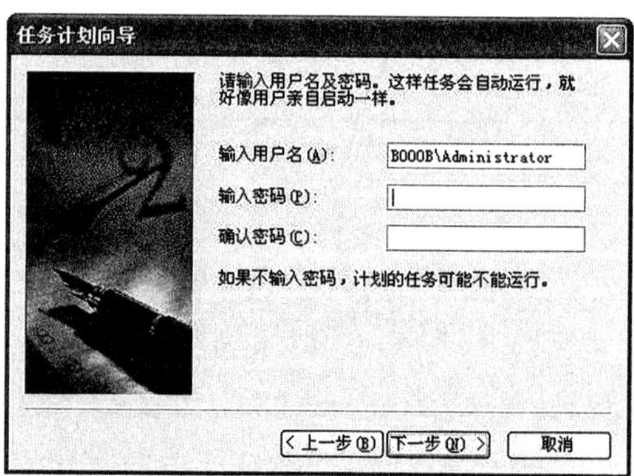

图 2.3.16　任务计划的登录名和密码

② 单击“下一步”按钮，在弹出的“任务计划向导”对话框中的“应用程序”列表框中选择要让计算机自动执行的应用程序，单击“浏览”按钮可选择列表外的其他程序。如图 2. 3. 15 所示，选择“磁盘清理”程序。

③ 单击“下一步”按钮，输入“任务名称”以及选择执行这个任务的周期，再单击“下一步”按钮，设置其起始时间和日期。

④ 单击“下一步”按钮，在如图 2. 3. 16 所示的对话框中输入 Windows XP 系统登录时所需的用户名及密码。

⑤ 单击“下一步”按钮，显示计划任务的完成信息，并单击“完成”按钮，即可创建一个任务计划。

二、多用户共享 EFS 加密文件

我们在文件操作部分讲述过如何对文件和文件夹进行 EFS 加密。加密后的文件允许加密用户合法登录访问，禁止其他身份的用户不合法访问，以帮助保护敏感数据。有时，在 Windows XP 系统中，只要加密用户允许，其他用户也能够访问 EFS 加密文件夹和文件。在这种情况下，加密用户的授权操作应具备两个条件：

① 加密用户对加密文件有所有权。

② 加密用户和添加用户在加密文件所在的计算机上拥有 EFS 密证书。

使多用户共享加密文件的一般方法为：

① 由加密用户将加密文件夹设置成共享状态。

② 添加其他用户的 EFS 加密证书，允许他们共享访问这个加密的文件夹。操作步骤如下：

➢打开资源管理器，右击加密文件或文件夹，在弹出的快捷菜单中选择“属性”。在“常规”选项卡中，单击“高级”。在“高级属性”中，单击“详细信息”。

➢单击“添加”按钮，然后执行下列步骤中的一种：

●若添加用户的 EFS 加密证书（私钥文件）在这台计算机上，可以单击“证书”，在列表中选择私钥文件后单击“确定”按钮（在将证书添加到文件之前，要查看该证书是否符合）。

●若从 Active Directory 中添加用户，可单击“查找用户”，然后在列表中选择用户，并单击“确定”按钮即可。

案例四　设备应用与管理

案例说明

小李外出旅游时用数码相机拍了许多照片。回家后，将相机中的照片传送到自己的电脑中分类存放，并挑选一部分照片用专业相纸打印出来制作相册。为了防止硬盘损坏或操作失误造成文件丢失，小李还特意将这些照片刻录到光盘中备份，并将自己的一张特写经加工后发送到手机上作背景。

知识准备

一、认识 WIA

1. WIA 的定义

WIA 是 Windows Image Acquisition 的缩写，即 Windows 图像采集系统。该系统涵盖了从支持图像采集设备到编辑排版打印的整个过程。WIA 在应用程序和图像采集设备之间提供强劲的通讯能力，从而允许用户高效地采集图像并将图像传输到计算机进行编辑和使用。

2. WIA 的应用

WIA 的应用可分为 3 部分：设备支持，图像处理，二次开发。

（1）设备支持

WIA 可以支持的设备有：扫描仪、数码相机、数字摄像机、活动硬盘、储存卡，这几乎已经包含了目前所有的图形图像设备。比如，在默认情况下，启用了 WIA 的系统连接即插即用型的静态数码相机或扫描仪时，会自动启动扫描仪和照相机向导。用户通过该向导获取图像。

对于数码相机之类的静态图像设备，该向导允许用户选定一幅或多幅照片进行加工处理，必要时还可以对照片进行旋转操作，同时，还可以查看与照片有关的信息资料。例如，照片的拍摄时间、照片尺寸、光圈等信息。

对于视频摄像机，该向导可以让用户选定所捕捉的静态图像，也可以执行旋转操作以及查看图像的资料信息。但是，从视频信号中捕捉静态图像就不是 WIA 向导所能完成的任务，而需要相应的软件才行。

（2）图像处理

WIA 向导获取图像后负责对图像的加工处理。这些操作有：

➢以多种格式显示、编辑、排版、打印或发送到 Web 页面。

➢制成桌面图标或者作为电子邮件发送到远处。

➢支持远程打印订购业务，即付费打印业务。

3. 与 WIA 相关的 Windows XP 系统功能

在 Windows XP 中，有些功能是与 WIA 密切相关的，这些功能主要是：

（1）My Pictures 文件夹

这个文件夹是供用户存放照片的（如图 2.4.1 所示）。该文件夹不仅是一个存放位置，还具有许多新特点。这些特点是：

➢改进缩略图显示方式。

➢与 WIA 设备关联，当一个 WIA 设备连接事件发生时，立即可以打开这个文件夹，并可以在文件夹与设备之间切换。

➢支持对照片进行“幻灯片”式的显示。这种显示方式把屏幕窗口分成两部分：一部分把得到的照片排成像胶卷上的一张张小幅照片，一次显示多张。然后，单击那张照片时，就可以在另一部分区域上显示出该照片的完整尺寸。这有点像放映幻灯片。

➢支持多种文件格式，如 PNG，TIFF，GIF，JPEG 等，还可以进行旋转操作。

➢支持直接从显示窗口预览并打印照片。

(2) Screensaver

这一特性主要用来美化桌面，用户可以将自己喜欢的照片放在计算机桌面上。这种美化也可以作为图标来使用。例如，对于多个用户公用一台计算机的情况，每个人都有自己偏爱的设置和私人文件，你可以用自己的照片来代表属于你自己的设置环境，设置一个密码，只供你本人使用这个环境，别人是进不去的。

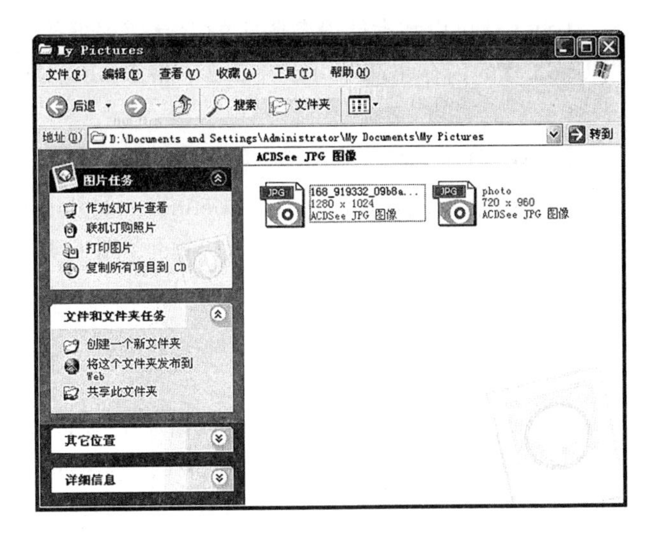

图 2.4.1 My Pictures 文件夹

(3) MS Paint

这是 Windows 附件中的画笔程序。在 Windows XP 中，对这个程序进行了修改，可以利用它直接从 WIA 设备中得到图像或照片。如果连接好扫描仪或数码相机，那么，在出现的对话框中，也可以找到调用 MS Paint 程序的菜单条。

二、常见的电脑设备连接类型

外部设备都是通过规范的接口与计算机连接的。比如，鼠标一般通过 USB 或者 PS/2 接口和计算机连接，网卡一般通过 PCI 接口和计算机连接等。不同的连接线或转接卡和计算机连接的类型不尽相同。常见的电脑连接类型有：

1. USB 接口

USB 是英文 Universal Serial Bus 的缩写，中文含义是“通用串行总线”。它不是一种新的总线标准，而是应用在 PC 领域的接口技术。USB 具有传输速度快、使用方便、支持热插拔、连接灵活、独立供电等优点，可以连接鼠标、键盘、打印机、扫描仪、摄像头、闪存盘、MP3 机、手机、数码相机、移动硬盘、外置光软驱、USB 网卡、ADSL Modem、Cable Modem 等几乎所有的外部设备。

目前，USB 接口有三个版本。USB1.1 的最高数据传输率为 12 Mb/s；USB2.0 则提高到 480 Mb/s；新的 USB3.0 在保持与 USB2.0 全兼容的同时，还具备下列几项增强功能：

➢极大地提高了带宽——高达 5 Gb/s 全双工。

➢实现更好的电源管理，能够使主机为设备提供更高的功率，从而实现 USB - 充电电池、LED 照明和迷你风扇等应用。

➢能够使主机更快地识别设备。

➢数据处理效率更高。

USB3.0 可以在存储设备限定的存储速率下传输大容量文件（如 HD 电影）。一个采用 USB3.0 的闪存驱动器可以在 3.3 s 将 1 GB 的数据转移到一台主机，而 USB2.0 则需要 33 s。

2. HDMI 接口

高清晰度多媒体接口（High Definition Multimedia Interface，HDMI）是一种数字化视频/音频接口技术，是适合影像传输的专用型数字化接口，其可同时传送音频和影音信号，最高数据传输速度为 5 Gb/s。同时，无需在信号传送前进行数/模或者模/数转换。HDMI 技术有很大的发展余量。

3. 蓝牙

蓝牙（Bluetooth）是一种无线数据通讯技术标准。它具有无方向性限制，有效连接距离达 10 m，一般的传输速度为 1 M/s，快速的高达 10 M/s 甚至更快等优点。常见的蓝牙设备有手机移动设备、立体声耳机、鼠标、键盘、游戏手柄等。没有蓝牙接口的电脑需要加装蓝牙适配器来实现蓝牙接口功能。蓝牙适配器一般都是 USB 接口的，能直接使用并且携带轻便。

4. WIFI

WIFI（Wireless Fidelity，无线保真）技术与蓝牙技术一样，同属于在办公室和家庭中使用的短距离无线技术。常见的 WIFI 设备是无线网络设备。在无线路由器电波覆盖的有效范围内，可以采用 WIFI 连接方式进行联网。如果无线路由器连接了一条 ADSL 线路或者别的上网线路，则被称为“热点”。另外，还有 WIFI 打印机。将打印机通过 WIFI 联网后，可以组成一套无线网络打印系统。

操作步骤

一、WIA 采集照片

1. 获取照片

① 在通电状态下，用 USB 线将照相机连接到计算机。连接成功后，系统会自动激活如图 2.4.2 所示的“扫描仪和照相机”安装向导。单击“下一步”，选择要复制的图片。

❖**提示**：在大多数情况下，系统能快速自动识别设备的名称和类型。对于识别不了的设备，就需要安装设备驱动程序。

② 单击“下一步”，输入照片的统一名称（用于照片归类识别），并单击“浏览”按钮，选择要复制到“我的文档”中的“My Picture”文件夹或者其他已存在的文件夹（如图 2.4.3 所示）。接着，再转到“下一步”，照片就开始复制了。

③ 复制完毕后，选择“其他选项”（如图 2.4.4 所示）。这里有三项操作：

➢若有 Internet 服务提供商合法提供的网络空间，可以选择“将这些照片发布到网站”，如图。

➢选择付费的订购打印。

➢若无任何处理，选择“我已处理完这些照片”，转到“下一步”后单击“完成”

按钮即可。

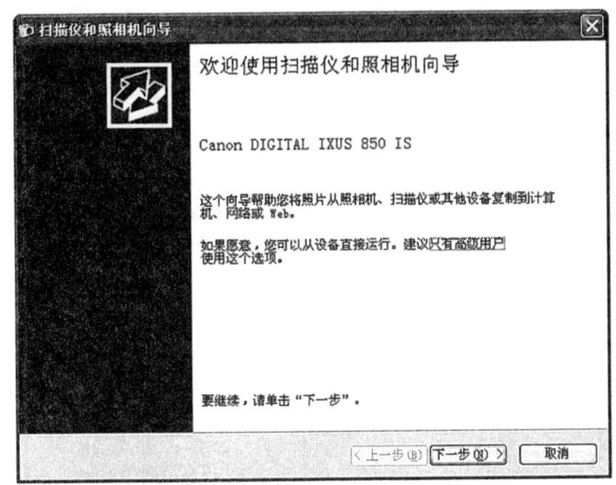

图 2.4.2 扫描仪和照相机向导

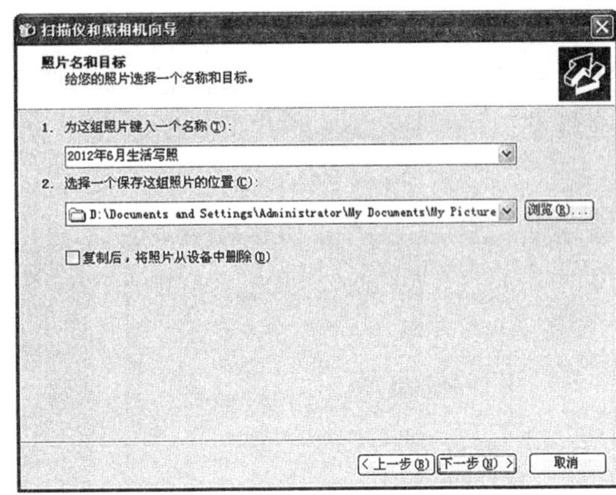

图 2.4.3 设置照片的组名和保存位置

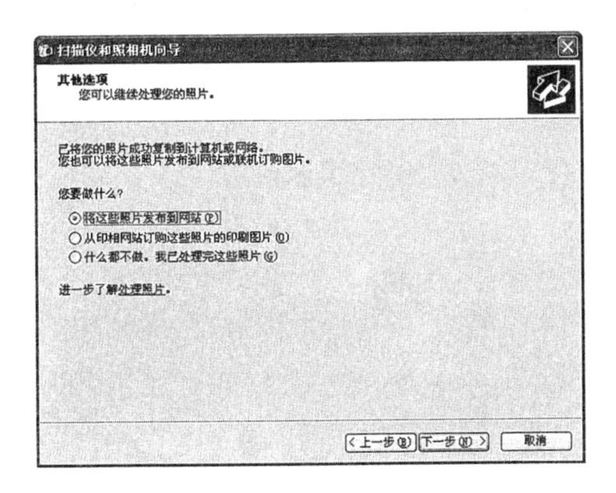

图 2.4.4 照片的处理

图 2.4.5 用 Windows 图片和传真查看器打开图像

2. 处理图像

(1) 用 Windows 图片和传真查看器处理图像

在“Windows 图片和传真查看器”的对话框中，用户可以预览照片的缩略图，查看全尺寸的照片，显示照片的有关信息（如拍摄时间、光圈、焦距等数据），也可以删除不满意的照片。

一般的操作方法为：打开“我的文档”中的“My Picture”文件夹窗口，右击选中一幅图像，在弹出的快捷菜单中选择执行“打开方式”的“Windows 图片和传真查看器”。这时，在“Windows 图片和传真查看器”对话框中打开选中的图像（如图 2.4.5 所示）。在对话框的下方有一行工具，其功能分别有：上下一幅图像、调整图像大小、旋转图像、删除图像、打印图像、复制图像、编辑图像。其中，编辑图像需要链接到默认的图像处理软件进行编辑，如 ACDSee。

（2）用数码照相机对话框处理图像

打开“扫描仪和照相机”对话框，右击已连接好的设备图标，选择“属性”打开属性对话框，单击选择“事件”选项卡（如图2.4.6所示），设置操作选项。例如，单击“将所有照片存入这个文件夹”中设置文件夹路径，并勾选“用今天的日期创建子文件夹”，方便采集的照片按日期归类存放。

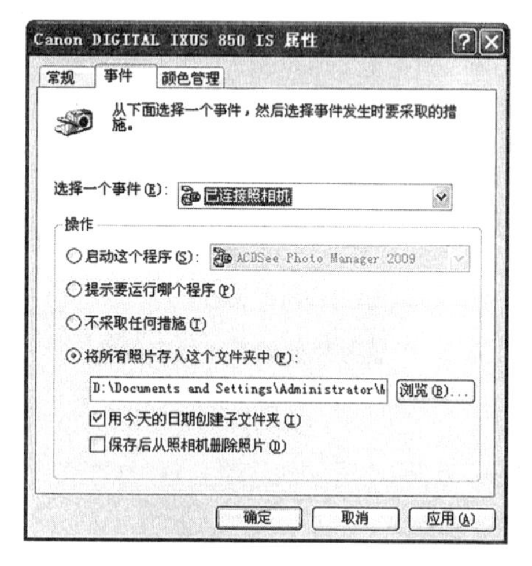

图2.4.6　设备属性对话框

图2.4.7　添加打印机向导

二、打印照片

1. 安装打印机

① 在断电的情况下，将打印机连接到计算机，并且接通电源。单击“开始”菜单，打开“控制面板”→“打印机和其他硬件”→“打印机和传真”窗口。在窗口的左侧，单击“添加打印机”图标，打开“添加打印机向导”对话框（如图2.4.7所示）。

② 单击“下一步”按钮，打开“本地或网络打印机”对话框，选择“连接到这台计算机的本地打印机”选项（如图2.4.8所示）。

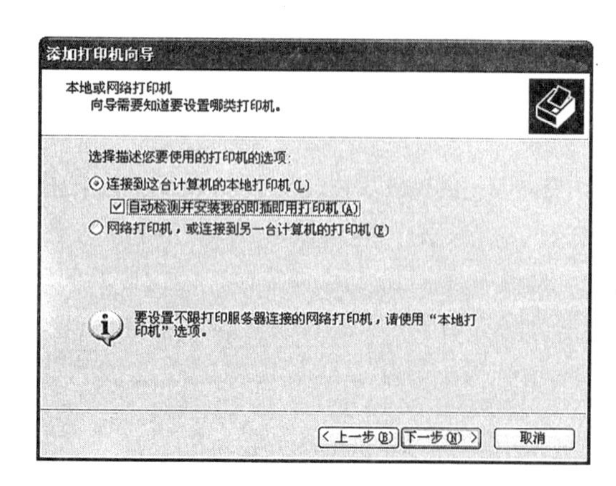

图2.4.8　设置本地或网络打印机

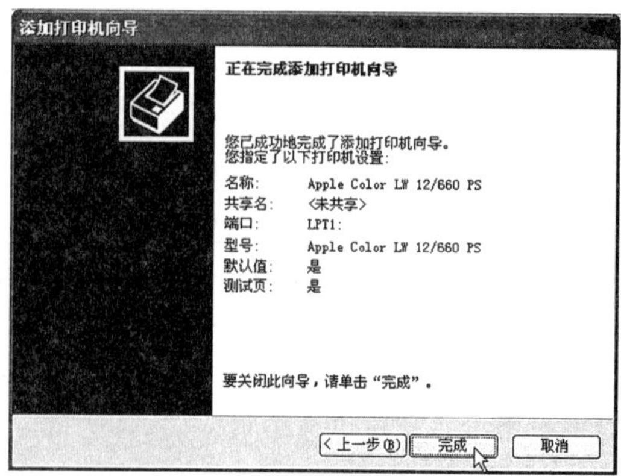

图2.4.9　添加打印机的完成信息

③ 单击“下一步”按钮，自动检测打印机并提示检测结果。如果自动检测无法识别打印机的类型和名称，就进入手动安装打印机程序。在手动安装打印机的过程中，需要选择打印机端口、安装打印机驱动程序及命名打印机。

④ 打印机检测完毕后，在“要打印测试页吗?”选项下选择“是”，这样完成打印机的安装后，打印机会自动打印出测试页。最后，在“正在完成添加打印机向导”对话框中，显示所添加打印机的信息（如图 2.4.9 所示），单击“完成”按钮即可。

2. 打印照片

① 打开“我的文档”的“My Picture”文件夹，单击对话框左侧的“打印图片”按钮，启动照片打印向导（如图 2.4.10 所示）。

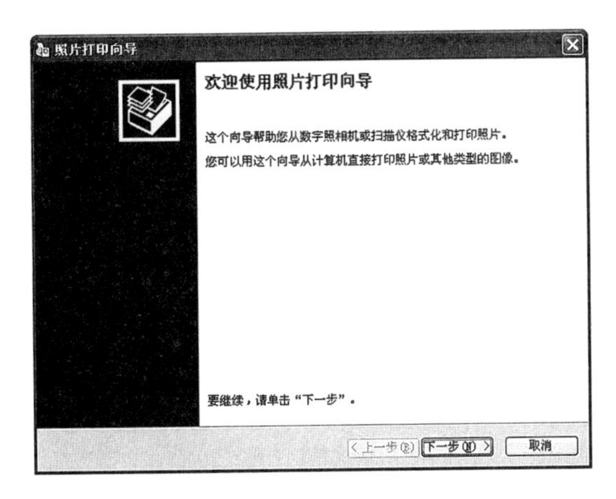

图 2.4.10　启动照片打印

图 2.4.11　选择要打印的图片

② 单击“下一步”按钮，选择要打印的图片（如图 2.4.11 所示）。

③ 单击“下一步”按钮，选择打印机和纸张类型。然后，单击“下一步”按钮，在布局中选择“影集图片”类型（如图 2.4.12 所示），用于制作新一期的相册。

④ 单击“下一步”按钮，将照片发送到打印机后开始打印。打印结束后，单击“完成”按钮。

图 2.4.12　选择打印布局

图 2.4.13　可编辑的镜像文件

三、将照片刻录到光碟

1. 发送照片文件到刻录机盘符上

打开“My Picture”文件夹，将照片文件发送到刻录机，方法有：

① 选中要刻录的文件，单击窗口左侧的“复制到CD”按钮。

② 右击选中要刻录的文件，选择“发送到”，在这里选择刻录机名称。例如，刻录机光驱盘符是F盘，发送到F盘即可。

③ 用文件复制操作将需要刻录的文件粘贴到可写入的刻录机即可。

2. 写入文件到刻录光盘

虽然已经将要刻录的文件复制到刻录机的盘符中，但是这些文件并没有真正刻录，只是复制到了临时文件夹中生成可编辑的镜像文件。现在开始刻录吧。

一般的操作方法是：

① 进入“我的电脑”，双击刻录机盘符，会发现所有要刻录的文件全部在里面，并且可以像资源管理器一样管理这些文件对象（如图2.4.13所示）。

② 单击左侧任务栏的“CD写入任务”，开启CD写入向导（如图2.4.14所示）。在向导中选择“现在写入这些文件到CD”后，单击“下一步”，给这张即将刻录的CD命名，如“旅游影集”。

③ 单击“下一步”，根据提示，将一张空白的CD-R刻录盘放入刻录机，然后，单击“下一步”开始刻录。刻录完成后，刻录机会自动弹出。此后，可以继续刻录相同的CD，否则，单击“完成”按钮关闭向导。

❖**提示：**

① 建议一次刻录单张完整的CD。

② 刻录音乐CD，建议使用Windows XP自带的Windows Media Player软件实现。

③ 注意刻录容量，通常，一张CD可以刻录不超过700 M数据文件，DVD则达到4 G以上。

④ CD刻录机不可以刻录DVD光盘，DVD刻录机可以刻录CD光盘。

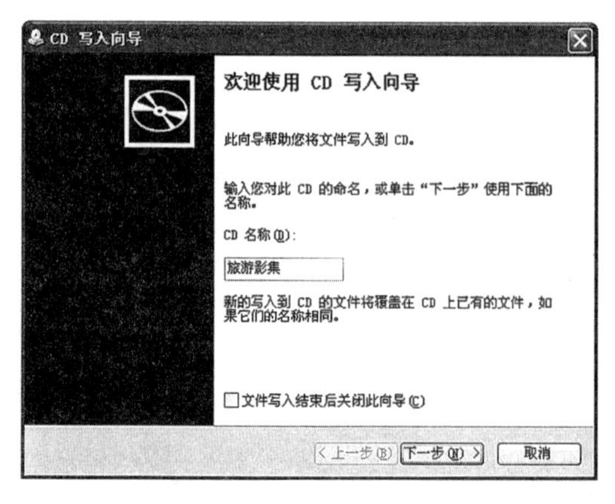

图2.4.14 CD写入向导

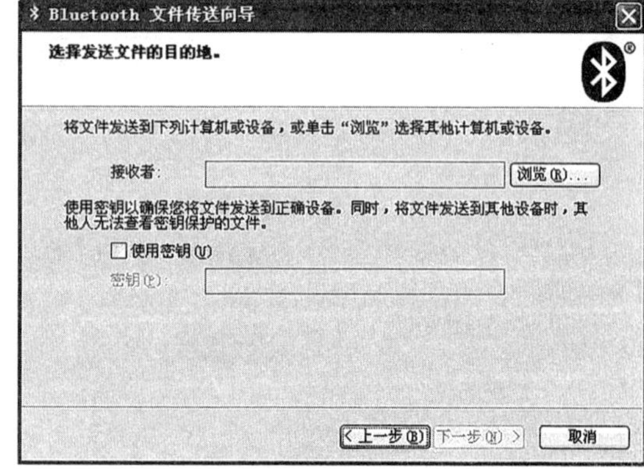

图2.4.15 用蓝牙传送文件的向导

四、用蓝牙发送文件到手机

首先，在 Windows XP 系统中安装一个蓝牙适配器。安装完毕后，重启系统。然后，准备好手机，将手机的蓝牙设备功能设置为开启状态。接着，在 Windows XP 系统中，执行发送文件操作。

一般的操作方法是：右击选中的图像文件，在弹出的快捷菜单中选择“发送到”的“Bluetooth 设备”，启动“Bluetooth 文件传送向导”（如图 2.4.15 所示）。在接收者中，单击“浏览”，系统会检测附近的蓝牙设备，搜索完毕后在列表中选择要发送到的设备名称，如手机名称，同时勾选“使用密钥”，输入用于配对手机的密钥。配对成功后，单击“下一步”按钮，开始发送，直至发送结束。

技能拓展

一、硬件配置文件的使用

1. 硬件配置文件概述

所谓硬件配置文件，是指在启动计算机时告诉 Windows 应该启动哪些设备，以及使用每个设备中的哪些设置的一系列指令。当用户第一次安装 Windows 时，系统会自动创建一个名为“Profile 1”的硬件配置文件。如何设置硬件配置文件呢?

一般的方法是：右击“我的电脑”，选择“属性”，在“属性”对话框中选择“硬件”选项卡，单击“硬件配置文件”按钮后会打开如图 2.4.16 所示的对话框，在“可用的硬件配置文件”列表中显示了本地计算机中可用的硬件配置文件清单。

2. 优化硬件配置文件

（1）仅加载硬件配置文件中的设备驱动程序

在“可用硬件配置文件”下，使用箭头按钮可以将需要作为默认设置的硬件配置文件移到列表的顶端，这样 Windows 启动时就只会加载所选配置文件中启用的硬件设备。一旦创建了硬件配置文件，我们就可以使用设备管理器禁用和启用配置文件中的设备，这样在下一次启动计算机时就不会加载该设备的驱动程序，从而提高系统启动速度。

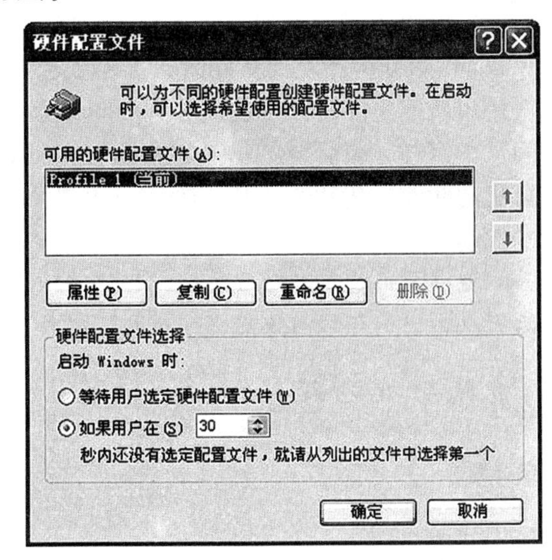

图 2.4.16 硬件配置文件的对话框

（2）快速切换不同的工作环境

创建多个不同的硬件配置文件，以适应不同的工作环境。只要在“硬件配置文件选择”小节上选中“等待用户选定硬件配置文件”项即可，以后启动计算机时就会出现与多重启动菜单相类似的“硬件配置文件”选择菜单。用户可以创建多个适用于不同场合的硬件配置文件，这样切换起来会非常方便。

图 2.4.17 复制硬件配置文件

（3）恢复缺省配置

如果硬件更改超过一定限度，Windows XP 会要求用户重新激活系统，这是非常麻烦的。不过，如果在每次安装或更改硬件之前备份原来的硬件配置文件，那么只要从如图 2.4.16 所示的窗口中单击“复制”按钮，然后在如图 2.4.17 所示的“复制配置文件”对语框中键入新的文件名就可以了，以后出现问题时，就可以重新导入这个备份好的硬件配置文件。

❖**提示**：这里要说明的是，上述操作必须以系统管理员的身份登录才能完成。

（4）清空系统中多余的硬件信息

如果经常插拔硬件设备，那么就会在重复安装驱动程序的过程中遗留下许多硬件注册信息。系统启动时会反复与这些并不存在的设备进行通讯，从而导致系统速度的减缓，所以，清空多余的硬件信息是有必要的。用户可以让系统重新创建一个新的硬件配置文件。

一般的操作方法是：在如图 2.4.16 所示的对话框中，单击“复制”按钮备份“Profile 1”为“Profile 2”，然后对“Profile 2”重命名为“Profile”，接着重新启动计算机。此时会出现如下提示：

Windows Cannot determine what configuration your computer is in select one of the following:

1. Profile
2. Profile 2
3. None of the above

这里的“1”和“2”是系统中已经存在的硬件配置文件。而选择“3”，就可以让 Windows 重新检测硬件。此时，屏幕上会出现“检测硬件”的对话框，并提示“第一次使用新配置启动计算机时，Windows 必须进行一些调整。此过程大约需要几分钟时间”的字样，稍后会出现“配置设置”对话框，提示“Windows 已经成功设置了新计算机的配置，其名称为 Profile 1”，单击“确定”按钮，然后就可以重新安装硬件设备的驱动程序。

❖**提示**：重新启动系统后，记得将除 Profile 1 外的两个硬件配置文件删除，否则以后开机时仍然会询问使用哪一个配置文件。

复习思考题

选择题

1. 在 Windows 中，文件夹名不能是________。
   （A）12＄－4＄　　（B）11＊2!　　（C）2&3＝0　　（D）11%＋4%
2. 回收站中的文件________。
   （A）可以复制　　（B）可以直接打开　　（C）只能清除　　（D）可以还原

3. A? B. TXT 表示所有文件名含有的字符个数是________。

（A）不能确定　　（B）4 个　　（C）2 个　　（D）3 个

4. 在 Windows 中，下列不能进行文件夹重命名操作的是________。

（A）用“资源管理器”→“文件”下拉菜单中的“重命名”命令

（B）选定文件后再单击文件名一次

（C）鼠标右击文件，在弹出的快捷菜单中选择“重命名”命令

（D）选定文件后再按【F4】键

5. 删除 Windows 桌面上某个应用程序的图标，意味着________。

（A）该应用程序连同其图标一起被隐藏

（B）只删除了图标，对应的应用程序被保留

（C）该应用程序连同其图标一起被删除

（D）只删除了该应用程序，对应的图标被隐藏

6. 在 Windows 中的“任务栏”上显示的是________。

（A）系统前台运行的程序　　（B）系统后台运行的程序

（C）系统正在运行的所有程序　　（D）系统禁止运行的程序

7. 在“我的电脑”或“资源管理器”中，选定全部文件或文件夹的快捷键是________。

（A）【Ctrl】+【A】　　（B）【Tab】+【A】

（C）【Alt】+【A】　　（D）【Shift】+（A）

8. 打印没有打开的文档，用户可以________。

（A）先用单击要打印的文档，放开左键，再单击要使用的打印机

（B）右击要打印的文档，在弹出的菜单中选择打印即可

（C）将文档拖到打印机文件夹中的打印机上

（D）将文档拖到打印机文件夹中添加打印机

9. 下列关于 Windows 菜单的说法中，不正确的是________。

（A）用灰色字符显示的菜单选项表示相应的程序被破坏

（B）命令前有“.”记号的菜单选项，表示该选项已经选用

（C）当鼠标指向带有向右黑色等边三角形符号的菜单选项时，弹出一个子菜单

（D）带省略号（…）的菜单选项执行后会打开一个对话框

10. 在 Windows 中，打开“开始”菜单的组合键是________。

（A）【Shift】+【Esc】　　（B）【Alt】+【Ctrl】

（C）【Alt】+【Esc】　　（D）【Ctrl】+【Esc】

11. 在 Windows 中，错误的新建文件操作是________。

（A）在“资源管理器”窗口中，单击“文件”菜单中的“新建”子菜单中的“文件夹”命令

（B）在 Word 程序窗口中，单击“文件”菜单中的“新建”命令

（C）在“我的电脑”的某驱动器或用户文件夹窗口中，单击“文件”菜单中的“新建”子菜单中的“文件夹”命令

（D）右击资源管理器的“文件夹内容”窗口的任意空白处，选择快捷菜单中的“新建”子菜单中的“文件夹”命令

12. Windows 将整个计算机显示屏看做________。

（A）工作台　　（B）窗口　　（C）桌面　　（D）背景

13. 下列关于 Windows 菜单的说法中，不正确的是________。

（A）命令前有“.”记号的菜单选项，表示该选项已经选用

（B）当鼠标指向带有向右黑色等边三角形符号的菜单选项时，弹出一个子菜单

（C）带省略号（...）的菜单选项执行后会打开一个对话框

（D）用灰色字符显示的菜单选项表示相应的程序被破坏

14. 在 Windows 中，下列不能进行文件夹重命名操作的是________。

（A）选定文件后再按【F4】键

（B）选定文件后再单击文件名一次

（C）右击文件，在弹出的快捷菜单中选择“重命名”命令

（D）用“资源管理器”→“文件”下拉菜单中的“重命名”命令

15. 在 Windows 系统中，回收站用来________。

（A）接收网络传来的信息　　（B）存放使用的资源

（C）存放删除的文件夹及文件　　（D）接收输出的信息

模块三　文字处理软件 Word 2003

Mircrosoft Office Word 2003 是 Microsoft Office 办公软件的一个重要组成部分，具有强大的文档处理能力，可以实现各种文档的录入、编辑、打印等操作，集文字的编辑、排版、表格处理、图形处理为一体，是全球应用最广泛的文字处理软件之一。作为常用的文字处理工具，熟练掌握其常用功能是我们学习和生活的必备技能。

知识点列表

案例名称	能力目标	相关知识点
案例一 撰写通知	➢掌握 Word 文档基本操作 ➢录入和编辑文本、修订与批注	1. 新建文档、打开、关闭文档 2. 保存、保护文档 3. 录入文字、符号 4. 编辑文本内容 5. 利用审阅工具栏进行修订与批注
案例二 格式化通知	➢掌握文档的字符、段落格式化方法 ➢创建多级符号	1. 字符格式化 2. 段落格式化 3. 项目符号和编号 4. 边框和底纹 5. 创建多级符号
案例三 制作电子板报	➢掌握插入图片、艺术字、文本框、自选图形、组织结构图并设置格式的方法 ➢掌握图文混排的技术 ➢掌握页眉和页脚的设置	1. 页面设置 2. 页眉和页脚的设置 3. 设置分栏效果 4. 首字下沉和悬挂 5. 插入图片并设置格式 6. 插入自选图形并设置格式 7. 插入艺术字并设置格式 8. 插入文本框并设置格式 9. 插入公式 10. 设置文档背景 11. 插入组织结构图
案例四 制作课程表	➢掌握表格的制作方法 ➢掌握表格的计算与排序方法 ➢掌握文本与表格的相互转换方法	1. 创建表格 2. 编辑表格 3. 格式化表格 4. 表格的计算与排序 5. 文本与表格的相互转换
案例五 批量制作学生成绩通知单	➢能够使用向导实现邮件合并	1. 创建主文档 2. 创建数据源 3. 邮件合并信函 4. 邮件合并信封
案例六 编排调研报告	➢能够使用常用的编辑技巧完成长文档的编排	1. 样式的创建与应用 2. 应用多级符号自动编号 3. 应用大纲视图组织文档 4. 自动生成目录 5. 插入脚注和尾注 6. 进行字数统计 7. 打印文档 8. 插入超链接 9. 插入书签 10. 插入题注

案例一　撰写通知

案例说明

2012 年暑假即将来临，为布置好暑假放假和新学期开学的工作，学生会干事小明帮学生处拟制关于 2012 年放暑假的通知。通知内容一般包括被通知的对象、通知的具体事件、时间和地点、发通知的部门和时间等。

小明在电脑中找到一份关于 2012 年放寒假通知的不完整草稿文件“放寒假的通知.doc”（如图 3.1.1 所示），希望通过编辑修改，得到一份新的关于 2012 年放暑假的通知，并保存到计算机中，完整的通知效果图如图 3.1.2 所示。在下一案例中我们再继续美化通知的版面。

寒假放假时间：2012 年 1 月 13 日—2 月 24 日
请各位同学在完成学院安排的全部科目考试后，一周内尽快离校。请同学们在离校前必须搞好宿舍卫生，关好宿舍门窗，关闭水源、电源；妥善保管好贵重物品。
新学期报到注册时间：2012 年 2 月 27 —28 日
教材购买与发放时间：
2012 年 2 月 28 日上午自备现金在学院礼堂购买教材。
缴纳学费：
请于 2012 年 2 月 27 日—3 月 1 日到学院财务处刷银联卡缴纳学费。
假期要求：
坚持学习。在放假期间，同学们要积极学习，努力拓宽知识面，增长见识，不断提高自己的综合素质。需要补考的同学，请在寒假期间认真复习补考课程，做好补考前的准备工作。
坚持锻炼。在放假期间，同学们要积极参加体育锻炼，不断增强自己的身体素质和抵抗疾病的能力。
确保安全。同学们在返家途中，要提高警惕，严防不法分子的欺诈；要增强安全意识，注意出行交通安全，度过一个安全、文明的寒假。
遵纪守法。在放假期间，同学们要强化法纪观念，自觉遵守国家法律法规，不准参与黄、赌、毒和各种封建迷信及非法传销活动，争当一名遵纪守法的好公民。

图 3.1.1　不完整的通知草稿

知识准备

一、认识 Word 2003 的窗口

启动 Word 2003 后，屏幕上会打开一个 Word 窗口，它是用户进行文字编辑的重要环境。窗口的主要组成如图 3.1.3 所示，用户可根据自己的需要个性化定制窗口的元素。

1. 标题栏

标题栏位于窗口的顶部，颜色呈深蓝色，用于显示当前使用的应用程序名和文档的标题。

☺关于 2012 年放暑假的通知☺
各位同学：
临近期末，为切实做好暑假放假和新学期开学工作，确保大家安全、愉快度假，根据学院的统一部署和学生处的工作安排，现将暑假放假和新学期开学有关事项通知如下：
暑假放假时间：2012 年 7 月 14 日—8 月 24 日
请各位同学在完成学院安排的全部科目考试后，一周内尽快离校。请同学们在离校前必须搞好宿舍卫生，关好宿舍门窗，关闭水源、电源；妥善保管好贵重物品。
新学期报到注册时间：2012 年 8 月 25 —26 日
教材购买与发放时间：
2012 年 8 月 26 日上午自备现金在学院礼堂购买教材。
缴纳学费时间：
请于 2012 年 8 月 25 日—9 月 1 日到学院财务处刷银联卡缴纳学费。
假期要求：
坚持学习。在放假期间，同学们要积极学习，努力拓宽知识面，增长见识，不断提高自己的综合素质。需要补考的同学，请在暑假期间认真复习补考课程，做好补考前的准备工作。
坚持锻炼。在放假期间，同学们要积极参加体育锻炼，不断增强自己的身体素质和抵抗疾病的能力。
确保安全。同学们在返家途中，要提高警惕，严防不法分子的欺诈；要增强安全意识，注意出行交通安全，度过一个安全、文明的暑假。
遵纪守法。在放假期间，同学们要强化法纪观念，自觉遵守国家法律法规，不准参与黄、赌、毒和各种封建迷信及非法传销活动，争当一名遵纪守法的好公民。
学生处
2012 年 7 月 4 日

图 3.1.2 “关于 2012 年放暑假的通知”样稿

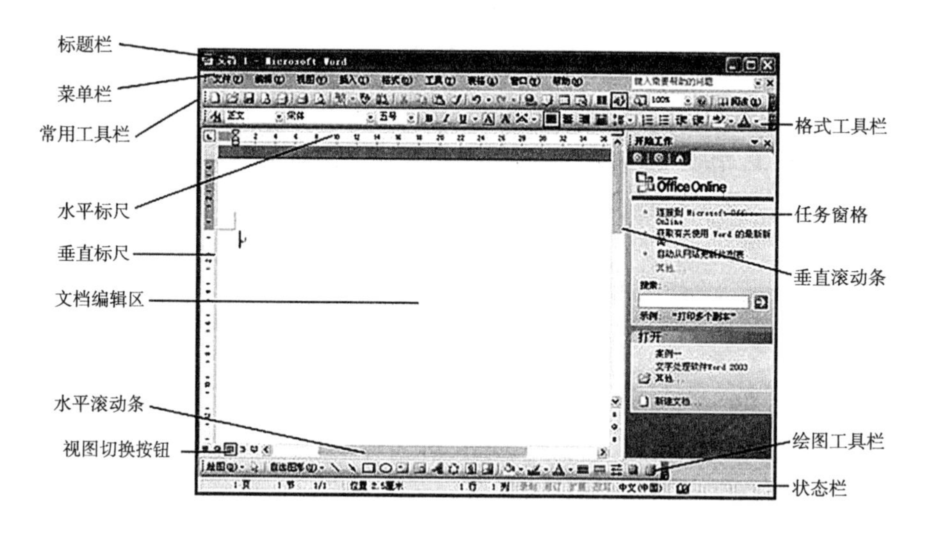

图 3.1.3 Word 2003 的窗口

2. 菜单栏

菜单栏位于标题栏的下方。Word 2003 的菜单栏包括九项命令菜单：文件、编辑、视图、插入、格式、工具、表格、窗口和帮助，单击各菜单按钮会弹出相应的子菜单。

3. 工具栏

工具栏一般位于菜单栏的下方，由很多 Word 常用的命令按钮组成，这些按钮的功能均可通过菜单中的某个子菜单来完成。

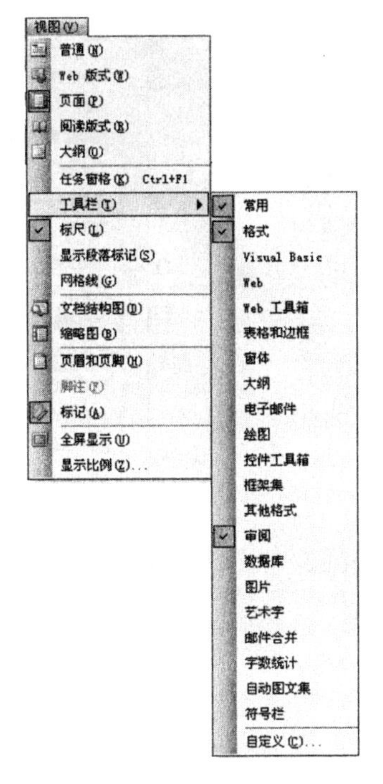

图 3.1.4　“工具栏”菜单

工具栏可以通过菜单“视图”→“工具栏”下的子菜单来设置显示或隐藏，前面有“√”说明此工具栏显示，否则不显示（如图 3.1.4 所示）。也可以单击菜单“工具”→“自定义”命令，在弹出的“自定义”对话框中进行设置（如图 3.1.5 所示）。

图 3.1.5　“自定义”对话框

4. 标尺

标尺有水平标尺和垂直标尺两种。利用标尺可以查看或设置页边距，表格的行高、列宽，插入点所在段落的缩进等。可以通过“视图”→“标尺”命令控制标尺的显示或隐藏。

水平标尺在页面视图、Web 版式视图和普通视图下可以看到，而垂直标尺只有在页面视图下才能看到。

5. 文档编辑区

文档编辑区是用户输入、编辑和排版文本的位置，即工作区域。文本编辑区闪烁的光标“|”即为插入点，表示当前输入文字的位置。鼠标在文本编辑区移动时，形状为“I”；文本编辑区的左边是文本选定区，当鼠标移动到文本选定区时，鼠标指针形状变为“↗”，方便选定整行、整段或整篇文档。

6. 滚动条

滚动条包括垂直滚动条和水平滚动条。利用滚动条可以将窗口之外的文本移动到可视区域内中。

7. 任务窗格

任务窗格是 Word 2003 新增加的功能。Word 2003 将用户常做的工作归纳到不同类别的任务中，并将这些任务以一个“任务窗格”的窗口形式提供给用户，以方便用户的操作。单击任务窗格首行右侧的下三角按钮，会显示包含 14 个任务窗格名称的列表，可以从中选择打开另一个任务窗格（如图 3.1.6 所示）。单击“视图”→“任务窗格”命令可显示或隐藏它。

8. 状态栏

状态栏位于窗口的底部，主要显示当前文档的编辑信息和状态。状态栏从左到右分别指示了当前光标所处的页数、节数、在当前页面中的位置、录制宏状态、修订状态、扩展选定范围状态、改写状态和所使用的语言等一系列状态信息。通过双击状态栏对应位置可实现录制、修订、扩展、改写状态的变化，灰色表明当前状态无效。

如果要显示状态栏，单击“工具”→“选项”命令，在“视图”选项卡中，选中“显示”下的“状态栏”复选框即可。

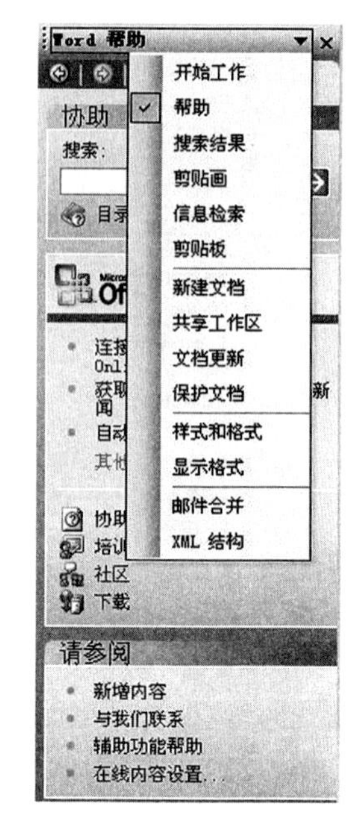

图 3.1.6　任务窗格

9. 视图切换按钮

视图切换按钮位于文档编辑区的左下角，水平滚动条的左端。单击各视图按钮可以切换不同的视图显示方式。

（1）普通视图

在此视图下，用户可以完成大多数的录入和编辑工作，可以设置字符和段落的格式等。其中，分页用虚线表示。这种视图在 Word 中工作速度最快，但不能观察到正文外部的情况，如页眉、页脚、页号、脚注、页边距等。因此，当要进行准确的版面调整或图形操作时，最好切换到页面视图下进行。

（2）Web 版式视图

文档在此视图中的显示与在 Web 浏览器中的显示完全一致。采用该视图创作 Web 页，可以将 Word 中编辑的文档直接用于网站，并可通过浏览器直接浏览。

（3）页面视图

它是“所见即所得”的视图方式，即文档在屏幕上看到的与打印的效果完全一样，它是 Word 2003 的默认视图。

（4）大纲视图

在此视图下可以方便地查看和调整文档的结构，多用于处理长文档。用户可以在大纲视图中上下移动标题和文本，从而调整它们的顺序。或者将正文或标题“提升”到更高的级别或“降低”到更低的级别，改变原来的层次关系。

在“大纲”视图中，可以折叠文档，即只显示文档的各个标题或展开文档，以便查看整个文档。这样，移动和复制文字、重组长文档都变得非常容易。

（5）阅读版式视图

此视图最大的特点是便于用户阅读操作。它模拟书本阅读的方式，让用户感觉是在翻阅书籍，它同时能够将相连的两页显示在一个版面上，使得阅读文档十分方便。

二、文档建立、输入文本与保存

1. 文档的建立

Word 2003 启动后，会自动创建一个基于默认模板的名为“文档 1”的空白新文档。

此外，Word 也为用户准备了一些常用文档的格式模板，如报告、备忘录、信函和传真等。执行“文件”→“新建”命令，在 Word 窗口的右侧出现“新建文档”任务窗格，在“新建文档”任务窗格的“模板”中选择“本机上的模板”（如图 3.1.7 所示），弹出“模板”对话框，可以切换到所需要的文档类型的选项卡中选择适当的模板（如图 3.1.8 所示），然后单击“确定”按钮，按提示完成文档的创建。

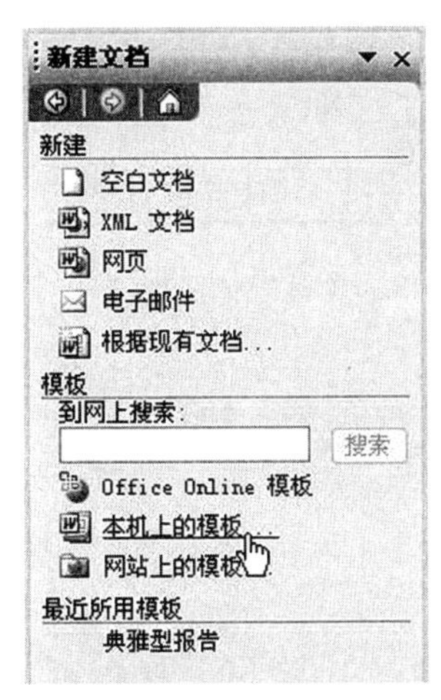

图 3.1.7　本机上的模板

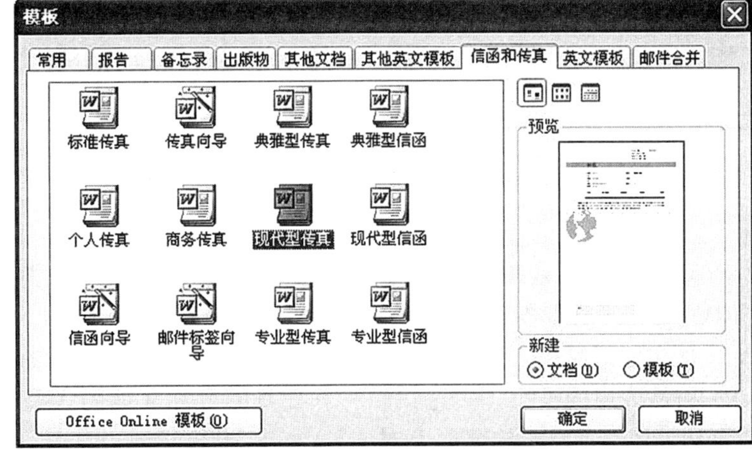

图 3.1.8　选择模板类型

2. 输入文字

当输入的文字满一行时，Word 会根据页面的大小自动换行，而不需要用户按回车键；当输入完一段文字后可按【Enter】键结束一个段落，系统会在行尾插入一个“↵”，称为“段落标记”或“硬回车”符，并将插入点移到新段落的首行处。

如果需要在同一段落内换行，可以按【Shift】+【Enter】组合键，系统会在行尾插入一个“↓”符号，称为“软回车”符。单击常用工具栏中的“显示/隐藏编辑标记”按钮，可以控制段落标记是否显示。

当需要将两个段落合并成一个段落时，可删除分段处的段落标记，完成段落的合并。

3. 输入符号

输入文本时，经常需要插入一些特殊符号，如数学运算符（∈，∮，⊴）或拉丁字母等。Word 提供了完善的特殊符号列表，通过简单的菜单操作即可轻松完成输入。

执行“插入”→“符号”命令，弹出“符号”对话框。选择“特殊字符”选项卡，可输入一些特殊字符或图形符号。选择“符号”选项卡，选择“普通文本”字体，再单击子集的下三角按钮，在下拉列表中选择数学运算符，即可输入相应的数学运算符号（如图 3.1.9 所示）。还可选择其他字体的符号输入，如选择“Wingdings”字体，可看到很多图形符号（如图 3.1.10 所示）。

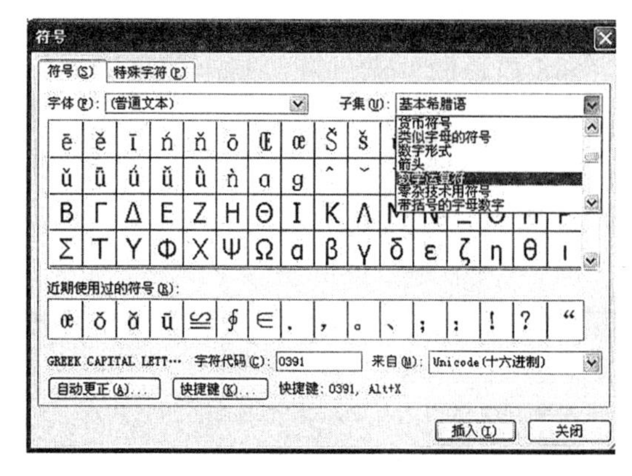

图 3.1.9 **“插入符号”对话框**

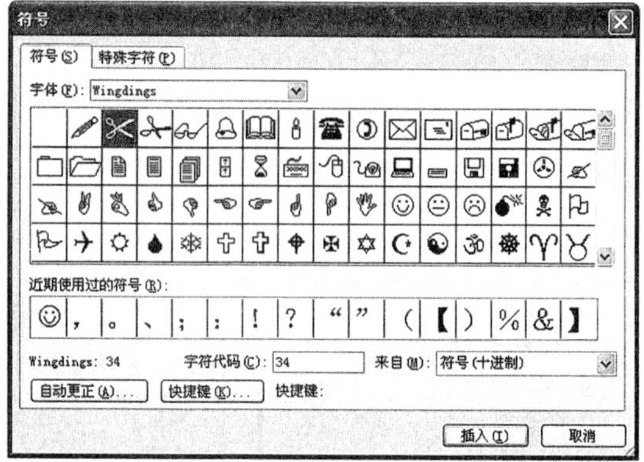

图 3.1.10 **“Wingdings 字体”的图形符号**

Windows XP 还提供了 13 种动态键盘（也称软键盘），为用户输入一些特殊符号，如数字序号、数学符号和希腊字母提供了方便。

使用软键盘的方法是：打开任一输入法，然后在输入法状态条上右击“软键盘”图标，再从弹出的子菜单中选择一种软键盘的名称（如图 3.1.11 所示）。例如，要输入“℃”符号，可单击软键盘上对应的数字【9】键或直接按下键盘上的【9】键即可。再次单击“软键盘”图标，软键盘消失。

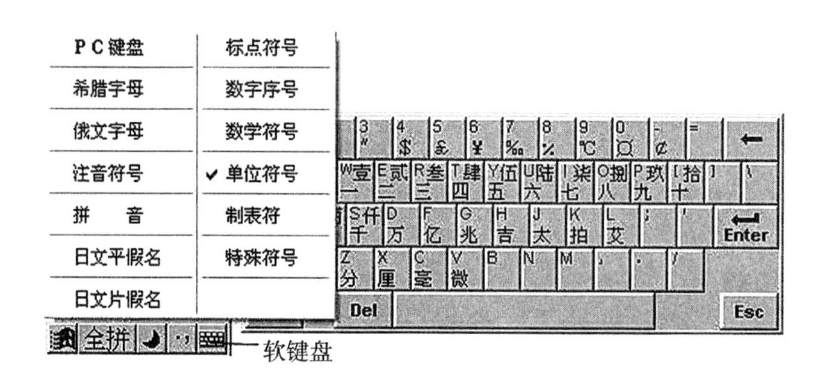

图 3.1.11 **“单位符号”软键盘**

4. 保存文档

文档处理过程中要随时进行保存，以免发生意外情况导致数据丢失。要保存新建立的文档，可以单击工具栏中的“💾”按钮或者执行“文件”→“保存”命令。

首次保存新文档，“保存”命令和“另存为”命令等效，都会弹出“另存为”对话框，在对话框中选择文件要保存的位置、输入文件名、选择保存的文件类型，默认“保存类型”为“Word 文档”，文档扩展名为 . DOC。

对于已经命名并保存过的文档，进行编辑修改后可单击“💾”按钮进行再次保存，但不会弹出“另存为”对话框，只是在当前文档状态下覆盖原有文档。如果保存时不想覆盖原来的内容，可执行“文件”→“另存为”命令，用户就可以将正在编辑的文档进行换名或换位置保存。

❖**提示**：有时用户同时打开了多个文档，如果希望一次性地保存全部文档，只需按住【Shift】键并执行“文件”→“全部保存”命令即可。

5. 保护文档

有时用户需要为文档设置必要的保护措施，以防止重要的文档被轻易打开，这时可以给文档设置“打开权限的密码”，有以下两种设置方法：

(1) 在保存时设置密码

执行“文件”→“另存为”命令，打开“另存为”对话框，在弹出的“另存为”对话框中单击“工具”按钮旁的下拉列表中选择“安全措施选项”命令（如图 3. 1. 12 所示）。

在弹出的“安全性”对话框中，可分别设置打开时需要的密码和修改时需要的密码（如图 3. 1. 13 所示）。

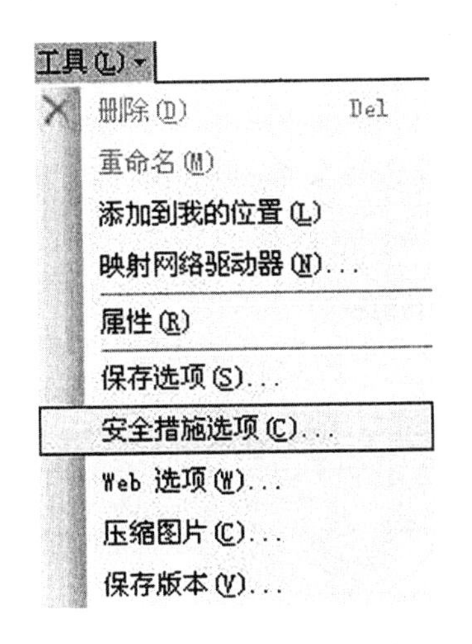

图 3. 1. 12　选择安全措施选项

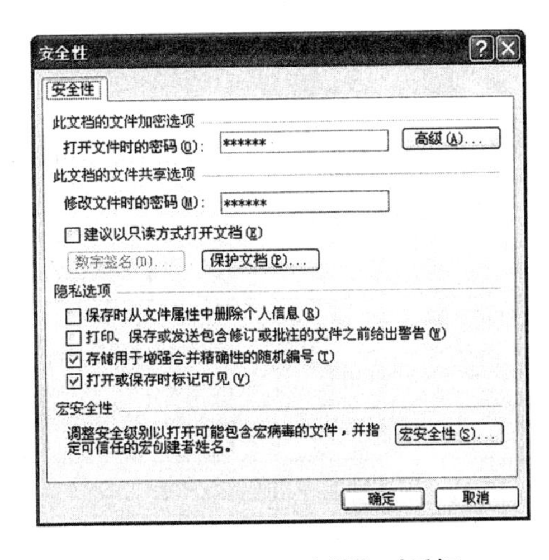

图 3. 1. 13　“安全性”对话框

(2) 利用菜单设置密码

执行“工具”→“选项”命令，在弹出的“选项”对话框中单击“安全性”选项卡，在“打开文件时的密码”和“修改文件时的密码”文本框中输入相应的密码。

三、文本的选定、编辑

1. 文本的选定

在 Word 中为了加快文档的编辑、修改速度，需要正确而快速地选定文本。选定文本可以用键盘，也可以用鼠标。

(1) 使用鼠标选择文本

选定文本的常用方法是使用鼠标选定文本。使用鼠标选择文本的常用操作如表 3. 1. 1 所示。

表 3.1.1　鼠标选择文本的操作方法

选择内容	操作方法
文本	拖过这些文本
一个单词	双击该单词
一行文本	单击这一行的文本选定区（该行的左边界）
多行文本	在文本选定区选择一行，然后向上或向下拖动
一个句子	按住【Ctrl】键并单击该句中的任何位置
一个段落	双击这段落的文本选择区，或者在该段落中的任意位置三击
整篇文档	将鼠标指针移动到文档中任意正文的左侧，直到指针变为指向右边的箭头，然后三击
一大块文本	单击要选择内容的起始处，按住【Shift】键，然后单击要选择内容的结束位置
一块矩形文本	按住【Alt】键，然后将鼠标拖过要选定的文本

（2）使用键盘选择文本

使用键盘选择文本时，离不开【Shift】键。使用键盘选择文本的常用操作方法如表 3.1.2 所示。

表 3.1.2　常用键盘选定文本的组合键功能说明

组合键	功能说明
【Shift】+【↑】	上移一行
【Shift】+【↓】	下移一行
【Shift】+【←】	左移一个字符
【Shift】+【→】	右移一个字符
【Shift】+【PageUp】	上移一屏
【Shift】+【PageDown】	下移一屏
【Ctrl】+【A】	选定整个文档

2. 复制、剪切和粘贴文本

（1）复制文本

➢鼠标操作：选定要移动的文字，在移动的同时按住【Ctrl】键，到目的地松开鼠标。

➢剪贴板操作：执行“编辑”菜单的“复制”、“粘贴”命令，或单击工具栏上的“复制”、“粘贴”按钮，或按快捷键【Ctrl】+【C】（复制）、【Ctrl】+【V】（粘贴）。

❖**提示：**一次复制后内容就保存在剪贴板上，可以进行多次粘贴。

（2）剪切文本

➢鼠标操作：选定要移动的文字，然后在它上面按下鼠标左键拖动，到目的地松开鼠标。

➢剪贴板操作：执行“编辑”菜单的“剪切”、“粘贴”命令，或单击工具栏上“剪切”、“粘贴”按钮，或按快捷键【Ctrl】+【X】（剪切）、【Ctrl】+【V】（粘贴）。

提示：剪切跟复制的区别在于：复制将选定的文本复制一份放到目的地，并不影响原有位置原内容的存在，而剪切的内容只在目的地保留，原位置的内容则被删除。

3. 插入和改写

Word 的编辑方式有两种：插入方式和改写方式。按【Insert】键或双击状态栏中的“改写”，可进行插入和改写状态的切换，灰色是插入状态，否则是改写状态。在插入状态下，输入的文字会出现在插入点的位置，之后的文字向后退；在改写状态下，输入的文字会取代插入点之后的文字，后面的文字并不向后退。

4. 插入文件

在编辑文档过程中，需要在该文档中插入另一个文件的内容，即所谓的文档合并，通常有两种方法：

➢同时打开两个文档，通过“复制”和“粘贴”操作，把文件的内容复制后，粘贴到目标文档中。

➢在目标文档中定位插入点，通过执行“插入”→“文件”命令来实现。

5. 查找和替换

Word 提供的查找功能可以使用户迅速地找到所需的字符及其格式。

(1) 查找无格式文字

执行“编辑”→“查找”命令，出现“查找和替换”对话框，在“查找内容”框内键入要查找的文字，再单击“查找下一处”。例如，查找“寒假”（如图 3.1.14 所示）。

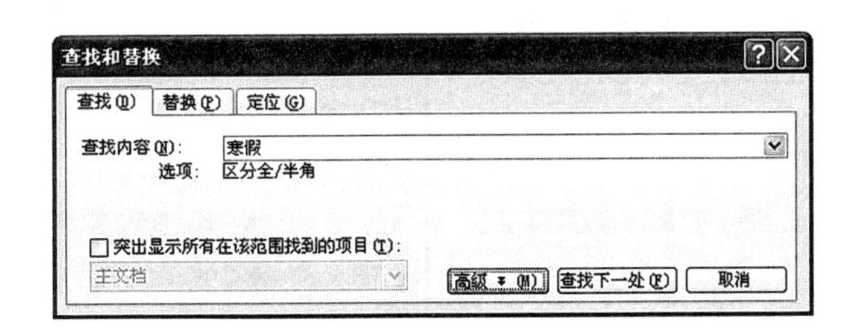

图 3.1.14　“查找”对话框

(2) 查找具有特定格式的文字

执行“编辑”→“查找”命令，出现“查找和替换”对话框，如要搜索具有特定格式的文字，则在“查找内容”框内输入文字，单击“高级”按钮，可看到“格式”按钮（如图 3.1.15 所示），设置需要查找的格式，单击“查找下一处”按钮。

❖**提示：**

➢如果只搜索特定的格式，“查找内容”框中不需要输入文字，只设定查找的格式。例如，查找文档中所有字体颜色为蓝色加删除线的字，只需要在格式中设定查找的

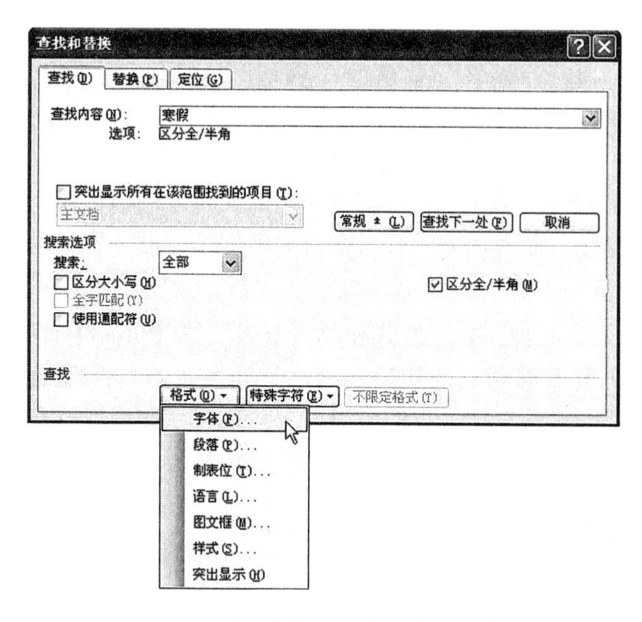

图 3.1.15 “查找”对话框的“格式”设置

字体格式（如图 3.1.16 所示）。

➢如果要查找特殊字符，删除“查找内容”框中的文字，直接单击“特殊字符”按钮。

➢可使用通配符来编辑查找的条件，需要选中“使用通配符”复选框并在“查找内容”框键入通配符和其他文字。常用通配符有：“?”用来代表任意单个字符；“＊”用来代替任意多个字符。

➢如果要清除已指定的格式，单击“不限定格式”按钮。

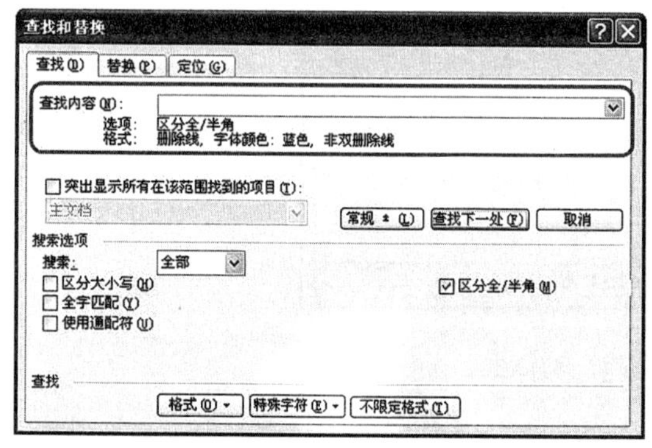

图 3.1.16 “查找”对话框的“格式”设置

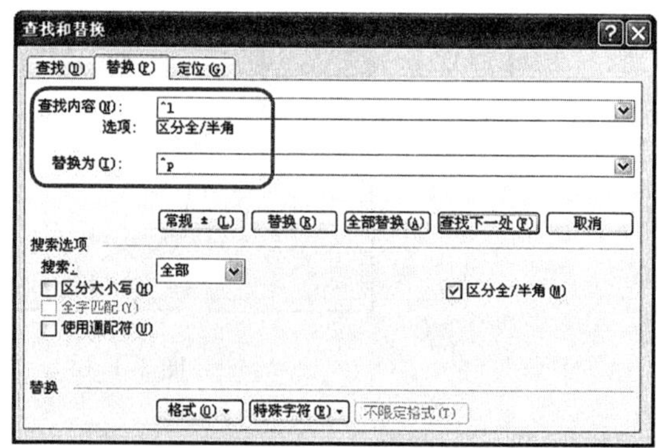

图 3.1.17 替换特殊字符

（3）替换文字和格式

替换功能可以使用户便捷地对已编辑的文档进行核校和订正。通过执行“编辑”→“替换”命令，打开“替换”对话框，输入查找内容和替换内容，可以单击“替换”按钮逐个替换，也可以单击“全部替换”按钮，把查找到的内容全部替换掉，完成后 Word 会显示替换后的结果。

❖**提示：**如果要替换一些格式和特殊字符，可以通过“高级”按钮，设置方法同“查找内容”的格式设置方法一样。例如，将文档中所有的人工换行符（也称手动换行符）替换成段落标记的操作方法是：用“特殊字符”按钮在“查找内容”框输入“手动换行符”，在“替换为”输入“段落标记”（如图 3.1.17 所示），单击“全部替换”按钮。

操作步骤

一、新建和保存通知文档

启动 Word 2003 程序，新建一个空白的 Word 文档。执行“文件”→“保存”命令，弹出“另存为”对话框，根据需要设置保存位置，设置保存类型为“Word 文档”、文件名为“关于 2012 年放暑假的通知”（如图 3.1.18 所示）。

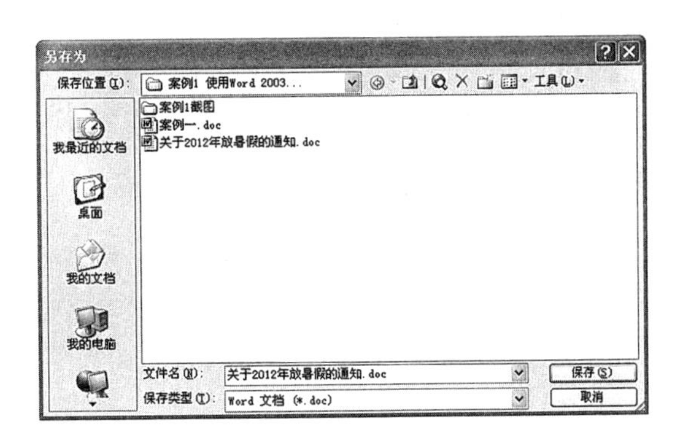

图 3.1.18　“另存为”对话框

二、录入通知中的文字

1. 录入文档中的文字、标点符号

切换输入法，输入“关于 2012 年放暑假的通知”并按回车键，再输入“各位同学:”并按回车键，再输入第 3 段文字（如图 3.1.19 所示）。

☺关于 2012 年放暑假的通知☺
各位同学：
临近期末，为切实做好暑假放假和新学期开学工作，确保大家安全、愉快度假，根据学院的统一部署和学生处的工作安排，现将暑假放假和新学期开学有关事项通知如下：

图 3.1.19　需要录入的文字

2. 录入文档中的特殊符号

在首行的起始处单击鼠标左键，执行“插入”→“符号”命令，打开“符号”对话框（如图 3.1.20 所示），单击“符号”选项卡中的“字体”下拉按钮，从下拉列表框中选择“Wingdings”字体，再从下面的列表框中选择字符“☺”，单击“插入”按钮，这时“☺”就插入到第一行的行首。

再选中已插入的“☺”，按【Ctrl】+【C】键，复制这个字符到剪贴板，再按键盘上的【End】键，将光标定位到本行末，按【Ctrl】+【V】键，把“☺”粘贴到第一行末尾（如图 3.1.19 所示）。

3. 插入文件

把光标定位在第 4 段的起始处，执行“插入”→“文件”命令，选择案例 1 的素材文件“放寒假的通知.doc”（如图3.1.21所示），单击“插入”按钮，得到如图3.1.22所示的文档。

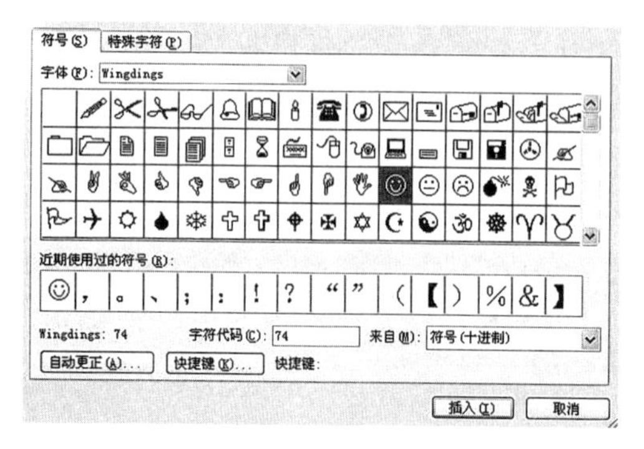

图3.1.20 “符号”对话框

图3.1.21 “插入文件”对话框

☺关于2012年放暑假的通知☺
各位同学：
临近期末，为切实做好暑假放假和新学期开学工作，确保大家安全、愉快度假，根据学院的统一部署和学生处的工作安排，现将暑假放假和新学期开学有关事项通知如下：
寒假放假时间：2012年1月13日至2月24日
请各位同学在完成学院安排的全部科目考试后，一周内尽快离校。请同学们在离校前必须搞好宿舍卫生，关好宿舍门窗，关闭水源、电源；妥善保管好贵重物品。
新学期报到注册时间：2012年2月27至28日
教材购买与发放时间：
2012年2月28日上午自备现金在学院礼堂购买教材
缴纳学费
请于2012年2月27日—3月1日到学院财务处刷银联卡缴纳学费。
假期要求
坚持学习。在放假期间，同学们要积极学习，努力拓宽知识面，增长见识，不断提高自己的综合素质。需要补考的同学，请在寒假期间认真复习补考课程，做好补考前的准备工作。
坚持锻炼。在放假期间，同学们要积极参加体育锻炼，不断增强自己的身体素质和抵抗疾病的能力。
确保安全。同学们在返家途中，要提高警惕，严防不法分子的欺诈；要增强安全意识，注意出行交通安全，度过一个安全、文明的寒假。
遵纪守法。在放假期间，同学们要强化法纪观念，自觉遵守国家法律法规，不准参与黄、赌、毒和各种封建迷信及非法传销活动，争当一名遵纪守法的好公民。

图3.1.22 “插入文件”后得到的文档

❖**提示**：此操作也可以通过“复制”、“粘贴”操作完成。

4. 查找替换

执行“编辑”→“替换”命令，出现“查找和替换”对话框（如图3.1.23所示），在“查找内容”框内键入“寒假”，“替换为”框内输入“暑假”，单击“全部替换”按钮。

在文档的第9段末尾添加“时间：”两字，把第4、第6、第8、第10段的日期按照样稿图3.1.2进行修改；在文档的末尾添加两段，分别输入“学生处”、“2012年7月4日”。单击“保存”按钮，结束通知的文字录入操作。

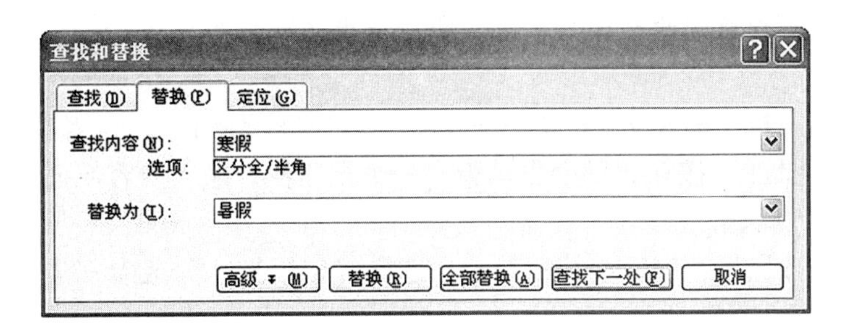

图 3.1.23 “替换”对话框

技能拓展

一、修订与批注

阅读和修改文档时，可以使用 Word 的“修订”功能，把文档中每一处的修改标注出来，可以让文档的初始内容得以保留。同时，也能够标记由多位审阅者对文档所做的修改，让作者轻松地跟踪文档被多个人修改的情况。

执行“视图”→“工具栏”命令，在子菜单中选择“审阅”，调出“审阅”工具栏，可以配合修订和批注功能的使用（如图 3.1.24 所示）。

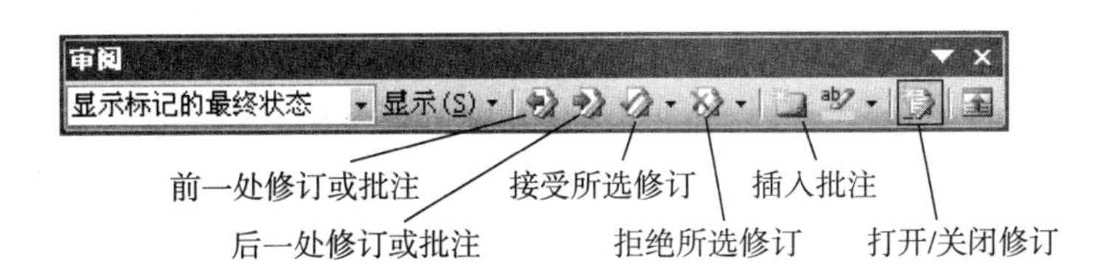

图 3.1.24 审阅工具栏

1. 打开/关闭修订功能

方法 1：执行“工具”→“修订”命令。

方法 2：单击“审阅”工具栏上的“修订”。

方法 3：双击状态栏的“修订”两字。

2. 接受或拒绝修订

对文档进行修订后，可以决定是否接受这些修改。如果确定修改方案，可在修改的文字上右击，在弹出的快捷菜单上选择“接受修订”或“拒绝修订”命令。

如果想一次性对所有修改的内容全部进行接受或拒绝，可以在“审阅”工具栏中单击相应的按钮完成。如修订结束，接受全部修订，则单击“显示以供审阅”框下的“最终状态”。

文档在修订状态下保存退出，那么下次打开该文档时，修改的内容还会显示在文档中，只有确定了修订的方案后才会取消显示。

3. 批注

批注是审阅者给文档中的某些内容添加的注释、说明、建议、意见等信息。当审阅者要评论文档而不直接修改文档时，可以使用“批注”命令。

（1）插入批注

选中需要插入批注的文字，执行“插入”→“批注”命令，或者单击“审阅”工具栏上的“插入批注”按钮，都会自动弹出一个批注栏，输入内容便插入一条新批注。

（2）编辑丨删除批注

选中批注，按鼠标右键，在快捷菜单中选择“编辑批注”或者“删除批注”。

4. 隐藏修订标记或批注

方法1：单击“审阅”工具栏上的“显示”按钮，在下拉菜单中单击需要隐藏的修订标记或批注，在显示菜单上标有“√”的项目会显示，没标“√”的项目会隐藏（如图3.1.25所示）。

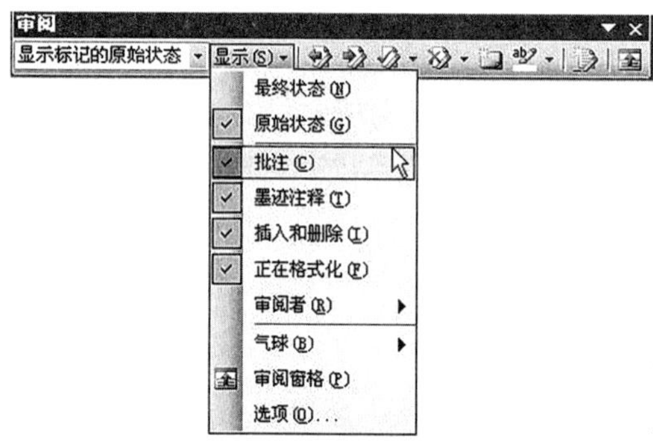

图3.1.25 “显示”下拉菜单

图3.1.26 “显示以审阅”下拉框

方法2：在“审阅”工具栏上，“显示以供审阅”框提供了四个选项（如图3.1.26所示）。如果选择“最终状态”或者“原始状态”，修订标记和批注会隐藏；要显示修订标记，请选择“显示标记的最终状态”或“显示标记的原始状态”。

案例二 格式化通知

案例说明

小明已经将关于2012年放暑假的通知保存到计算机中并进行了简单的编辑，要想让文档看起来更加美观，更加贴近日常生活的通知格式，需要进一步格式化文档中的字符、段落和页面。最终设置效果如图3.2.1所示。

知识准备

一、字符格式化

在Word文档中，根据不同的内容使用不同的字体格式，可以使文档的层次分明，使阅读者对文档的内容一目了然。字符格式通常包括字体、字形、字号、颜色和修饰效果等，一般通过格式工具栏或“字体”对话框设置。

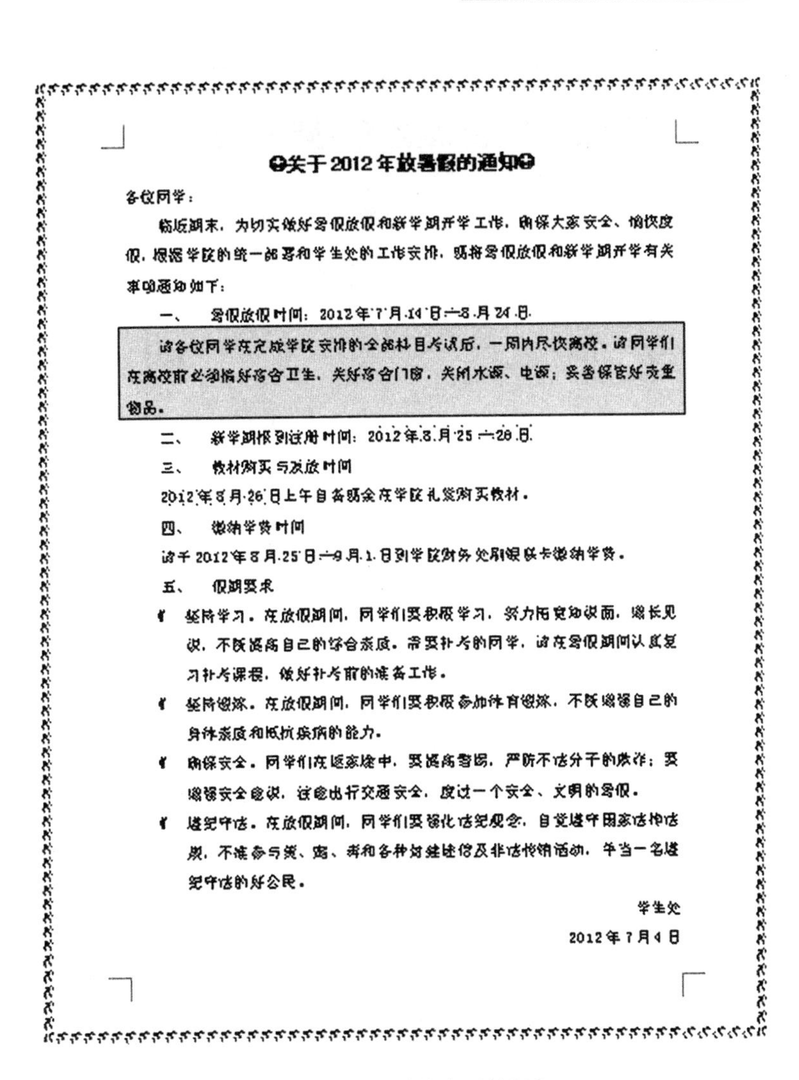

关于2012年放暑假的通知

各位同学：

临近期末，为切实做好暑假放假和新学期开学工作，确保大家安全、愉快度假，根据学院的统一部署和学生处的工作安排，现将暑假放假和新学期开学有关事项通知如下：

一、　暑假放假时间：2012年7月14日—8月24日

请各位同学在完成学院安排的全部科目考试后，一周内尽快离校。请同学们在离校前必须搞好宿舍卫生，关好宿舍门窗，关闭水源、电源；妥善保管好贵重物品。

二、　新学期报到注册时间：2012年8月25—28日

三、　教材购买与发放时间

2012年8月26日上午自备现金在学院礼堂购买教材。

四、　缴纳学费时间

请于2012年8月25日—9月1日到学院财务处刷银联卡缴纳学费。

五、　假期要求

- 坚持学习。在放假期间，同学们要积极学习，努力拓宽知识面，增长见识，不断提高自己的综合素质。需要补考的同学，请在暑假期间认真复习补考课程，做好补考前的准备工作。
- 坚持锻炼。在放假期间，同学们要积极参加体育锻炼，不断增强自己的身体素质和抵抗疾病的能力。
- 确保安全。同学们在返家途中，要提高警惕，严防不法分子的欺诈；要增强安全意识，注意出行交通安全，度过一个安全、文明的暑假。
- 遵纪守法。在放假期间，同学们要强化法纪观念，自觉遵守国家法律法规，不准参与黄、赌、毒和各种封建迷信及非法传销活动，争当一名遵纪守法的好公民。

学生处

2012年7月4日

图 3.2.1　设置格式后的通知

1．使用“格式”工具栏

使用“格式”工具栏，可以快速地设置最常用的字体、字号、粗体、斜体和下划线等，如图 3.2.2 所示。

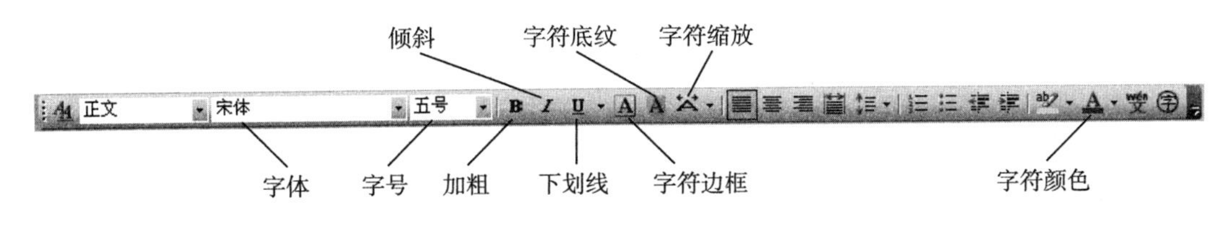

图 3.2.2　格式工具栏

2．使用“字体”对话框

如果设置的字体格式比较复杂或需要更多细节选择，可以执行“格式”→“字体”命令，利用“字体”对话框进行字体格式设置（如图 3.2.3 所示）。例如，要写出 x^2 −

$y^2 = (x + y)(x - y)$，H_2O 这类的式子，就要通过设置字符的上下标效果来完成。

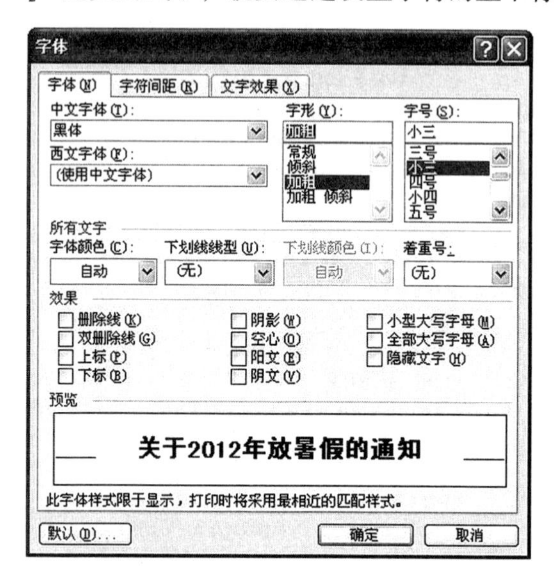

图 3.2.3 **“字体”对话框**

此外，还可以在“字体”对话框中选择“字符间距”和“文字效果”选项卡设置字符间距和文字效果。例如，设置加宽 2 磅的字符间距和“赤水情深”的文字效果如图 3.2.4、图 3.2.5 所示。

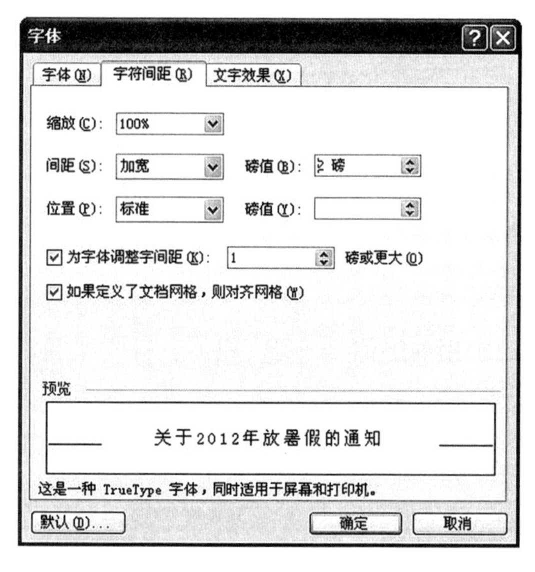

图 3.2.4 **“字符间距”选项卡**

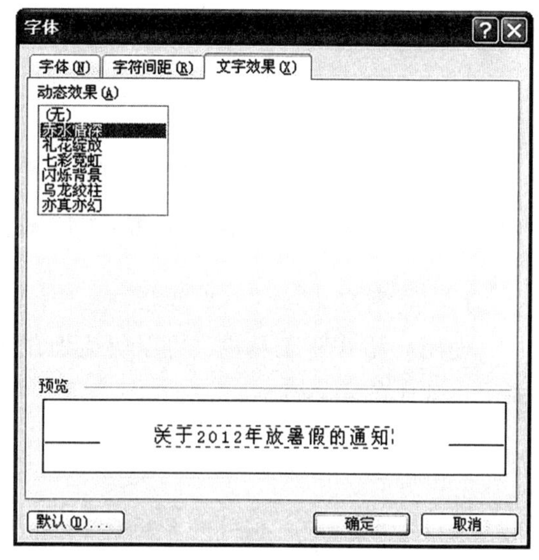

图 3.2.5 **“文字效果”选项卡**

二、段落格式化

在 Word 中，段落是独立的信息单位，具有自身的格式特征。每个段落的结束处都有段落标记“↵”。对段落的格式化是指在一个段落的范围内对内容进行排版，整个段落显得更美观大方、更符合规范。

1. 段落格式设置

段落格式设置包括对齐、缩进、段间距、行间距的设置等。一般可以用格式工具栏或“段落”对话框设置。

使用格式工具栏的按钮可以快速地进行简单的段落格式设置，如图 3.2.6 所示。

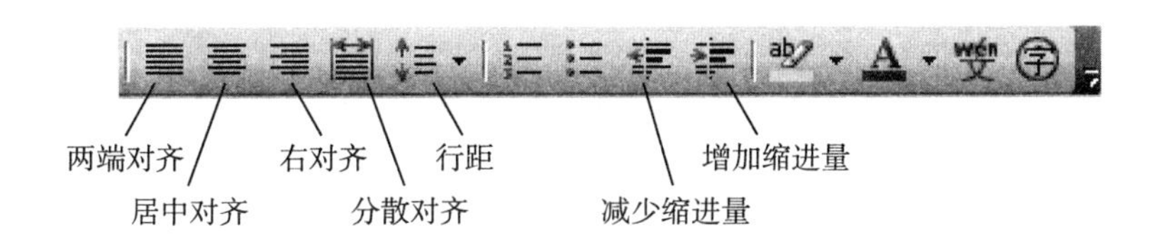

图 3.2.6　段落设置工具

建议执行“格式”→“段落”命令，打开“段落”对话框进行设置（如图 3.2.7 所示）。

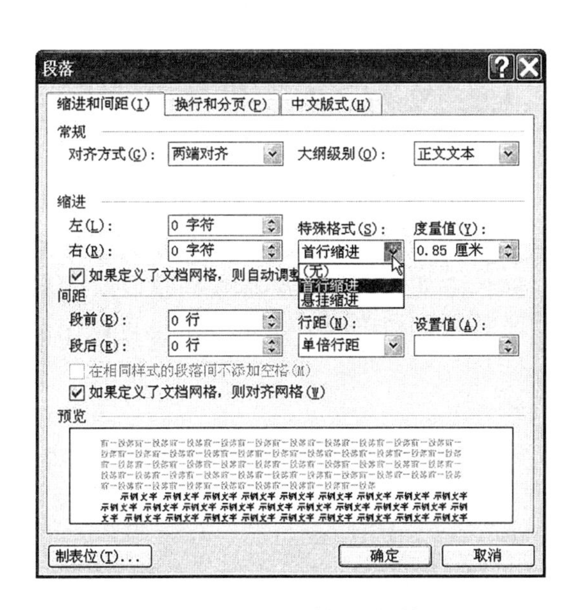

图 3.2.7　“段落”对话框

（1）段落对齐方式

段落的对齐方式有两端对齐、居中对齐、右对齐、分散对齐，设置效果如图 3.2.8 所示。默认的对齐方式是两端对齐。

（2）缩进与间距

段落缩进是段落相对左、右页边距向页内缩进一段距离，实际上是确定段落的宽度。它包括设置左缩进、右缩进、首行缩进、悬挂缩进 4 种方式。段落左、右缩进是指段落文本与页边距之间缩进一定距离；首行缩进是指段落首行相对段落其他行缩进一定的距离；悬挂缩进是指段落的首行不变，其他各行缩进一定的距离。各种缩进效果如图 3.2.9 所示。

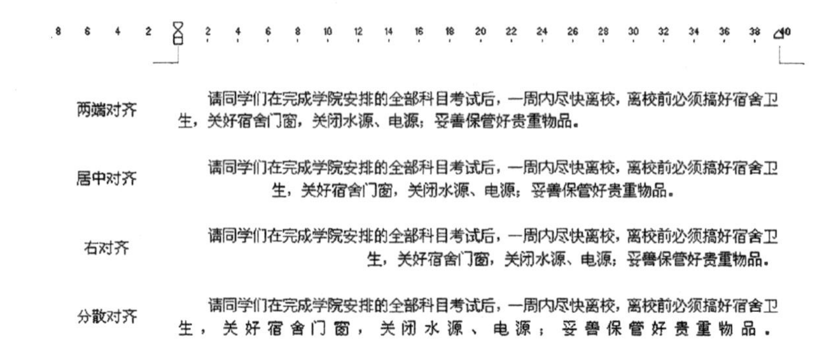

图 3.2.8　几种段落对齐方式示例

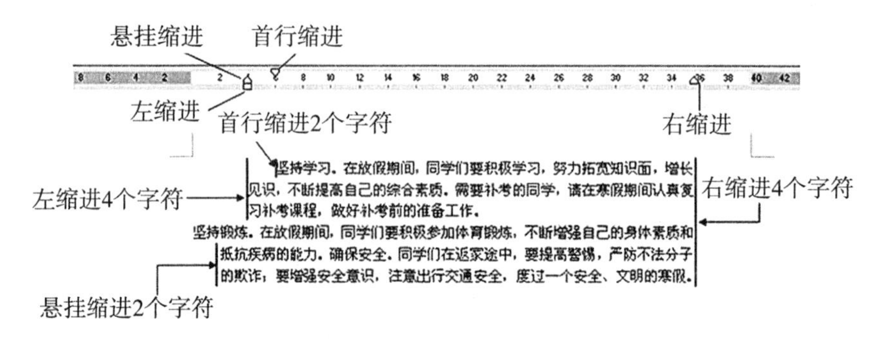

图 3.2.9　段落缩进方式示例

段落缩进可以使用标尺（如图 3.2.9 所示）和“段落”对话框两种方法，使用“段落”对话框可以对段落进行精确设置，量度单位可以用厘米、磅、字符，如图 3.2.7 所示。

（3）行间距与段间距

行间距表示各行文本之间的垂直距离，段间距是不同段落之间的垂直距离，即指当前段或选定段与前段和后段的距离。

2. 项目符号和编号

编排文档时，为了使文档更具有层次性，提高文档的可读性，经常需要在段落中添加项目符号或编号。手工输入段落编号或项目符号不仅效率不高，而且在增、删段落时还需修改编号顺序，容易出错。Word 的项目符号和编号功能很强大，可以自动给段落设置多种格式的项目符号、编号以及多级符号等。

在文档中选择要添加项目符号的段落，执行“格式”→“项目符号和编号”命令。弹出“项目符号和编号”对话框，然后进行相应的操作，如图 3.2.10 所示。

在“项目符号”选项卡中提供了 8 种项目符号，其中的“无”选项，用于取消所选段落的项目符号。用户若想采用其他的符号作为新的项目符号，可以单击“自定义”按钮。

3. 设置边框和底纹

为文档中的文本或段落增加边框和底纹，既可以使文本与文档的其他部分区分开来，又可以增强视觉效果。

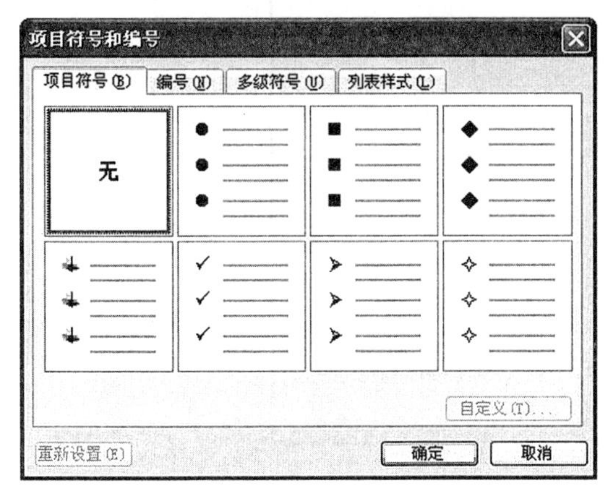

图 3.2.10　“项目符号和编号”对话框

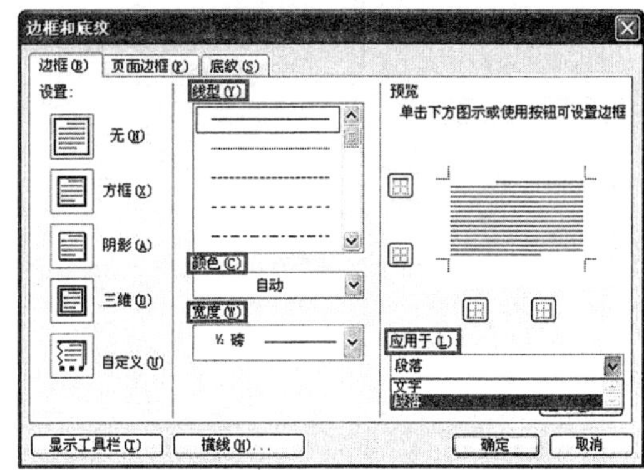

图 3.2.11　“边框”选项卡

(1) 文字或段落的边框

操作方法是：选择需要添加边框的文字或段落，执行“格式”→“边框和底纹”命令，在弹出的“边框和底纹”对话框中选择“边框”选项卡，并设置线型、颜色、宽度等（如图 3.2.11 所示）。

文字与段落边框的区别是：文字边框是由行组成的边框，段落边框是一个段落方块的边框。如图 3.2.12 所示，第一段设置的是文字边框，边框线是单实线；第二段设置的是段落边框，边框线是双实线。

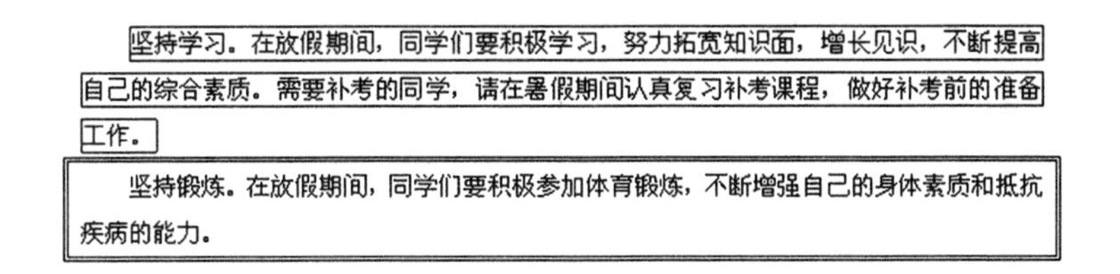
坚持学习。在放假期间，同学们要积极学习，努力拓宽知识面，增长见识，不断提高自己的综合素质。需要补考的同学，请在暑假期间认真复习补考课程，做好补考前的准备工作。

坚持锻炼。在放假期间，同学们要积极参加体育锻炼，不断增强自己的身体素质和抵抗疾病的能力。

图 3.2.12　“文字”边框与“段落”边框的区别

(2) 文字或段落的底纹

操作方法是：选择需要添加底纹的文字或段落，执行“格式”→“边框和底纹”命令，在弹出的“边框和底纹”对话框中选择“底纹”选项卡，并设置填充颜色、图案的样式和颜色等（如图 3.2.13 所示）。文字与段落底纹的区别如图 3.2.14 所示。

4. 设置格式刷

“格式刷”是 Word 2003 中非常有用的一个工具，其功能是将一个选定文本段落的格式复制到其他段落或文本中，以达到快速复制格式的效果，有利于保持文本段落格式的一致。具体操作步骤如下：

① 选择已经设置好格式的段落或文本。

② 单击“常用”工具栏中的格式刷按钮，此时光标变成“♙”形状。按住鼠标

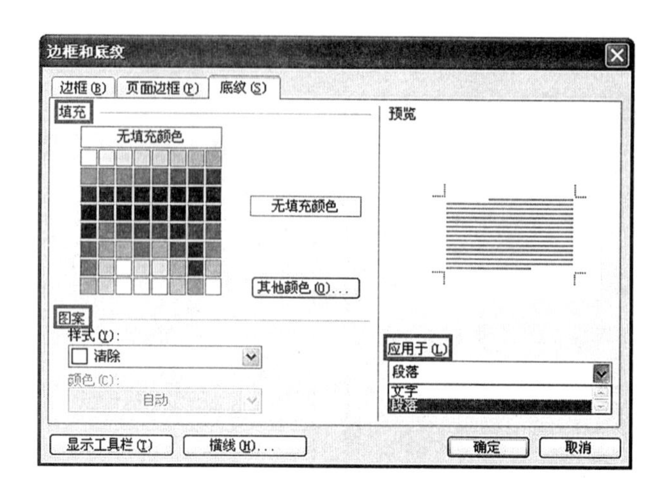

图 3.2.13 **“底纹”选项卡**

文字底纹——坚持学习。在放假期间，同学们要积极学习，努力拓宽知识面，增长见识，不断提高自己的综合素质。需要补考的同学，请在暑假期间认真复习补考课程，做好补考前的准备工作。

段落底纹——坚持锻炼。在放假期间，同学们要积极参加体育锻炼，不断增强自己的身体素质和抵抗疾病的能力。

图 3.2.14 **“文字”底纹与“段落”底纹的区别**

拖动至所有要复制此格式的文本，然后释放鼠标左键。

❖**提示：**若要将选定格式复制到多个位置，可双击格式刷按钮。复制完毕后再次单击格式刷按钮或按【Esc】键，即可关闭格式刷。

操作步骤

一、为通知添加编号和项目符号

1. 添加编号

把鼠标指针置于第 5 行左侧的文本选定栏，这时鼠示指针呈“⇗”状，单击鼠标，按住【Ctrl】键，再单击第 8、第 9、第 11、第 13 行，这五行被选中，效果如图 3.2.15 所示。

执行“格式”→“项目符号和编号”命令，弹出“项目符号和编号”对话框，单击“编号”选项卡，选择合适的编号样式（如图 3.2.16 所示）。

再单击“自定义”按钮，弹出“自定义编号列表”对话框，可修改编号格式、编号样式、编号位置、文字位置等信息。设置“编号位置”的对齐位置为 0 厘米，设置“文字位置”的“缩进位置”为 0 厘米（如图 3.2.17 所示）。单击“确定”按钮，成功添加编号。

☺关于 2012 年放暑假的通知☺

各位同学：

临近期末，为切实做好暑假放假和新学期开学工作，确保大家安全、愉快度假，根据学院的统一部署和学生处的工作安排，现将暑假放假和新学期开学有关事项通知如下：

暑假放假时间：2012 年 7 月 14 日至 8 月 24 日

请各位同学在完成学院安排的全部科目考试后，一周内尽快离校。请同学们在离校前必须搞好宿舍卫生，关好宿舍门窗，关闭水源、电源；妥善保管好贵重物品。

新学期报到注册时间：2012 年 8 月 25 至 26 日

教材购买与发放时间

2012 年 8 月 26 日上午自备现金在学院礼堂购买教材。

缴纳学费时间

请于 2012 年 8 月 25 日—9 月 1 日到学院财务处刷银联卡缴纳学费。

假期要求

坚持学习。在放假期间，同学们要积极学习，努力拓宽知识面，增长见识，不断提高自己的综合素质。需要补考的同学，请在暑假期间认真复习补考课程，做好补考前的准备工作。

坚持锻炼。在放假期间，同学们要积极参加体育锻炼，不断增强自己的身体素质和抵抗疾病的能力。

确保安全。同学们在返家途中，要提高警惕，严防不法分子的欺诈；要增强安全意识，注意出行交通安全，度过一个安全、文明的暑假。

遵纪守法。在放假期间，同学们要强化法纪观念，自觉遵守国家法律法规，不准参与黄、赌、毒和各种封建迷信及非法传销活动，争当一名遵纪守法的好公民。

学生处

2012 年 7 月 4 日

图 3.2.15　“选中不连续的多行”效果图

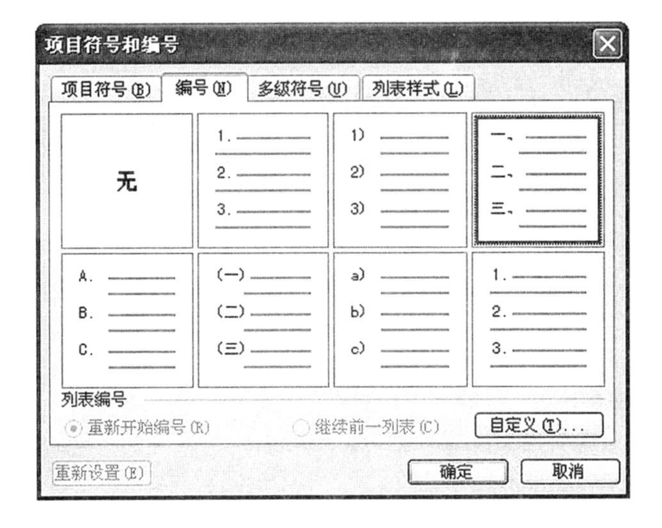

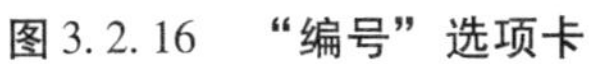
图 3.2.16　“编号”选项卡

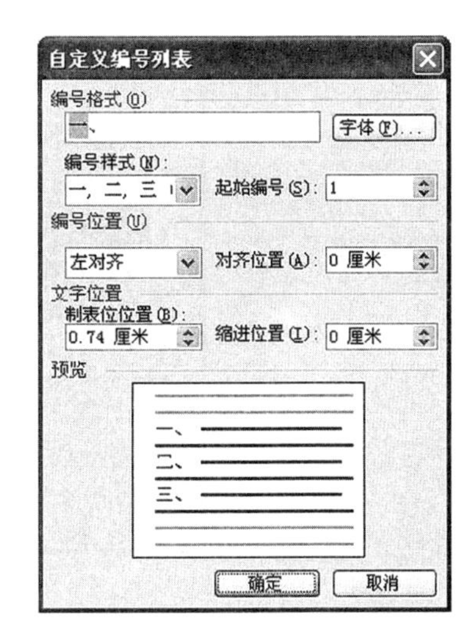

图 3.2.17　“自定义编号列表”对话框

2. 添加项目符号

选中文档的第 14 行至第 21 行，执行“格式”→“项目符号和编号”命令，弹出“项目符号和编号”对话框（如图 3.2.18 所示）。单击“项目符号”选项卡中除“无”外的任一种项目符号样式，再单击“自定义”按钮，弹出“自定义项目符号列表”对话框，如图 3.2.19 所示。

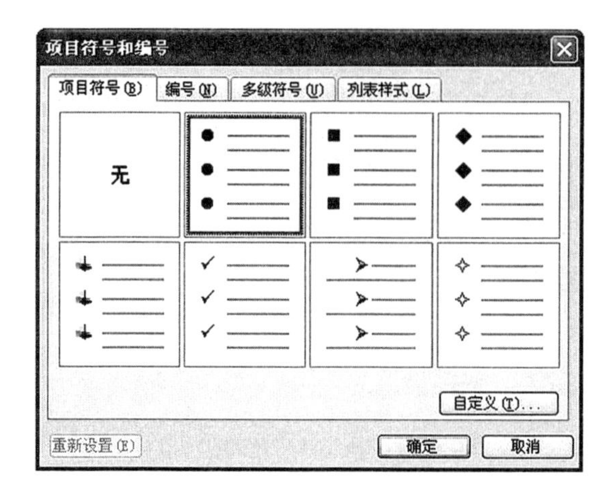

图 3.2.18 “项目符号和编号”对话框

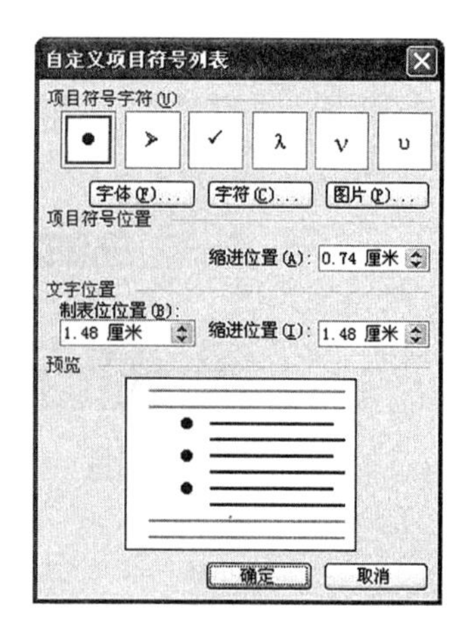

图 3.2.19 “自定义项目符号列表”对话框

单击“字符”按钮，在弹出的“符号”对话框中，选择“字体”为“Wingdings”，再从列表框中选择字符“✌”（如图 3.2.20 所示），依次单击“确定”按钮，这时选中的 4 个段落都增加了项目符号，效果如图 3.2.21 所示。

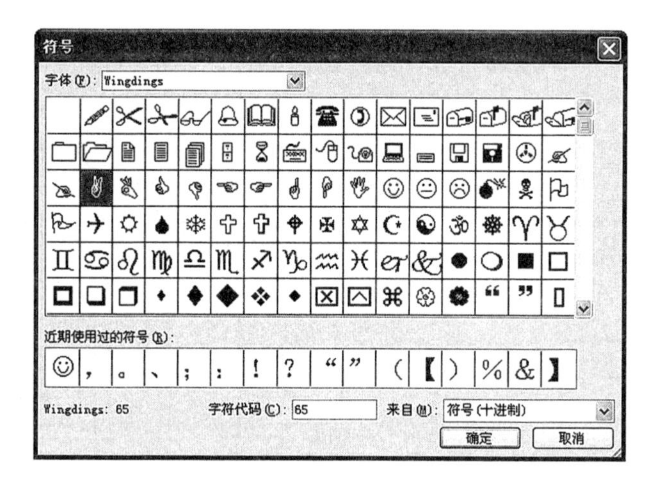

图 3.2.20 “符号”对话框

二、设置字符格式

通过格式工具栏或者“字体”对话框进行字符格式设置。其中文档的第 1 行设置为“黑体、加粗、三号”；其他行文字内容设置为“宋体、小四”。

三、设置段落格式

段落的格式化可以通过“格式”工具栏或“段落”对话框、标尺来进行设置。

① 选中第 1 段，单击“格式工具栏”中的居中按钮☰，实现居中对齐效果；选中

◎关于 2012 年放暑假的通知◎
各位同学：
临近期末，为切实做好暑假放假和新学期开学工作，确保大家安全、愉快度假，根据学院的统一部署和学生处的工作安排，现将暑假放假和新学期开学有关事项通知如下：
一、暑假放假时间：2012 年 7 月 14 日—8 月 24 日
请各位同学在完成学院安排的全部科目考试后，一周内尽快离校。请同学们在离校前必须搞好宿舍卫生，关好宿舍门窗，关闭水源、电源；妥善保管好贵重物品。
二、新学期报到注册时间：2012 年 8 月 25 — 26 日
三、教材购买与发放时间
2012 年 8 月 26 日上午自备现金在学院礼堂购买教材。
四、缴纳学费时间
请于 2012 年 8 月 25 日—9 月 1 日到学院财务处刷银联卡缴纳学费。
五、假期要求
- 坚持学习。在放假期间，同学们要积极学习，努力拓宽知识面，增长见识，不断提高自己的综合素质。需要补考的同学，请在暑假期间认真复习补考课程，做好补考前的准备工作。
- 坚持锻炼。在放假期间，同学们要积极参加体育锻炼，不断增强自己的身体素质和抵抗疾病的能力。
- 确保安全。同学们在返家途中，要提高警惕，严防不法分子的欺诈；要增强安全意识，注意出行交通安全，度过一个安全、文明的暑假。
- 遵纪守法。在放假期间，同学们要强化法纪观念，自觉遵守国家法律法规，不准参与黄、赌、毒和各种封建迷信及非法传销活动，争当一名遵纪守法的好公民。

学生处
2012 年 7 月 4 日

图 3.2.21　设置“编号”和“项目符号”后的效果图

最后两段，单击右对齐按钮，这两段就实现了在页面上右对齐的效果。

② 执行“编辑”→“全选”命令，选中全文，再执行“格式”→“段落”命令，在“段落”对话框中设置行距为“固定值、22 磅”（如图 3.2.22 所示）。

③ 选择文档的第 3 行至第 11 段，在“缩进和间距”选项卡中，单击“特殊格式”右侧的下拉按钮，选择列表框中的“首行缩进”，然后在“度量值”输入框输入“2 字符”，单击“确定”按钮。

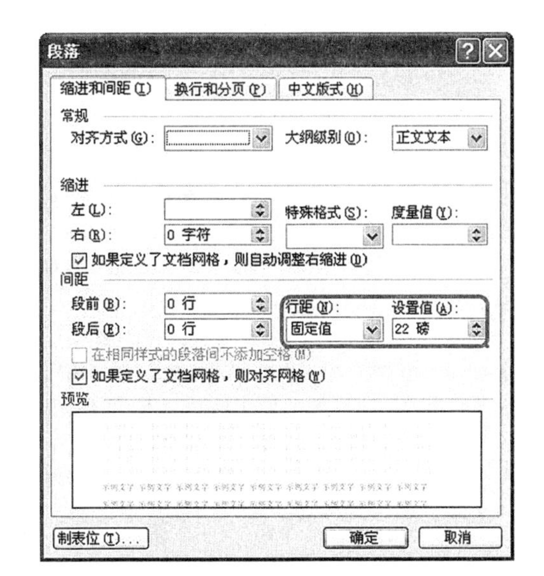

图 3.2.22　“段落”对话框

四、设置边框和底纹

(1) 设置段落的边框和底纹

选中文档第 5 段，执行“格式”→“边框和底纹”命令，弹出“边框和底纹”对话框（如图 3.2.23 所示）。在默认的“边框”选项卡中，单击“设置:”下的“方框”，设置颜色为红色，宽度为 1 磅，从“应用于”下拉列表框中选择“段落”。

单击“底纹”选项卡，如图 3.2.24 所示，设置“填充”颜色为浅青绿，从“应用于”下拉列表框中选择“段落”，单击“确定”按钮，整个段落便加上了设置的边框和

底纹效果。

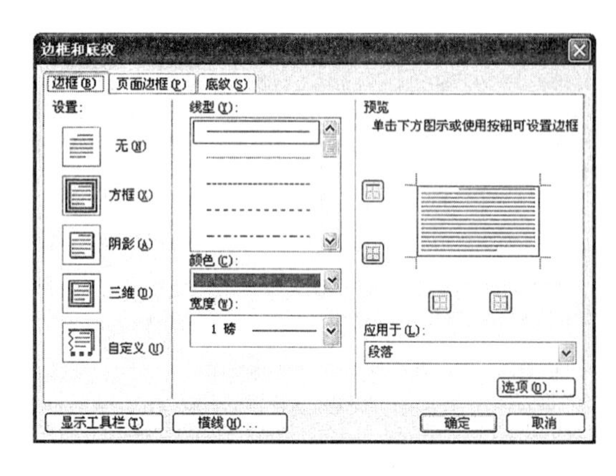

图 3.2.23 “段落”选项卡

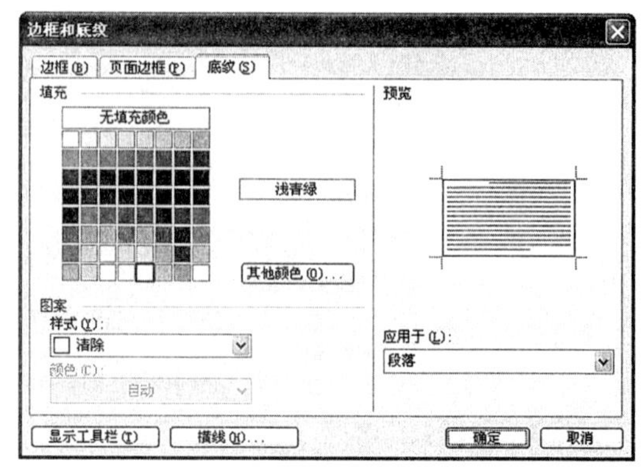

图 3.2.24 “底纹”选项卡

（2）设置文字的边框和底纹

选中第 4 段后半部分文字“2012 年 7 月 14 日—8 月 24 日”，按照相同的方法，在“边框和底纹”对话框中设置“浅黄色”底纹，图案样式为“5%”，颜色为“红色”，从“应用于”下拉列表框中选择“文字”，单击“确定”按钮，这样选中的文本内容便具有了底纹效果。

选中刚设置好底纹格式的文字，双击“格式刷”工具，把格式复制到第 6、第 8、第 10 段的日期内容文字，复制完毕后单击格式刷按钮，关闭格式刷。设置完边框和底纹的文字效果如图 3.2.25 所示。

一、 暑假放假时间：2012 年 7 月 14 日—8 月 24 日

请各位同学在完成学院安排的全部科目考试后，一周内尽快离校。请同学们在离校前必须搞好宿舍卫生，关好宿舍门窗，关闭水源、电源；妥善保管好贵重物品。

二、 新学期报到注册时间：2012 年 8 月 25—26 日

三、 教材购买与发放时间

2012 年 8 月 26 日上午自备现金在学院礼堂购买教材。

四、 缴纳学费时间

请于 2012 年 8 月 25 日—9 月 1 日到学院财务处刷银联卡缴纳学费。

图 3.2.25 “边框和底纹”效果图

（3）设置页面的边框

在“边框和底纹”对话框的“页面边框”选项卡中（如图 3.2.26 所示），设置页面边框为“艺术型”中的一种。从“应用于”下拉列表框中选择“整篇文档”，单击“确定”按钮，文档中的页面就加上了这种边框。

至此“关于 2012 年放暑假的通知”排版完成，效果如图 3.2.1 所示，保存文档并退出。

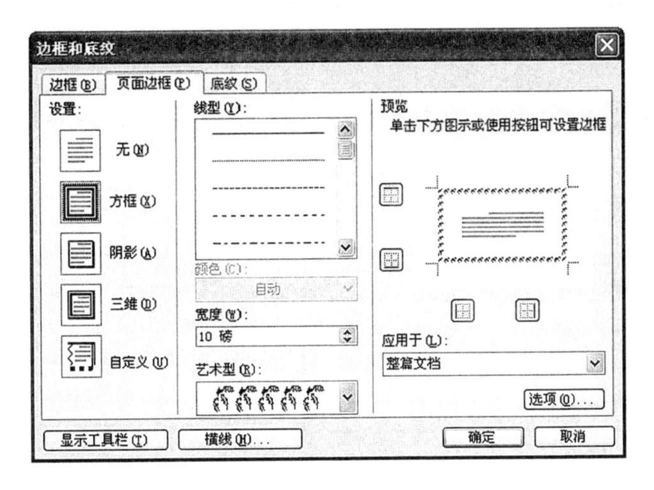

图 3.2.26　“页面边框”选项卡

技能拓展

一、创建多级符号

借助“项目符号和编号”对话框中的“多级符号”，可以实现多级章节自动编号的功能，这对于长文档的编辑十分重要（关于长文档的编排操作，请阅读本模块案例六）。

下面以素材文件“多级符号.doc”为例，讲解如何实现多级符号的创建。

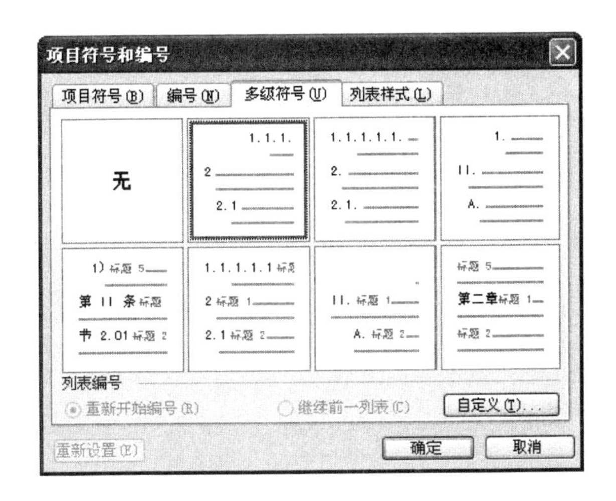

图 3.2.27　“多级符号”选项卡

① 打开文件“多级符号.doc”，选中全部文字，执行“格式”→“项目符号和编号”命令，打开“项目符号和编号”对话框，如图 3.2.27 所示，单击“多级符号”选项卡，单击“自定义”按钮，进入“自定义多级符号列表”对话框（如图 3.2.28 所示）。

② 在“多级符号自定义”对话框中，在左侧的级别列表中选择 1，开始设置第 1 级编号的格式。在“编号样式”中选择“1，2，3，…”，编号格式输入框“1”前输入节的符号“§”（如图 3.2.28 所示）。

❖**提示：**执行“插入”→“特殊符号”命令，在“插入特殊符号”对话框中找到小节符号“§”，或者通过“特殊符号”软键盘输入。

③ 为了排版方便，单击对话框右侧的“高级”按钮，在“编号之后”下拉框中选择“空格”而不是“制表符”。

④ 在左侧的级别列表中选择 2，开始设置第 2 级编号的格式。在编号格式输入框

“1.1”前输入节的符号“§”，如图 3.2.29 所示，单击“确定”按钮，文档效果如图 3.2.30 所示。

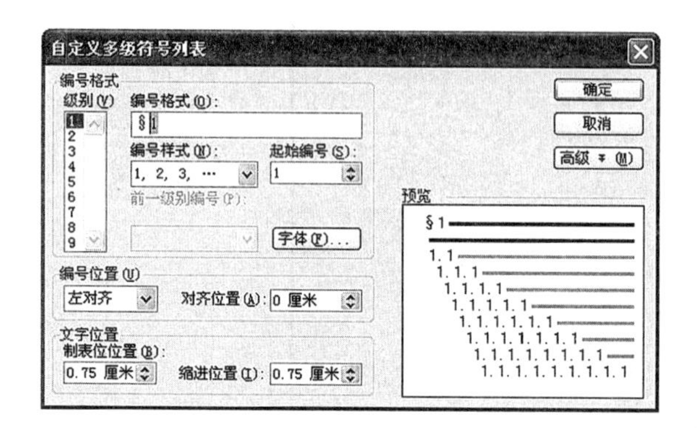

图 3.2.28　多级符号自定义

图 3.2.29　“2 级”自动编号格式设置

⑤ 按【Ctrl】键，选中图 3.2.30 中所有红色的文字，单击“格式”工具栏“增加缩进量”按钮，得到文档应用 2 级编号后的效果图（如图 3.2.31 所示）。

§1 计算机概述
§2 计算机发展简史
§3 当代计算机的发展
§4 计算机的分类
§5 计算机的特点
§6 计算机的应用
§7 信息在计算机中的表示
§8 数据的单位
§9 字符编码
§10 计算机系统的组成
§11 计算机系统
§12 微机计算机系统
§13 计算机程序设计语言
§14 多媒体技术基础知识
§15 多媒体的基本概念
§16 多媒体技术的特征
§17 多媒体技术的应用
§18 计算机病毒与防范
§19 计算机病毒的基本知识
§20 计算机病毒的特征
§21 计算机病毒的传播途径与防范

图 3.2.30　使用多级编号后文档的效果图

§1 计算机概述
　§1.1 计算机发展简史
　§1.2 当代计算机的发展
　§1.3 计算机的分类
　§1.4 计算机的特点
　§1.5 计算机的应用
§2 信息在计算机中的表示
　§2.1 数据的单位
　§2.2 字符编码
§3 计算机系统的组成
　§3.1 计算机系统
　§3.2 微机计算机系统
　§3.3 计算机程序设计语言
§4 多媒体技术基础知识
　§4.1 多媒体的基本概念
　§4.2 多媒体技术的特征
　§4.3 多媒体技术的应用
§5 计算机病毒与防范
　§5.1 计算机病毒的基本知识
　§5.2 计算机病毒的特征
　§5.3 计算机病毒的传播途径与防范

图 3.2.31　文档完成效果图

案例三　制作电子板报

案例说明

新生开学第一学期，陈老师想激发同学们对计算机的学习兴趣，举办了一个“制作关于计算机知识的电子板报”的比赛，希望同学们能熟练运用 Word 的图文混排功能，创作出丰富多彩、更具个人特色的电子板报作品。电子板报的制作流程通常包括：确定主题、收集素材、设计版面、制作作品。

小明决定制作一个主题为“中文 Word 2003 的学习要点”的电子板报。为了能做出美观大方、吸引读者眼球的作品，用 Word 制作时应综合使用艺术字和图片、图形、文本框等对象，达到图文并茂的效果。为了节省时间制作电子板报，相关文字素材已经提供，经过排版得到最终效果如图 3.3.1 所示。

电脑知识（第 1 期）

中文Word 2003的学习要点

本章要求掌握文字处理软件 Word 2003 的基本操作，包括：文档的录入和编辑、文档的排版、图文混排编辑、表格制作、长文档的编辑等。其中的编辑和排版操作是 Word 2003 最常用的操作，必须熟练掌握。

Word 2003 文档的录入

用 Word 进行文字处理时，输入文本是第一步，然后再对录入的文本进行校对和编辑，最后再进行排版和打印。

文本是文字、符号、特殊字符和图形等内容的总称。可使用操作系统中所安装的输入法输入文本，有时需要输入一些键盘上没有的特殊字符或图形符号，例如数学运算符（∈、≌）或拉丁字母等，可执行“插入|符号”命令来完成。

Word 2003 的文档编辑

在 Word 2003 中，文档的基本编辑包括：文档内容的增、删、改。主要包括文本的选定、复制、移动、删除，以及文本的查找和替换。

Word 2003 文档的排版

文档录入编辑完成后，需要进行排版操作。文档的排版操作包括字符格式、段落格式和页面格式等设置。页面格式化主要对文档的纸张大小、页边距等进行设置；字符格式化是对文档的文字进行字体、字形、字号、颜色、字符间距等格式进行设置；段落格式化主要对文档的段落格式进行设置，包括段落的对齐、缩进、行间距、段间距等。

Word 2003 的图文处理

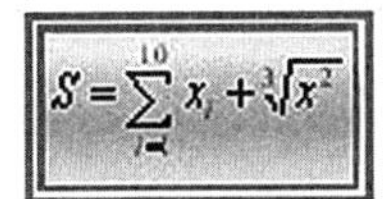

Word 2003 可以非常方便地插入图形、图像、文本框、公式和艺术字，进行图文混排。

Word 2003 的表格处理

Word 2003 具有较强的表格处理能力，可以制作日常工作中用到的各种的表格。以表格的方式组织和显示信息，既简洁明了，又效果直观。

制表操作的基本方法是：确定表格的行数与列数；按确定行数与列数插入一个规范表格；调整表格的列宽与行高；进行单元格的合并或拆分；在表格中录入文字内容；对表格文字的内容和整个表格进行格式设置。

Word 2003 文档的保存

新建的文档内容只是暂存于计算机的内存中，若文档未保存就关闭，输入或编辑的内容将会全部丢失。在保存文件时，除输入文件名外，还要注意文件的存放位置和保存类型。

11 计网小明制作

图 3.3.1　电子板报样稿

知识准备

一、页面设置

在创建文档时，Word 预设了一个以 A4 纸为基准的 Normal 模板，用户可以根据需要重新进行设置。页面设置包括对纸张大小、页边距、版式和文档网格等的设置。

执行“文件”→“页面设置”命令，弹出“页面设置”对话框（如图 3. 3. 2 所示）。

1. 设置纸张的大小和方向

在“纸张”选项卡中设置纸张的大小，如果需要自定义纸张的宽度和高度，在“纸张大小”下拉列表框中选择“自定义大小”选项，然后分别输入“宽度”和“高度”值。

在“页边距”选项卡中设置纸张的方向，如果设置为“横向”，则纸张大小中的“宽度”值和“高度”值互换。

2. 设置页边距

页边距指文本正文距离纸张的上、下、左、右边界的距离，在“页边距”选项卡中设置。如果编辑的文档需要装订成册，可通过“装订线位置”设置装订线在纸张的左边还是顶端，再通过“装订线”微调框设置装订线距离纸张左边界或上边界的距离。

3. 设置行数与字数

在“文档网格”选项卡中设置每页的行数、每行的字数以及文字排列的方向等（如图 3. 3. 3 所示）。

二、页眉和页脚的设置

页眉和页脚是在页面顶部和底部加入的辅助信息，常用来放置标题、页码、日期或者公司的徽标等。

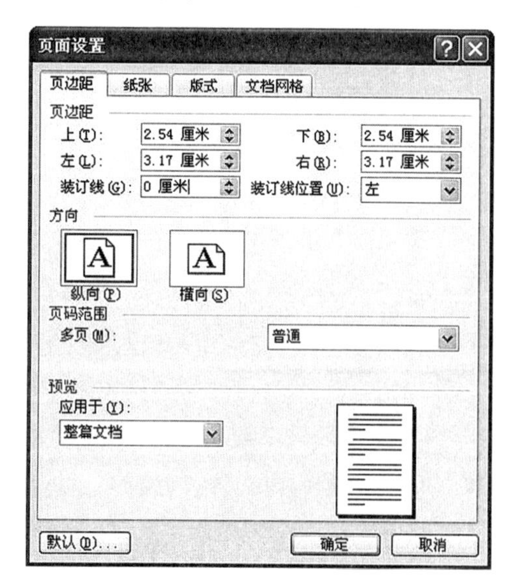

图 3. 3. 2 “页边距”选项卡

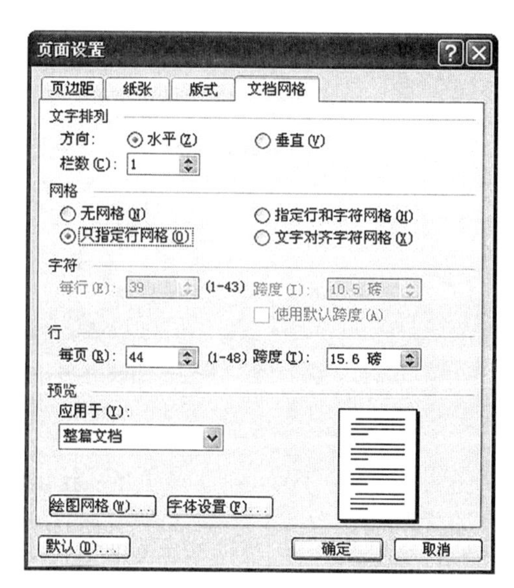

图 3. 3. 3 “文档网格”选项卡

1. 创建页眉和页脚

执行“视图”→“页眉和页脚”命令，则在文档窗口中出现“页眉和页脚”工具栏，如图 3.3.4 所示，并在文档页面的顶部和底部同时出现“页眉”和“页脚”的编辑区，此时插入点置于页眉编辑区水平居中的位置，可以输入页眉的内容；单击“在页眉和页脚间切换”按钮，插入点切换到页脚编辑区中，并为左对齐方式，再输入页脚的内容；单击“关闭”按钮，返回到文档编辑区。

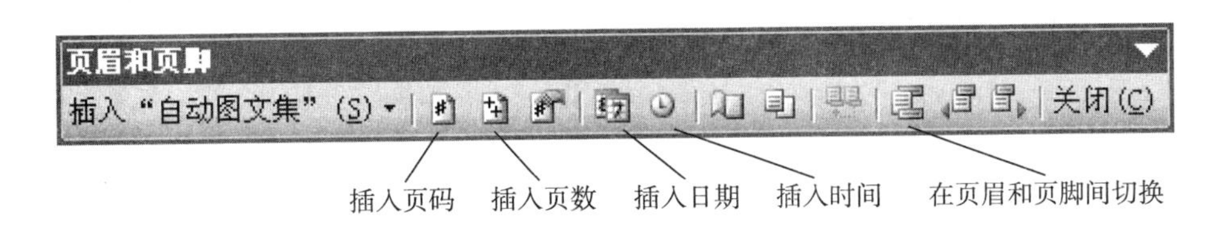

图 3.3.4 “页眉和页脚”工具栏

2. 编辑页眉和页脚

页眉和页脚创建后，如果想对内容进行修改或格式设置，可直接双击页面的页眉或页脚位置，或者执行“视图”→“页眉和页脚”命令，此时插入点定位到页眉或页脚处，可进行编辑。

3. 首页不同的页眉和页脚

对于书刊、信件或报告等文档，通常需要去掉首页的页眉。执行“文件”→“页面设置”命令，在“版式”选项卡的“页眉和页脚”选项区域中选中“首页不同”复选框（如图 3.3.5 所示）。

4. 奇偶页不同的页眉和页脚

对于要进行双面打印并装订的文档，可以设置奇偶页不同内容的页眉和页脚。执行“文件”→“页面设置”命令，在“版式”选项卡的“页眉和页脚”选项区域中，选中“奇偶页不同”复选框（如图 3.3.5 所示），页眉和页脚的编辑区就有“奇数页”和“偶数页”之分，可以设置不同内容的页眉或页脚。

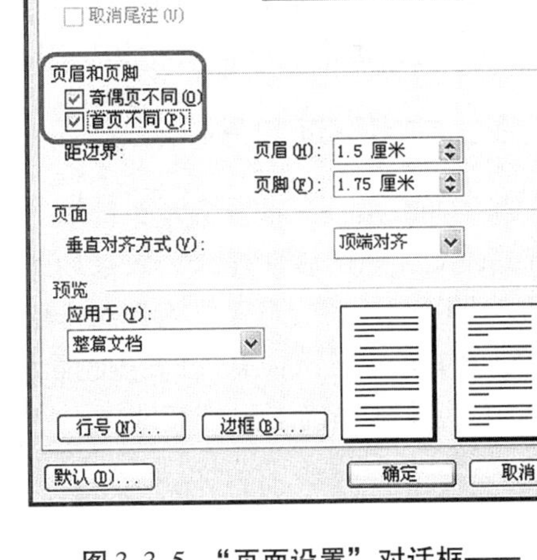

图 3.3.5 “页面设置”对话框——“版式”选项卡

三、设置分栏效果

分栏排版是一种常用的桌面排版功能，常见的报刊杂志等的排版大量使用了分栏功能。Word 2003 提供的分栏操作可对整个或部分文档进行，用户可以设置栏数、栏宽以及栏间距等。分栏操作必须在页面视图下进行，具体操作步骤如下：

① 选择要分栏的文本。

② 执行“格式”→“分栏”命令，弹出“分栏”对话框（如图3.3.6所示）。

③ 在“分栏”对话框中设置合适的栏数、宽度和间距、应用范围。

❖**提示**：如果超过三栏，从“栏数”输入框中输入需要分成的栏数。

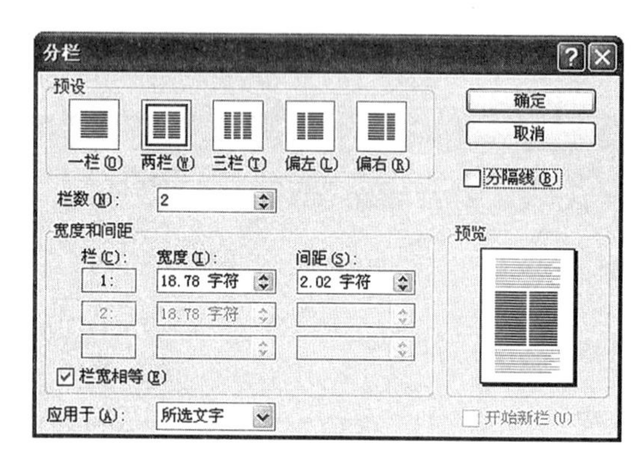

图3.3.6 “分栏”对话框

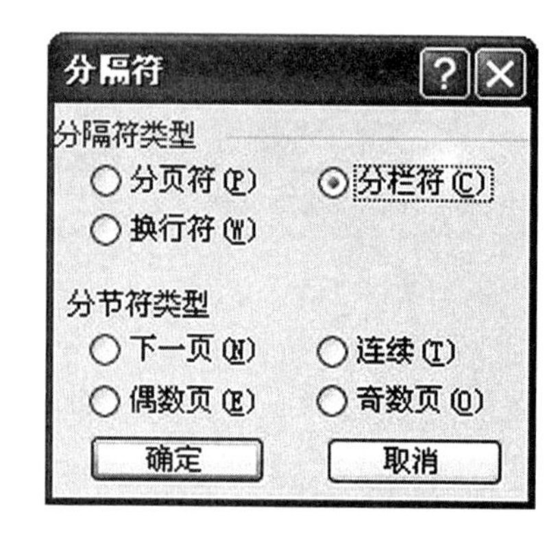

图3.3.7 “分隔符”对话框

④ 单击“确定”按钮。

如果要取消分栏，步骤与上述相同，只要在步骤③中选取“一栏”就可以了。

如果觉得分栏的位置不合适，可以把插入点定位到需分到下一栏的文本起始处，执行“插入”→“分隔符”命令，在弹出的“分隔符”对话框中选择“分栏符”（如图3.3.7所示），单击“确定”按钮，则插入点后的文本会自动移到下一栏。

四、首字下沉和悬挂

首字下沉是将文章段落开头的第一个或者前几个文字放大数倍，并以下沉或者悬挂的方式改变文档的版面样式，效果如图3.3.8所示。首字下沉或悬挂可增加文档的艺术效果，常用于报刊杂志等出版物的排版。

要取消首字下沉或悬挂时，把插入点定位到本段内，从“首字下沉”对话框中选择“无”，单击“确定”按钮即可。

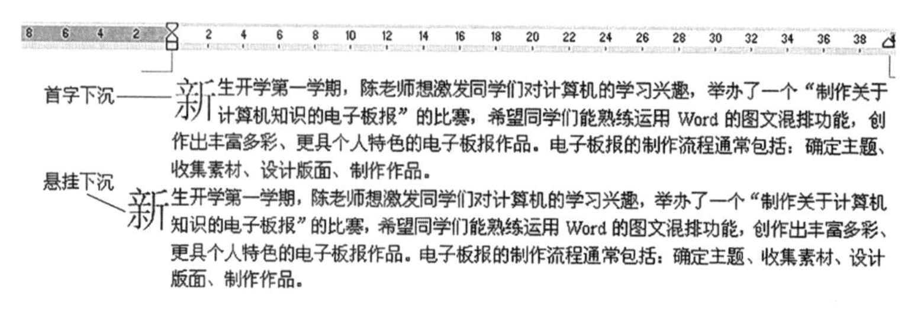

图3.3.8 首字下沉和悬挂的效果

五、图文混排

1. 插入图片

(1) 插入剪贴画

为了方便用户，Word 中提供了一个“剪辑管理器”，其中存储了非常丰富的图片，以及照片、影片、声音等对象，可以说是一个简易的多媒体库。当用户需要在文档中插入“剪辑管理器”中的图片时，可以利用“剪辑管理器”的搜索功能，查找需要的图片。

在 Word 中插入剪贴画的步骤如下：

① 将插入点定位于要插入剪贴画的位置。

② 执行“插入”→“图片”→“剪贴画”命令或单击“绘图工具栏”上的“插入剪贴画”按钮，在文档窗口右侧显示“剪贴画”任务窗格（如图 3.3.9 所示）。

③ 在“搜索文字”文本框中输入剪贴画的类别（如图书），单击“搜索”按钮，搜索结果显示在列表框中，选中所要的剪贴画，右击，选择快捷菜单中的“插入”命令。

图 3.3.9 “剪贴画”任务窗格

❖**提示：** 如果不熟悉剪辑管理器的分类，可单击任务窗格下部的“管理剪辑”按钮，打开“Microsoft 剪辑管理器”窗口，如图 3.3.10 所示，在左边的“Office 收藏集”文件夹中找到合适的类别，在右侧查看剪贴画，将需要的剪贴画拖动到文档中即可。

图 3.3.10 “剪辑管理器”窗口

(2) 插入图形文件

在文档中，可以插入其他种类的图形文件。这些文件可以来自于本地磁盘、网络驱动器，甚至 Internet。

在 Word 中插入图形文件的步骤如下：

① 将插入点定位于要插入图片的位置。

② 执行“插入”→“图片”→“来自文件”命令或单击“绘图工具栏”上的“插入图片”按钮，弹出“插入图片”对话框（如图3.3.11所示）。

③ 选择要插入的图片文件，包括文件位置、文件类型及文件名，单击“插入”按钮。

图3.3.11 “插入图片”对话框

2. 设置图片格式

刚插入的图片一般与原文不是很匹配，需要对其进行裁剪、放大缩小、移动位置和设置格式。一般来说，设置方式有三种：鼠标设置方式、工具栏设置方式和对话框设置方式。

（1）认识“图片”工具栏

插入图片后，一般会自动显示“图片”工具栏，如果没有显示“图片”工具栏，右击图片，在弹出的快捷菜单中选择“显示图片工具栏”命令，即可显示“图片”工具栏（如图3.3.12所示）。利用工具栏上的按钮可以对图片进行编辑，如可以裁剪图片、调整亮度和对比度等。

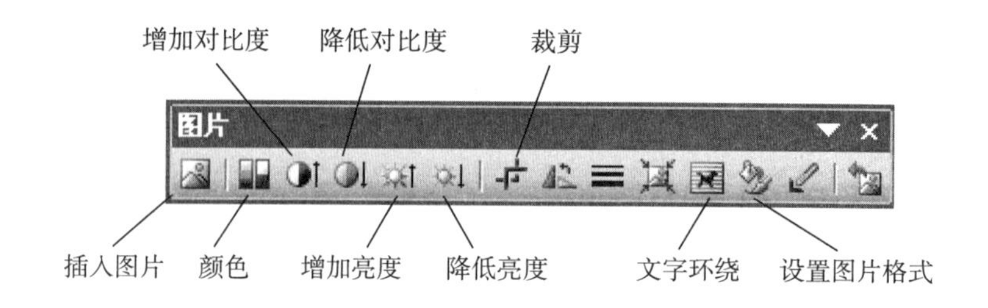

图3.3.12 “图片”工具栏

（2）设置图片的大小

方法1：鼠标设置方式。

① 单击图片，图片周围出现8个控制点，表示图片处于被选中状态。

② 将鼠标指针移到某个控制点处，指针变为双箭头的形状，拖动鼠标来改变图片的大小。

方法2：对话框设置方式。

① 单击图片，执行“格式”→“图片”命令，或者在图片上右击从快捷菜单中选择“设置图片格式”命令，或者单击“图片”工具栏的“设置图片格式”按钮，打开“设置图片格式”对话框（如图3.3.13所示）。

② 在“大小”选项卡中，设置图片的高度和宽度，还可以设置“旋转”角度，使图片旋转。

❖**提示**：如果选中“锁定纵横比”复选框，可以使图片成比例地改变大小。

（3）图片的裁剪

对图片的裁剪，即裁掉不需要的部分。操作步骤如下：

① 单击要裁减的图片。

② 单击“图片”工具栏上的“裁剪”按钮，鼠标指针变成了裁剪框形状。

③ 将鼠标移动到某个控制点处，按住鼠标左键，沿裁剪方向拖动鼠标，虚线框所到的地方就是图片裁剪到的位置。

④ 松开鼠标左键，就把虚线框以外的部分“裁”掉了。

❖**提示**：向相反方向拖动还可以把多裁的图片恢复回来。

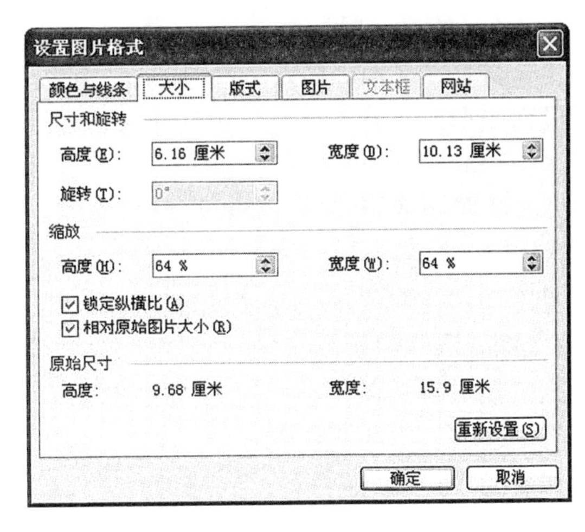

图 3.3.13　“设置图片格式”对话框——“大小”选项卡

（4）环绕方式

无论是对象、图片、自选图形以及文本框，其对于文字的环绕方式都默认为“嵌入式”。可以根据需要来改变图片与文字的环绕方式，有两种方法可以实现。

方法1：工具栏设置方式。

① 单击要设置环绕方式的图片。

② 单击“图片”工具栏上的“文字环绕”按钮，从下拉菜单中选择需要的环绕方式，文字就在图片的周围按要求排列了。

方法2：在“设置图片格式”对话框中，选择“版式”选项卡，如图3.3.14所示，可选择需要的“环绕方式”和“水平对齐方式”。单击“高级”按钮，弹出“高级版式”对话框，选择“文字环绕”选项卡，可以设置更多的“环绕方式”和设置“距正文”的距离（如图3.3.15所示）。

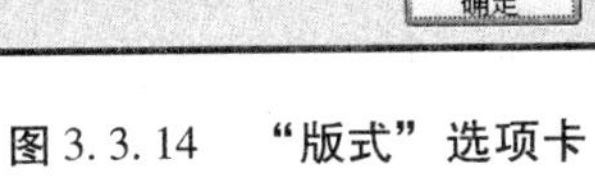
图 3.3.14　“版式”选项卡

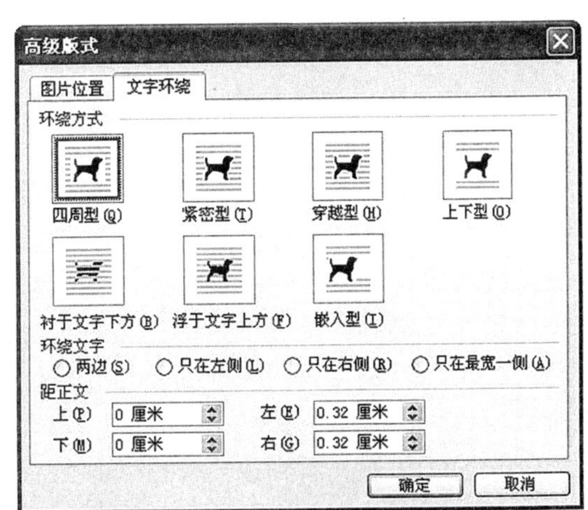

图 3.3.15　“文字环绕”选项卡

3. 绘制图形

需要在文档中插入一些图形时，可以从 Word 的“绘图”工具栏提供的一些常用的几何图形或“自选图形”中选择制作。

（1）启用/取消画布功能

为了方便将多个基本图形组合成一体，Word 2003 还为用户提供了画布。执行“工具”→“选项”命令，打开“选项”对话框（如图 3.3.16 所示），在“常规”选项卡中，把“插入自选图形时自动创建绘图画布”复选框选中，就可以启用画布；反之，则取消画布功能。

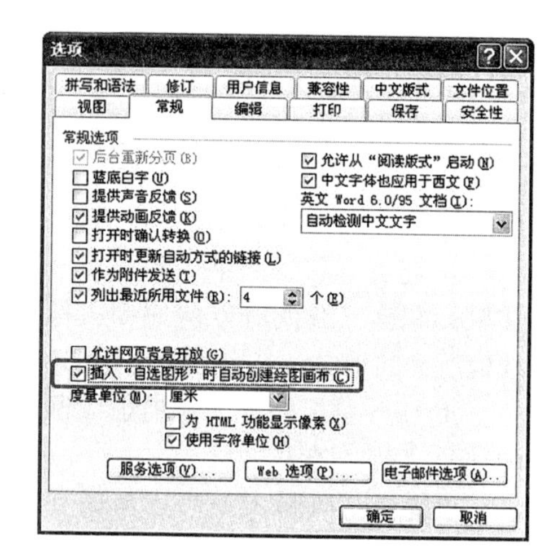

图 3.3.16 “选项”对话框——“常规”选项卡

（2）认识“绘图”工具栏

可通过“绘图”工具栏完成图形的绘制和格式的设置操作，详细的按钮功能如图 3.3.17 所示。

（3）绘制自选图形

利用“绘图”工具栏绘制自选图形，步骤如下：

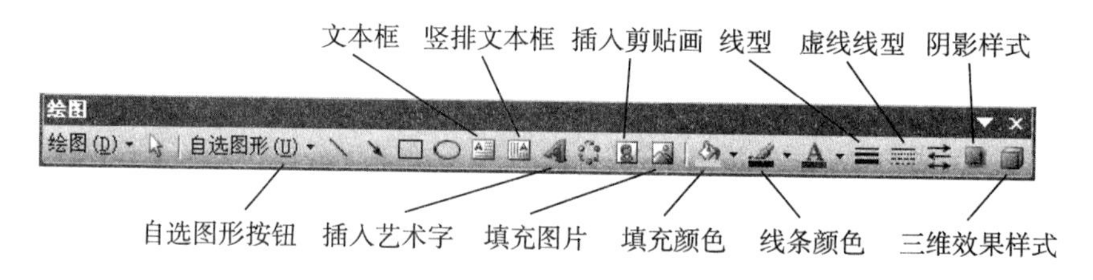

图 3.3.17 “绘图”工具栏

① 单击“绘图”工具栏中的“自选图形”按钮，然后选择“基本形状”选项（如图 3.3.18 所示）。

② 在展开的“基本形状”子菜单中，单击所需的图形（如笑脸）。

③ 将鼠标移动到文档中，此时光标变成十字形，在需要绘制图形的位置单击并拖动鼠标，一张笑脸就画好了，效果如图 3.3.19（左一图）所示。

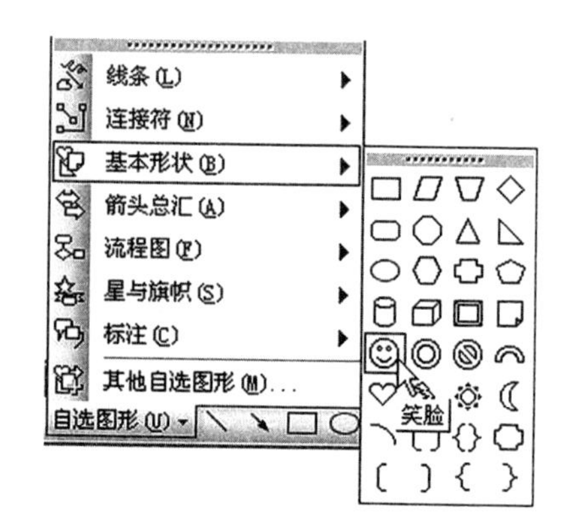

图 3.3.18 基本形状

④ 选中笑脸，设置“线型”为 1.5 磅，填充颜色为“玫瑰红”，效果如图 3.3.19（左二图）所示。

⑤ 选中笑脸，看到在笑脸的嘴上有一个黄色小棱形，称为控制点。将鼠标指向控制点并向上拖动，看到一个有趣的结果——笑脸变成

了哭脸，效果如图 3.3.19（左三图）所示。

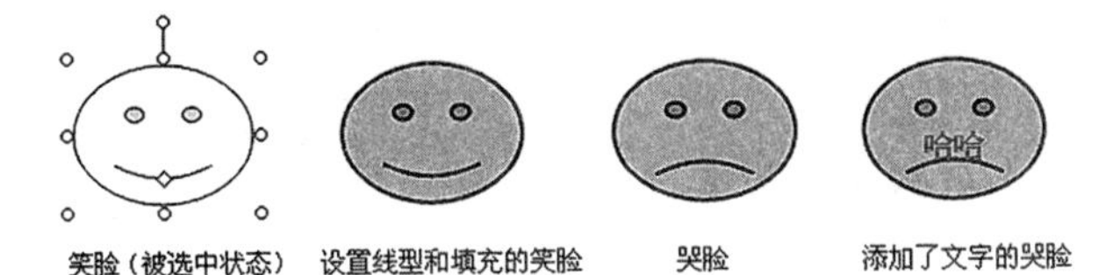

图 3.3.19　笑脸图

⑥ 右击绘制的图形，在弹出的快捷菜单中选择“添加文字”命令，在图形中输入文字并设置其格式，效果如图 3.3.19（右图）所示。

⑦ 双击自选图形，在弹出的“设置自选图形格式”对话框（如图 3.3.20 所示）中，可设置颜色与线条、图形的大小、版式等。最后将自选图形拖动到版面的合适位置处。

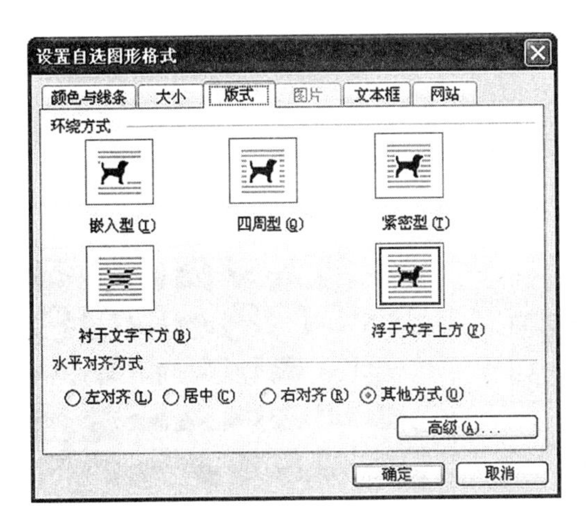

图 3.3.20　“设置自选图形格式”对话框

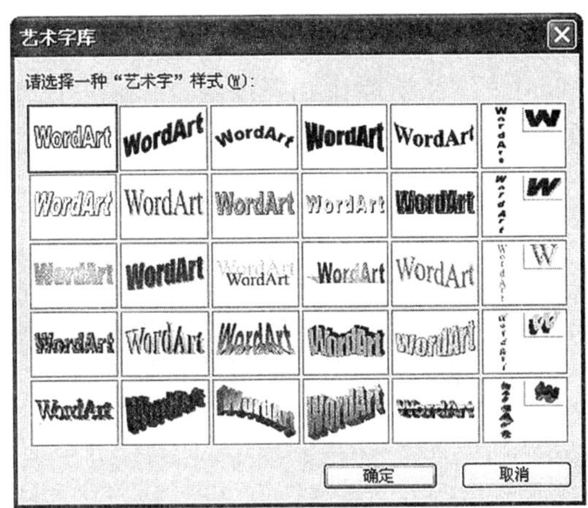

图 3.3.21　“艺术字库”对话框

4. 插入艺术字

Word 提供了一种对文字建立图形效果的艺术字功能，一般用来制作封面文字或标题文字，在文档中插入艺术字可以使文档的效果更加丰富多彩。

（1）插入艺术字

插入艺术字的操作步骤如下：

① 将插入点定位于要插入艺术字的位置。

② 执行“插入”→“图片”→“艺术字”命令。或者单击“绘图”工具栏上的“插入艺术字”按钮，打开“艺术字库”对话框（如图 3.3.21 所示）。

③ 选择一种艺术字样式，单击“确定”按钮。

④ 弹出“编辑‘艺术字’文字”对话框（如图 3.3.22 所示），在对话框中输入文字，并设置文字的字体、字号、字型等，单击“确定”按钮。

（2）编辑艺术字

单击具有“艺术字”效果的文字，“艺术字”工具栏就会出现（如图 3.3.23 左图所示）。在工具栏中选择相应的工具按钮可对艺术字进行编辑处理。例如，要改变艺术字的文字内容，可单击“艺术字”工具栏中的“编辑文字”按钮，弹出如图3.3.22所示的对话框；如果要改变艺术字的形状，可单击“艺术字”工具栏中的“艺术字形状”按钮，打开如图3.3.23右图所示的形状窗口，选择一种形状即可。

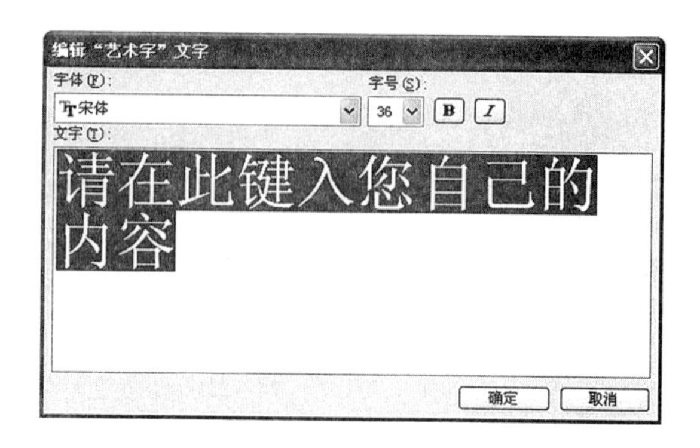

图3.3.22 “编辑‘艺术字’文字”对话框

5. 插入文本框

文本框是将文字和图片精确定位的有效工具。文本框实质上是一种特殊的图形，将文本或者图形放入文本框后，可以进行一些特殊处理，如更改文字方向、设置文字环绕方式、在文档中移动等。Word文本框有横排和竖排两种，主要应用于在文档中创建特殊文本，增强文本的处理功能。

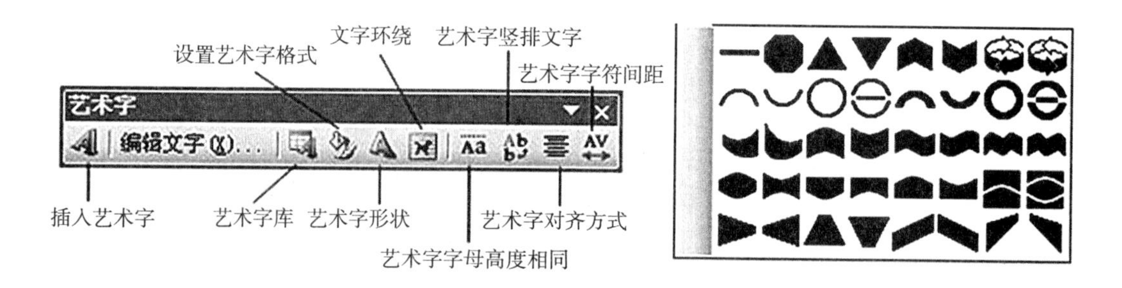

图3.3.23 “艺术字”工具栏和“艺术字形状”列表

插入文本框的操作步骤如下：

① 单击“绘图工具栏”上的“文本框”（或“竖排文本框”）按钮或执行“插入”→“文本框”→“横排”（或“竖排”）命令。

② 此时，鼠标指针变成“+”形，在文档区适当的位置拖动鼠标，可以插入一个空的横排（或竖排）文本框。

③ 在文本框中输入文字或插入图片。

❖**提示**：*若给已有的文字添加文本框，则选中要添加文本框的文本，再单击“绘图工具栏”上的“文本框”（或“竖排文本框”）按钮或执行菜单“插入”→“文本框”→“横排”（或“竖排”）命令，就给这些文本添加了文本框。*

④ 双击文本框，在弹出的“设置文本对话框格式”对话框中进行格式的设置（如图3.3.24所示）。

6. 插入公式

利用Word提供的公式编辑器，可以很方便地在文档中建立和编辑复杂的数学公式。对建立的数学公式，可以用前面介绍的图形处理方法，进行各种图形编辑操作。具体操作步骤如下：

① 执行“插入”→“对象”命令，弹出“对象”对话框（如图 3.3.25 所示）。

图 3.3.24　“编辑文本框格式”对话框

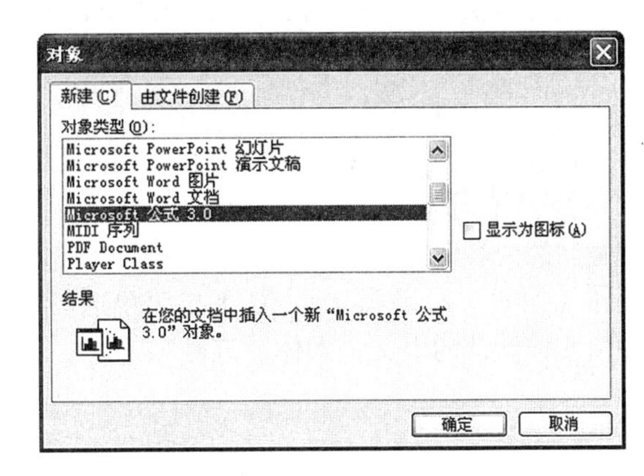

图 3.3.25　“对象”对话框

② 选择“对象类型”列表框中的“Microsoft 公式 3.0”选项。

③ 单击“确定”按钮，即可启动“公式编辑器”，并打开“公式”工具栏和一个编辑框，这时窗口菜单已经改变，如图 3.3.26 所示。

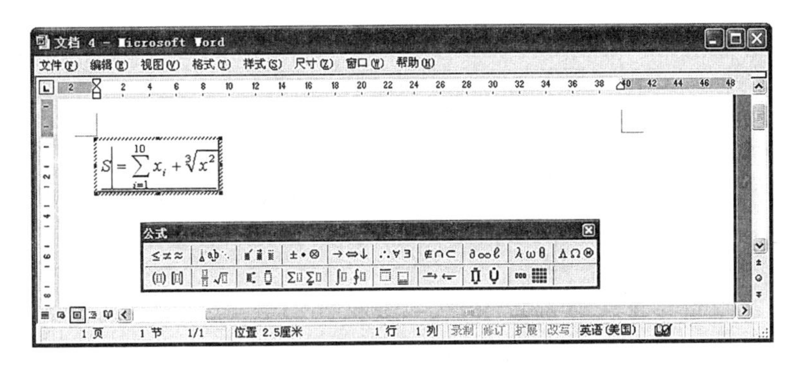

图 3.3.26　“公式”工具栏

④ 利用“公式”工具栏，可在虚框中输入各种数学符号和表达式。

⑤ 输入结束后，单击公式外的 Word 文档的其他位置退出编辑公式状态。

⑥ 编辑完成的公式，也可以设置环绕方式，通过右击选中的公式，在弹出的快捷菜单中选择“设置对象格式”命令即可进行设置。

❖**提示：**如果需要再次编辑公式，可双击要编辑的公式，重新启动公式编辑状态。如果要删除公式，选中公式，按【Delete】键即可。

操作步骤

一、编辑文档内容并设置页面格式

1. 建立新文档

新建一个空白的 Word 文档，并以“电子板报.doc”为名进行保存。

2. 打开旧文档

执行“文件”→“打开”命令或单击常用工具栏的“打开”按钮，打开素材文件 w1. doc。

3. 选择性粘贴

在打开的“w1. doc”文档窗口，按【Ctrl】+【A】快捷键全选所有文字，按【Ctrl】+【C】复制；然后切换到“电子板报. doc”文档，按【Ctrl】+【V】组合键把复制的内容粘贴过来，在文档的末尾处有个粘贴选项的图标，单击粘贴选项的下拉按钮（如图 3. 3. 27 所示），从下拉菜单选择“仅保留文本”选项，此时粘贴内容均是空白文档默认的中文“宋体、五号”、西文“Times New Roman、五号”的正文。

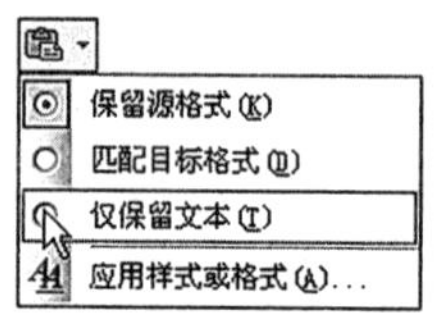

图 3. 3. 27 “粘贴选项”快捷菜单

4. 页面设置

执行“文件”→“页面设置”命令，弹出“页面设置”对话框（如图 3. 3. 28 所示），在“纸张”选项卡中选择 A4，在“页边距”选项卡设置上、下、左、右页边距均为 2. 5 厘米，单击“确定”按钮。

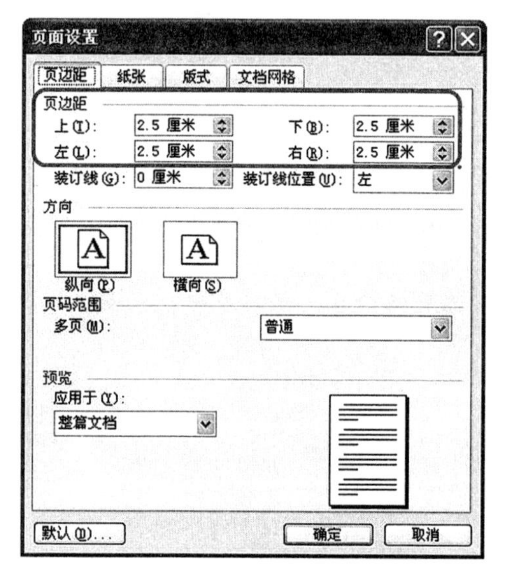

图 3. 3. 28 “页面设置”对话框

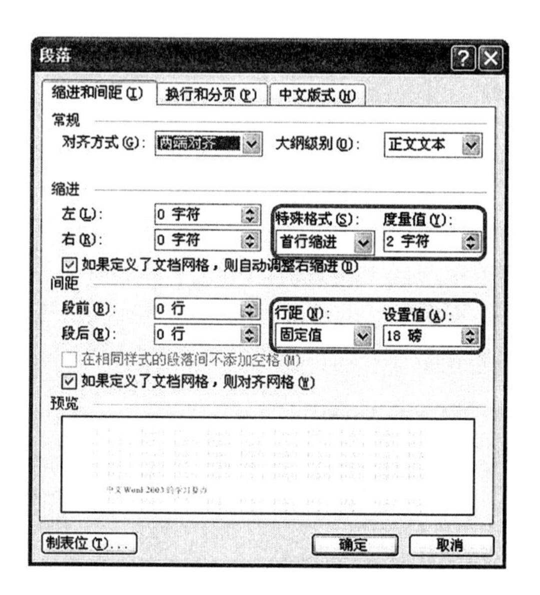

图 3. 3. 29 “段落”对话框

二、设置字符、段落的格式

设置字符、段落格式的步骤如下：

① 按【Ctrl】+【A】快捷键全选所有文字，执行“格式”→“段落”命令，在打开的对话框中，设置“首行缩进 2 字符、行距为固定值 18 磅”（如图 3.3.29 示），单击“确定”按钮。

② 将第 3 段的小标题“Word 2003 文档的录入”设置为仿宋体、四号、加粗、红色，无缩进，段前距、段后距各 0.5 行。

③ 选中已经设置好格式的“Word 2003 文档的录入”，双击格式刷，把格式复制到第 6、8、10、12、15 段的几个小标题处。

④ 选中第 9 段的文字“页面格式化”，在按【Ctrl】键的同时选中“字符格式化”、“段落格式化”，执行“格式”→“边框和底纹”命令，在“边框”选项卡中设置“方框”（如图 3.3.30 所示），在“底纹”选项卡中设置填充颜色为“茶色”（如图 3.3.31 所示），单击“确定”按钮。

⑤ 选中最后一段的最后一句话，执行“格式”→“字体”命令，在弹出的“字体”对话框中，设置“下划线线型”为“双横线”，单击“确定”按钮。

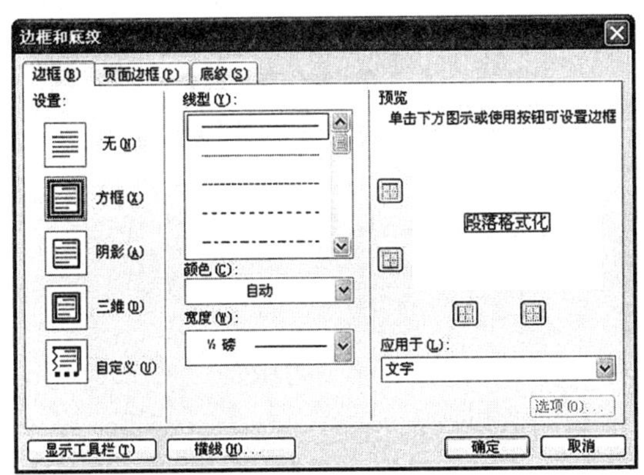

图 3.3.30　“边框”选项卡

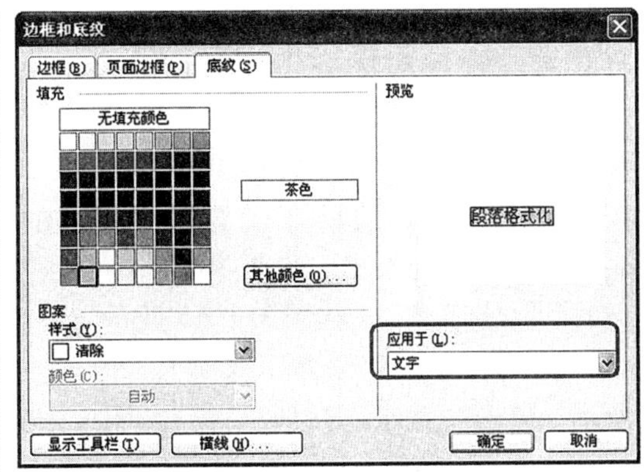

图 3.3.31　“底纹”选项卡

三、插入艺术字并设置格式

插入艺术字并设置格式的步骤如下：

① 选中第一段文本“中文 Word 2003 的学习要点”，执行“插入”→“图片”→“艺术字”命令，在打开的“艺术字库”对话框中选择第四行第五个样式（如图 3.3.32 所示），单击“确定”按钮，弹出“编辑‘艺术字’文字”对话框（如图 3.3.33 所示），设置“字体”为华文新魏、“字号”为 36、加粗，最后单击“确定”按钮，文档中就插入了艺术字。

② 选中艺术字，单击“艺术字”工具栏上的“形状”按钮选择“山形”（如图 3.3.34 所示）。

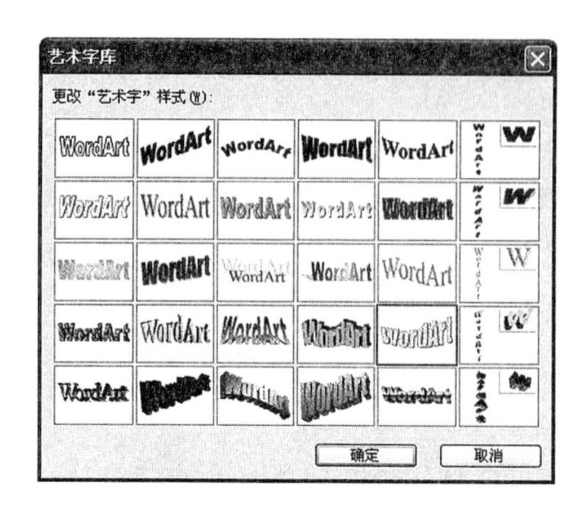

图 3.3.32 “艺术字库”对话框

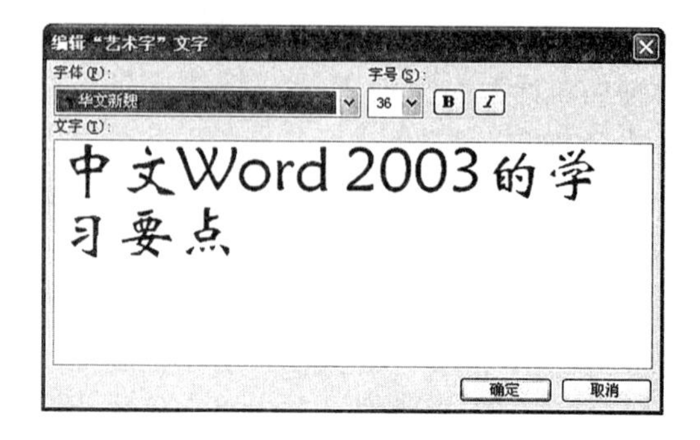

图 3.3.33 “编辑‘艺术字’文字”对话框

③ 通过艺术字边上的控制柄来改变艺术字的大小，并拖动放到文档的合适位置。

④ 单击“艺术字”工具栏上的“设置艺术字格式”按钮，打开“设置艺术字格式”对话框，在“版式”选项卡的右下角单击“高级”按钮，在打开的“高级版式”对话框中，选择“文字环绕”选项卡，设置环绕方式为“上下型”(如图 3.3.35 所示)。

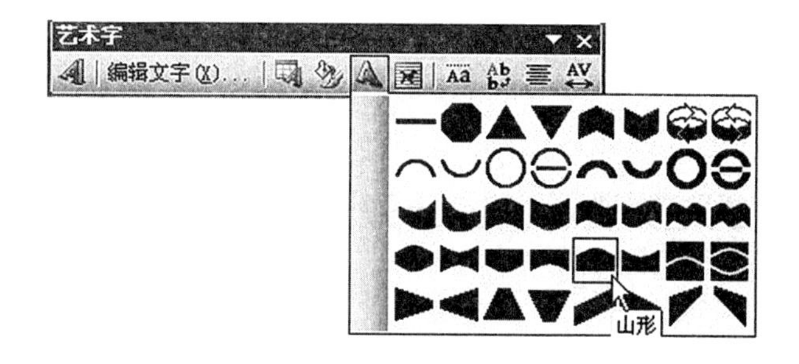

图 3.3.34 “艺术字”工具栏中的“形状”样式库

⑤ 选择“图片位置”选项卡，设置艺术字水平对齐方式为“居中”，如图 3.3.36 所示，单击“确定”按钮，得到如图 3.3.37 所示的效果。

高级版式
图片位置 文字环绕
环绕方式
四周型(Q) 紧密型(T) 穿越型(H) 上下型(O)
衬于文字下方(B) 浮于文字上方(F) 嵌入型(I)
环绕文字
两边(S) 只在左侧(L) 只在右侧(R) 只在最宽一侧(A)
距正文
上(P) 0 厘米 左(E) 0.32 厘米
下(M) 0 厘米 右(G) 0.32 厘米
确定 取消

图 3.3.35 “文字环绕”选项卡

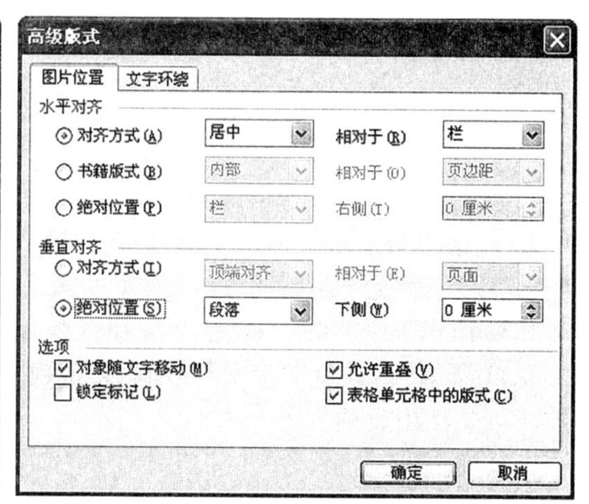

图 3.3.36 “图片位置”选项卡

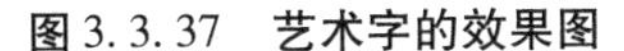

图 3.3.37　艺术字的效果图

图 3.3.38　“首字下沉”对话框

四、设置首字下沉

将鼠标定位于第一段文字的开头处，执行“格式”→“首字下沉”命令，弹出“首字下沉”对话框（如图 3.3.38 所示），设置下沉行数为 2，字体为隶书，单击“确定”按钮。

五、设置分栏

选中第 3、4 段的内容，执行“格式”→“分栏”命令，弹出“分栏”对话框（如图 3.3.39 所示），设置“两栏”及“分隔线”，其他选项默认，单击“确定”按钮，得到如图 3.3.40 所示的效果图。

用同样的方法，对倒数第三段进行分栏。

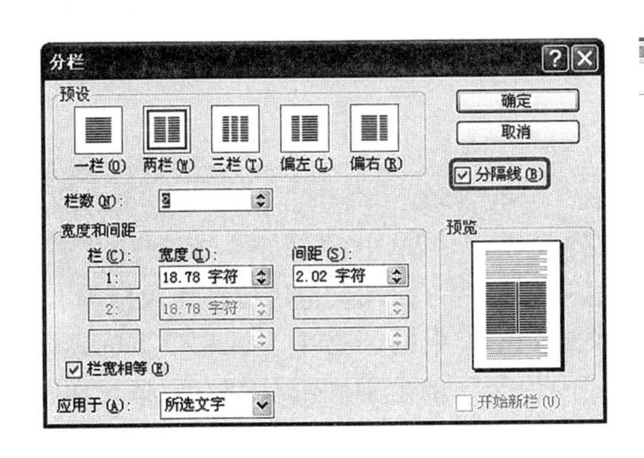

图 3.3.39　“分栏”对话框

图 3.3.40　“分栏”效果图

六、插入图片并设置图片格式

1. 插入图片

执行“插入”→“图片”→“剪贴画”命令，打开“剪贴画”的任务窗格，输入搜索文字为“科技”，在文档的左上角插入第 8 幅剪贴画。

执行“插入”→“图片”→“剪贴画”命令，打开“剪贴画”的任务窗格中，输入搜索文字为“背景”，在文档的右下角插入第2幅剪贴画。

2. 设置图片格式

设置图片格式的操作步骤如下：

① 选中左上角的剪贴画，右击，从弹出的快捷菜单中选择“设置图片格式”命令，弹出“设置图片格式”对话框（如图3.3.41所示）。在“大小”选项卡中，去掉“锁定纵横比”，设置图片大小为2.5厘米×2.5厘米；在“版式”选项卡中设置环绕方式为“紧密型”，单击“确定”按钮。

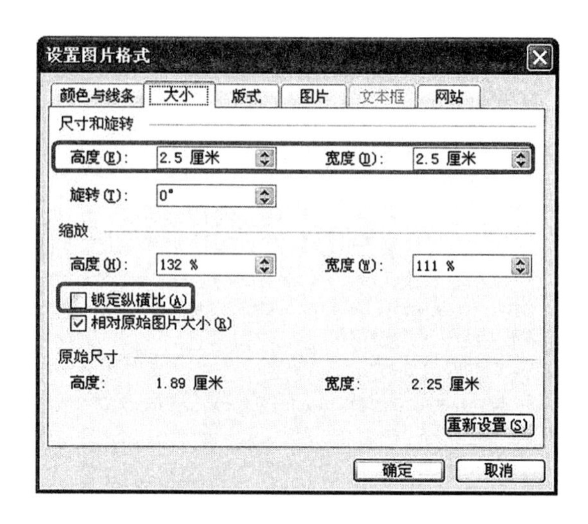

图3.3.41 “设置图片格式”对话框

② 选中右下角的剪贴画，右击，在弹出的快捷菜单中选择“设置图片格式”命令，在“图片格式设置”对话框的“大小”选项卡中去掉“锁定纵横比”，设置图片大小为5.5厘米×5.5厘米；在“颜色与线条”选项卡中，设置“填充”颜色为“浅黄色”；在“版式”选项卡中设置环绕方式为“衬于文字下方”，单击“确定”按钮，得到如图3.3.42所示的效果。

七、插入文本框和公式

1. 插入文本框

执行“插入”→“文本框”→“横排”命令，此时鼠标指针变成“+”状，在文档的最后拖动鼠标，即插入了一个空的横排文本框。

2. 插入公式

插入公式的步骤为：

① 将插入点定位在文本框内，执行“插入”→“对象”命令，在弹出的“对象”对话框中，选择“对象类型”为“Microsoft 公式3.0”，单击“确定”按钮。此时，Word窗口进入公式操作状态，同时出现“公式”工具栏，插入点也定位在对象框内。

② 在对象框内输入 $S=$ 后，单击“求和”模板中的“带中上标和中下标极限的求和符”按钮，如图3.3.43所示。这时公式内“Σ”的上下两部分都有虚框，在上面输入10，在下面输入 $i=1$，插入点定位在“Σ”后面输入 x。

③ 单击“下标和上标”模板中的“下标”按钮，插入点自动定位在下标的位置，输入 i，把插入点定位在公式后面，继续输入+。

④ 单击“分式和根式”模板中的“n 次方根”按钮（如图3.4.44所示）。在公式方根号的左上角输入3，在根号里面输入 x。再单击“下标和上标”模板中的“上标”按钮，继续输入2。

中文Word 2003的学习要点

本章要求掌握文字处理软件 Word 2003 的基本操作，包括：文档的录入和编辑、文档的排版、图文混排编辑、表格制作、长文档的编辑等，其中的编辑和排版操作是 Word 2003 最常用的操作，必须熟练掌握。

Word 2003文档的录入

用 Word 进行文字处理时，输入文本是第一步，然后再对录入的文本进行校对和编辑，最后再进行排版和打印。

文本是文字、符号、特殊字符和图形等内容的总称，可使用操作系统中所安装的输入法输入文本，有时需要输入一些键盘上没有的特殊字符或图形符号，例如数学运算符（≡、≌）或拉丁字母等，可执行“插入|符号”命令来完成。

Word 2003的文档编辑

在 Word 2003 中，文档的基本编辑包括：文档内容的增、删、改，主要包括文本的选定、复制、移动、删除，以及文本的查找和替换。

Word 2003文档的排版

文档录入编辑完成后，需要进行排版操作。文档的排版操作包括字符格式、段落格式和页面格式等设置。页面格式设置主要对文档的纸张大小、页边距等进行设置；字符格式设置是对文档的文字进行字体、字形、字号、颜色、字符间距等格式进行设置；段落格式设置主要对文档的段落格式进行设置，包括段落的对齐、缩进、行间距、段间距等。

Word 2003的图文处理

Word 2003 可以非常方便地插入图形、图像、文本框、公式和艺术字，进行图文混排。

Word 2003的表格处理

Word 2003 具有较强的表格处理能力，可以制作日常工作中用到的各种表格，以表格的方式组织和显示信息，既简洁明了，又效果直观。

制表操作的基本方法是：确定表格的行数与列数；按确定行数与列数插入一个规范表格；调整表格的列宽与行高；进行单元格的合并或拆分；在表格中录入文字内容；对表格文字的内容和整个表格进行格式设置。

Word 2003文档的保存

新建的文档内容只是暂存于计算机的内存中，若文档未保存就关闭，输入或编辑的内容将会全部丢失。在保存文件时，除输入文件名外，还要注意文件的存放位置和保存类型。

图 3.3.42　插入图片后的效果图

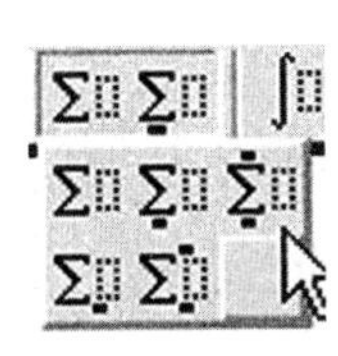

图 3.3.43　“求和”模板

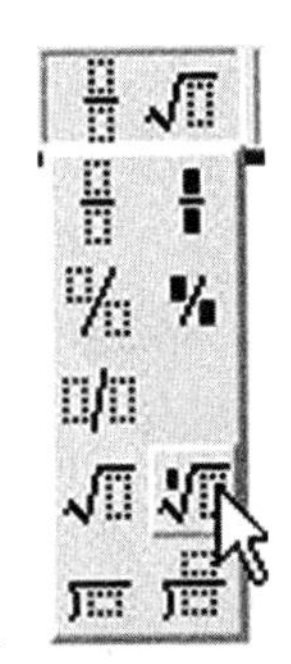

图3.3.44　“分式和根式”模板

$$S=\sum_{i=1}^{10}x_i+\sqrt[3]{x^2}$$

图 3.3.45　插入公式后的文本框

⑤ 单击公式外的任意位置，公式输入结束。选中“公式”对象，右击，在弹出的快捷菜单中选择“设置对象格式”命令，在“大小”选项卡中，设置缩放“120%”，单击“确定”按钮，效果如图3.3.45所示。

3. 设置文本框格式

① 右击文本框，在快捷菜单中选择“设置文本框格式”命令（如图3.3.46所示）。

② 在“颜色与线条”选项卡中单击“填充颜色”框右侧的下拉按钮，选择“填充效果”，在弹出的“填充效果”对话框的“渐变”选项卡中设置“颜色”为“预设”，预设颜色为“麦浪滚滚”，单击“确定”按钮（如图3.3.47所示）。

③ 单击“线条颜色”框右侧的下拉按钮，选择颜色为“粉红色”，单击“线型”框右侧的下拉按钮，设置线型为“三线框”，粗细为“6磅”，单击“确定”按钮（如图3.3.46所示）。

④ 单击“设置文本框格式”的“大小”选项卡，设置文本框大小为高1.9厘米、宽3.7厘米。

⑤ 在“版式”选项卡中，设置文本框的环绕方式为“四周型”，拖动文本框，放在倒数第5段的“公式”两字的右旁（如图3.3.48所示）。

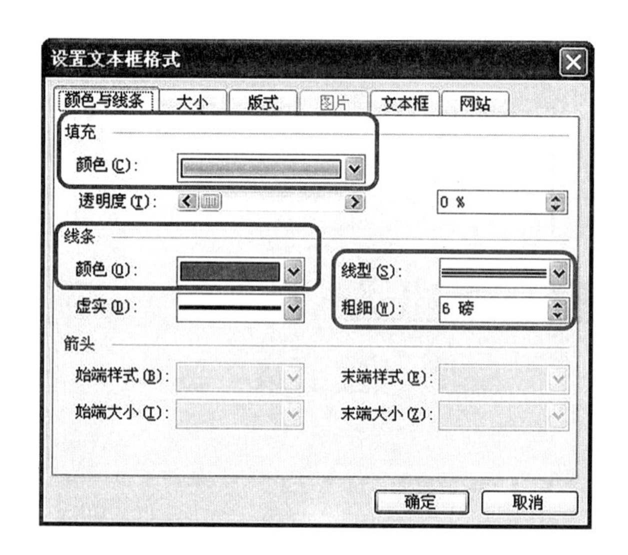

图3.3.46 “设置文本框格式”对话框

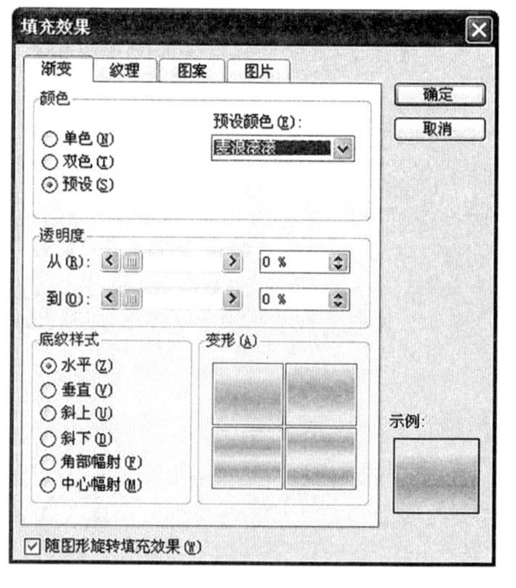

图3.3.47 “填充效果”对话框

八、插入页眉和页脚

插入页眉和页脚的步骤如下：

① 执行“视图”→“页眉和页脚”命令，插入点自动定位在页眉中，同时出现“页眉和页脚”工具栏（如图3.3.49所示）。

② 单击“绘图”工具栏中的“自选图形”菜单，选择“星与旗帜”项下的“横卷形”图形（如图3.3.50所示）。

③ 鼠标形状变成“+”形，在页眉中绘制一个大小恰当的横卷形，在横卷型上右

Word 2003 文档的排版

文档录入编辑完成后，需要进行排版操作、文档的排版操作包括字符格式、段落格式和页面格式等设置。页面格式化主要对文档的纸张大小、页边距等进行设置；字符格式化是对文档的文字进行字体、字形、字号、颜色、字符间距等格式进行设置；段落格式化主要对文档的段落格式进行设置，包括段落的对齐、缩进、行间距、段间距等。

Word 2003 的图文处理

Word 2003 可以非常方便地插入图形、图像、文本框、公式和艺术字，进行图文混排。

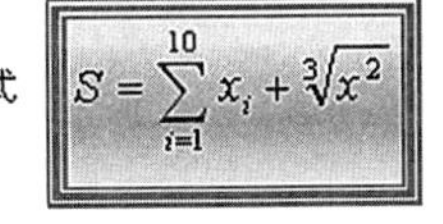

Word 2003 的表格处理

图 3.3.48　文本框的效果图

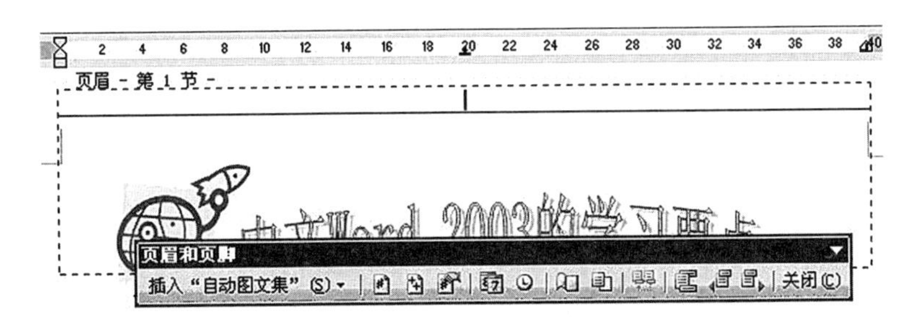

图 3.3.49　"页眉和页脚"工具栏

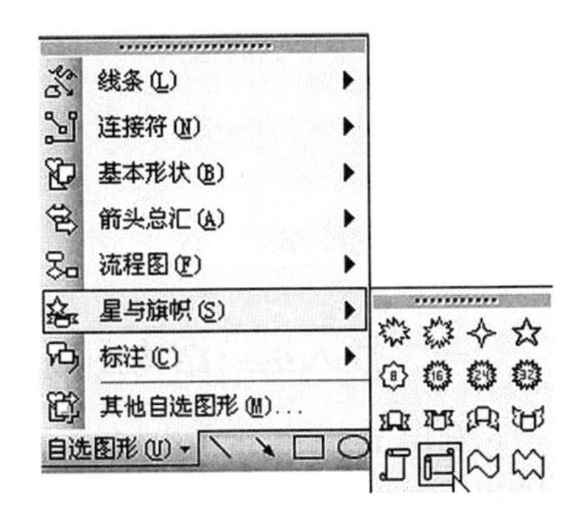

图 3.3.50　自选图形"星与旗帜"

击，从快捷菜单中选择"添加文字"命令，输入文本"电脑知识（第 1 期）"，并设置文本格式为四号、红色。

④ 设置自选图形的大小为高 1.8 厘米、宽 5.7 厘米，填充颜色为"茶色"，摆放在合适的位置（如图 3.3.51 所示）。

⑤ 单击"页眉和页脚"工具栏中的"在页眉和页脚间切换"按钮，插入点定位到页脚中，输入文本"11 计网小明制作"，设置段落为"居中"，文字格式为宋体、四号、加粗。关闭"页眉和页脚"功能。

❖**提示：**利用 Word 插入页眉后，页眉信息下总会有一条横线，要去除横线的方法是：激活页眉，执行"格式"→"边框和底纹"命令，在对话框中设置边框为"无"，并"应用于"段落，单击"确定"按钮即可。

九、设置文档背景

执行"格式"→"背景"→"水印"命令，弹出"水印"对话框，按图 3.3.51 所示，选择"文字水印"，输入文字"电脑知识"，设置字体为"华文彩云"，颜色为

“粉红”，单击“确定”按钮，得到文档的最终效果如图 3.3.52 所示。

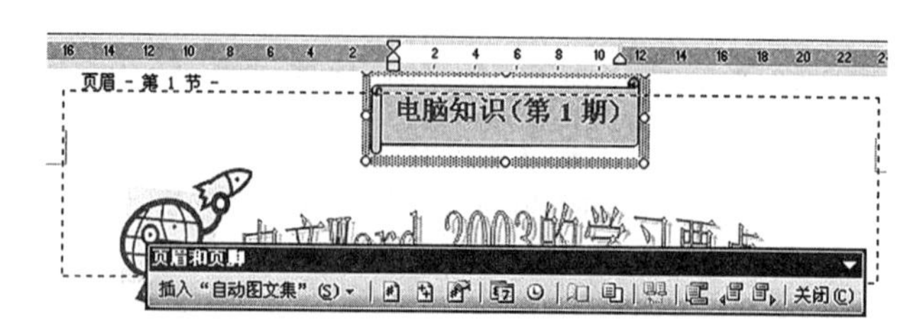

图 3.3.51　页眉的效果

图 3.3.52　“水印”对话框

技能拓展

一、插入组织结构图

利用 Word 提供的组织结构图，可以对文档中出现的一些组织结构明显的材料加以说明。在文档中插入组织结构图的步骤是：

① 插入组织结构图。将插入点定位于需要组织结构图的位置，执行“插入”→“图片”→“组织结构图”命令，在文档中自动出现一个基本结构图及“组织结构图”工具栏（如图 3.3.53 所示）。

② 编辑组织结构图。选中组织结构图的顶部框图，右击，在弹出的快捷菜单中选择“下属”，如图 3.3.54 所示，再右击，在快捷菜单中选择“助手”，得到需要的组织结构图。然后在结构图中输入文字，将文字格式设置为四号、黑体、红色，结果如图 3.3.55 所示。

③ 美化组织结构图。选中组织结构图，单击“组织结构图”工具栏上的“自动套用格式”按钮，弹出“组织结构图样式库”对话框（如图 3.3.56 所示），选择“原

色”样式，单击确定按钮。

④ 改变组织结构图的版式。单击“组织结构图”工具栏上的“版式”按钮，在下拉菜单中选择“两边悬挂”，如图 3.3.57 所示，得到改变版式后的组织结构图，效果如图 3.3.58 所示。

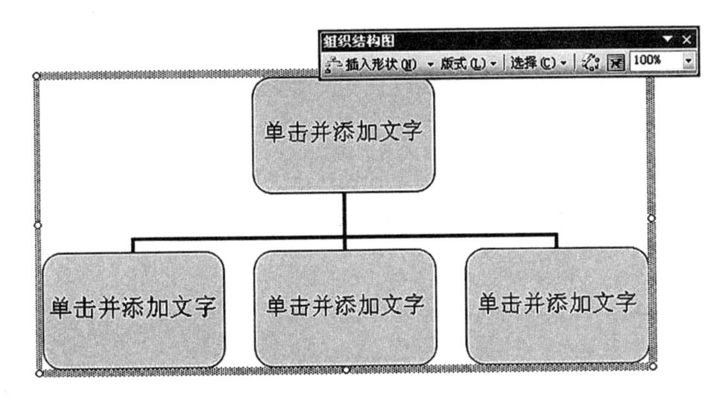

图 3.3.53　组织结构图

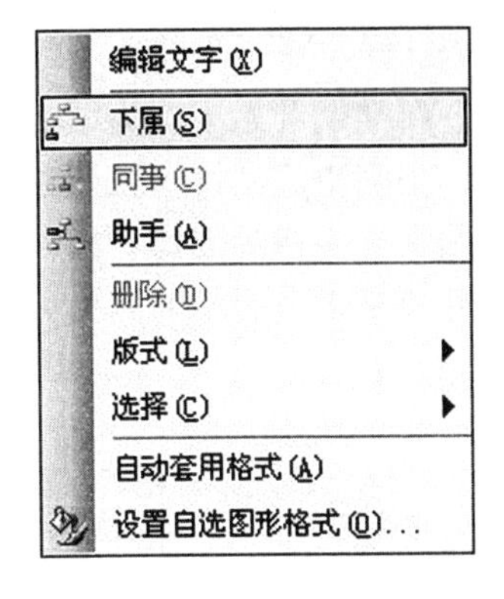

图 3.3.54　编辑组织结构图的快捷菜单

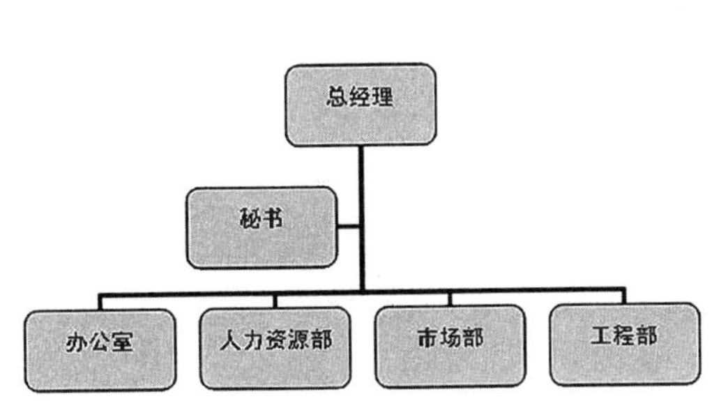

图 3.3.55　添加了“下属”和“助手”的组织结构图

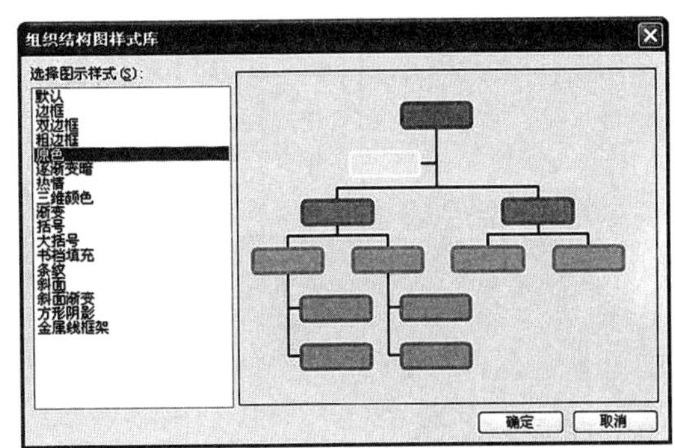

图 3.3.56　组织结构图样式库

图 3.3.57　组织结构图的版式

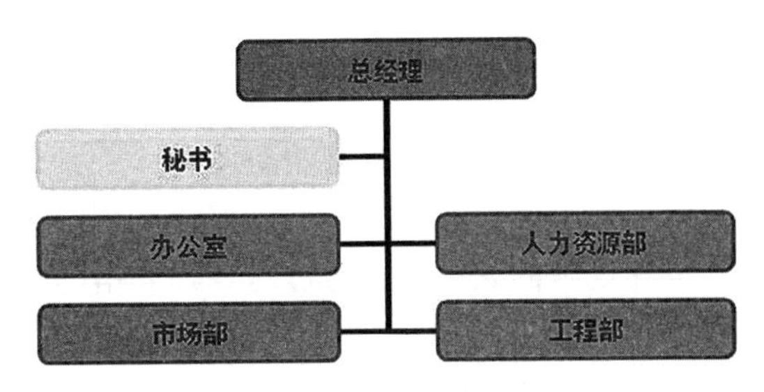

图 3.3.58　“两边悬挂”版式的组织结构图

案例四　制作课程表

案例说明

新学期开始了，为了能提前准备好要用到的学习资料，更好地制订新学期的学习计划，小明决定制订一张课程表。课程表是一种较为典型的简单表格，要制作好课程表，必须掌握表格的创建、编辑修改、格式化、修饰的相关知识。本案例的任务是通过制作课程表来学习表格的制作方法和技巧，“课程表”的样稿如图 3. 4. 1 所示。

课程表

<table>
<tr><th colspan="2">星期 / 课时</th><th>星期一</th><th>星期二</th><th>星期三</th><th>星期四</th><th>星期五</th></tr>
<tr><td rowspan="4">上午</td><td>1</td><td>电子商务</td><td>英语</td><td>数据结构</td><td>网络技术</td><td>大学语文</td></tr>
<tr><td>2</td><td>电子商务</td><td>英语</td><td>数据结构</td><td>网络技术</td><td>大学语文</td></tr>
<tr><td>3</td><td>英语</td><td>大学语文</td><td>网络技术</td><td></td><td>数据结构</td></tr>
<tr><td>4</td><td>英语</td><td>大学语文</td><td>网络技术</td><td></td><td>数据结构</td></tr>
<tr><td rowspan="3">下午</td><td>5</td><td>设计基础</td><td rowspan="3">活动</td><td>体育</td><td>程序设计</td><td></td></tr>
<tr><td>6</td><td>设计基础</td><td>体育</td><td>程序设计</td><td></td></tr>
<tr><td>7</td><td>设计基础</td><td></td><td>程序设计</td><td></td></tr>
</table>

图 3. 4. 1　“课程表”样稿

知识准备

在 Word 文档中可以以表格的方式组织和显示信息，既简洁、明了，又效果直观。表格是由行和列组成的，行列交汇的地方就是一个单元格。在单元格中可放置文本、数字、图形和表格等。

一、创建表格

常用的创建表格的方法有两种：一种是用插入表格的方式自动创建规则的表格；另一种方法是用绘制表格工具直接在文档中绘制非规则的表格。本书侧重介绍用第一种方法创建规则的表格，再通过对规则表格的编辑得到不规则的表格。

1. 插入表格

自动创建规则表格有两种方法：

方法 1：使用“插入表格”按钮创建表格。操作步骤为：

① 将光标定位于要插入表格的位置。

② 单击“常用”工具栏中的“插入表格”按钮。

③ 在弹出的网格上拖动鼠标，选择需要的行数和列数，如图 3. 4. 2 所示，即可建立一个 3 行 3 列的表格。

❖**提示：**如需要插入更大的表格，可用鼠标拖动网格的右下方延伸区域。

方法 2：使用"表格"菜单建立表格。操作步骤为：

① 将光标定位于要插入表格的位置。

② 执行"表格"→"插入"→"表格"命令，在弹出的对话框中输入表格的行数和列数（如图 3. 4. 3 所示），单击"确定"按钮后，即可建立一个 6 行 5 列的表格。

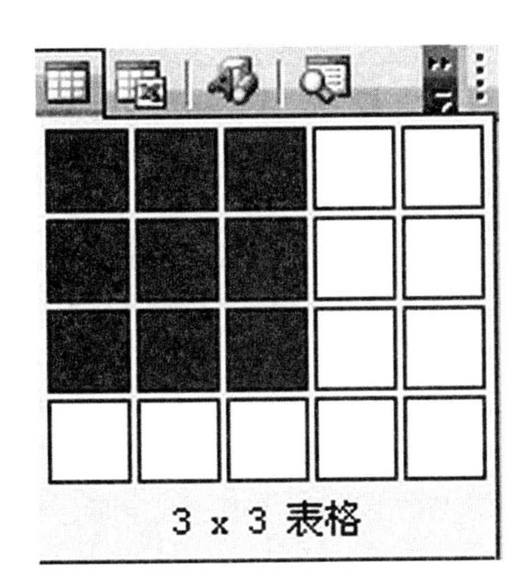

图 3. 4. 2　使用"插入表格"按钮建立表格

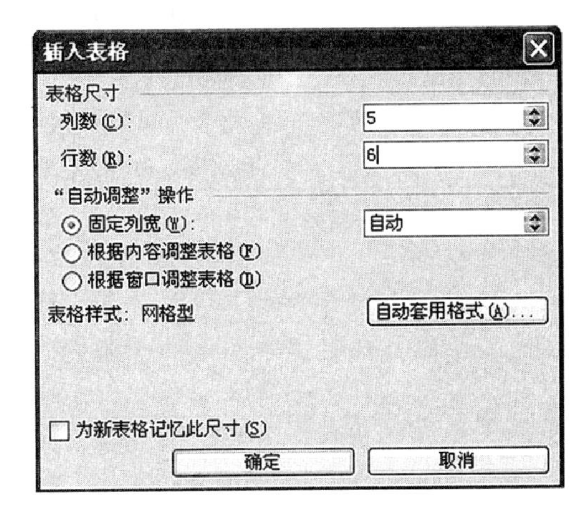

图 3. 4. 3　使用"表格"菜单命令建立表格

2. 输入表格的内容

建立好表格的框架后，就可以在表格中输入文字或插入图片。操作步骤为：

① 将插入点定位到要输入数据的单元格。

② 进行单元格内容的输入。

❖**提示：**按键盘上的【Tab】键可使插入点快速移动至下一个单元格，按【Shift】+【Tab】键可使插入点快速移动至前一个单元格；当插入点到达表格最后一个单元格时，再按【Tab】键，将为此表格增加一新行。

二、编辑表格

创建表格后，可以对表格的行、列或单元格进行删除、复制、插入以及合并、拆分等编辑操作。

1. 表格的移动与缩放

通过拖动表格移动控制点可以移动表格，拖动表格缩放控制点可以改变表格的大小，如图 3. 4. 4 所示。

2. 选定表格中的对象

像对文档操作一样，对表格的操作也必须"先选定，后操作"，选定表格的操作如表 3. 4. 1 所示。

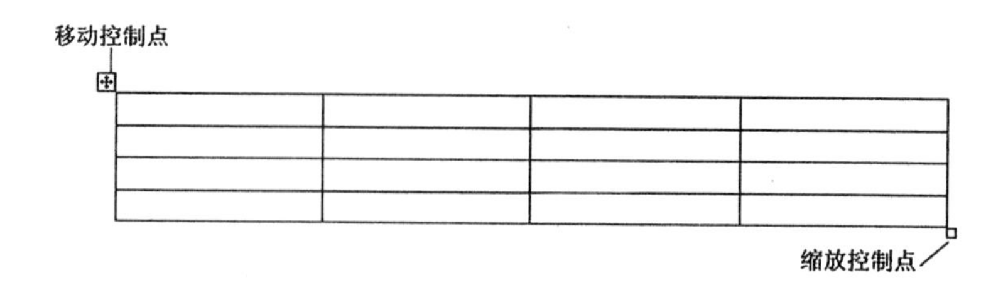

图 3.4.4 表格的移动和缩放控制

表 3.4.1 选定表格中的对象

选定对象	菜单操作	鼠标操作
单元格	执行“表格”→“选择”→“单元格”命令	把鼠标指针放于单元格的左下角，指针变成 ➚ 后，单击可选中此单元格
多个单元格		如果是连续单元格，从左上角单元格拖拽到右下角单元格；如果是不连续单元格，可按住【Ctrl】键，然后逐个单击单元格
整行	执行“表格”→“选择”→“行”命令	把鼠标指针放于行的左边界，鼠标变成 ⇗ 后，单击可选中此行
整列	执行“表格”→“选择”→“列”命令	把鼠标指针放于列的上边界，鼠标变成 ⬇ 后，单击可选中此列
整个表格	执行“表格”→“选择”→“表格”命令	单击表格左上角的移动控制点

3. 调整表格列宽和行高

修改表格的其中一项工作是调整它的列宽和行高，下面介绍几种调整的方法。

方法 1：用标尺上的滑块。

表格生成后，把插入点定位到表格中，在标尺上出现很多小网格块，用鼠标指针拖动水平标尺上的网格块可以改变对应列的宽度；拖动垂直标尺上的小块可以改变对应行的高度（如图 3.4.5 所示）。

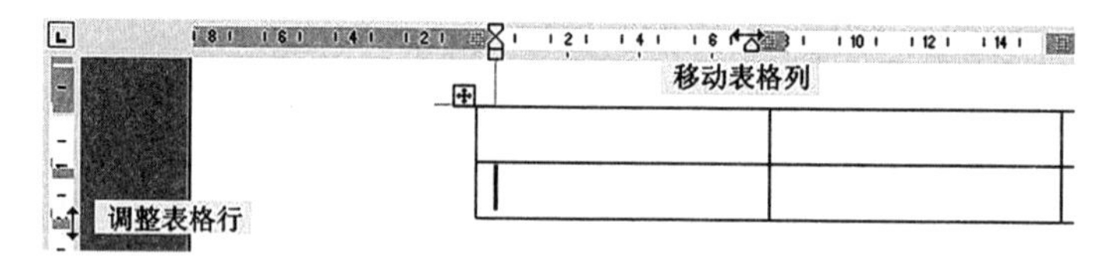

图 3.4.5 拖动标尺上的滑块可改变行高/列宽

方法 2：用鼠标拖动。

如果要调整表格的列宽，把鼠标光标移动到列边框线上，鼠标指针变成 ⇹ 形状时按住左键拖动。如果要调整表格的行高，把鼠标光标移动到行边框线上，鼠标指针变成 ÷ 形状时按住左键拖动。

方法3：用“表格属性”对话框。

如果需要精确地设置表格的行高或列宽，选中需要设置的列或行，执行“表格”→“表格属性”命令，在弹出的“表格属性”对话框中，在“行”选项卡中可以指定每一行的行高，在“列”选项卡中可以指定每一列的列宽（如图3.4.6所示）。

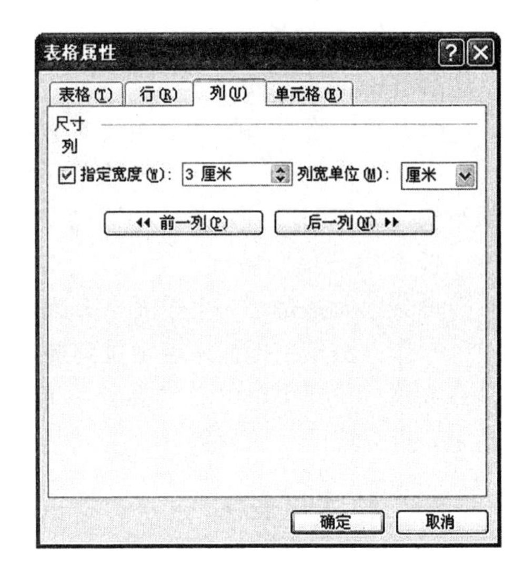

图3.4.6　“表格属性”对话框

方法4：用“自动调整”命令。

使用菜单“表格”→“自动调整”选项，可以便捷地调整表格的行高或列宽。例如，要平均分布各列的操作步骤如下：

① 选择表格要平均分布的列。

② 执行“表格”→“自动调整”→“平均分布各列”命令（如图3.4.7所示）。

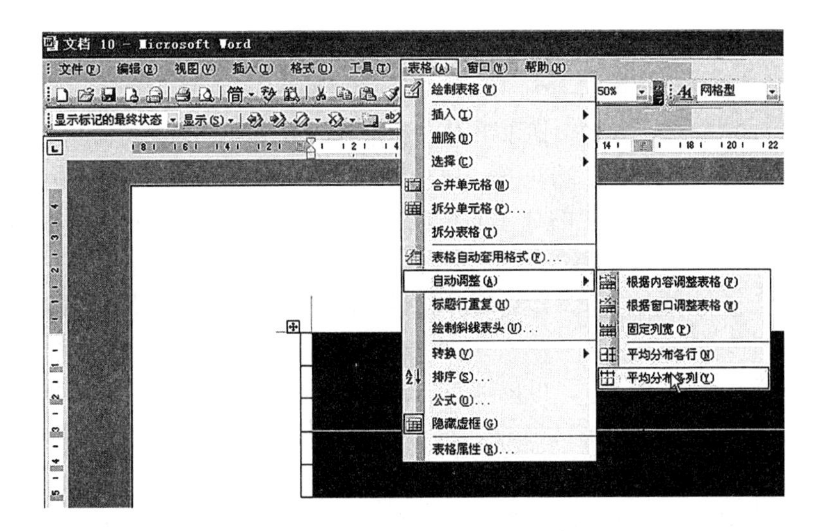

图3.4.7　“平均分布各列”命令

4．表格行、列的插入与删除

（1）表格行、列的插入

选择要插入行或列的位置，执行“表格”→“插入”命令，在弹出的子菜单中选择合适的命令实现行或列的插入。

表格行、列的插入也可以利用剪贴板的“复制”和“粘贴”命令来完成。

（2）表格行、列的删除

选择需要删除的行或列，执行“表格”→“删除”命令，在弹出的子菜单上选择相关的命令即可完成。

5. 合并或拆分单元格

（1）合并单元格

合并单元格是指把多个连续的单元格合并为一个单元格。

操作方法是：选中要合并的单元格，执行“表格”→“合并单元格”命令或通过执行快捷菜单的“合并单元格”命令。

（2）拆分单元格

拆分单元格是把一个单元格分成多个单元格。

操作方法是：把插入点定位到要拆分的单元格中，执行“表格”→“拆分单元格”命令或执行快捷菜单中的“拆分单元格”命令，在弹出的“拆分单元格”对话框中，指定要拆分成的行、列数。

三、格式化表格

1. 设置表格中数据的格式、对齐方式

（1）设置表格中数据的格式

在文档正文中设置字符、段落格式的方法，同样也适用于设置表格中的字符、段落。改变单元格文字方向，可通过快捷菜单“文字方向”命令来实现。

（2）调整单元格内容的对齐方式

单元格中文本的对齐方式包括水平对齐和垂直对齐。水平对齐方式有左对齐、居中和右对齐；垂直对齐方式有顶端对齐、居中和底端对齐。可通过“表格属性”对话框或者“表格和边框”工具栏中的“单元格对齐方式”下拉列表设置单元格的对齐方式。

（3）设置表格对齐和环绕方式

在默认状态下，表格位于文档页面的左对齐位置并且无环绕，用户可以重新设置对齐和环绕方式。

操作方法为：选中表格后，可以通过“格式”工具栏中的对齐按钮设置表格的对齐方式，在“表格属性”对话框中的“表格”选项卡可设置表格的对齐和环绕方式。

2. 设置表格的边框和底纹

为使表格看起来更美观，可为表格的某些单元格设置不同的边框和底纹。可通过两种方法来完成。

① 通过执行“格式”→“边框和底纹”命令实现。

② 通过“表格和边框”工具栏实现。

❖**提示：**建议同学们在表格的编辑和格式化操作中，多用“边框和底纹”工具栏，如图3.4.8所示。工具栏既简单易用，又方便快捷。

3. 表格自动套用格式

Word中预置了丰富的表格样式，包括边框、底纹、字体和颜色等，使用表格的自动套用格式能快捷方便地修饰表格的外观，达到事半功倍的效果。把插入点置于表格中，执行“表格”→“表格自动套用格式”命令，在弹出的对话框中选择合适的样式（如图3.4.9所示），并选择“将特殊格式应用于”的范围后，便可把这些样式套用于表格中。

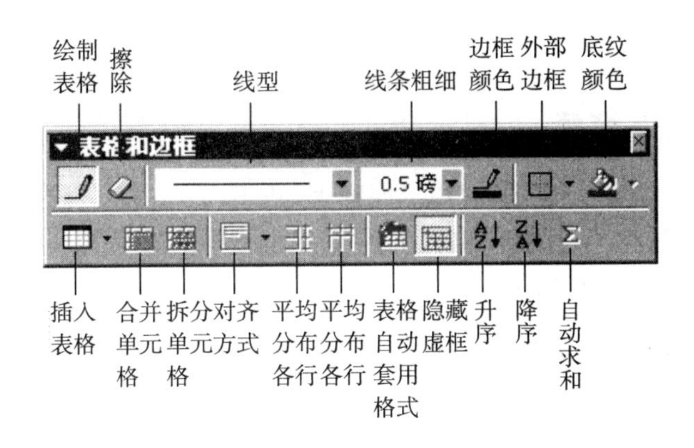

图 3.4.8　“表格和边框”工具栏

4. 绘制斜线表头

为了更清楚地指明表格的内容，常常需要在表头中用斜线将表格中的内容按类别分开。表头是指表格第一行第一列的单元格。绘制斜线表头的步骤如下：

① 将插入点定位于表头单元格中。

② 执行“表格”→“绘制斜线表头”命令，打开“绘制斜线表头”对话框。

③ 选择一种“表头样式”，设置字体大小，在行标题输入“科目”，数据标题输入“成绩”，列标题输入“姓名”。如图 3.4.10 所示，单击“确定”按钮，完成操作，结果如图 3.4.11 所示。

❖**提示：**如果此时效果不太好，可以选中斜线表头对象进行大小或位置的调整，还可以取消对象组合，对每一部分单独调整，调整好后再组合成一个对象。

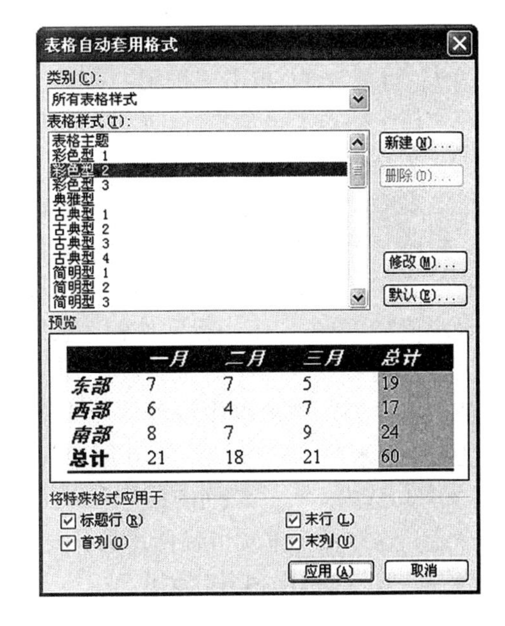

图 3.4.9　“表格自动套用格式”对话框

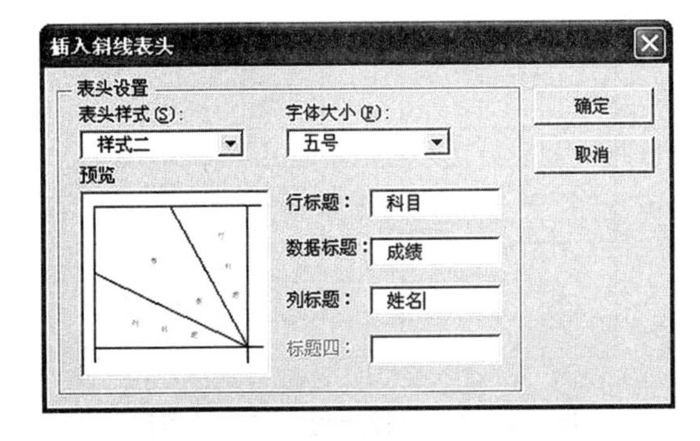

图 3.4.10　“插入斜线表头”对话框

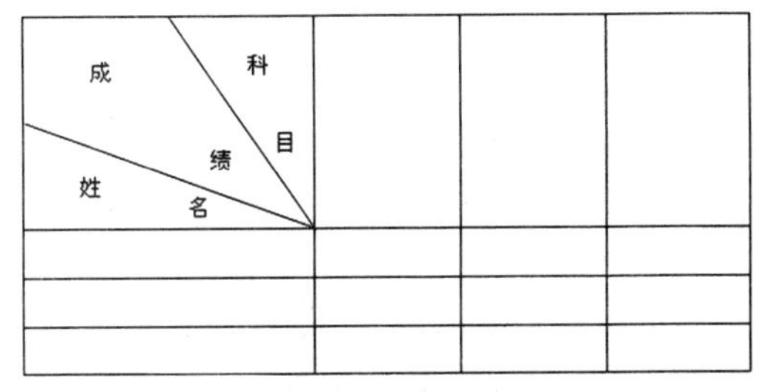

图 3.4.11　添加了斜线表头的表格

操作步骤

一、制作课程表标题

新建一个空白的 Word 文档，并以“课程表.doc”为文件名保存。

输入文字“课程表”并按回车键生成一个新的段落，设置第一段字体格式为黑体、加粗、小二号、阴影，水平居中。

二、插入表格并设置表格属性

具体操作步骤如下：

① 定位插入点到第二段，执行“表格”→“插入”→“表格”命令，弹出“插入表格”对话框（如图 3.4.12 所示），设置列数为7，行数为8；单击“确定”按钮。这时就在文档中插入了一个 8 行、7 列的表格。

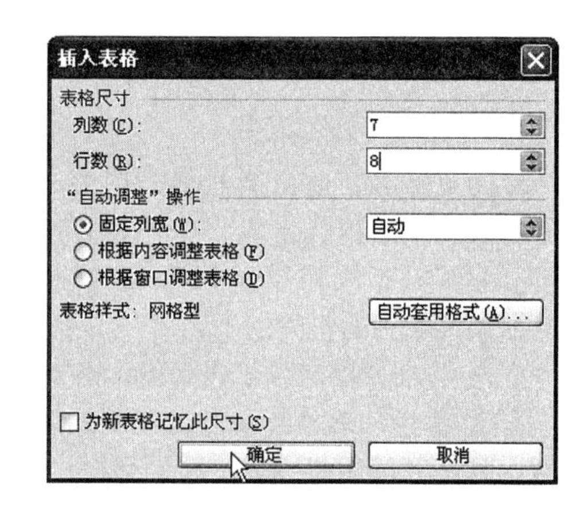

图 3.4.12 “插入表格”对话框

② 选中表格，执行“表格”→“表格属性”命令，弹出“表格属性”对话框，如图 3.4.13 所示，在“行”选项卡中设置“第 1 行”为“指定高度：1.8 厘米”、“行高值是：最小值”，单击“下一行”按钮，按照相同的方法设置第 2～8 行均为行高 1 厘米、最小值。在“列”选项卡中设置“第 1 列”列宽为“2 厘米”，第 2 列为“1.6 厘米”、第 3～7 列均为“2.15 厘米”。

③ 选中第一、二列的第一行单元格，右击后，从快捷菜单中选择“合并单元格”命令，这样两个单元格就合并成了一个单元格，用相同的方法对需要合并的单元格进行合并，效果如图 3.4.14 所示。

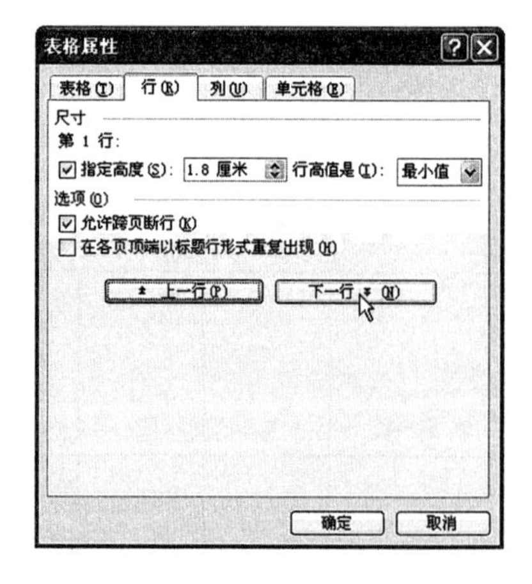

图 3.4.13 “表格属性”对话框

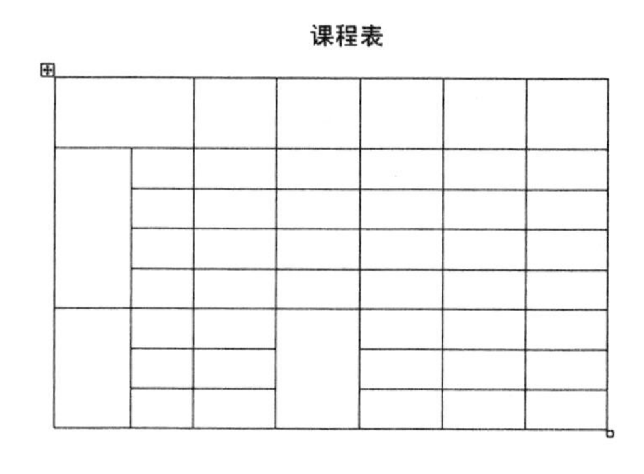

图 3.4.14 “课程表空表”效果图

三、输入表格内容并设置格式

输入表格内容并设置格式的步骤如下：

① 按照样稿在相应的单元格中输入表格内容。

② 插入点定位在表格中的任意位置，执行“表格”→“绘制斜线表头”命令，打开“插入斜线表头”对话框（如图 3.4.15 所示），设置表头样式为样式一，字体大小为小四，行标题为“星期”，列标题为“课时”，单击“确定”按钮，效果如图 3.4.16 所示。

③ 选中整个表格，设置整个表格水平居中。设置所有单元格字体为“宋体、小四号”，在快捷菜单中设置单元格对齐方式为“中部居中”（如图 3.4.17 所示）。设置表格第 1 行文字（包括表头）字体为“红色、加粗”，第 1、第 2 列文字字体为“蓝色、加粗”。

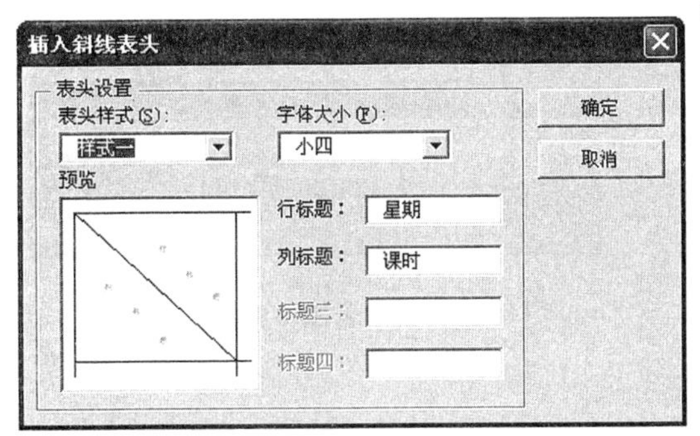

图 3.4.15　“插入斜线表头”效果图

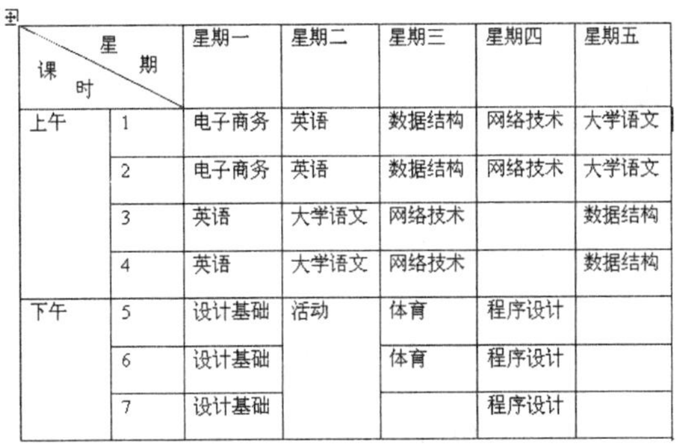

课程表

星期 课时		星期一	星期二	星期三	星期四	星期五
上午	1	电子商务	英语	数据结构	网络技术	大学语文
	2	电子商务	英语	数据结构	网络技术	大学语文
	3	英语	大学语文	网络技术		数据结构
	4	英语	大学语文	网络技术		数据结构
下午	5	设计基础	活动	体育	程序设计	
	6	设计基础		体育	程序设计	
	7	设计基础			程序设计	

图 3.4.16　“输入内容的课程表”效果图

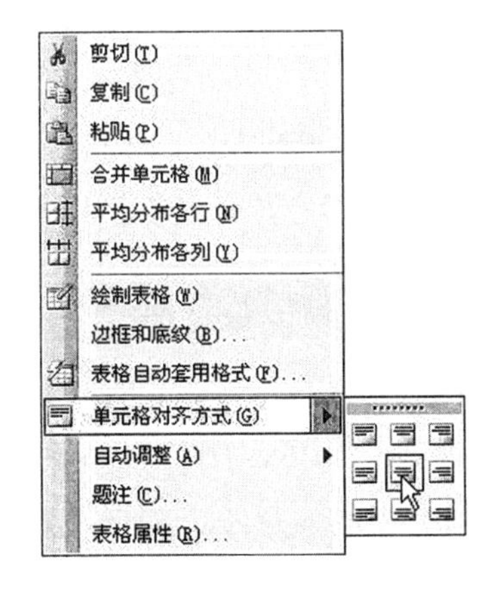

图 3.4.17　“单元格对齐方式”按钮

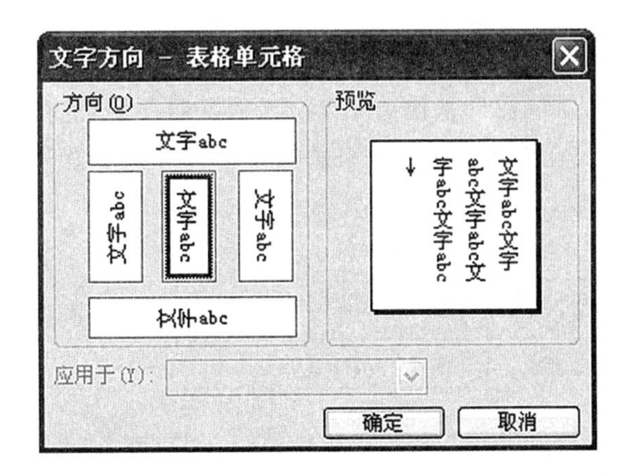

图 3.4.18　“文字方向”对话框

④ 同时选中文本“上午”、“下午”、“活动”，右击后，从快捷菜单中选择“文字方向”命令，打开“文字方向”对话框（如图 3.4.18 所示），选择“方向”中的第二

行第二个样式，单击“确定”按钮。执行“格式”→“字体”命令，在对话框中设置“字符间距”为“间距加宽 6 磅”并单击“确定”按钮（如图 3.4.19 所示）。

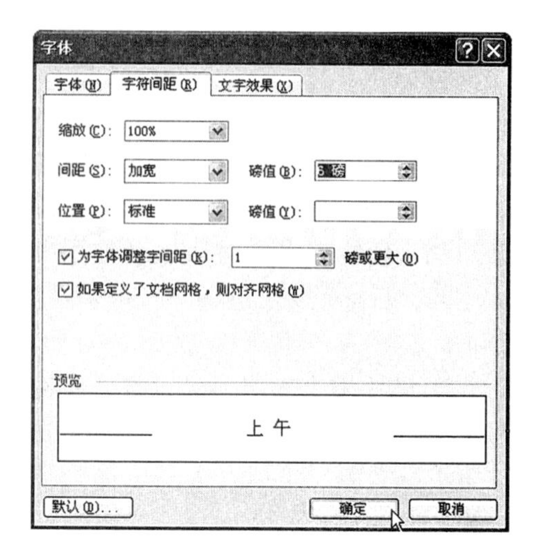

图 3.4.19 “字符间距”选项卡

⑤ 选中整个表格，执行“表格 | 绘制表格”命令，出现“表格和边框”工具栏，如图 3.4.20 所示，在“底纹”下拉列表框中选择“浅黄色”填充色，在“粗细”下拉列表框中选择“1 ½磅”，单击“外侧框线”，整个外框变成粗线框。

⑥ 在“线型”下拉列表框中选择“══”，在“粗细”下拉列表框中选择“½磅”，在“边框颜色”下拉列表框中选择“蓝色”，按样稿给表格加上双线。单击“保存”按钮，课程表制作完成，得到如图 3.4.1 所示的效果。

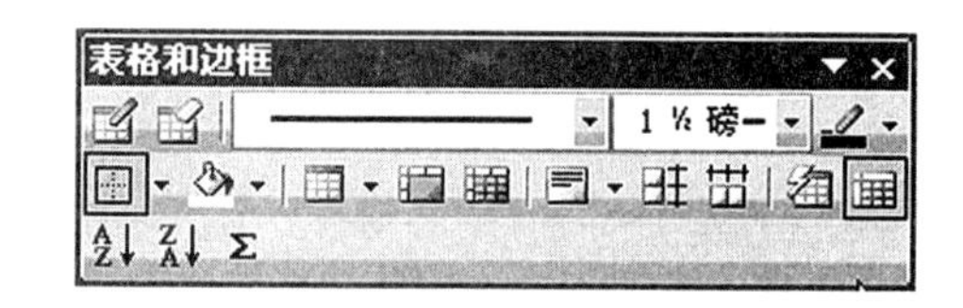

图 3.4.20 “表格和边框”工具栏

技能拓展

一、表格的计算和排序

Word 不仅可以在文档中编辑表格，执行“表格”→“公式”命令，还可以对表格中的数据进行一些常用的数学运算，如求和、求平均值等。它的表格运算功能是利用“域”来实现的，其表格项的定义方式、公式的定义方式、有关函数的格式及参数等都与 Excel 基本一致。例如，表格的第一列的各个单元格名称分别为 A1，A2，A3 等，第二列的各个单元格名称分别为 B1，B2，B3 等。

下面以“成绩表”为例介绍表格计算和排序的方法，操作步骤如下：

① 在表格中输入有关的原始数据（如图 3.4.21 所示）。

成绩表

课程 姓名	英语	数学	语文	总分
张明	97	87	67	
叶琳	90	78	87	
李力	98	75	88	
平均分				

图 3.4.21 “成绩表”原始数据

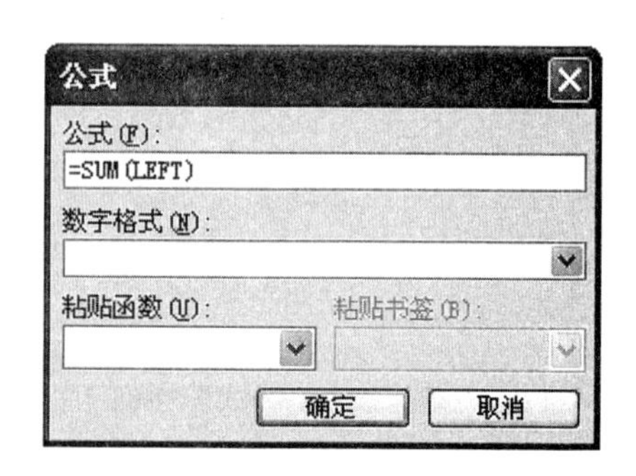

图 3.4.22 “公式”对话框

② 将光标移至 E2 单元格中，计算张明的总分。执行“表格”→“公式”命令，弹出“公式”对话框（如图 3.4.22 所示），公式栏中自动显示“=SUM（LEFT）”，公式正确，单击“确定”按钮。

❖**提示：**在“公式”栏函数名后的括号中输入“LEFT”，代表对当前行左边的数值数据求对应函数值；输入“ABOVE”表示对当前列上边的数值数据求对应的函数值。

③ 依次把插入点定位在其他同学的“总分”单元格，按【Ctrl】+【Y】组合键（重复）命令，每位同学的总分被计算出来，结果如图 3.4.23 所示。

❖**提示：**Word 是通过“域”来完成数据计算的。例如，上面的 E2 单元格插入了一个“{ =SUM(LEFT)}”域。通常，Word 并不直接显示域代码，只显示计算结果。当在表格中修改了有关数据后，Word 并不会自动进行更新。为此，要选定需要更新的域并右击，在快捷菜单中选择“更新域”命令（如图 3.4.24 所示）。

成绩表

课程 姓名	英语	数学	语文	总分
张明	97	87	67	251
叶琳	90	78	87	255
李力	98	75	88	261
平均分	95	80	81	

图 3.4.23　计算总分、平均分后的“成绩表”

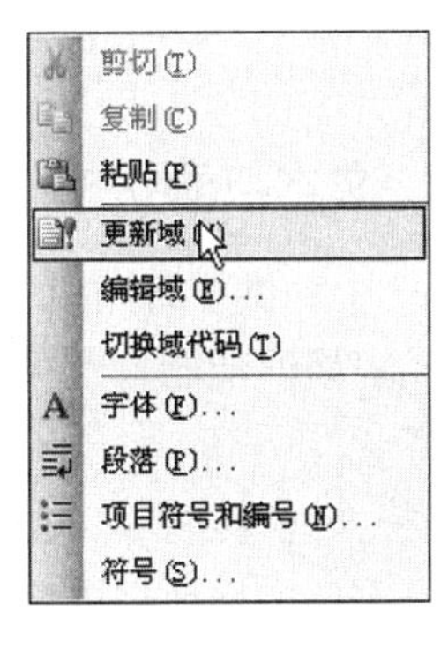

图 3.4.24　“域”的快捷菜单

④ 将光标移至 B5 单元格中，计算英语的平均分。执行“表格”→“公式”命令，在弹出的“公式”对话框中，可使用“粘贴函数”下拉按钮，在下拉列表框中选择 AVERAGE 函数，替换掉自动显示的 SUM 函数（如图 3.4.25 所示），单击“确定”按钮。

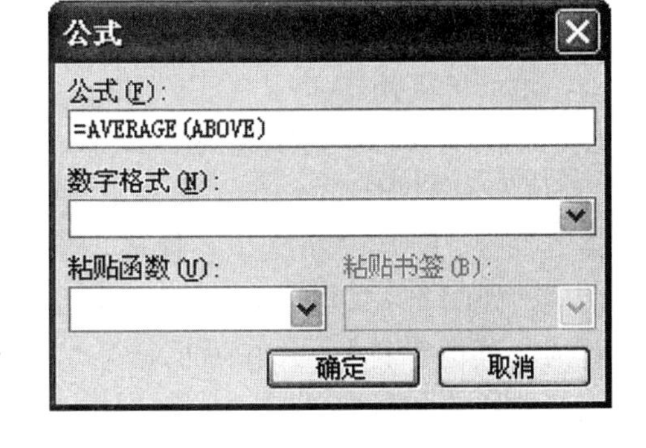

图 3.4.25　求平均值函数

⑤ 依次把插入点定位在 C5 和 E5 单元格，按【Ctrl】+【Y】组合键（重复）命令，每门课程的平均分被计算出来，结果如图 3.4.23 所示。

❖**提示：**若采用把 B5 单元格的公式复制并粘贴到 C5 和 E5 单元格的方法，那就需要采用图 3.4.24 的方法，对粘贴结果后的 C5 和 E5 的域进行更新。

⑥ 选中整个表格，执行“表格”→“排序”命令，弹出“排序”对话框（如图 3.4.26 所示）。设置“主要关键字”为“总分”，类型为“数字”，选中“降序”单选按钮，“列表”为“有标题行”，单击“确定”按钮，这时表格中记录按“总分”从高

到低排序（如图 3.4.27 所示）。单击“保存”按钮，操作完成。

排序
主要关键字(S)
总分 类型(Y): 数字 ○升序(A) ⊙降序(D)
使用: 段落数
次要关键字(T)
类型(P): 拼音 ⊙升序(C) ○降序(N)
使用: 段落数
第三关键字(B)
类型(E): 拼音 ⊙升序(I) ○降序(G)
使用: 段落数
列表
⊙有标题行(R) ○无标题行(W)
选项(O)... 确定 取消

图 3.4.26 “排序”对话框

成绩表

课程 / 姓名	英语	数学	语文	总分
李力	98	75	88	261
叶琳	90	78	87	255
张明	97	87	67	251
平均分	95	80	81	

图 3.4.27 使用“表格”菜单命令建立表格

二、文本与表格的相互转换

Word 中提供了将用段落标记、逗号、制表符或其他分隔符标记的有规律排列的文本转换成表格的功能，也可以把表格转换成以段落标记、逗号、制表符或其他分隔符标记的文本。

1. 将文本转换成表格

例：有些表格数据内容，数据间隔为“ * ”，请把以下文字转换成表格。

个人资料

姓名 * 张三

性别 * 男

电话 * 12345678

地址 * 广州

操作步骤是：选定这五行文字，执行“表格”→“转换”→“文本转换成表格”命令，弹出“将文字转换成表格”对话框，如图 3.4.28 所示，文字分隔位置设置为“其他字符”，并在后面输入“ * ”，表格的列数和行数就自动能识别出来，单击“确定”按钮，得到如图 3.4.29 所示的表格。

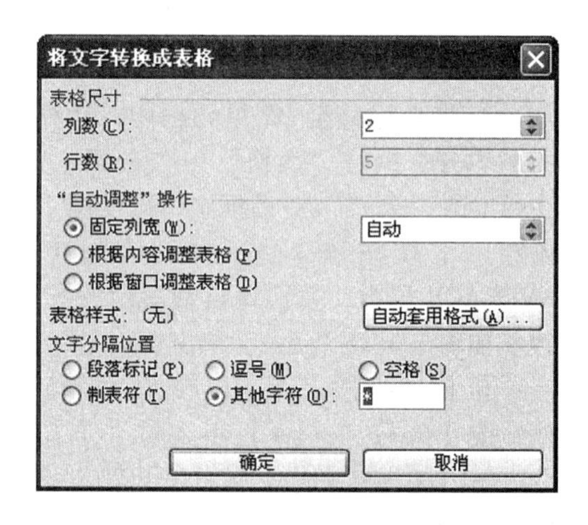

图 3.4.28 “将文字转换成表格”对话框

2. 将表格转换成文本

例：新建一空白文档，在文档中创建表格（如图 3.4.30 所示），将其转换为文字，各单元格之间用逗号分隔。

操作步骤是：新建一空白文档，在文档中创建表格，并输入文字（如图 3.4.30 所示），执行“表格”→“转换”→“表格转换成文本”命令，弹出“表格转换成文本”

个人资料	
姓名	张三
性别	男
电话	12345678
地址	广州

图 3.4.29　“文字转换成表格”操作得到的表格

学号	姓名	性别	出生年月
001	张大力	男	1981-9-10
002	王红	女	1983-12-1
003	刘冰	女	1982-2-2

图 3.4.30　表格示例

对话框（如图 3.4.31 所示），指定文字分隔符为逗号，单击“确定”按钮，表格转换为文字，且各单元格之间用逗号分隔（如图 3.4.32 所示）。

图 3.4.31　“将表格转换成文字”对话框

学号，姓名，性别，出生年月
001，张大力，男，1981-9-10
002，王红，女，1983-12-1
003，刘冰，女，1982-2-2

图 3.4.32　将表格转换成文字

案例五　批量制作学生成绩通知单

案例说明

学期期末考试后，为了让家长了解学生在校的学习情况，需要制作“成绩通知单”，寄发给每位同学。如果是手工操作，众多的同学，大量的数据，工作烦琐而容易出错。通过分析，我们知道，给每位同学发放的成绩通知单内容都大致相同，不同的只是每个同学的班级、姓名和各科目的具体成绩，这样我们可以通过 Word 中提供的邮件合并功能很简单地完成这项工作。本案例的任务是批量完成学生成绩通知单的制作，“学生成绩通知单”的样稿如图 3.5.1 所示。

成绩通知单

《班级》班级《姓名》同学：

现将本学期成绩通知如下：

政经	《政经》	党史	《党史》	数学	《数学》	语文	《语文》	程序	《程序》

计算机工程系

2012年1月

图3.5.1 “学生成绩通知单”样稿

知识准备

一、什么是“邮件合并”

邮件合并并不是一定要发邮件，它的意思是先建立两个文档：一个包括所有文件共有内容的主文档和一个包括变化信息的数据源。然后，使用邮件合并功能在主文档中插入变化的信息，合并后的文件可以保存为Word文档，也可以打印出来，当然也可以以邮件形式发送出去。使用邮件合并功能批量制作文档，可大大地提高工作效率。

“邮件合并”功能除了可以批量处理信函、信封等与邮件相关的文档外，还可以轻松地批量制作准考证、成绩通知单、毕业证、工资条等。

二、什么时候使用“邮件合并”

需要制作数量比较大且文档内容可分为固定不变的部分和变化的部分（比如打印学生成绩通知单，成绩通知单的模板是固定不变的，而每位学生的具体信息是变化的）时，可使用邮件合并。变化的内容用含有标题行的数据记录表表示。

三、基本的邮件合并过程

邮件合并包括三大基本过程：

① 建立主文档：一个包括所有文件共有内容的Word文档（如未填写的信封等）。

② 准备数据源：一个包括变化信息的Word，Excel或Access文件（如填写的收件人、发件人、邮编等）。

③ 使用邮件合并功能在主文档中插入变化的信息数据源，合成后的文件可以保存为Word文档，可以打印出来，也可以以邮件的形式发送出去。

1. 建立主文档

主文档是指邮件合并内容的固定不变的部分，主文档中包括了要重复出现在套用信函、信封或分类中的通用信息，主文档的内容及格式决定了邮件合并的最终效果，因此设计时要注意文档的排版布局和颜色搭配，力求合理美观。特别要考虑的是，这份文档要如何写才能与数据源更完美地结合，满足你的要求（比如，在合适的位置留下数据填充的空间等）。例如，工资单的主文档如图3.5.2所示，其中“序号”、“姓名”等要利用邮件合并功能自动填写。

工资条

序号	姓名	单位	基本工资	生活补贴	浮动工资

图 3.5.2　主文档示例

2. 准备数据源

数据源就是数据记录表，其中包含着相关的字段和记录内容。一般情况下，我们考虑使用邮件合并来提高效率正是因为我们手上已经有了相关的数据源，如 Excel 表格或 Access 数据库。如果没有现成的数据源，我们也可以重新建立一个数据源，可以用 Word，Excel，Access 表格或通过邮件合并向导进行创建。

需要特别提醒的是，在实际工作中，我们制作的表格通常有标题，如“工资表”等，如果要以其为数据源，应该先将其删除，得到以标题行（字段名）开始的一张表格，因为我们将使用这些字段名来引用数据表中的记录。例如，工资条的数据源如图 3.5.3 所示。

序号	姓名	单位名称	基本工资	生活补贴	浮动工资
2	杨　明	劳资科	110.00	35.20	21.12
3	江　华	企管办	110.00	35.20	21.12
6	刘　珍	财务科	110.00	35.20	35.00
9	孙　静	计算中心	134.00	53.12	35.00

图 3.5.3　数据源示例

3. 将数据源合并到主文档中

利用邮件合并工具，我们可以将数据源合并到主文档中，得到我们的目标文档。合并完成的文档的份数取决于数据表中记录的条数。例如，工资条的合并效果如图 3.5.4 所示。

四、“邮件合并”向导

“邮件合并”向导可引导大家快速地完成邮件合并工作，主要由以下六大步骤来完成：

① 从“邮件合并”任务窗格选择文档类型。

② 确定“邮件合并”的主文档。

③ 选择或创建数据源。

④ 撰写信函。

⑤ 预览信函。

⑥ 完成合并。

工资条

序号	姓名	单位	基本工资	生活补贴	浮动工资
2	杨　明	劳资科	110.00	35.20	21.12

工资条

序号	姓名	单位	基本工资	生活补贴	浮动工资
3	江　华	企化办	110.00	35.20	21.12

工资条

序号	姓名	单位	基本工资	生活补贴	浮动工资
6	刘　珍	财务科	110.00	35.20	35.00

工资条

序号	姓名	单位	基本工资	生活补贴	浮动工资
9	孙　?	计算中心	134.00	53.12	35.00

图 3.5.4　目标文档效果图

操作步骤

一、建立“学生成绩通知单”主文档

操作步骤如下：

① 新建一个空白文档，并以文件名“学生成绩通知单 . doc”进行保存。

② 按效果图输入成绩通知单的文字内容，设置标题格式为“黑体、三号、居中对齐”，其他文字格式为“宋体、小四号”，全文设置行间距为“2 倍”行距。

③ 设置第三行文字为“首行缩进 2 个字符”，表格为“居中对齐”，最后两个段落为“右对齐”，制作效果如图 3.5.5 所示。

成绩通知单

班级同学：

现将本学期成绩通知如下：

政经		党史		数学		语文		程序	

计算机工程系

2012 年 1 月

图 3.5.5　“学生成绩通知单”主文档效果图

二、创建数据源表格

创建数据源表格的步骤如下：

① 新建一个空白文档，并以文件名“成绩表.doc”进行保存。

② 制表，并输入文字内容（如图 3.5.6 所示）。

班级	姓名	政经	党史	数学	语文	程序
11 计网 1	田红丽	23	67	64	64	57
11 计网 1	王俊丽	72	91	91	91	51
11 计网 1	郭　毅	82	68	68	68	98
11 计网 2	李东原	67	93	93	93	93
11 计网 2	陈　红	83	67	84	74	67
11 计网 2	谢　悦	78	90	81	88	71
11 计网 3	王小林	92	78	68	77	90
11 计网 3	叶　林	65	90	87	83	83

图 3.5.6 “成绩表”文档效果图

三、邮件合并

① 在主文档中，执行“工具”→“信函与邮件”→“邮件合并”命令，在文档窗口右侧出现“邮件合并”任务窗格（如图 3.5.7 所示）。第一步首先选择文档类型，这里选择“信函”单选按钮，单击“下一步：正在启动文档”链接。

② 选择“选择开始文档”中的“使用当前文档”单选按钮（如图 3.5.8 所示），单击“下一步：选取收件人”链接。

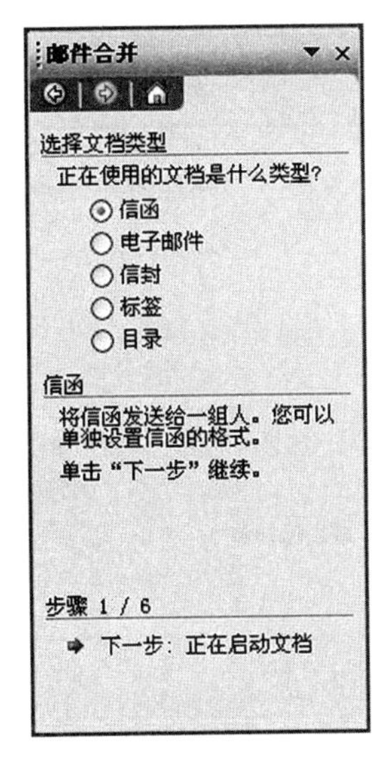

图 3.5.7 “邮件合并”步骤 1

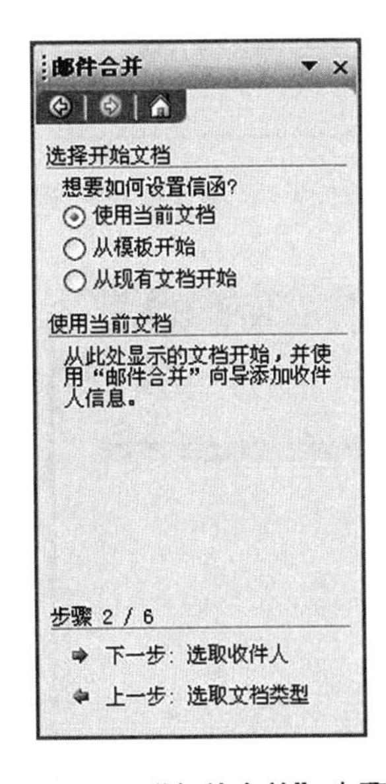

图 3.5.8 “邮件合并”步骤 2

③ 选择“选取收件人”中的“使用现有列表”单选按钮（如图 3.5.9 所示），单击“浏览”链接，弹出“邮件合并收件人”对话框，找到“成绩表.doc”并打开，弹出“邮件合并收件人”对话框，记录默认为“全选”，单击“确定”按钮，单击“下

一步：撰写信函”链接。

④ 信函已经撰写完成，直接定位光标在“班”字前面，单击任务窗格中的“其他项目”链接（如图 3.5.10 所示），弹出“插入合并域”对话框（如图 3.5.11 所示），选择“插入”中的“数据库域”和“域”列表框中的“班级”，单击“插入”按钮，再依次选择“姓名”、“政经”、“党史”、“数学”、“语文”和“程序”，分别单击“插入”按钮，单击“关闭”按钮。选中“《姓名》”并把鼠标指针放在它上面拖动鼠标左键，把它移动到“同”字前，同样把“《政经》”等五个科目分别移动到“政经”等五个科目后的空格中，结果如图 3.5.12 所示。把插入合并域后的主文档另存为“学生成绩通知单（插入域）.doc”，单击“下一步：预览信函”链接。

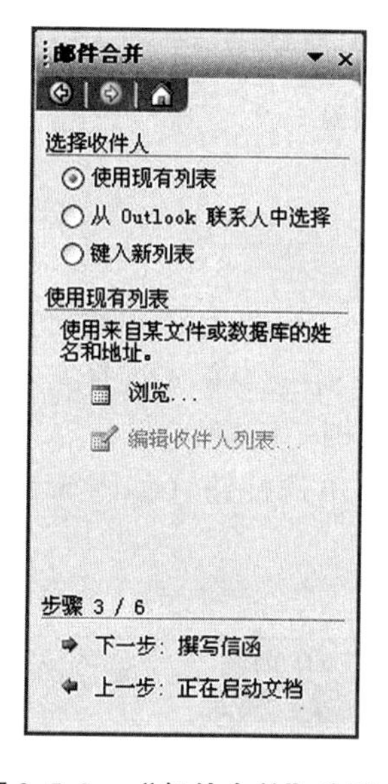

图 3.5.9 “邮件合并”步骤 3

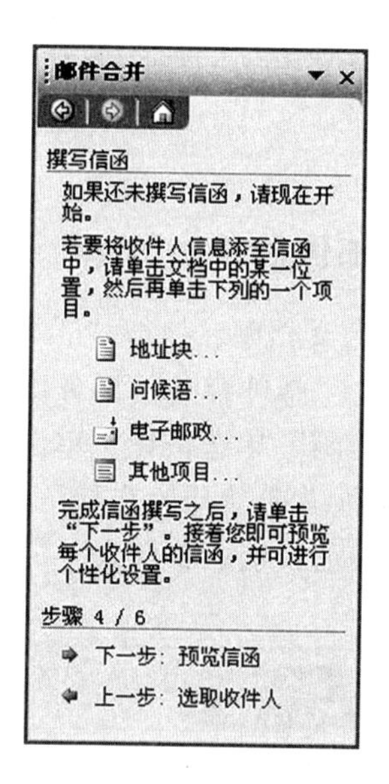

图 3.5.10 “邮件合并”步骤 4

图 3.5.11 “插入合并域”对话框

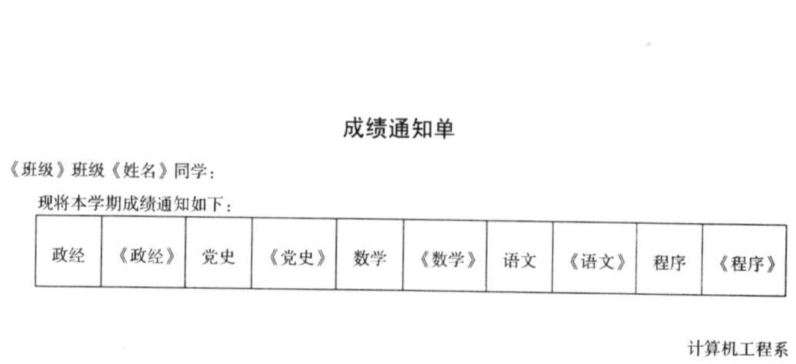

成绩通知单

《班级》班级《姓名》同学：

现将本学期成绩通知如下：

政经	《政经》	党史	《党史》	数学	《数学》	语文	《语文》	程序	《程序》

计算机工程系

2012 年 1 月

图 3.5.12 “插入域”效果图

⑤ 可以单击“预览信函”中的«或»按钮预览信函的合并效果，没有错误后，单击“下一步：完成合并”链接（如图 3.5.13 所示）。

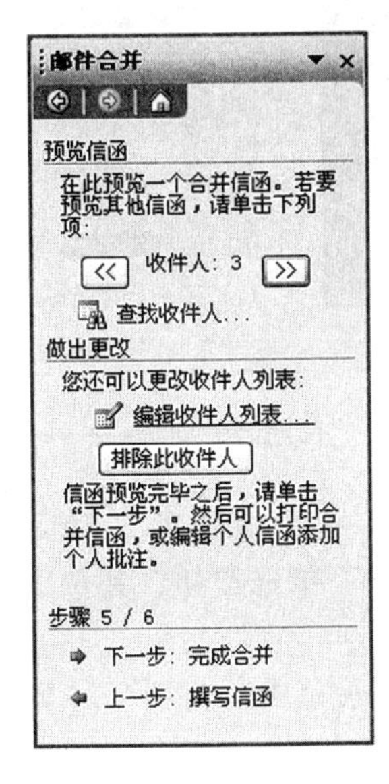

图 3.5.13　“邮件合并”步骤 5

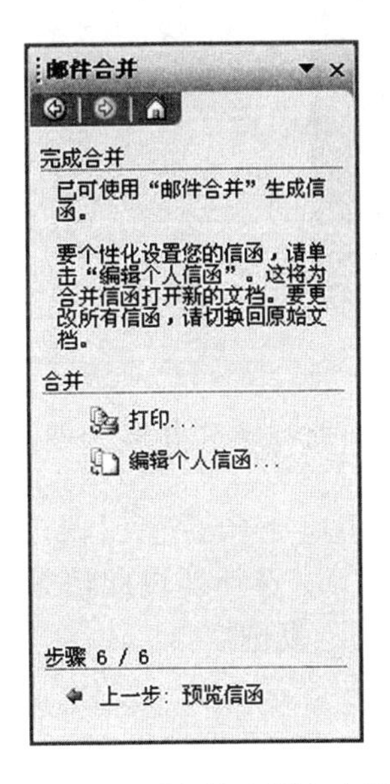

图 3.5.14　“邮件合并”步骤 6

⑥ 此时如果需要直接打印，则单击“打印”链接（如图 3.5.14 所示），所有同学的成绩通知单依次被打印出来；不打印可以单击“编辑个人信函”链接，弹出“合并至新文档”对话框（如图 3.5.15 所示），选择“全部”，这时会生成一个新文档，每位同学的成绩通知单被放置在一页上，把文档保存为“批量学生成绩通知单.doc”，待需要时再进行打印。

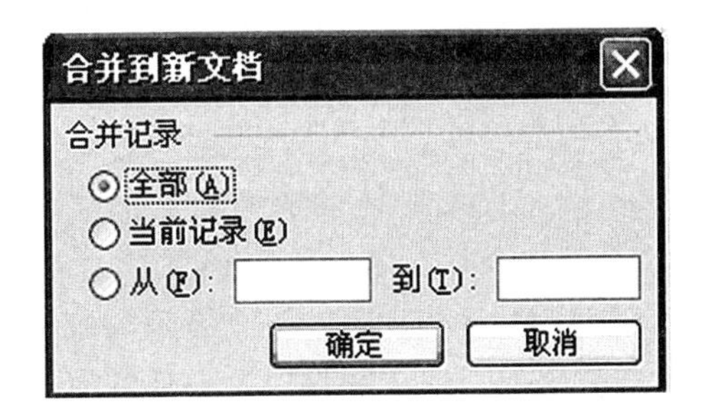

图 3.5.15　“合并到新文档”对话框

技能拓展

一、成批制作信封

1. 通过信封向导制作信封主文档

具体步骤如下：

① 启动 Word 应用程序，执行“工具”→“信函与邮件”→“中文信封向导”命令，弹出“信封制作向导——开始”对话框（如图 3.5.16 所示）。

② 单击“下一步”按钮，弹出“信封制作向导——样式”对话框，如图 3.5.17 所示，在“样式”对话框中，单击“信封样式”输入框的下拉按钮，选择“普通信封 1”选项。

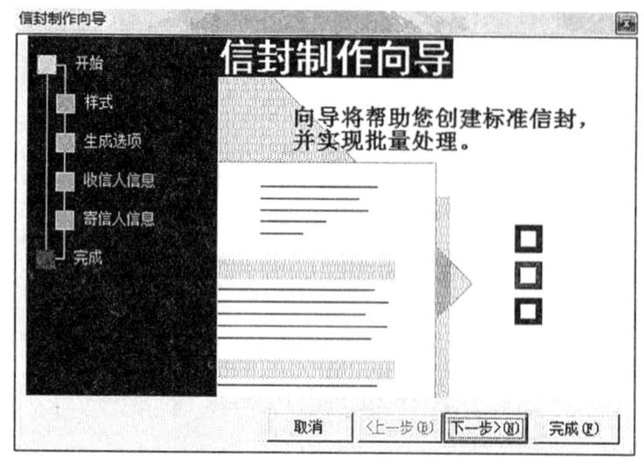

图 3.5.16 “信封制作向导——开始”对话框

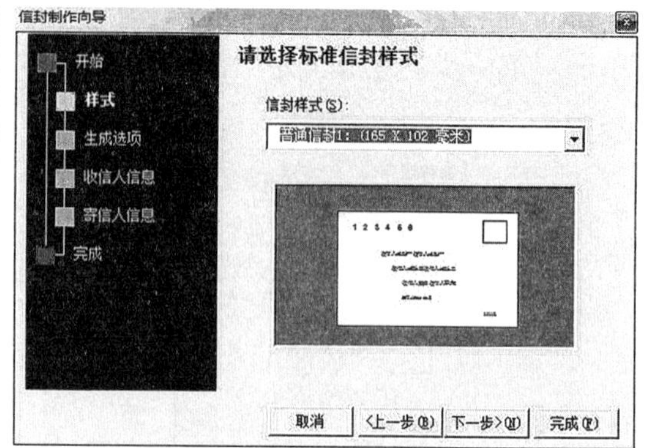

图 3.5.17 “信封制作向导——样式”对话框

③ 单击“下一步”按钮，弹出“信封制作向导——生成选项”对话框（如图 3.5.18 所示），选择“以此信封为模板，生成多个信封”单选按钮，并选中“打印邮政编码边框”复选框。

④ 单击“下一步”按钮，弹出“信封制作向导——完成”对话框（如图 3.5.19 所示），单击“完成”按钮，此时生成一个信封的新文档，保存为“信封主文档.doc”，并同时出现“邮件合并”工具栏（如图 3.5.20 所示）。

在“信封”文档窗口中，选中“《发信人地址》”和“《发信人姓名》”后输入文本“广东青职院计算机工程系”，选中“《发信人邮编》”后输入“510507”，并设置两部分文本均为“小三号”。

2. 实现邮件合并

邮件合并具体步骤如下：

① 执行“工具”→“信函与邮件”→“邮件合并”命令，在文档窗口右侧出现“邮件合并——选取收件人”任务窗格，选择“键入新列表”单选按钮，单击“创建”链接，弹出“新建地址列表”对话框（如图 3.5.21 所示）。

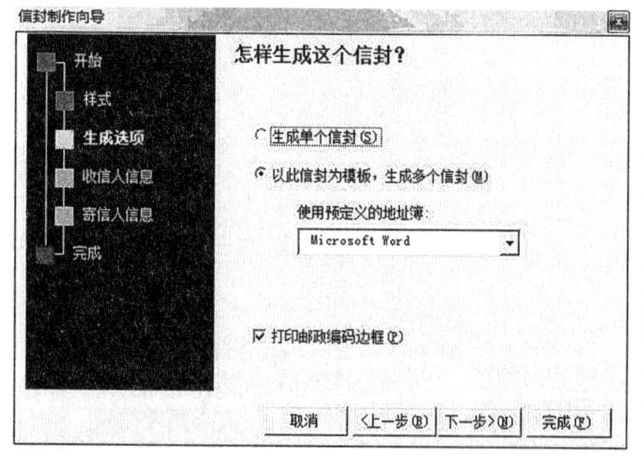

图3.5.18 “信封制作向导——生成选项”对话框

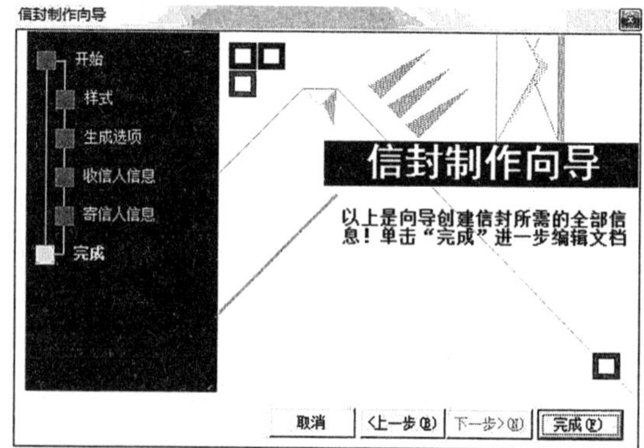

图 3.5.19 “信封制作向导——完成”对话框

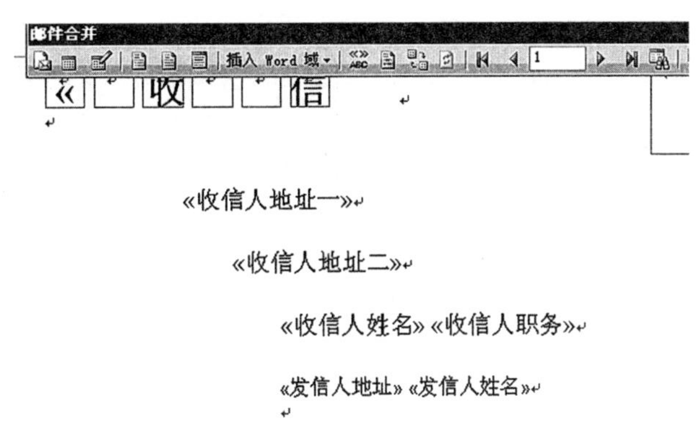

图 3.5.20　“生成信封”效果图

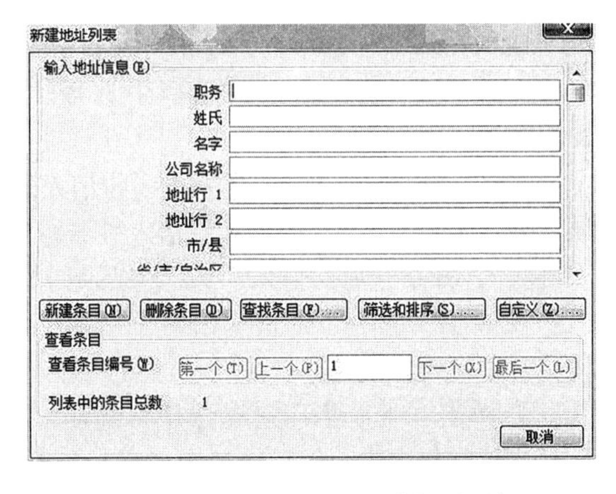

图 3.5.21　“新建地址列表”对话框

② 单击其中的“自定义”按钮，弹出“自定义地址列表”对话框（如图 3.5.22 所示）。把域名“姓氏”重命名为“收信人姓名”、“地址行 1”重命名为“收信人地址”、“邮政编码”重命名为“收信人邮编”，删除其他所有域名。单击“确定”按钮，出现新的“新建地址列表”对话框，首先输入第一个收件人的信息（如图 3.5.23 所示）。

③ 再单击“新建条目”按钮，输入其余收件人的信息（如图 3.5.24 所示），单击“关闭”按钮，弹出“保存通讯录”对话框（如图 3.5.25 所示）。输入文件名“收信人信息”，保存类型为“通讯录”，单击“保存”按钮，弹出“邮件合并收件人”对话框，检查信息无误后单击“确定”按钮。

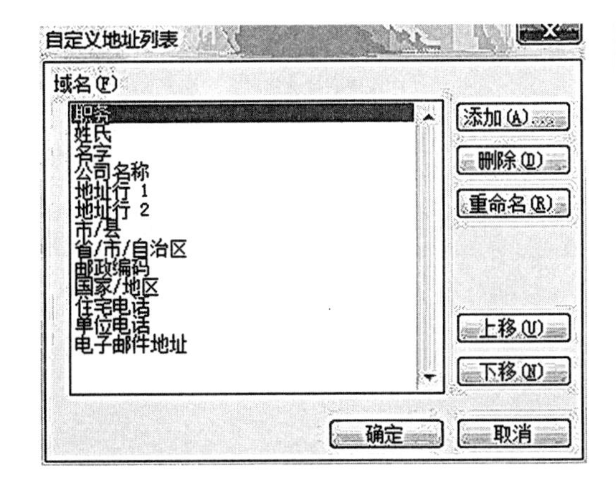

图 3.5.22　“自定义地址列表”对话框

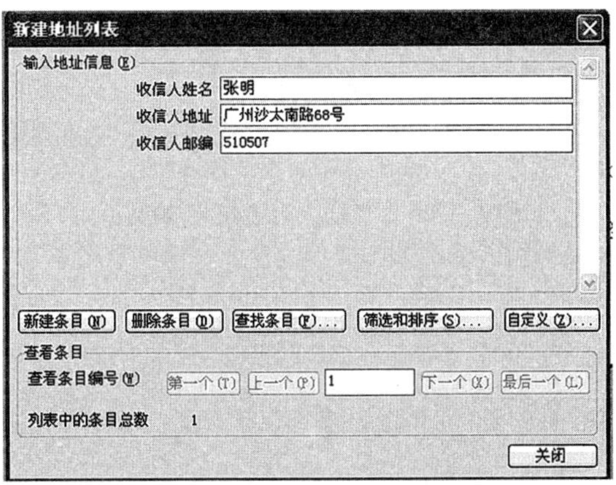

图 3.5.23　修改后的“新建地址列表”对话框

收信人姓名	收信人地址	收信人邮编
张明	广州沙太南路68号	510507
谢飞	广州沙和路88号	510508
刘力	广州大道北89号	510506
吴叶	广州天河体育东路99号	510506

图 3.5.24　收件人的信息

图 3.5.25　“保存通讯录”对话框

④ 在“邮件合并”任务窗格中，单击“下一步：选取信封”链接，在信封中三击域“收信人邮编”选中它，单击“邮件合并”任务窗格中的“其他项目”链接，然后在弹出的“插入合并域”对话框中选择“收信人邮编”，单击“插入”按钮（如图 3.5.26 所示）。

⑤ 按照相同的方法，选中“《收信人地址一》”和“《收信人地址二》”域后插入域“收信人地址”，选中“《收信人姓名》”和“《收信人职务》”域后再插入域“收信人姓名”，并在它后面输入“收”，结果如图 3.5.27 所示。

⑥ 单击“下一步：预览信封”链接，此时可以修改每一部分的字体和段落格式，使信封整体效果最佳。

⑦ 单击“下一步：完成合并”链接，根据需要选择直接打印还是合并到新文档。信封成批制作完成，保存结果为“批量信封.doc”。

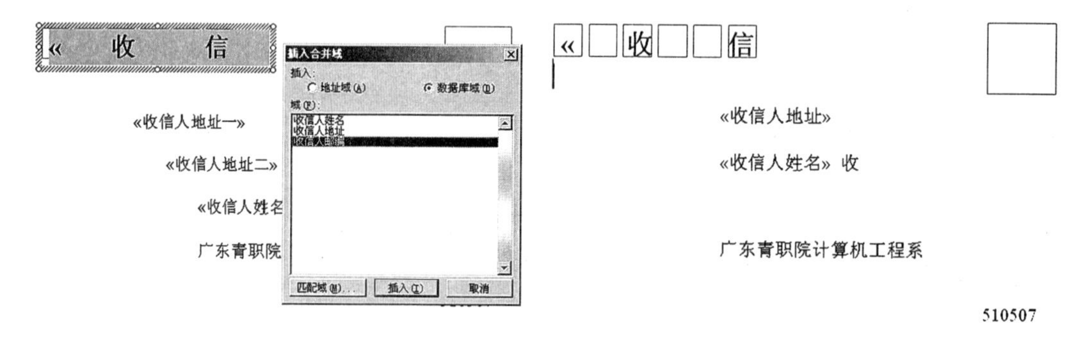

图 3.5.26　“插入合并域”对话框

图 3.5.27　“插入域”效果图

案例六 编排调研报告

案例说明

暑假，学院社工系组织了一批学生到基层进行社会调查活动，并要求每位学生撰写调研报告。为了统一调研报告的格式，陈老师制作了调研报告写作的模板要求，发给每位同学，要求同学们严格按模板提供的格式编排文件。因此，同学们要学习长文档编辑常用的方法和技巧，包括样式的建立及应用、目录自动生成、脚注和尾注、页眉和页脚等。

素材文件“调研报告 . doc”是小明撰写的调研报告，按照老师的要求进行编辑，最终效果如图 3. 6. 1 所示。

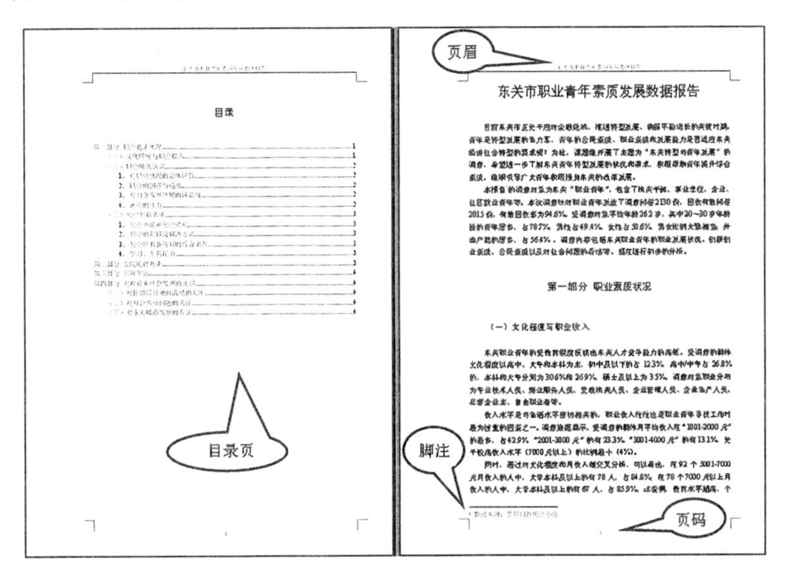

图 3. 6. 1 制作效果图

知识准备

一、长文档编排技巧

在日常使用 Word 的过程中，我们经常需要编辑篇幅相对较长的文档，如调研报告、毕业论文、营销计划、宣传手册等。这些长文档通常文字内容较多，文档层次结构相对复杂，如果不注意使用正确的方法，那么文档的编排效率非常低下，效果也不很理想。为了提高编排长文档的效率，以达到事半功倍的效果，必须掌握以下这些技巧。

1. 直接使用合适的文档模板

如果 Word 内嵌的模板中有适合的模板，可直接使用模板生成文档。例如，要编写一份“营销计划”，可打开 Word 的“新建文档”任务窗格，单击“本机上的模板”按钮，利用“典雅型报告”或者“现代型报告”模板生成文档，然后再修改。

如果把长文档的格式设置规范了，还可把文档保存为模板，方便以后使用。

2. 应用“样式”规范文字格式

长文档的编辑往往需要多次对部分段落或者文字设置相同的格式，这时应使用样式规范文字格式，一旦需要修改某个层次的标题的格式，只要修改对应的样式，更新后系统会自动修改所有该层次标题的样式，这样可以减少重复劳动，也避免了人工修改容易出错的风险。

3. 应用“多级符号”自动编号标题

在长文档中，由于文档结构比较复杂，涉及多级标题，如果采用人工编排将十分烦琐，而且容易发生错误，适合的方式是使用多级符号自动编号。自动编号不但能保证编号数据不发生错误，章节顺序更改后编号数值也能自动调整。另外，还可以采用题注、交叉引用等技术实现图片、表格、公式等对象的自动编号和引用。

4. 应用大纲视图组织文档

要高效地完成一篇长文档，必须养成良好的工作习惯。首先要建立文档的纲目结构，然后再进行具体内容的填充，这样不但能指导自己快速地完成内容的写作，还便于阅读者理解文档的结构。

5. 应用目录自动生成文档框架

目录是文档中各级标题的列表，通常位于文章扉页之后。目录的作用在于方便阅读者快速地检测或定位到感兴趣的内容，同时比较容易了解文档的纲目结构。

6. 其他常用的技巧

在长文档的编排过程中，经常还涉及其他一些技术，包括页眉和页脚、超链接、书签、查找和替换、批注和修订、字数统计等。

二、样式的创建与应用

样式是一组存储在 Word 中的字符或段落的格式化指令，每个样式都有唯一确定的名字。用户可以将一种样式应用于一个段落或选定的字符。

样式按形式可分为内置样式和自定义样式，按作用范围可分为字符样式和段落样式。字符样式只包含字符格式，仅用于字符的设置；段落样式则对整个段落起作用，包括字体格式和段落格式。

1. 样式的应用

应用样式的方法如下：

① 选定要应用样式的文本，或将插入点置于要应用样式的段落。

② 单击格式工具栏上的“样式”输入框右侧的下拉按钮，从下拉列表框中选择要应用的样式种类，插入点所在段落或其中文本就应用了这种样式的格式。

2. 样式的修改与创建

一般的论文、报告都需要有一定的格式规范要求，如本案例所编排的调研报告，设定格式要求如表 3.6.1 所示。

表 3.6.1　各级标题格式要求

样式名	格式要求
第 1 级标题	黑体、三号字、居中、单倍行距、段前 2 行、段后 2 行
第 2 级标题	黑体、四号字、左对齐、单倍行距、段前 1 行、段后 1 行、首行缩进 2 个字符
第 3 级标题	黑体、小四号字、左对齐、单倍行距、段前 0.5 行、段后 0.5 行、首行缩进 2 个字符
报告正文	中文为宋体、小四号字，英文为 Times New Roman、小四号字，行距为 20 磅、首行缩进 2 个字符
目录标题	黑体、三号字、居中、段前 2 行、段后 2 行、单倍行距
文章标题	宋体、二号字、居中、单倍行距、段后 2 行

（1）修改样式

当样式无法满足文档格式的要求时，应考虑修改样式。执行“格式”→“样式和格式”命令，在窗口右侧出现“样式和格式”任务窗格，它提供了可以方便修改和新建样式的界面。修改样式的步骤如下：

① 在任务窗格中，将鼠标移动到“请选择要应用的格式”列表框中，右击想要修改的样式（如“标题 1”），在下拉菜单中选择“修改”命令（如图 3.6.2 所示）。

② 在弹出的“修改样式”对话框中，单击“格式”按钮，在下拉列表中选择需要设置的格式（如图 3.6.3 所示），如果需要设置段落属性，就在列表中选择设置“段落”对象，在弹出的对话框中进行设置。

③ 单击“确定”按钮，完成样式的修改。

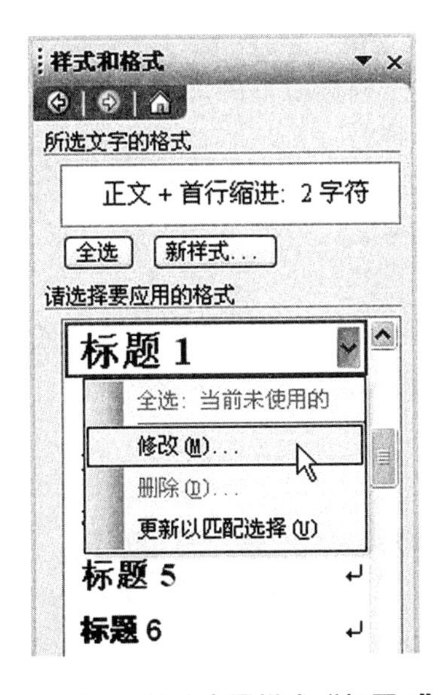

图 3.6.2　修改内置样式“标题 1”

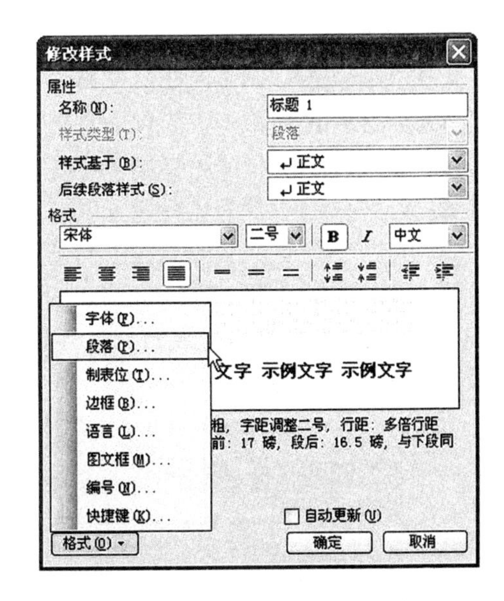

图 3.6.3　“修改样式”对话框

（2）创建样式

用户可以根据自己的需要创建新样式，创建新样式的操作步骤是：在“样式和格式”任务窗格中，单击“新样式”按钮，在“新建样式”对话框中的“名称”框中输入有意义的名字，比如“报告正文”，然后按照表3.6.1中“报告正文”样式的要求进行相应的字符和段落格式设置（如图3.6.4所示），最后单击“确定”按钮。

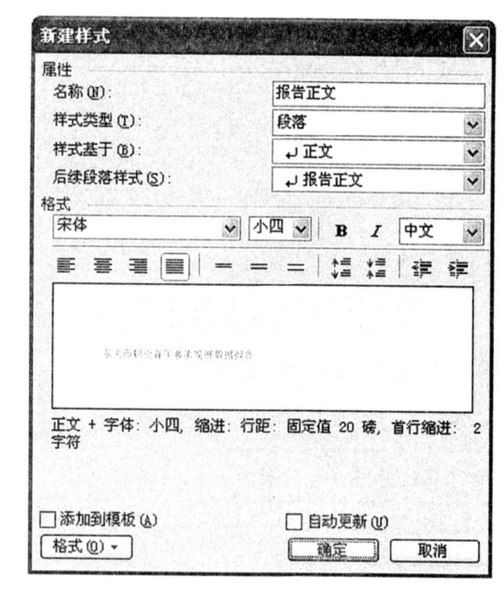

图 3.6.4 “新建样式”对话框

三、应用“多级符号”自动编号

要实现多级文档大纲自动编章节号，需要借助于“项目符号和编号”对话框中的“多级符号”功能。有关“多级符号”的使用方法，请参照本模块案例2的技能拓展。

四、应用大纲视图组织文档

在对长文档进行处理时，最好把文档视图切换到大纲视图方式，利用大纲视图可以很方便地查看和组织文档的结构。Word中将段落分成了10个级别，即9级标题和正文，每个级别的格式在模板中进行了定义，还可以通过“项目符号和编号”中的“多级符号”来进行设置。用户可以在大纲视图中上下移动标题和文本，从而调整它们的顺序。或者将正文或标题“提升”到更高的级别或“降低”到更低的级别，以改变原来的层次关系。

在大纲视图中每一个段落的前面都有一个标记，是根据段落的大纲级别有层级地进行设置的，不同的标记代表不同的意义，主要有三种符号：

① 加号（+）：代表该标题下还有下级内容。

② 减号（-）：代表该标题下没有下级内容。

③ 方块（▫）：代表段落的级别是正文。

所以，在“大纲”视图中，可以折叠文档，即只显示文档的各个标题，或展开文档，以便查看整个文档。“大纲”工具栏如图3.6.5所示。

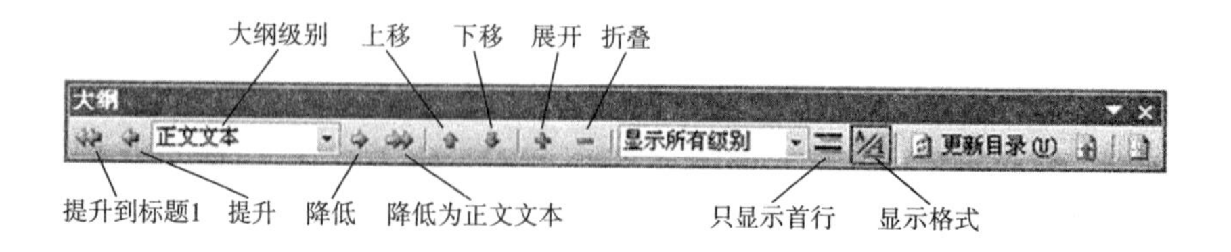

图 3.6.5 “大纲”工具栏

五、自动生成目录

目录是长文档中不可缺少的重要部分，有了目录就能很容易地知道文档中有什么内容、如何查找内容，为读者阅读提供方便。Word 提供了自动生成目录的功能。当然，要实现目录的自动生成，其前提是文档中需要提取到目录的文本应用了大纲级别样式或标题样式。自动生成目录的操作步骤如下：

① 把插入点定位到文档的最后或最前，执行“插入”→“引用”→“索引和目录”命令，弹出“索引和目录”对话框（如图 3. 6. 6 所示）。

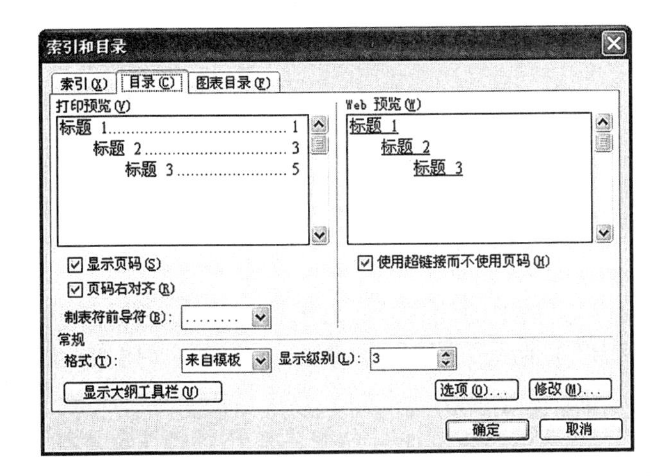

图 3. 6. 6 “索引和目录”对话框

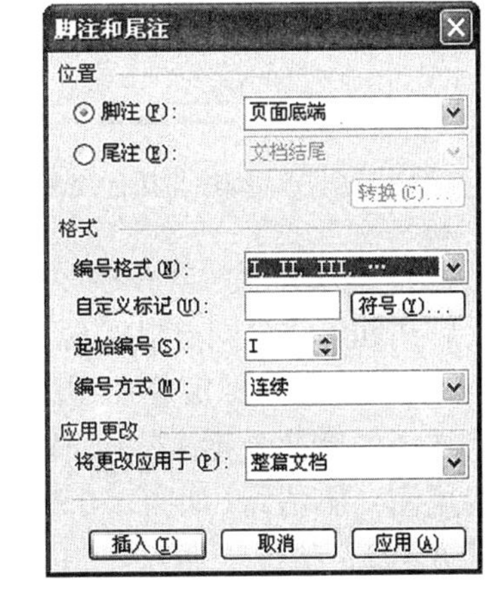

图 3. 6. 7 “脚注和尾注”对话框

② 切换到“目录”选项卡，这里的目录设置是按照样式来进行的，在“格式”下拉列表框中选择合适的目录格式，在“显示级别”下拉列表框中指定在目录中要显示的大纲级别。

③ 选中“显示页码”和“页码右对齐”前的复选框，这样在目录的最右侧一列就有每一章节对应的页码。

④ 在“制表符前导符”下拉列表框中选择合适的符号，单击“确定”按钮。

这样，Word 就在插入点处生成了文档的目录，这时单击目录中的条目就会直接跳转到文档中相应的位置。

六、脚注和尾注

脚注和尾注是对文本的补充说明。脚注一般位于页面的底部，可以作为文档某处内容的注释；尾注一般位于文档的末尾，通常用来列出书籍或文章的参考文献等。

（1）插入脚注和尾注

在文档中插入脚注和尾注的操作步骤如下：

① 将光标移动到要插入脚注和尾注的位置。执行“插入”→“引用”→“脚注和尾注”命令，打开“脚注和尾注”对话框（如图 3. 6. 7 所示）。

② 选择“脚注”选项可以插入脚注，位置设为“页面底端”，编号格式设为“Ⅰ、Ⅱ、Ⅲ……”，单击“插入”按钮，则自动在光标位置添加了一个脚注的引用编号，而

且光标自动移动到脚注窗格中并自动插入注释编号，开始输入脚注文本“数据来源：学院问卷统计小组”，插入脚注后如图 3.6.8 所示。

图 3.6.8 插入脚注的效果

图 3.6.10 脚注与尾注互相转换

图 3.6.9 脚注转换至尾注

（2）脚注和尾注的转换

脚注和尾注之间可以实现直接转换。具体方法如下：

方法 1：把光标定位在脚注（尾注）窗格中的注释处，右击，在弹出的快捷菜单中，选择“转换至尾注”（“转换至脚注”）命令，可将光标所在处的脚注（尾注）转换为尾注（脚注）（如图 3.6.9 所示）。

方法 2：执行“插入”→“引用”→“脚注和尾注”命令，打开“脚注和尾注”对话框，单击“转换”按钮，可在弹出“转换注释”对话框中进行指定的转换（如图 3.6.10 所示）。

七、字数统计

执行“工具”→“字数统计”命令，可打开“字数统计”对话框，从而获取选中内容的字数统计信息（如图 3.6.11 所示）。

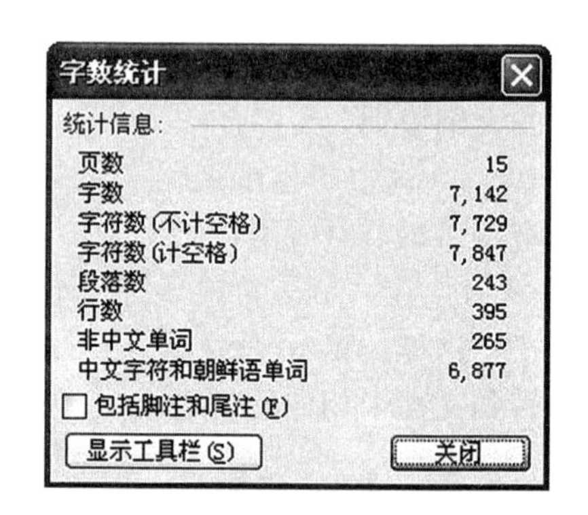

图 3.6.11 “字数统计”对话框

八、文档打印

将编排好的文档从打印机打印输出，这是文字处理的最后一个环节，也是文稿制作的最终目的。

（1）打印预览

应用“打印预览”功能可以使用户在打印之前查看文档的实际打印效果，可以避免打印后才发现错误。

执行“文件”→“打印预览”命令，或单击“常用”工具栏中的“打印预览”后，Word 切换到“打印预览”显示方式。在此方式下，文档的所有编辑信息，包括正文、图表、图形、页眉和页脚、页码等，均以打印效果进行显示。此时，“常用”工具栏的位置被“打印预览”工具栏代替，可通过“打印预览”工具栏上的按钮控制打印预览的各种效果，工具栏如图 3.6.12 所示。

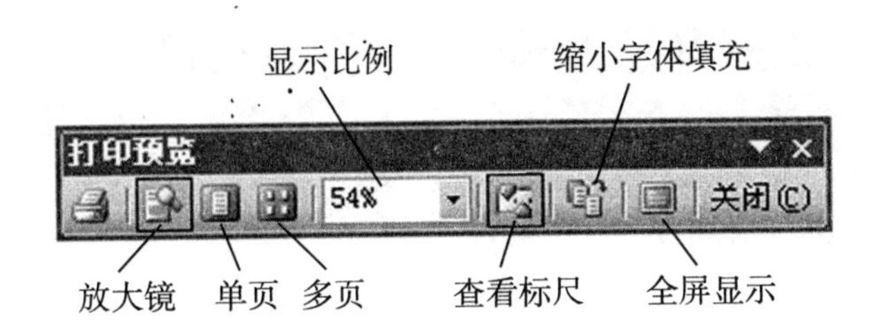

图 3.6.12　“打印预览”工具栏

（2）打印文档

准备好打印机后，就可以打印文档了。

执行“文件”→“打印”命令，将弹出“打印”对话框，如图 3.6.13 所示，在对话框设置有关打印信息，比如页面范围、打印份数、打印内容等，单击“确定”按钮。

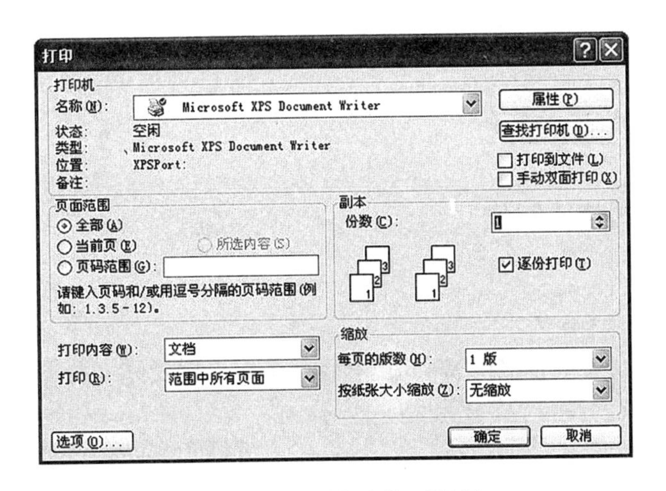

图 3.6.13　“打印”对话框

操作步骤

一、页面设置

打开文档“调研报告.doc”，执行“文件”→“页面设置”命令，弹出“页面设置”对话框，在“纸张”选项卡选择 A4 纸；在“页边距”选项卡设置上、下、左、右页边距分别为 3 厘米、2 厘米、3 厘米、2 厘米，设置装订线的宽度为 1 厘米，位置为左（如图 3.6.14 所示）。

在“版式”选项卡设置页眉/页脚距边界的距离分别为 2 厘米和 1 厘米（如图 3.6.15 所示），单击“确定”按钮。

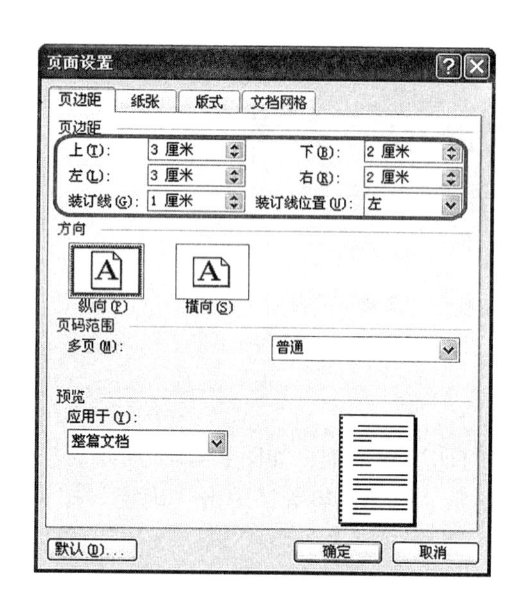

图 3.6.14 “页面设置”对话框——“页边距”选项卡

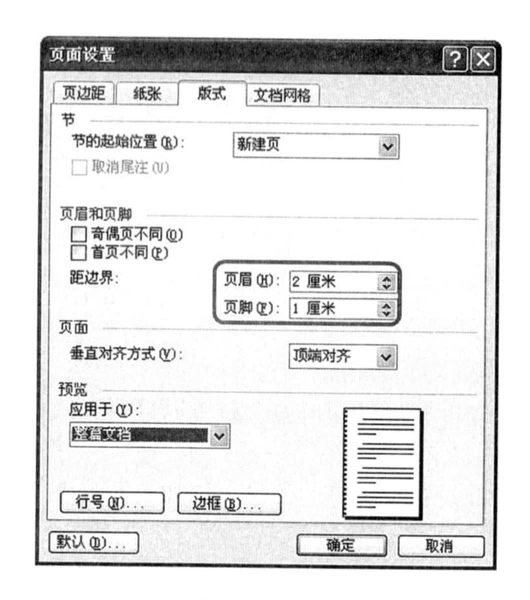

图 3.6.15 “页面设置”对话框——“版式”选项卡

二、多级标题样式制作

1. 样式的制作

(1) 制作第 1 级标题样式

第 1 级标题样式可以直接由 Word 已存在的标题 1 样式修改而成，操作步骤如下：

① 执行“格式”→“样式和格式”命令，出现“样式和格式”任务窗格，右击“标题 1”样式，在快捷菜单中选择“修改”命令，打开“修改样式”对话框，在对话框中将样式名称改为“第 1 级标题”。

② 单击“格式”按钮，在下拉列表中选择“字体”命令，设置字体为黑体、三号字，单击“确定”按钮；再单击“格式”按钮，在下拉列表中选择“段落”命令，设置对齐方式为居中、单倍行距、段前 2 行、段后 2 行，单击“确定”按钮，返回“修改样式”对话框，勾选“自动更新”复选框（如图 3.6.16 所示），单击“确定”按钮。

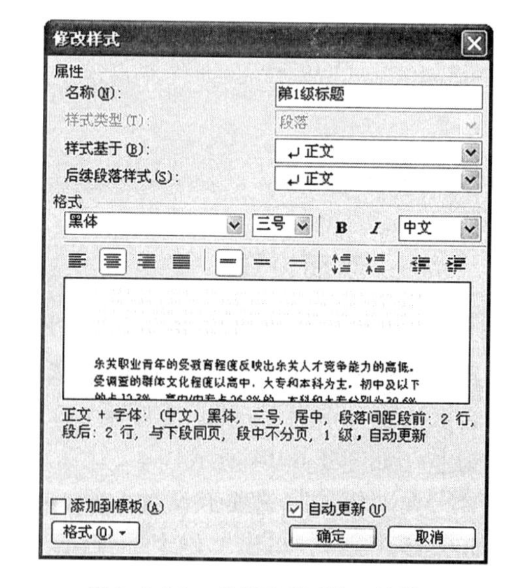

图 3.6.16 “修改样式”对话框

(2) 制作第 2 级标题样式

第 2 级标题样式可以直接由 Word 已存在的标题 2 样式修改而成，操作方法同上。

在“修改样式”对话框中，将样式名称改为“第 2 级标题”，设置字体为黑体、四号字、对齐方式为左对齐、单倍行距、段前 1 行、段后 1 行，级别设置为 2，并勾选“自动更新”复选框。

(3) 制作第 3 级标题样式

第 3 级标题样式可以直接由 Word 已存在的标题 3 样式修改而成，操作方法同上。

在“修改样式”对话框中，将样式名称改为“第 3 级标题”，设置字体为黑体、小四号字、对齐方式为左对齐、单倍行距、段前 0.5 行、段后 0.5 行，级别设置为 3，并勾选“自动更新”复选框。

(4) 新建其他样式

创建名称为“报告正文”、“目录标题”、“文章标题”的新样式，具体的样式格式参照表 3.6.1。

2. 样式的应用

样式的应用步骤如下：

① 执行“编辑”→“全选”命令，选中全部文字，在“样式和格式”任务窗格中单击“报告正文”样式，所有文字都应用了此样式。

② 选中文章标题“东关市职业青年素质发展数据报告”，单击“文章标题”样式。

③ 选中正文第 3 段“第一部分 职业素质状况”，按住【Ctrl】键，再选中文档的“第二部分 公民道德素质”等 1 级标题所在行，单击“第 1 级标题”样式。

④ 选中正文第 4 段“（一）文化程度与职业收入”，按住【Ctrl】键，再选中文档其他处的第 2 级标题，单击“第 2 级标题”样式。

⑤ 选中正文第 9 段“1. 对职业状况的总体评价”，按住【Ctrl】键，再选中文档其他处的第 3 级标题，单击“第 3 级标题”样式。

三、文档结构图

“文档结构图”是用独立窗格显示文档中所有标题列表的一种文档查看方式。执行“视图”→“文档结构图”命令，可显示文档的结构图，在左窗格列出了文档中所有已定义了样式的标题（如图 3.6.17 所示），单击文档结构中的某一标题可使插入点迅速地跳转到文档的相应部分，方便阅读。

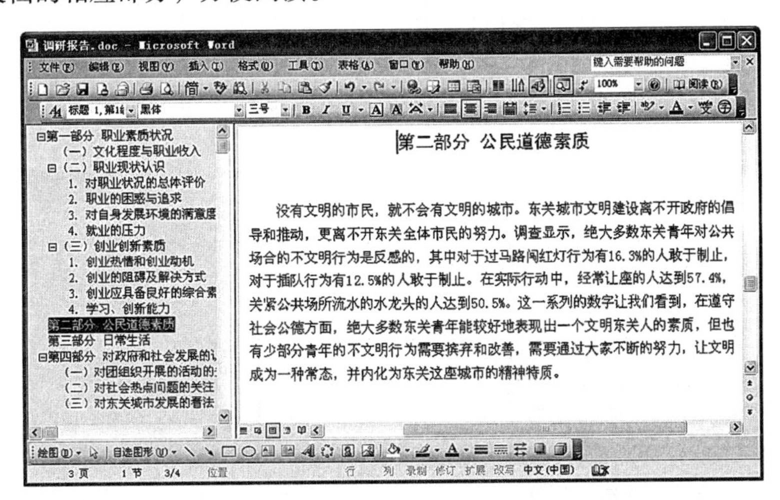

图 3.6.17　用文档结构图来查看文档

再次执行“视图”→“文档结构图”命令，可隐藏文档的结构图。

四、页眉和页脚、脚注和尾注

插入页眉和页脚、脚注和尾注的操作步骤如下：

① 执行“视图”→“页眉和页脚”命令，输入页眉文字“东关市职业青年素质发展数据报告”，并设置居中对齐。

② 执行“插入”→“页码”命令，在“页码”对话框中，设置位置为“页面底端（页脚）”，对齐方式为“居中”（如图3.6.18所示），单击“确定”按钮。

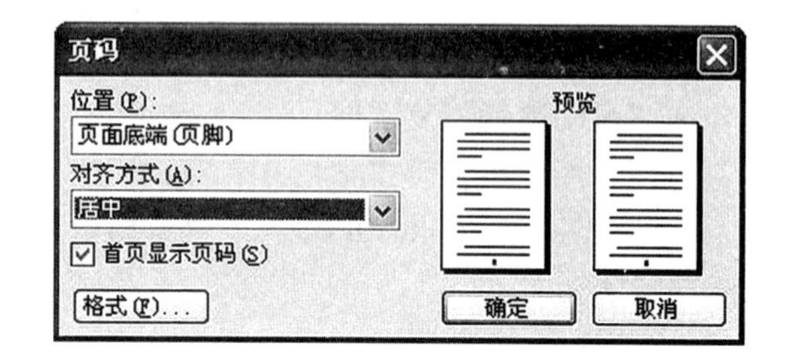

图3.6.18 “页码”对话框

③ 将光标移动到正文第2段开头“本报告”后，执行“插入”→“引用”→“脚注和尾注”命令，在“脚注和尾注”对话框中，选择“脚注”选项，位置设为“页面底端”，编号格式设为“Ⅰ、Ⅱ、Ⅲ……”，单击“插入”按钮后，就可以开始输入脚注文本“数据来源：学院问卷统计小组”。

五、生成目录

生成目录的具体步骤如下：

① 把插入点定位到第1页开头，执行“插入”→“分隔符”命令，弹出“分隔符”对话框，设置插入分页符（其类型为下一页）（如图3.6.19所示）。

② 在产生的新页中，输入“目录”两字，把“目录标题”样式应用到目录标题。

③ 执行“插入”→“引用”→“索引和目录”命令，弹出“索引和目录”对话框，切换到“目录”选项卡，选择显示页码，页码右对齐，显示级别为3。

④ 目录的插入使得页码从目录所在页开始编号，正文的起始页码不再是第1页，需要将之改回第1页。

将插入点移动到文档第一部分开头处，执行“插入”→“页码”命令，在出现的“页码”对话框中，单击“格式”按钮，在弹出的“页码格式”对话框中，设置页码编排的起始页码为1，而不是“续前节”，单击“确定”按钮，如图3.6.20所示。

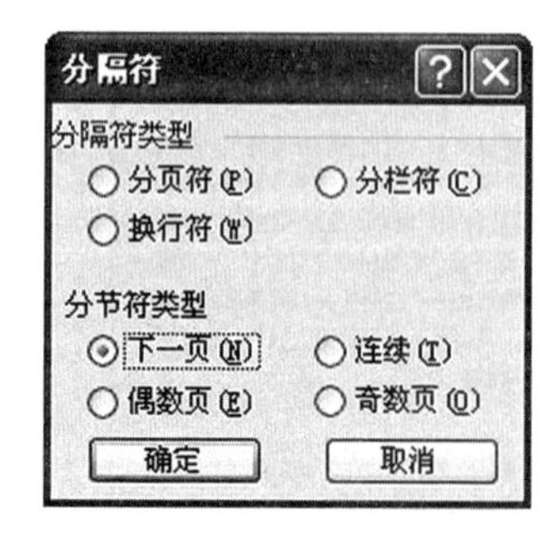

图3.6.19 “分隔符”对话框

图3.6.20 “页码格式”对话框

⑤ 由于页码改变，需要重新更新目录。选择整个目录，右击，在快捷菜单中选择“更新域”，弹出“更新目录”对话框（如图 3.6.21 所示），选中“只更新页码”，单击“确定”按钮。最终生成的目录如图 3.6.22 所示。

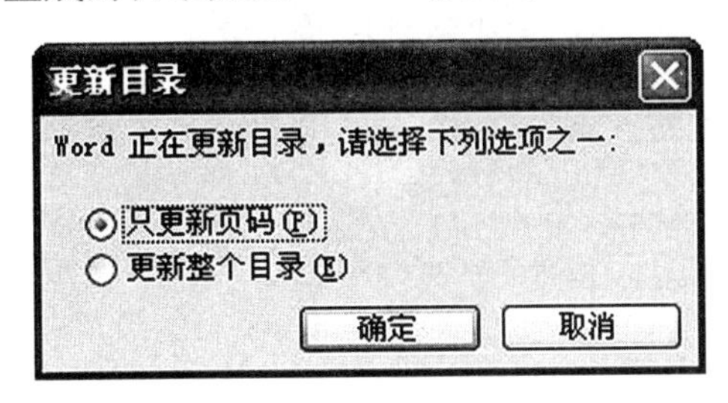

图 3.6.21　“更新目录”对话框

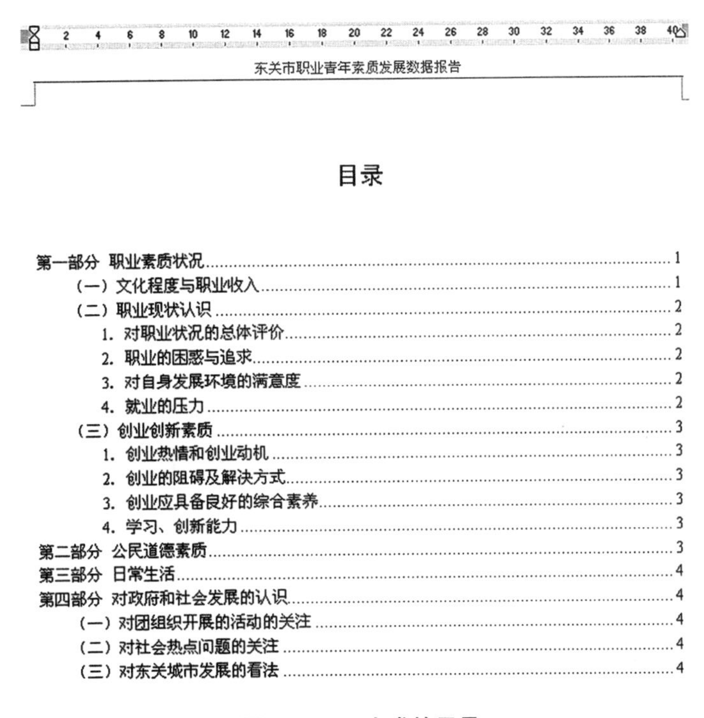
东关市职业青年素质发展数据报告

目录

图 3.6.22　生成的目录

技能拓展

一、插入超链接

超链接是将文档中的文字或图形与其他位置的相关信息链接起来。用超链接既可跳转至当前（其他）文档或 Web 页的某个位置，也可跳转至声音和图像等多媒体文件，甚至可跳转至电子邮件中。具体的操作方法如下：

① 选定要设为超链接的对象（如文本、图片等）。

② 执行“插入”→“超链接”命令，弹出“插入超链接”对话框，在“要显示的

文字”中输入相应的文字，在地址框中输入正确的网址，可以链接到 Web 页（如图 3. 6. 23 所示）。还可以在“链接到”中选择链接到“本文档中的位置”或“电子邮件地址”或“书签”等。

③ 单击“确定”按钮，即可完成超链接的设置。

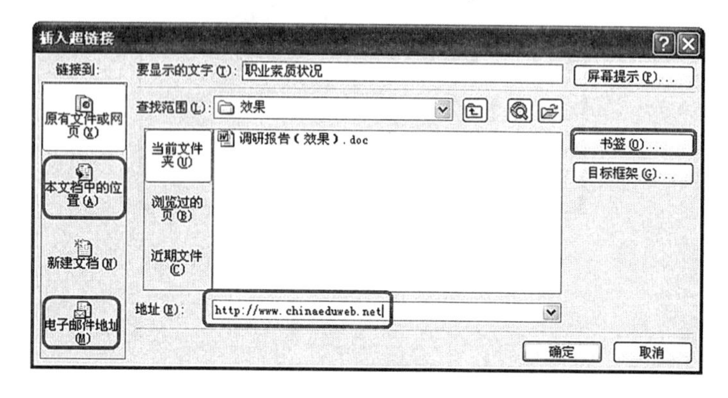

图 3. 6. 23 “插入超链接”对话框

二、插入书签

Word 提供的“书签”功能，主要用于标识所选文字、图形、表格或其他项目，以便以后引用或定位。具体操作方法如下：

图 3. 6. 24 添加书签

① 选中要设置为书签的文字或表格等，执行“插入”→“书签”命令，然后在“书签名”中输入要定义的名字（如图 3. 6. 24 所示）。

② 设置好书签后，可以在超链接中设置链接的对象为“书签”。还可以使用书签快速定位。通过执行“编辑”→“定位”命令，在弹出的“查找和替换”对话框中，选择“定位”选项卡，在定位目标中选择“书签”，并选择书签名（如图 3. 6. 25 所示），单击“定位”按钮，就可以让编辑光标快速跳转到书签处。

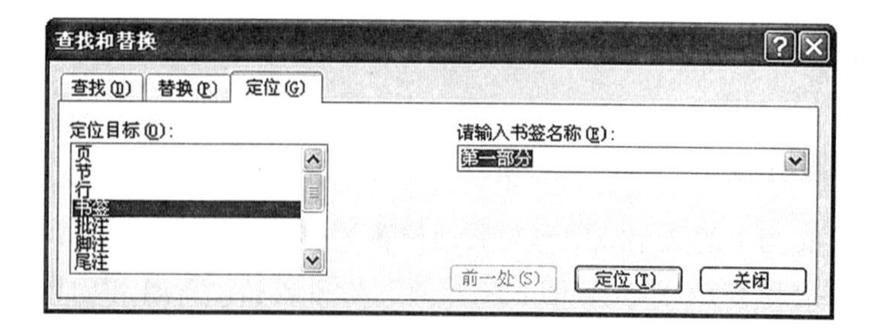

图 3. 6. 25 使用书签快速定位

三、插入题注

在长篇文档制作过程中经常要插入一些图片、表格或公式。题注是为图片、表格或公式等对象进行自动编号的标签，是可以包含章节号的一个样式。题注可以自动插入和手动插入。这里采用自动插入的方式。比如，在报告中插入图片后自动在图下面添加题注。具体的操作步骤如下：

① 执行"插入"→"引用"→"题注"命令，弹出"题注"对话框（如图 3.6.26 所示）。

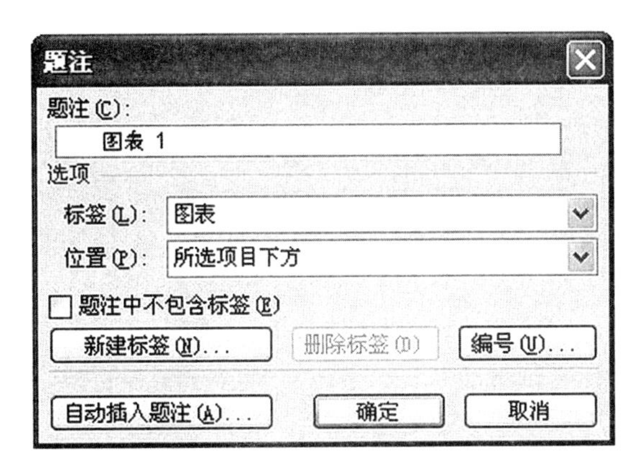

图 3.6.26　"题注"对话框

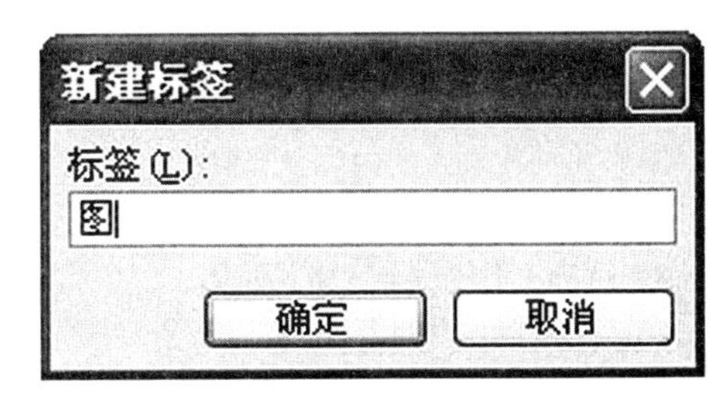

图 3.6.27　新建标签

② 单击"新建标签"按钮，建立一个名为"图"的标签（如图 3.6.27 所示）。

③ 单击"确定"按钮后，在"题注"对话框中单击"自动插入题注"，弹出"自动插入题注"对话框，选择要自动插入题注的对象"Microsoft Word 图片"（如图 3.6.28 所示）。

图 3.6.28　自动插入题注

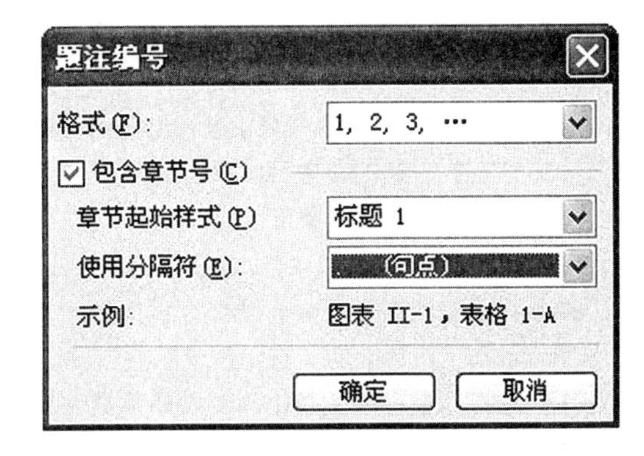

图 3.6.29　"题注编号"对话框

④ 从“位置”下拉列表框中指定题注的位置为“项目下方”，单击“编号”按钮，弹出“题注编号”对话框（如图3.6.29所示），设置题注所用的编号格式，单击“确定”按钮，将自动插入的图注放到图的下方。

复习思考题

一、选择题

1. 在Word中，________用于控制文档在屏幕上的显示大小。
   (A) 显示比例　(B) 全屏显示　(C) 缩放显示　(D) 页面显示
2. 在Word文本编辑区中有一个闪烁的粗竖线，它是________。
   (A) 分节符　(B) 段落分隔符　(C) 鼠标光标　(D) 插入点
3. 在Word文档中输入复杂的数学公式，执行________命令。
   (A)“表格”菜单中的公式　(B)“插入”菜单中的数字
   (C)“格式”菜单中的样式　(D)“插入”菜单中的对象
4. 在Word的编辑状态，连续进行了两次“插入”操作，当单击两次“撤销”按钮后________。
   (A) 将两次插入的内容全部取消　(B) 将第一次插入的内容全部取消
   (C) 两次插入的内容都不被取消　(D) 将第二次插入的内容全部取消
5. 要在Word中建一个表格式简历表，最简单的方式是________。
   (A) 用绘图工具进行绘制
   (B) 在新建中选择简历向导中的表格型向导
   (C) 用插入表格的方法
   (D) 在“表格”菜单中选择表格自动套用格式
6. 在Word中，可利用________很直观地改变段落的缩进方式，调整左右边界。
   (A) 菜单栏　(B) 工具栏　(C) 格式栏　(D) 标尺
7. Word的“撤销”按钮，其功能是________。
   (A) 只能撤销前一次的操作　(B) 尚未存盘的操作不能撤销
   (C) 撤销最近进行多次的操作　(D) 已作存盘的操作不能撤销
8. 要使Word 2003的多页表格的每页首行都出现标题行，应使用的命令是________。
   (A)“插入”中的“标题行重复”　(B)“表格”中的“标题行重复”
   (C)“格式”中的“标题行重复”　(D)“标记”中的“标题行重复”
9. Word中进行图文混排时，为了使文本和图形放置在页面的任何地方，需要使用________。
   (A) 图形　(B) 文本框　(C) 表格　(D) 文件
10. 下列关于将Word的多个对象进行组合的说法中，错误的是________。
    (A) 组合在一起的对象可以取消组合　(B) 组合在一起的对象可以同时移动
    (C) 组合在一起的对象可以同时删除　(D) 组合在一起的对象可以分别调整
11. 在Word中，关于打印预览，下列说法中错误的是________。
    (A) 在预览状态下可调整视图的显示比例，也可以很清楚地看到该页中的文本排列情况
    (B) 单击工具栏上的“打印预览”按钮，进入预览状态
    (C) 选择“文件”菜单中的“打印预览”命令，可进入打印预览状态
    (D) 在打印预览时不可以确定预览的页数
12. 在Word中，________的作用是能在屏幕上显示所有文本内容。
    (A) 滚动条　(B) 控制框　(C) 标尺　(D) 最大化

13. 在 Word 中，设定打印纸张大小时，应当使用的命令是________。
    (A) 文件菜单中的“页面设置”命令　(B) 文件菜单中的“打印预览”命令
    (C) 视图菜单中的“工具栏”命令　(D) 视图菜单中的“页面”命令
14. 在 Word 编辑时，英文单词下面有红色波浪下划线表示________。
    (A) 可能是语法错误　(B) 可能是拼写错误
    (C) 对输入的确认　(D) 已修改过的文档
15. 在 Word 文档中插入图片后，不可以进行的操作是________。
    (A) 剪裁　(B) 缩放　(C) 删除　(D) 编辑
16. 以下表述不正确的是________。
    (A) 可以将表格转换成文本
    (B) 一定格式的文本可以转换成表格
    (C) 可以用公式对 Word 表格中的数据进行统计
    (D) Word 中绘制的表格不能绘制斜线
17. 以下不能在“表格菜单”下完成的操作是________。
    (A) 绘制表格　(B) 插入图片　(C) 插入行　(D) 插入列
18. 在 Word 的编辑状态，粘贴操作的组合键是________。
    (A) Ctrl + A　(B) Ctrl + C　(C) Ctrl + V　(D) Ctrl + X
19. 在 Word 的编辑状态，对当前文档中的文字进行“字数统计”操作，应当使用的菜单是________。
    (A)“编辑”菜单　(B)“文件”菜单　(C)“视图”菜单　(D)“工具”菜单
20. 在 Word 编辑状态下，要将另一文档的内容全部添加在当前文档的当前光标处，应选择的操作是单击________菜单项。
    (A)“文件”→“打开”　(B)“文件”→“新建”
    (C)“插入”→“文件”　(D)“插入”→“超级链接”

二、操作题

1. 输入公式：$P = \int \sqrt{\frac{1}{1+x^2}}\mathrm{d}x$。
2. 利用 Word 的自选图形制作如下图所示的工资管理流程图。

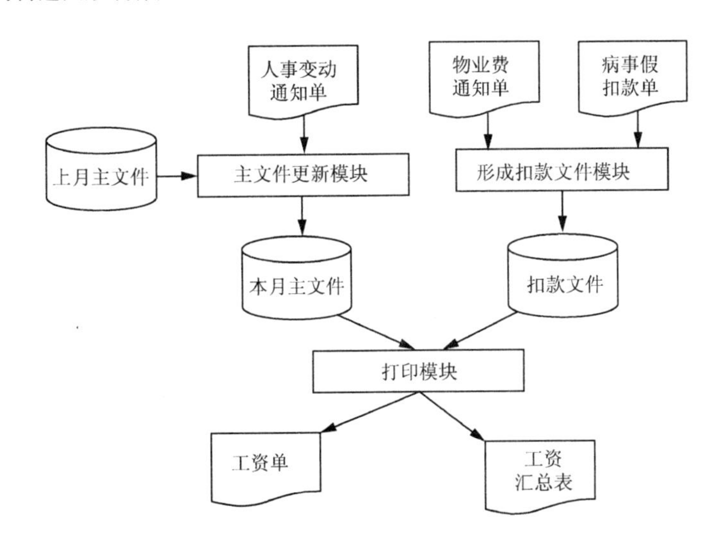

模块四　电子表格软件 Excel 2003

Microsoft Excel 2003 是微软公司的 Office 办公系列软件之一。它技术先进、功能强大、简单易学且广泛应用于各类企、事业单位日常办公中，是目前应用最广泛的数据处理软件之一。Excel 不仅应用于数据的保存、简单计算和制作表格，更重要的是提供了对数据进行处理、管理、分析和绘制图表等功能，可以让用户方便、快捷、直观地从原始的数据中获得更为丰富、准确的信息。

知识点列表

案例名称	能力目标	相关知识点
案例一 职员表建立	➢掌握 Excel 工作簿基本概念及操作 ➢掌握 Excel 工作表管理 ➢掌握 Excel 数据的输入	1. 建立、保存工作簿文档 2. 打开已有工作簿文档并保存修改 3. 把打开的文档另存为其他文档 4. 工作表的移动、复制、重命名、更改标签颜色 5. 工作表的插入、删除 6. 工作表窗口的拆分和冻结 7. 在单元格中输入各种类型数据（文本、数字、日期等） 8. 输入各种序列（序列、等差序列、自定义序列） 9. 数字有效性的设置
案例二 数据表格式美化	➢掌握 Excel 数据及格式的编辑 ➢模板的使用	1. 单元格内容和格式的清除、复制、移动、转置 2. 单元格数字、字体、边框、图案、对齐等格式设置 3. 更改列宽和行高，单元格、行、列的插入和删除操作 4. 自动套用格式、条件格式的设置、样式的创建和使用 5. 数据保护 6. 创建模板 7. 使用模板
案例三 成绩表计算	➢掌握公式处理数据 ➢掌握函数运用	1. 运算符和表达式 2. 地址的相对引用、绝对引用和混合引用 3. 常用函数（Sum，Average，Count，Max，Min，Rank，Countif，Sumif，Rand，Now，Datedif，If，Vlookup，Frequency，Pmt，Pv，Fv 等） 4. 单元格或单元格区域的命名
案例四 销售表图解	➢掌握制作图表的方法	1. 插入图表 2. 编辑美化图表
案例五 工资表数据管理	➢掌握数据管理的方法	1. 排序 2. 筛选 3. 分类汇总 4. 数据透视 5. 合并计算
案例六 课程表打印	➢掌握工作表的打印	1. 设置打印区域 2. 页面设置 3. 取消或恢复显示网格线

案例一　职员表建立

案例说明

青晖创业公司广州分部成立了。新任分部经理想对从总部调来的现有职员进行了解，以便做好人员调整和招收新职员的工作。

秘书小彭立即根据现有资料，利用 Excel 2003 电子表格软件，把现有职员情况制作了一份简单的电子报表，交给经理。

知识准备

Excel 是 Office 套装软件系统中的一个重要成员，称为电子表格软件。随着 Office 软件版本的不断更新，Excel 的功能也不断增强，作为目前常用的基本办公软件，多数情况下已经随着 Office 套件一起安装到计算机系统中。

一、Excel 2003 的打开方法

1. 方法一

执行桌面的任务栏上的“开始”→“程序”→“Microsoft Office”→“Microsoft Office Excel 2003”菜单命令（如图 4. 1. 1 所示），启动 Excel 应用程序，并自动新建一个空白工作簿“Book1”。

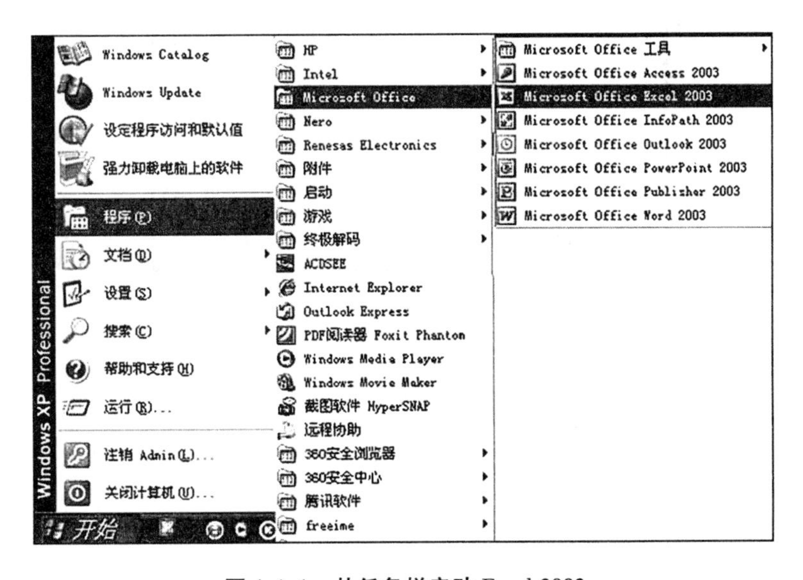

图 4. 1. 1　从任务栏启动 Excel 2003

2. 方法二

双击桌面 Microsoft Office Excel 2003 的快捷方式图标，打开 Excel 2003，并自动

新建一个空白工作簿。

3. 方法三

如果知道某个 Excel 文件在计算机中的位置，打开“我的电脑”，沿文件存储的盘符、路径打开文件存放的文件夹，可见这类文件的文件图标均为。找到指定文件后，双击也能打开 Excel 窗口。

二、Excel 2003 窗口的组成

Excel 打开后，我们可以看到其界面如同其他 Office 软件，也是由标题栏、菜单栏、工具栏、工作区、状态栏、滚动条、任务窗格等构成，特别之处在于 Excel 还具有名称框、编辑栏、列标号、行标号等，工作区为表格状。其窗口组成如图 4.1.2 所示。

1. 标题栏

标题栏含有控制窗口图标、文档的名称、最小化按钮、最大化按钮或还原按钮、关闭按钮。

2. 菜单栏

菜单栏提供了 9 个子菜单，即“文件”、“编辑”、“视图”、“插入”、“格式”、“工具”、“数据”、“窗口”、“帮助”菜单，包含了 Excel 的全部操作命令。

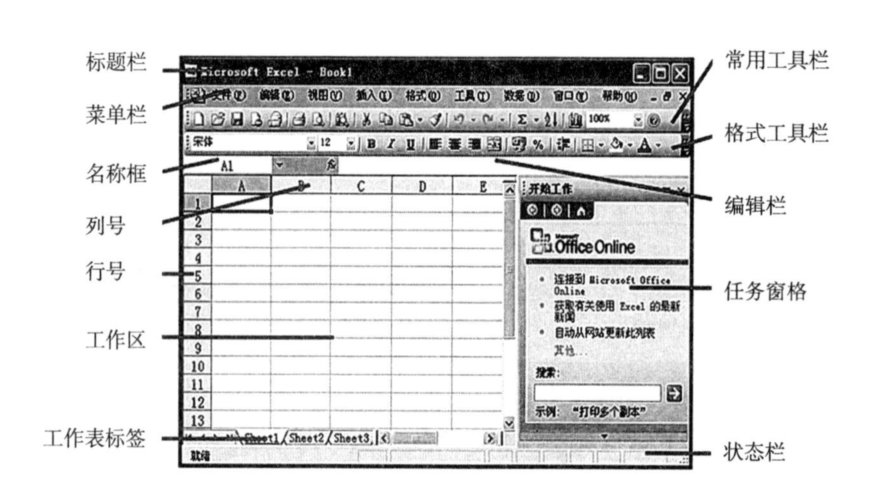

图 4.1.2 Excel 2003 窗口及其组成

3. 工具栏

Excel 系统默认显示“常用”工具栏和“格式”工具栏。工具栏把常用命令以工具图标的形式分类提供给用户，使用户使用更方便、更快捷。

4. 编辑栏

由名称框、取消按钮“×”、输入按钮“√”、插入函数按钮“*fx*”、编辑框 5 部分组成。通常“名称框”显示活动单元格的名称（或区域名称），“编辑框”则可以显示或输入、编辑活动单元格的数据内容（如图 4.1.3 所示）。

A1　职员登记表

图 4.1.3　“编辑栏”组成

5. 工作区和工作表标签

“工作区”通常显示当前选中的工作表，在工作区能进行数据的输入、编辑和排版；工作区具有行号标识、列号标识，由一个个单元格组成。

“工作表标签”在工作区底部用以显示工作表的名称；工作区右边有“垂直滚动条”，下边有“水平滚动条”，按住【Shift】键，拖动滚动条，可快速浏览到该工作表的最末行和最末列。

6. 任务窗格

执行“视图”→“任务窗格”菜单命令时，工作区右边会出现“任务窗格”，点击下拉列表按钮能提供多项任务进行选择，如“开始工作”、“剪贴画”、“新建工作簿”等（如图 4.1.4 所示）。

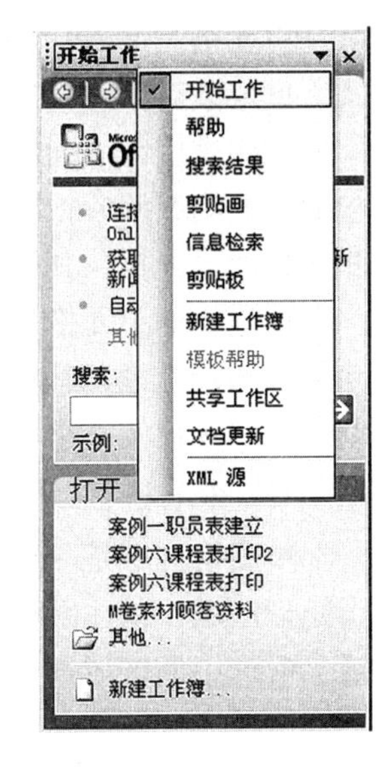

图 4.1.4　任务窗格及可选任务

7. 状态栏

显示 Excel 操作过程中的状态提示信息。可以通过“视图”选择显示或隐藏。

三、Excel 涉及的概念

1. 工作簿

工作簿即 Excel 的文件，用于存储和处理数据，其扩展名是“.xls”，工作簿文件是 Excel 储存在磁盘上的最小的独立单位。

新建工作簿文件是空白的，系统会提供临时文件名“Book1”，“Book2”，…；文件输入数据需要保存时，应由用户给文件起一个有意义的文件名，并保存在计算机合适的位置。

工作簿由多个工作表组成，每个工作簿最多有 255 张工作表；默认的新建工作簿中有 3 张工作表，用户可以根据需要添加或删除工作表。

对工作簿的操作有：新建、打开、保存、另存为其他文档等。

2. 工作表

Excel 中的数据和图表都是以工作表形式存储在工作簿文件中的，其中工作簿中的每一张电子表格就是一张工作表，它是 Excel 进行日常数据管理的基本单位，由 256 列（列号标识从 A，B，…，Z，AA，AB 到 IV）、65 536 行（行号标识从 1 到 65 536）组成。

工作表标签是工作表的名称，显示于工作表区的底部，新建工作簿有 3 张空白工作表，系统分别以标签 Sheet1，Sheet2，Sheet3 进行标识，工作表标签可以改名或改变颜色。点击某个工作表标签，就能把该工作表变成活动（当前）工作表，其名称下会出现下划线。

对工作表的管理操作有：复制、移动、隐藏、插入、删除、重命名等。

3. 单元格

单元格是 Excel 工作表中的最小编辑单位，单元格中既可以输入文字、数据、公式，也可以对单元格进行各种格式的设置。

工作表中行、列的交汇位置就是一个单元格，是一个长方形的小格。每一个工作表包含 256×65 536 个单元格。单元格名称用“列行号”进行标识，如点击 F 列和第 6 行相交处的单元格，其标识为“F6”会显示在名称框中，其数据内容会显示在编辑框中。

被选中的单元格称为活动单元格，它的框线为加粗黑框线；仔细观察，粗黑线框不是完整的矩形框，其右下角是一个黑色小方块，称为“填充柄”，鼠标移至此，指针由空心十字变成实心小十字。

4. 单元格区域

单元格区域是一组被选中的单元格，它是用鼠标沿对角线方向进行拖动而选中的一个矩形区域，往往高亮显示（其右下角位也会出现“填充柄”）。Excel 只对活动单元格或当前选中的区域进行有效的编辑操作。

四、Excel 中的鼠标指针

在 Excel 2003 中，鼠标指针在工作表的不同区域呈现不同的形状，具有不同的功能。

① 在菜单栏和工具栏中，指针呈现为常见的斜向选择箭头↖。

② 在工作区，指针变成空心十字✚。

③ 在编辑框中，指针变成 I 型，作为插入点可编辑或输入当前活动单元格的数据。

④ 在行标识（或列标识）中，指针变为水平的箭头➡（或垂直的箭头⬇），单击可以选中一整行（或一整列）。在行和列标识的交叉处，指针变为空心十字✚，单击可以选中整个工作表。

⑤ 在列号间，指针变形为水平向的双向箭头；在行号间，指针变形为垂直向的双向箭头。

⑥ 在对工作表、工作表窗口和其他对象操作时，鼠标指针还会变成其他的形状，具有其特定的功能。

五、Excel 中的数据

1. Excel 的数据

Excel 的数据有常量数据和公式两大类。本案例主要介绍常量数据，公式和函数类数据将在后面的案例三中重点介绍。

在 Excel 中，常量数据被分为数值数据（数字）、文本数据（文字）、逻辑数据（布尔）和错误值数据四种。

(1) 数值数据

数值数据由十进制数 0～9、小数点、正负号（+，-）、百分号（%）、千位分隔符（,）、指数符号（E 或 e）、货币符号（￥，＄）等组合而成。例如，87，38.8，-75%，9.32e3，＄212，￥5，436.88 等都是合法的数值数据。数值数据在单元格中默认为右对齐。

日期与时间也是数值型数据。其中日期数据的年、月、日之间用“/”或“-”连接，如“yyyy-mm-dd”；时间数据的时、分、秒之间用“:”隔开，如“hh:mm:ss”（Excel 的时间是 24 小时制；如果输入时间加空格再输入 AM 或 PM，表示 12 小时制的上午或下午）。在同一单元格中同时输入日期和时间，则用空格分开。

Excel 存储某个日期数据时，其实是存储自 1900 年 1 月 1 日到该日期的所有天数值。例如，1903-2-4 对应的数值为 1 131 天。时间对应的数值是该时间换算成秒数除以全天秒数 86 400，得到的是一个纯小数，如 11:11 对应的数值约等于 0.47。

当数值数据太长单元格无法完整显示时，Excel 会自动用科学计数法显示，仍无法完整显示的则会示以等列宽的多个“#”。

（2）文本数据

文本数据由英文字母、汉字、字符型数字、标点和空格等符号任意组成。文本数据在单元格中默认左对齐。

字符型数字也称数字文本，输入时必须先输入一个半角英文单引号（'）当先导，再输入数字，日常生活中的电话号码、邮政编码、身份证号码、QQ 号码等都属于字符型数字。例如，在当前单元格中输入 ' 510507 时系统会认为输入了字符型数字，并且在单元格的左上角会附加显示一个深绿色小三角，以区别于普通数值数据。

（3）逻辑数据

逻辑数据只有 TRUE 和 FALSE 两个，字母大小写均可。前者代表逻辑“真”值，后者代表逻辑“假”值；在参与算术运算时，分别代表 1 和 0。

（4）错误值数据

错误值数据是由单元格输入或编辑数据错误引起的，系统会自动显示出错信息，以提示用户注意改正。表 4.1.1 列出了常见的错误信息。

表 4.1.1　常见错误信息

错误信息	原因	修正方法
####	数字、日期时间数据长度比单元格宽	增加列宽或改变数字显示格式
#DIV/O!	除数为 0	改变除数，使之不为 0
#N/A	公式或函数中无可用数值	在引用区域中保证有数据可用
#NUM!	公式或函数中的数字有问题	数字不能超出限定区域，参数类型要正确
#NULL!	对不可能相交的区域指定交叉点	引用两个不相交区域使用和并运算符“逗号”
#NAME?	公式中的文本不可识别	确认使用的名称确实存在，且无拼写错误
#REF!	单元格引用无效	更改公式，采用正确引用
#VALUE!	错误参数或类型或无法自动更正公式	参数、运算符、引用单元格数据须正确有效

2. 单元格数据输入

选中单元格使之成为活动单元格，即可直接输入数据；或在编辑框的插入点（活动单元格或编辑框中的闪烁垂直条“|”称为插入点）后输入数据。输入数据时，输入项在编辑框和活动单元格中都会显示。

输入完毕，可以按回车键确认，或单击编辑栏输入“√”按钮，或按【Tab】键确认，或单击其他单元格确认输入内容。

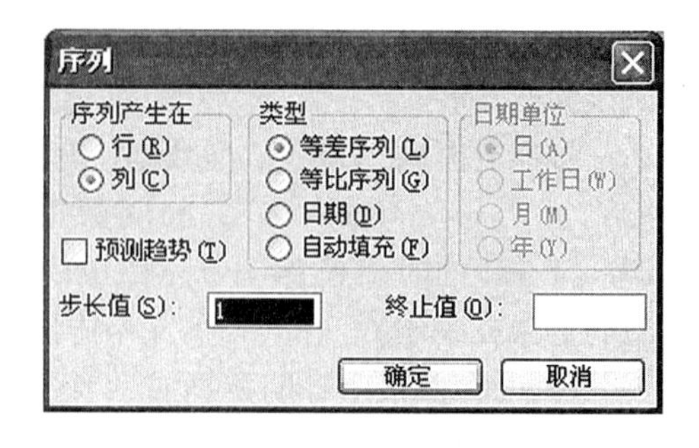

图 4.1.5 “序列”对话框

3. 数据自动填充

Excel 提供的“自动填充”功能，能迅速向表格中的连续单元格填充一个数据序列，如序号、日期、星期、等差、等比序列等。

操作时，先输入序列的起始值，然后选中填充区域，接着选择“编辑”→“填充”→“序列”菜单命令打开“序列”对话框（如图 4.1.5 所示），设置完成后即可创建“等差序列”、“等比序列”、“日期序列”、“自动填充”。

4. 自定义序列

Excel 提供的“自定义序列”，可以帮助用户把自己常用的数据序列（如文字数据）进行定义后，再自动填充使用。

操作方法一：选择“工具”→“选项”菜单命令，在“选项”对话框中打开“自定义序列”选项卡，在中部“输入序列”中输入数据序列，每个数据项结束按回车键（如图 4.1.6 所示），最后单击“确定”按钮。

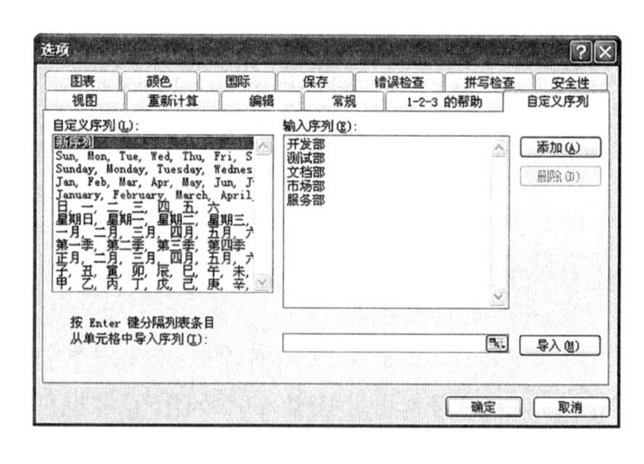

图 4.1.6 “自定义序列”选项卡

操作方法二：选中工作表中数据序列区域，打开如图 4.1.6 所示的对话框，单击“导入”按钮，则刚选中的数据序列会添加进左边的“自定义序列”中。

5. 下拉数据输入的有效性

利用“数据”→“数据有效性”菜单命令进行设置，能使用户在指定的区域中选择输入事先设置好的“下拉数据”序列，还能提供提示信息和出错警告的检验功能。

操作步骤

一、创建新的 Excel 文件

双击桌面 Excel 快捷图标，打开新工作簿“Book1”（如图 4.1.7 所示）。

二、输入数据

如图 4. 1. 8 所示，输入所有数据。数据说明及操作如下。

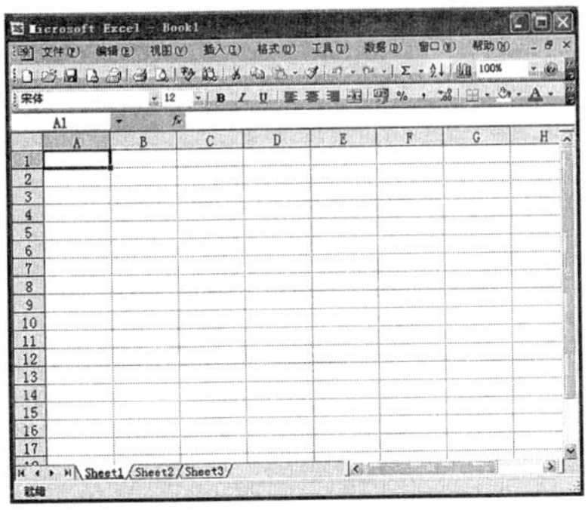

图 4. 1. 7　新工作簿 Book1

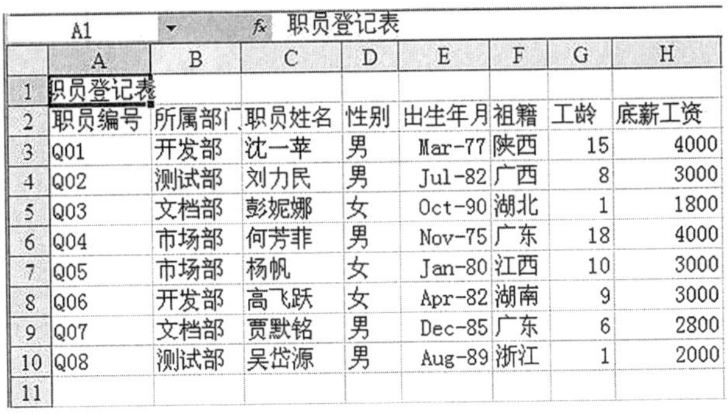

	A	B	C	D	E	F	G	H
1	职员登记表							
2	职员编号	所属部门	职员姓名	性别	出生年月	祖籍	工龄	底薪工资
3	Q01	开发部	沈一苹	男	Mar-77	陕西	15	4000
4	Q02	测试部	刘力民	男	Jul-82	广西	8	3000
5	Q03	文档部	彭妮娜	女	Oct-90	湖北	1	1800
6	Q04	市场部	何芳菲	男	Nov-75	广东	18	4000
7	Q05	市场部	杨帆	女	Jan-80	江西	10	3000
8	Q06	开发部	高飞跃	女	Apr-82	湖南	9	3000
9	Q07	文档部	贾默铭	男	Dec-85	广东	6	2800
10	Q08	测试部	吴岱源	男	Aug-89	浙江	1	2000
11								

图 4. 1. 8　“现有职员”工作表的数据

1. 输入文本数据

第 1 行 A1 单元格内容是标题数据，文本型；第 2 行 A2：H2 区域称为表头行（或称字段说明行，对每列实际数据进行意义说明），文本型；从第 3 行开始，第 A 列、B 列、C 列、D 列、F 列也是文本型数据，默认左对齐。

2. 自动填充数据

在活动单元格 A3 输入 Q01，点击 A3 右下角的“填充柄”垂直拖动至 A10 单元格，能得到数据自动填充后的效果（其中文本部分保持 Q 字母，数字部分从 01 开始以等差数列加 1 方式填充）。

3. 输入数值数据

从第 3 行开始，H 列数据为“底薪工资”，数值型数据，默认右对齐。

4. 输入日期数据

从第 3 行开始，E 列数据为“出生年月”，日期型数据，默认右对齐。

5. 设置下拉列表数据

由于 D 列是“性别”，为了防止输入数据错误，选中 D 列：

① 执行“数据”→“有效性”菜单命令，在“数据有效性”对话框中选择“设置”选项卡，在“允许”下拉列表中选择“序列”，在“来源”中输入男，女（男女间的逗号必须是半角英文字符）（如图 4. 1. 9 所示）。

② 选择“出错警告”选项卡（如图 4. 1. 10 所示），勾选“输入无效数据时显示出错警告”，在“标题”下的文本框中输入“错误性别”，在“错误信息”下的文本框中输入“请重新输入性别”，最后单击“确定”按钮。

③ 在 D10 单元格中输入错误性别后（如图 4. 1. 11 所示），将出现错误提示信息，点击“重试”按钮，可以重新在 D10 中输入正确的数据。

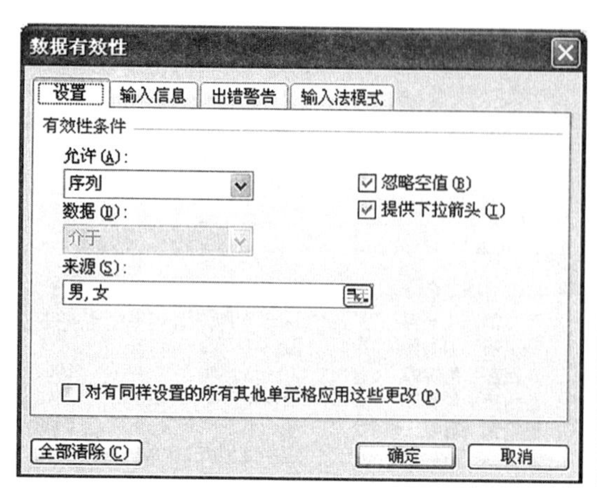

图 4.1.9 “设置”选项卡

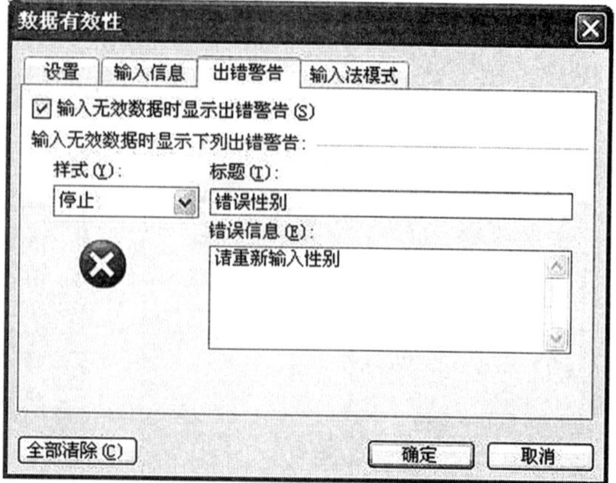

图 4.1.10 “出错警告”选项卡

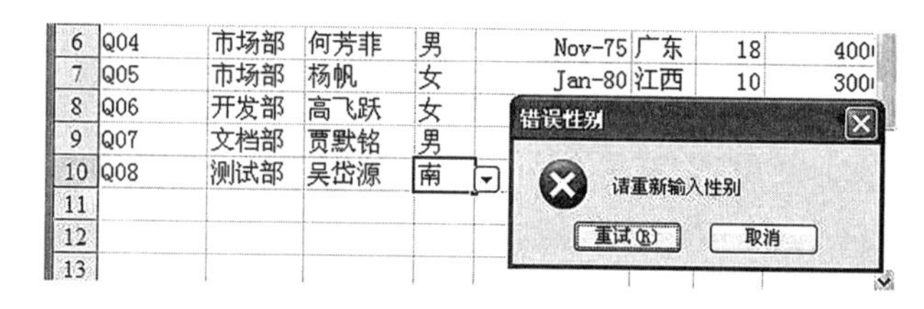

图 4.1.11 输入错误数据时的出错警告提示

三、工作表重命名

1. 工作表重命名

双击当前工作表标签 Sheet1，改名为“现有职员”。

2. 改变工作表标签颜色

右击“现有职员”工作表标签，在快捷菜单中选择“工作表标签颜色”（如图 4.1.12 左图所示），在打开的对话框中选择一个颜色，“确定”后点击其他工作表，可见“现有职员”工作表标签颜色已经改变（如图 4.1.12 右图所示）。

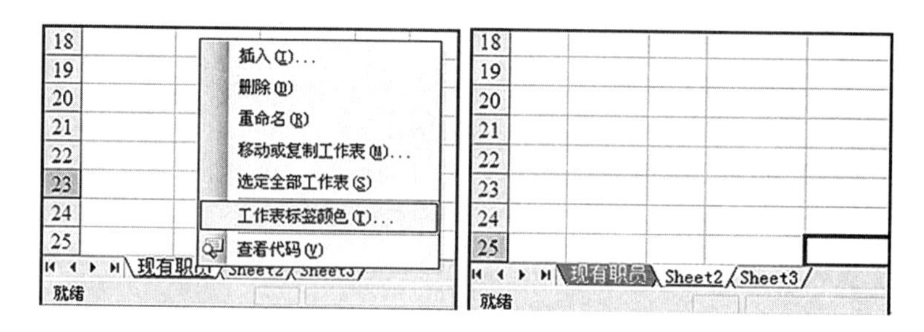

图 4.1.12 工作表标签颜色的添加

四、保存工作簿文件

前面的数据输入完成后，如果是第一次保存文件或需要另存文件，可以选择“文件”→“另存为”菜单命令（如图4.1.13所示），打开“另存为”对话框，输入“文件名”，设置“保存位置”和“保存类型”（这里一定要选“Microsoft Office Excel 工作簿”文件类型），最后单击“保存”按钮。

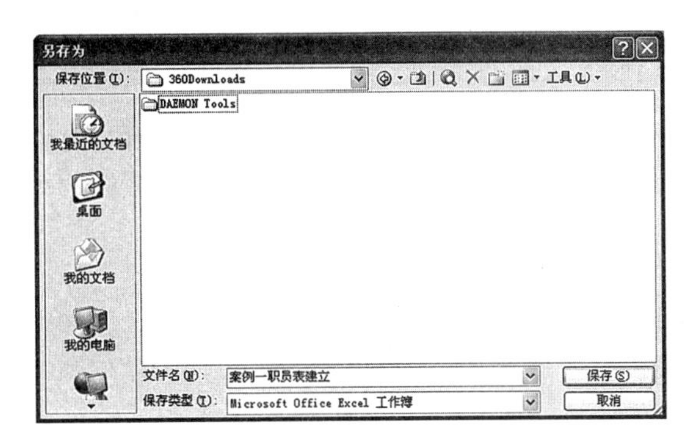

图4.1.13　工作簿文件的“另存为”对话框

五、退出 Excel 工作窗口

选择“文件”→“退出”菜单命令，或者点击Excel窗口标题栏最右侧的“关闭”按钮，均可退出Microsoft Excel应用程序。

技能拓展

一、工作簿操作

1. 工作簿打开

打开工作簿文件有如下几种方法：

方法一：在Excel窗口中点击常用工具栏的“打开”按钮。

方法二：选择“文件”→“打开”菜单命令。这两种方法都会弹出“打开”对话框（如图4.1.14所示），正确选择工作簿文件的位置、文件类型后，选中对象文件，单击“打开”按钮。

方法三：找到该文件在计算机的位置，直接双击该文件也能打开文件。

2. 工作簿文档另存为其他文档

执行“文件”→“另存为”菜单命令，如果点击“文件类型”下拉列表框，可以保存为如图4.1.15所示的其他类型的文件，如“网页”、“XML”、“模板”文件等。

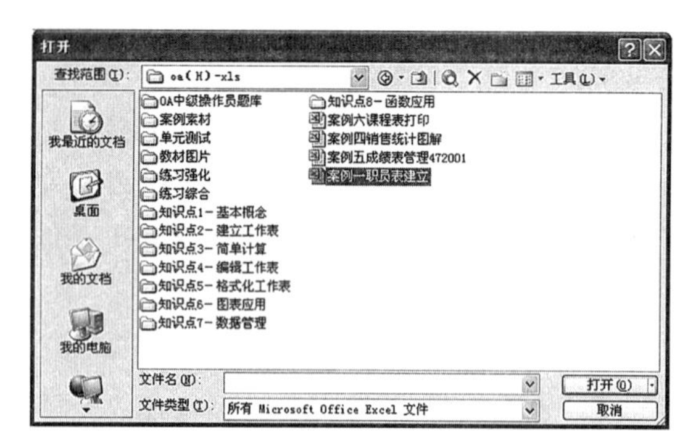

图 4.1.14 工作簿文件“打开”对话框

图 4.1.15 工作簿文档“另存为”其他类型文档

二、工作表操作

前面介绍了“重命名工作表”、添加“工作表标签颜色”的操作，其他工作表操作如下。

1. 插入工作表

由于新建工作簿文件只有默认的三张工作表，想要添加新工作表时，可用以下方法：

方法一：选择“插入”→“工作表”菜单命令，即可在当前选中的工作表之前插入一个新工作表（工作表临时标签由系统定义）。

方法二：右击工作表标签，在快捷菜单中选“插入”命令，打开“插入”对话框，选择“常用”选项卡中的“工作表”后单击“确定”按钮（如图 4.1.16 所示）。

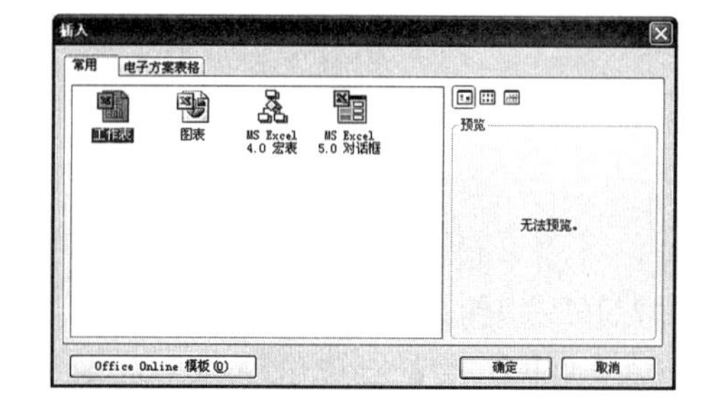

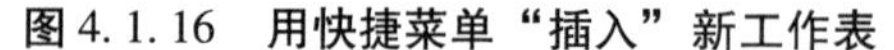
图 4.1.16 用快捷菜单“插入”新工作表

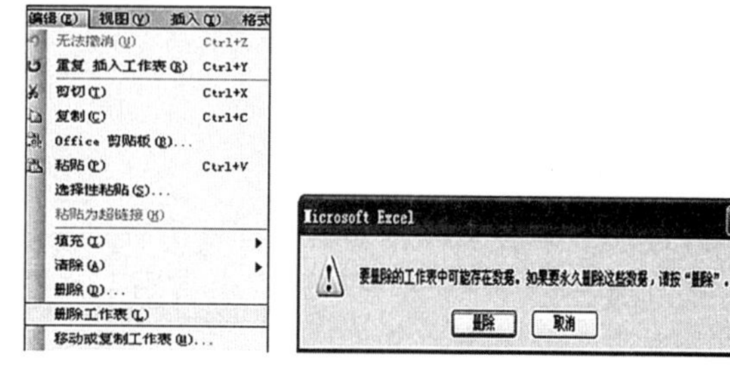

图 4.1.17 工作表“删除”操作

2. 删除工作表

选中要删除的工作表标签，执行“编辑”→“删除工作表”菜单命令（如图 4.1.17 左图所示）；或右击工作表标签，选择快捷菜单中的“删除”命令，空白工作表没有提示即被删除；有数据的工作表则有系统提示（如图 4.1.17 右图所示），选择“删除”即可。

3. 移动工作表

方法一：选中要移动的工作表，右击其工作表标签，选择快捷菜单中的“移动或复制工作表”命令（如图 4. 1. 18 左图所示），打开“移动或复制工作表”对话框，在其中“下列选定工作表之前”的列表框中选择移动位置，单击“确定”即可（如图 4. 1. 18 右图所示）。

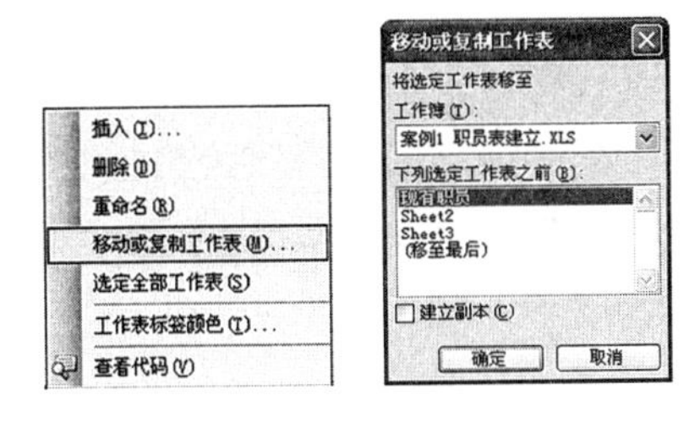

图 4. 1. 18　工作表“移动或复制”操作

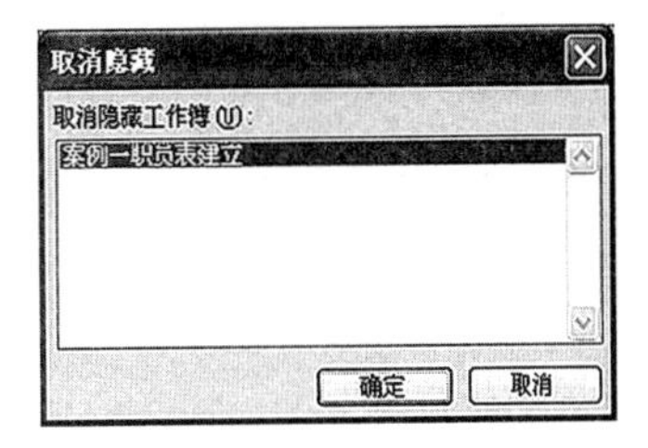

图 4. 1. 19　工作表的“隐藏”及“取消隐藏”

方法二：选中工作表标签，直接拖动鼠标至需要的位置放手（此时鼠标变形为箭头和纸张的组合，同时有个小黑三角标记会随鼠标移动）。

4. 复制工作表

方法一：选中要复制的工作表，右击其工作表标签，选择快捷菜单中的“移动或复制工作表”命令（如图 4. 1. 18 左图所示），打开“移动或复制工作表”对话框，在其中“下列选定工作表之前”的列表框中选择复制位置，同时勾选“建立副本”，（如图 4. 1. 18 右图所示），单击“确定”按钮。

方法二：选中工作表标签，按【Ctrl】键的同时拖动鼠标至需要位置放手（此时鼠标变形为箭头与带“+”号的纸张的组合，同时有个小黑三角标记会随鼠标移动）。

5. 隐藏工作表

选择“窗口”→“隐藏”菜单命令，就能将当前工作簿中的所有工作表隐藏起来（如图 4. 1. 19 左图所示）。

选择“窗口”→“取消隐藏”菜单命令，打开“取消隐藏”对话框，选中被隐藏的工作表，单击“确定”按钮后即可恢复显示（如图 4. 1. 19 右图所示）。

6. 工作表窗口冻结

当工作表中数据记录很多，一屏无法完整显示时，拖动滚动条能显示下一屏（或右一屏），但这样做当前工作表的标题行或表头字段说明行（或左端有说明意义的列）也无法看到了。

选中想保留的最后一行的下一行（或最后一列的右一列），如第 3 行，选择“窗口”→“冻结窗口”菜单命令（如图 4. 1. 20 所示），设置完成后，滚动条无论怎样滚动，都能保持前 2 行的显示（如图 4. 1. 21 所示）。

取消窗口冻结的菜单命令是“窗口”→“取消冻结窗口”。

7. 工作表窗口拆分

当工作表中数据很多，而我们希望同时显示最开始以及最末尾若干条记录（或最左以及最右若干列）时，可以选中拆分位置如第 1 行（或某列号），选择“窗口”→“拆分”菜单命令，这样当前工作表窗口会拆分为上下两部分（或左右两部分），分别用滚动条显示出希望的数据（如图 4. 1. 22 所示）。

取消拆分的菜单命令是“窗口”→“取消拆分”。

❖**提示：** 拆分的每一部分都能用滚动条完整地显示所有数据。

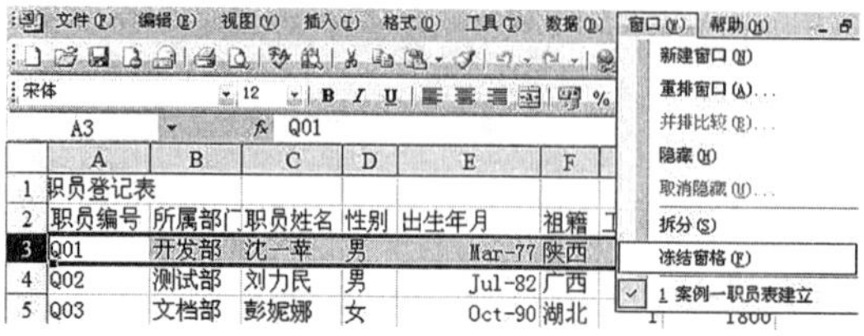

图 4. 1. 20　工作表“冻结窗口”

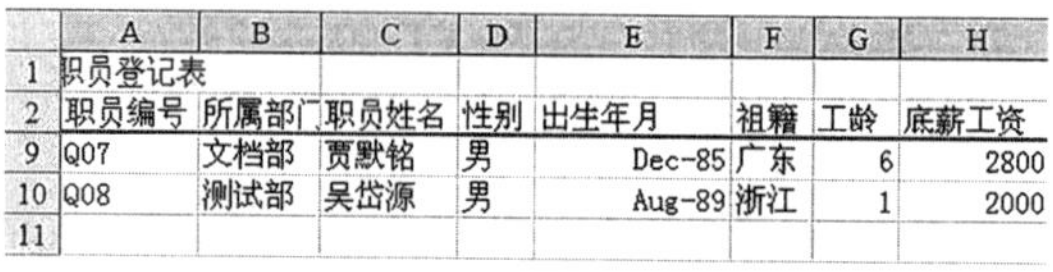

	A	B	C	D	E	F	G	H
1	职员登记表							
2	职员编号	所属部门	职员姓名	性别	出生年月	祖籍	工龄	底薪工资
9	Q07	文档部	贾默铭	男	Dec-85	广东	6	2800
10	Q08	测试部	吴岱源	男	Aug-89	浙江	1	2000
11								

图 4. 1. 21　工作表窗口冻结后效果

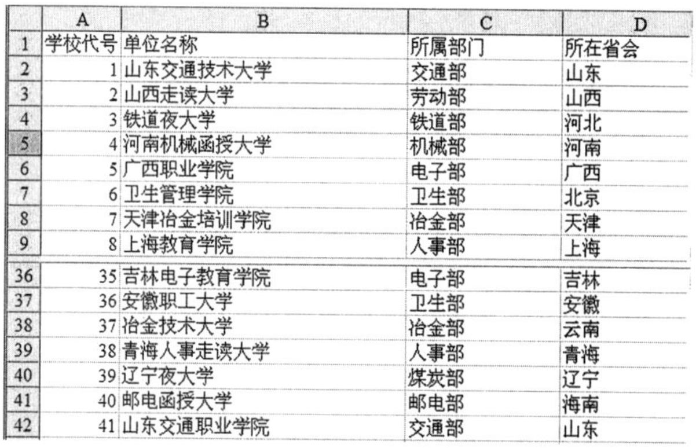

	A	B	C	D
1	学校代号	单位名称	所属部门	所在省会
2	1	山东交通技术大学	交通部	山东
3	2	山西走读大学	劳动部	山西
4	3	铁道夜大学	铁道部	河北
5	4	河南机械函授大学	机械部	河南
6	5	广西职业学院	电子部	广西
7	6	卫生管理学院	卫生部	北京
8	7	天津冶金培训学院	冶金部	天津
9	8	上海教育学院	人事部	上海
36	35	吉林电子教育学院	电子部	吉林
37	36	安徽职工大学	卫生部	安徽
38	37	冶金技术大学	冶金部	云南
39	38	青海人事走读大学	人事部	青海
40	39	辽宁夜大学	煤炭部	辽宁
41	40	邮电函授大学	邮电部	海南
42	41	山东交通职业学院	交通部	山东

图 4. 1. 22　工作表拆分效果

三、数据填充

1. 填充相同的数据

选中含有文本或数值的单元格，拖动其填充柄时，能在连续区域内（同行或同列）填充相同的数据，相当于数据的复制。

2. 填充等差数字序列

方法一：在相邻两个单元格分别输入数值（具有不为 0 的差值），选中这两个单元格，并按其排列方向拖动填充柄，放开鼠标时，能得到同行（或同列）差值固定的若干个等差数据序列。

方法二：在活动单元格输入数值，再次选中该单元格，选择“编辑”→“填充”→“序列”菜单命令，打开“序列”对话框（如图 4. 1. 23 左图所示），选择“序列产生在”行或列、类型选择“等差序列”、“步长值”（即固定差值）及“终止值”均设定好（如图 4. 1. 23 右图所示），单击“确定”按钮后将产生到终值的等差序列。

❖**提示：** 等差序列显示的终值比设定值小，说明终值不属于当前等差数字序列。

方法三：在活动单元格输入数值，选中包括该单元格的连续单元（同行或同列），打开“序列”对话框，进行类似方法二的设置，单击“确定”按钮后将产生区域内能

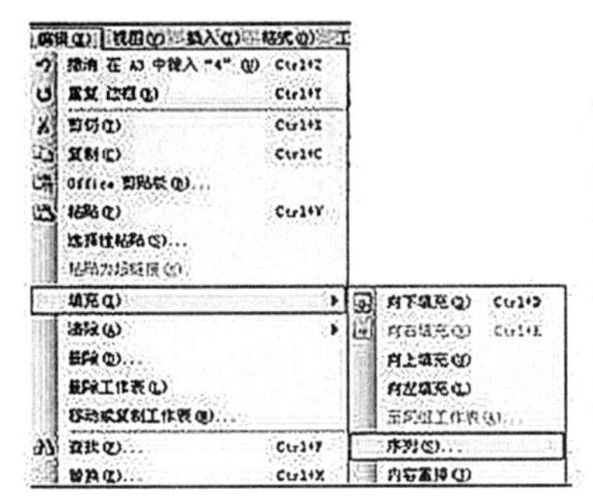
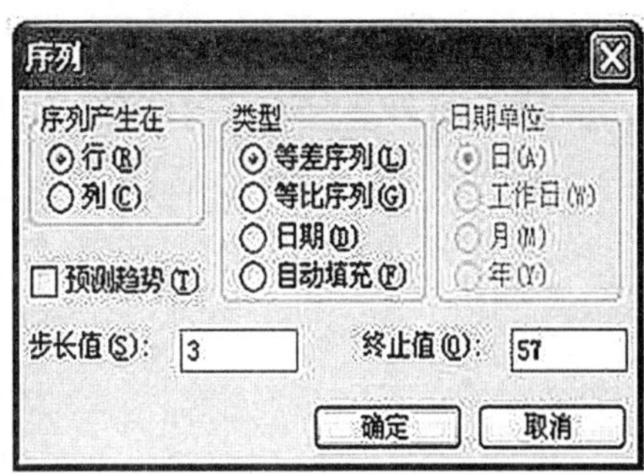

图 4.1.23　等差数据“序列”设置操作

容纳的等差序列。

3. 填充日期、星期、文本数字组合等序列

文本数字组合序列：与文本在数字的前后位置无关，只要输入第一个数据，拖动填充柄，就能得到相应的组合序列，其中文本部分保持不变，数字部分自动加 1。

星期序列：输入第一个星期标记后（一定要用中文的一、二、三），拖动填充柄，就能得到后续的星期标记并像正常星期那样循环填充。

日期序列：输入一个日期后，拖动填充柄能得到实际的后续日期。如果打开“序列”对话框，在类型中选择日期，还可以在“日期单位”中进一步选择年、月、日、工作日及不同步长值等。

4. 填充等比数字序列

等比数字序列与等差数字序列不同，后者相邻的两个数字的差值是固定的；而等比数字序列也有步长值的设置，但它代表固定的乘数。具体操作是：先输入初始值，再打开“序列”对话框，选择“类型”为等比序列，设定步长值及终止值，最后单击“确定”按钮可完成填充。

等比数字序列的实际终止值和等差数字序列的类似。

5. 自定义序列填充

选择“工具”→“选项”菜单命令，打开“自定义序列”选项卡，定义好自定义序列后，就可以填充自定义序列了。方法是：输入自定义序列中的一个数据，再拖动填充柄进行填充，沿鼠标移动方向（行或列）会按顺序填充循环的自定义序列。例如，自定义序列为：开发部、测试部、文档部、市场部、服务部。

以上各种数据填充的实例如图 4.1.24 所示。

6. 下拉数据输入及数据有效性设置

选定需要添加数据有效性的区域，接着选择“数据”→“数据有效性”菜单命令，能设置有效性条件、输入信息提示、出错警告提示等。

在“设置”选项卡中，“有效性条件”下的“允许”有“任何值”、“整数”、“小数”、“序列”、“日期”、“时间”、“文本长度”、“自定义”等，其中，选用“整数”时还要选择数据的范围（如图 4.1.25 所示），选用“序列”时可在“来源”中直接输入文本序列（用半角英文的逗号隔开），也可选择工作表中已有的文本序列区域。

	A	B	C	D	E	F	G	H	I	J	K	L	M	N	O
1	填充相同文本数据	填充相同数值数据	等差序列，步长3	等差序列，设步长3终值56	等差序列，选定区域设步长4终值44	文本数字组合	数字文本组合	星期序列	日期序列，日期单位为日，步长2	日期序列，日期单位为月，步长2	日期序列，日期单位为年，步长2	日期序列，日期单位为工作日，步长2	等比序列，设步长3终值444	等比序列，选定区域设步长2终值6666	自定义序列填充
2	男女平等	89	4	22	13	QQ0809	24XYZ	星期四	1993-1-18	1993-1-19	1993-1-20	1993-3-21	4	3	文档部
3	男女平等	89	7	25	17	QQ0810	25XYZ	星期五	1993-1-20	1993-3-19	1995-1-20	1993-3-23	12	6	市场部
4	男女平等	89	10	28	21	QQ0811	26XYZ	星期六	1993-1-22	1993-5-19	1997-1-20	1993-3-25	36	12	服务部
5	男女平等	89	13	31	25	QQ0812	27XYZ	星期日	1993-1-24	1993-7-19	1999-1-20	1993-3-29	108	24	开发部
6	男女平等	89	16	34	29	QQ0813	28XYZ	星期一	1993-1-26	1993-9-19	2001-1-20	1993-3-31	324	48	测试部
7	男女平等	89	19	37	33	QQ0814	29XYZ	星期二	1993-1-28	1993-11-19	2003-1-20	1993-4-2		96	文档部
8	男女平等	89	22	40	37	QQ0815	30XYZ	星期三	1993-1-30	1994-1-19	2005-1-20	1993-4-6		192	市场部
9	男女平等	89	25	43	41	QQ0816	31XYZ	星期四	1993-2-1	1994-3-19	2007-1-20	1993-4-8		384	服务部
10	男女平等	89	28	46	45	QQ0817	32XYZ	星期五	1993-2-3	1994-5-19	2009-1-20	1993-4-12		768	开发部
11	男女平等	89	31	49	49	QQ0818	33XYZ	星期六	1993-2-5	1994-7-19	2011-1-20	1993-4-14		1536	测试部
12				52											
13				55											

图 4.1.24 数据填充实例效果

在“输入信息”选项卡中，对“标题”及“输入信息”分别输入文字后，当鼠标选中当前选定区域中任意单元格时即能显示出这些提示信息（如图 4.1.26 所示）。

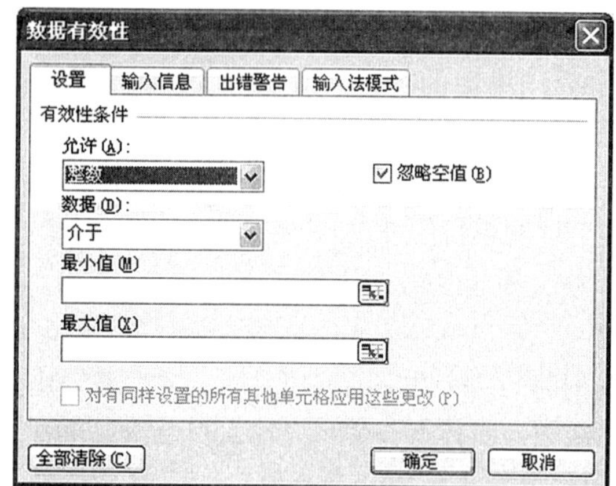

图 4.1.25 对“有效性条件”设置整数范围

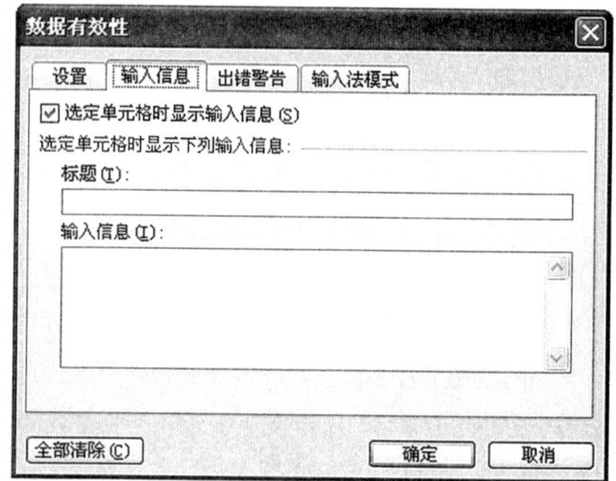

图 4.1.26 “输入信息”选项卡

“出错警告”选项卡在前面案例中已作介绍，此处不再赘述。

全部设置完成后，在选定区域点击任意单元格都能在其右侧显示下拉列表按钮，可在设置好的数据序列中选择“下拉数据”进行输入（如图 4.1.27 所示），当然也可以直接输入数据。

如果需要取消数据有效性的设置，先选中设置了数据有效性的区域，打开“数据有效性”对话框后，点击左下角“全部清除”命令按钮，单击“确定”按钮即可。

7. 导入外部数据

Excel 2003 有多种途径从外部获取多种格式的数据。例如，Office 数据库连接、Access 数据库、Microsoft 数据连接、ODBC 数据源、Dbase 文件、XML 文件等，还可以通过 Web 查询和数据库查询及导入 XML 文件、XML 源等数据。

	A	B	C	D	E	F	G	H
1	职员登记表							
2	职员编号	所属部门	职员姓名	性别	出生年月	祖籍	工龄	底薪工资
3	Q01	开发部	沈一苹	男	Mar-77	陕西	15	4000
4	Q02	测试部	刘力民	男	Jul-82	广西	8	3000
5	Q03	文档部	彭妮娜	女	Oct-90	湖北	1	1800
6	Q04	市场部	何芳菲	男	Nov-75	广东	18	4000
7	Q05	市场部	杨帆	女	Jan-80	江西	10	3000
8	Q06	开发部	高飞跃	女	Apr-82	湖南	9	3000
9	Q07	文档部	贾默铭	男	Dec-85	广东	6	2800
10	Q08	测试部	吴岱源	男 / 女	Aug-89	浙江	1	2000
11								

图 4.1.27　下拉数据输入及数据有效性设置效果图

案例二　数据表编辑美化

案例说明

青茂乡去年的农作物产量又提高了，全乡各农场的人均收入也略有上升。为了和以往数据进行比较，乡长需要把各种数据以表格方式公开，方便大家查看和监督。

刚毕业回乡的会计小何接到任务后，立即收集所有数据，制作出电子表格并对其进行了格式美化。

知识准备

一、选取编辑范围

要对工作表的数据进行各种编辑、美化等操作，首先要学会选取不同的对象。表 4.2.1 列出了不同选取对象及其操作。

表 4.2.1　Excel 中不同选取对象及其操作

选取对象	鼠标操作	键盘操作
单个单元格	单击对象单元格	移动【→】、【←】、【↑】、【↓】方向光标键到对象单元格
连续区域（矩形块）	选中左上角单元格，沿对角线拖动鼠标至区域右下角单元格	选中左上角单元格，按【Shift】键再单击区域右下角单元格
连续大范围区域	选中左上角单元格，按着【F8】功能键不放，再单击右下角单元格	
非连续区域	选好一个区域后，按【Ctrl】键再选取其他区域	
单行或单列	单击相应的行号或列号	

续上表

选取对象	鼠标操作	键盘操作
相邻多行或多列	点击某行号后向下拖动鼠标 或点击某列号后向右拖动鼠标	
不相邻行或列	按【Ctrl】键分别选取不同的行或列	
整个工作表	单击工作表行号、列号交叉处的“全选”按钮（行号1之上列标A之左）	按【Ctrl】+【A】键
取消选取	点击任意单元格	按【→】、【←】、【↑】、【↓】光标键

二、编辑单元格

编辑单元格的操作有：修改内容、插入、删除、清除、隐藏、合并、复制、移动、查找、替换、插入批注等。

1. 修改单元格内容

选取单元格，单击编辑框或双击该单元格，或按【F2】功能键，进行修改或重新输入单元格内容。

2. 插入

“插入”的对象可以是单元格、区域、整行、整列。

① 插入单元格（区域）：选中要插入单元格（区域）的位置，选择“插入”→“单元格”菜单命令（或右击单元格，在快捷菜单中选取“插入”命令），打开“插入”对话框，根据实际情况选择前两个之一，然后单击“确定”按钮。如图4.2.1左图所示。

图4.2.1 **“插入单元格”对话框（左）、“删除单元格”对话框（右）**

② 插入行：方法一是选中行号，单击“插入”→“行”菜单命令；方法二是右击行号，在快捷菜单中点击“插入”命令；方法三是选中行中任意单元格，打开“插入”对话框（如图4.2.1左图所示），选择“整行”，都可以在原行之上插入空行。

❖**提示**：如果选中的是多行，会“插入”同样数目的空行。

③ 插入列：方法一是选中列号，单击“插入”→“列”菜单命令；方法二是右击列号，在快捷菜单中点击“插入”命令；方法三是选中列中任意单元格，打开“插入”对话框，（如图4.2.1左图所示），选择“整列”，都可以在原列之左插入空列。

❖**提示**：如果选中的是多列，会“插入”同样数目的空列。

3. 删除

“删除”的对象可以是单元格、区域、整行、整列。

① 删除单元格：单击要删除的单元格，选择“编辑”→“删除”菜单命令（或右击单元格，在快捷菜单中选取“删除”命令），打开“删除”对话框，根据实际情况选择前两个之一，然后单击“确定”按钮（如图 4.2.1 右图所示）。

② 删除行：方法一是选中行号，单击“编辑”→“删除”菜单命令；方法二是右击行号，在快捷菜单中点击“删除”命令；方法三是选中行中任意单元格，打开“删除”对话框（如图 4.2.1 右图所示），选择“整行”，都可以删除所选行，原行以下的数据立即上移补充，不留空行。

③ 删除列：方法一是选中列号，单击“编辑”→“删除”菜单命令；方法二是右击列号，在快捷菜单中点击“删除”命令；方法三是选中列中任意单元格，打开“删除”对话框（如图 4.2.1 右图所示），选择“整列”，都可以删除所选列，原列以右的数据立即左移补充，不留空列。

4. 清除单元格（区域）

选中对象，点击“编辑”→“清除”菜单命令，还有 4 个子命令可选。“全部”是把选中对象的内容及格式全部清除掉；“内容”是把所选对象的数据内容清除干净（此操作按快捷键【Delete】可以达到同样目的）；“格式”只是清除对象的格式而会保留数据本身；“批注”是把对象的批注清除掉。

❖**提示**：“清除”内容和“删除”是不一样的，前者只是把对象中的数据“擦干净”，留出空单元格（区域），其他单元格（区域）不移动；后者去除数据时还会根据用户的选择移动其他单元格，不会留出空的单元格（区域）。

5. 隐藏行（或列）

选择“格式”→“行”→“隐藏”菜单命令可以隐藏工作表中的选定行，也可以使用鼠标把选定行行号的底端边框线拖拉到顶端边框线的上方。选中被隐藏的行的上下两行，再选择“格式”→“行”→“取消隐藏”菜单命令可以显示隐藏的行。隐藏列的操作与行类似。

6. 行（或列）交换

① 行交换：选中若干行如 13 ~ 15，鼠标指向所选行区域边上并变形为四向箭头形状，此时按着【Shift】键不放，同时沿上下方向拖动鼠标至需要交换行的第 1 个单元格如第 7 行（可见一条横虚线会随着鼠标上下移动至第 7 行与第 8 行之间，行标记区域也提示即将交换到 8：10）放手，可见原 13：15 行数据被整体交换到 8：10 行，原 8 行以下的数据下移到 11 行以下。

② 列交换：选中若干列如 F：G，鼠标指向所选列区域边上并变形为四向箭头形状，此时按着【Shift】键不放，同时沿左右方向拖动鼠标至需要交换列的第一个单元格如第 B 列（可见一条竖虚线会随着鼠标左右移动至 B 列与 C 列之间，列标记区域也提示即将交换到 C：D）放手，可见原 F：G 列数据被整体交换到 C：D 列，原 C 列以右的数据右移到 E 列以右。

❖**提示：**如果行（或列）交换中有合并单元格区域，该项操作无法进行。

7. 复制（或移动）单元格（区域）

第一步选择操作为复制（或移动）：方法一是选中对象，单击常用工具栏上“复制”按钮（或“移动”按钮）；方法二是单击“编辑”→“复制”（或“编辑”→“剪切”）菜单命令；方法三是右击对象在快捷菜单中选择“复制”（“剪切”）命令。

第二步点击目标单元格，单击常用工具栏上“粘贴”按钮（或单击“编辑”→“粘贴”菜单命令，或右击目标单元格在快捷菜单中选择“粘贴”命令）。

❖**提示：**如果目标单元格区域已经有数据，粘贴时系统会提示“是否替换目标”，按自己的需求进行设置即可。

8. 合并单元格

选中要合并的单元格区域，单击格式工具栏上的“合并及居中”按钮；或单击“格式”→“单元格”菜单命令，打开“单元格格式”对话框的“对齐”选项卡，在“文本控制”中勾选“合并单元格”（如图 4.2.2 所示），最后单击“确定”按钮，则所选区域合并成一个单元格，名称为左上角单元格的列行号。

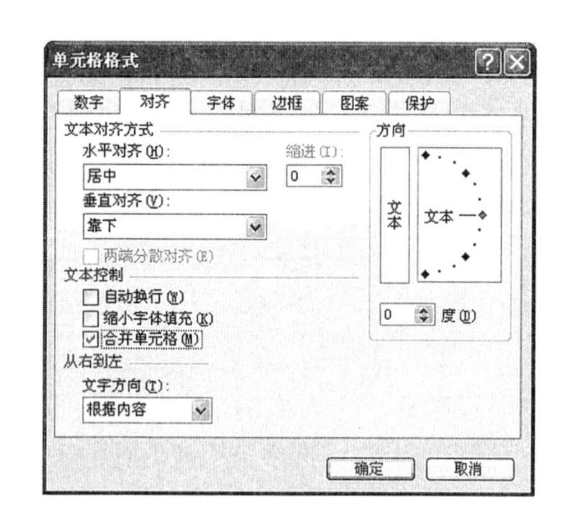

图 4.2.2 **“合并单元格”在对话框中的设置**

图 4.2.3 **“查找和替换”中的“替换”选项卡**

❖**提示：**如果合并区域中多个单元格均有数据，合并后也只能保留左上角单元格的数据内容。取消合并，需要打开“单元格格式”对话框的“对齐”选项卡，取消“合并单元格”前面的勾选。

9. 查找和替换数据

单击“编辑”→“查找”或“编辑”→“替换”菜单命令，都能打开“查找和替换”对话框，其中有“查找”和“替换”两个选项卡。在“替换”选项卡中要把“查找内容”及“替换为”的数据内容都输进去，单击“选项”按钮可以做更多的选择。在“查找”选项卡中只要把“查找内容”的数据输进去，最后确定“查找”或“替换”方式，就能在工作表中进行查找或替换数据（如图 4.2.3 所示）。

10. 插入批注

选中单元格，单击“插入”→“批注”菜单命令（或右击对象在快捷菜单中选择“插入批注”命令），会出现“批注”文本框，在其中输入说明文字后点击其他单元格，该单元格右上角出现红色小三角表示这里有批注。始终显示“批注”的命令是“视图”→“批注”；取消某单元格批注时直接右击对象，在快捷菜单中选择“删除批注”命令。

三、修饰工作表

1. 设定单元格格式

选中单元格区域，单击“格式”→“单元格”菜单命令，打开“单元格格式”对话框，可作如下设置（格式工具栏中也有相应的工具按钮可供操作）：

① 数字格式：“数字”选项卡中可以设置“数值”、“货币”、“日期”等类别，然后在右侧分别进行相应的格式设置。对应的格式工具栏上的工具有 % , .00 .00。

② 对齐方式：“对齐”选项卡可以设置文本的对齐方式（水平对齐、垂直对齐）、对文本进行控制（自动换行、缩小字体填充、合并单元格）和设置文字的“方向”等。对应的格式工具栏上的工具有。

③ 字体格式：“字体”选项卡可以设置“字体”、“字型”、“字号”、“颜色”、“下划线”、“特殊效果”等。对应的格式工具栏上的工具有 宋体 12 B I U A。

④ 边框格式：“边框”选项卡可以选择“线条”和“颜色”，然后设置“边框”。对应的格式工具栏上的工具为。

⑤ 背景颜色：“图案”选项卡可以选择单一颜色作背景颜色，也可在“图案”中选择图案样式及其颜色。对应的格式工具栏上的工具为。

2. 设置行高和列宽

方法一是先选定单行（或多行），单击“格式”→“行”→“行高”菜单命令，在“行高”对话框中输入精确行高值；方法二是直接在行号交界处拖动鼠标调整行高。

列宽的设置与行高类似。

3. 自动套用格式

选择要套用格式的单元格区域，单击“格式”→“自动套用格式”菜单命令，打开“自动套用格式”对话框，从所列样式中选择一种即可。

4. 条件格式

选择单元格区域，单击“格式”→“条件格式”菜单命令，打开“条件格式”对话框，设置条件及格式，单击“确定”按钮后区域中符合条件的数据都会套用所设定的格式。

5. 复制格式

选定作为样板的单元格（源单元格），单击格式工具栏中的“格式刷”按钮，鼠标变形为带格式刷的指针，点击目标单元格或拖选目标区域即能复制源单元格格式。

操作步骤

打开“青茂乡数据.xls”工作簿文件，可见其中有两个工作表“青茂乡农作物亩产量”和“青茂乡各行业户均月收入”。

一、为“青茂乡农作物亩产量”工作表设定单元格格式

1. 设置标题、副标题格式

打开“青茂乡农作物亩产量”工作表，选中 A1：G1 区域，设标题合并且居中，文字格式为隶书、24 号字、加粗、字色红色、黄色底纹；选中 A2：G2 区域，设副标题合并且右对齐，文字格式为楷体、10 号字、加粗。可直接利用格式工具栏上相应的工具进行设置。

2. 设置字段名行（表头行）格式

选中 A3：G3 区域，设字段名行数据居中，文字格式为黑体、16 号字、字色白色、绿色底纹。

3. 设置记录行文本数据格式

选中 A4：A15 区域，设各农场名称的数据居中，文字格式为宋体、玫瑰红色底纹（如图 4. 2. 4 所示）。

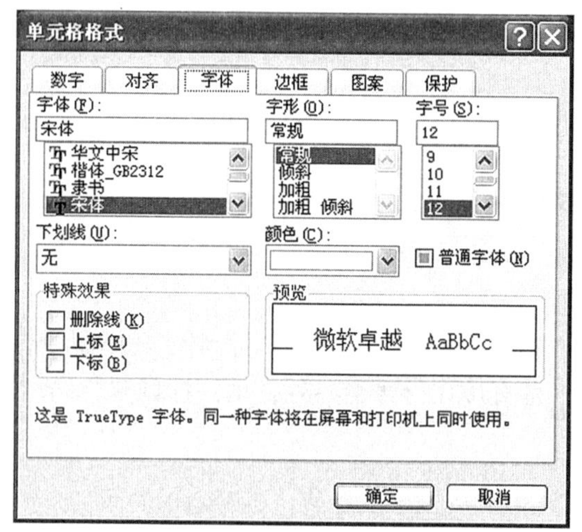

图 4. 2. 4 **“字体”选项卡**

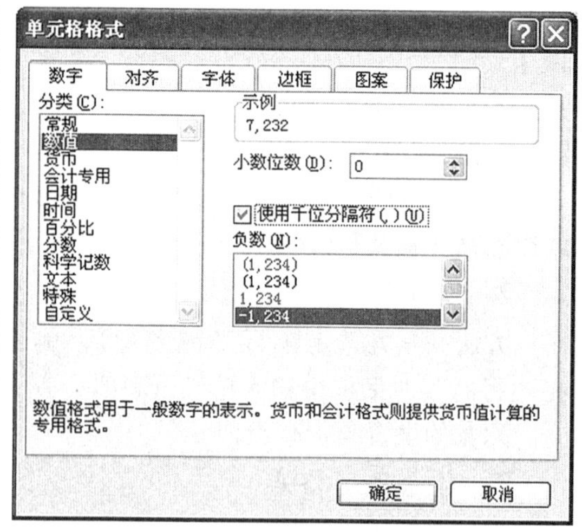

图 4. 2. 5 **“数字”选项卡**

4. 设置记录行数值数据格式

选中 B4：G15 区域，打开“格式”→“单元格格式”对话框中的“数字”选项卡，设各种农作物亩产量数据用“数值”类别，无小数，使用千位分隔符，如图 4. 2. 5 所示。加浅青绿色底纹。

5. 设置边框

选中 A3：G15 区域，打开“单元格格式”对话框的“边框”选项卡，选择“线条样式”为粗实线（右列第 6 项）、颜色为紫罗兰，点击“预置”为“外边框”，最后单击“确定”按钮，如图 4. 2. 6 所示；选中 B4：G15 区域，在“边框”选项卡中，选择“线条样式”为短横虚线（左列第 6 项）、颜色为蓝色，点击“预置”为“内部”，最后单击“确定”按钮。

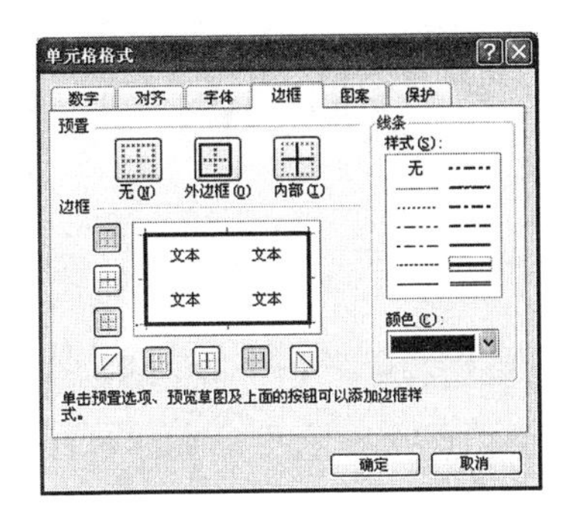

图 4.2.6　“边框”的设置

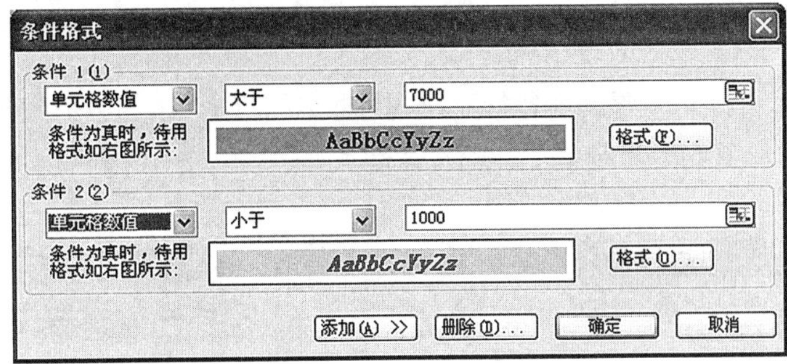

图 4.2.7　“条件格式”的设置

6. 设置条件格式

选中 B4：G15 区域，单击“格式”→“条件格式”菜单命令，打开“条件格式”对话框，在“条件 1”中选择“单元格数值”，条件为“大于 7000”，格式设置为深绿色字体颜色、加粗、淡紫色底纹；单击“添加”按钮，在“条件 2”中选择“单元格数值”，条件为“小于 1000”，格式设置为红色字体颜色、加粗倾斜、鲜绿色底纹。最后单击“确定”按钮（如图 4.2.7 所示）。

❖**提示：**条件格式最多可添加 3 个条件。

7. 设置行高和列宽

选中 A3：G15 区域，打开“格式”→“行”→“行高”菜单命令（如图 4.2.8 左图所示），在“行高”对话框中设置行高为 18（如图 4.2.8 右图所示），最后单击“确定”按钮；类似地，设置 A 列列宽为 15，其他数值区域列宽为“最适合列宽”。全部完成后得到如图 4.2.9 所示的最终效果图。

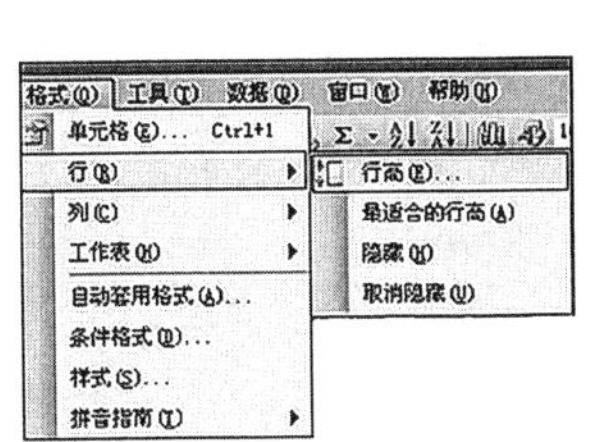

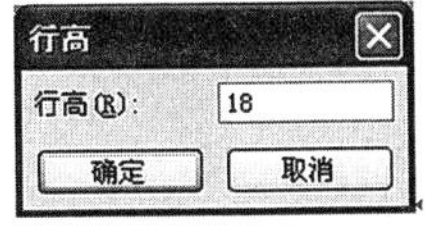

图 4.2.8　“行高”菜单命令及“行高”设置

	A	B	C	D	E	F	G
1	青茂乡各农场主要作物亩产量						
2							(斤/亩)
3	农场	水稻	玉米	小麦	花生	大豆	蕃薯
4	东海农场	7,232	3,788	7,650	2,679	1,615	4,091
5	南湾农场	6,687	5,122	7,130	3,388	3,439	0
6	西沙农场	3,685	3,978	0	2,659	1,346	3,727
7	北洋农场	6,585	0	7,835	3,614	2,039	1,114
8	中涌农场	4,985	5,697	6,763	3,133	1,780	1,038
9	莲塘农场	3,732	0	6,327	1,345	933	0
10	荔红农场	5,250	5,775	0	4,296	1,374	5,945
11	青溪农场	6,735	4,131	7,996	4,135	1,784	0
12	桂香农场	5,158	0	6,205	4,323	1,179	5,690
13	旗岭农场	4,290	6,354	0	1,735	613	1,847
14	合浦农场	5,643	5,882	7,817	3,036	1,624	4,445
15	新和农场	7,005	6,584	7,223	2,548	1,703	4,767

图 4.2.9　“青茂乡农作物亩产量”工作表美化后效果图

二、为“青茂乡各行业户均月收入”工作表设置单元格格式

打开“青茂乡各行业户均月收入”工作表，进行下列操作：

1. 设置标题、副标题格式

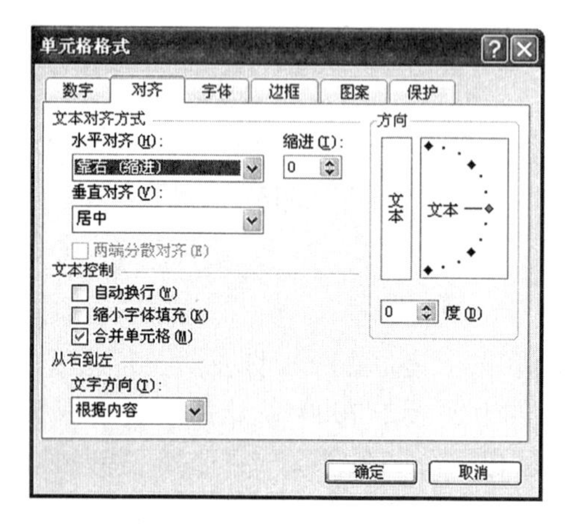

图 4.2.10　单元格格式“对齐”方式设置

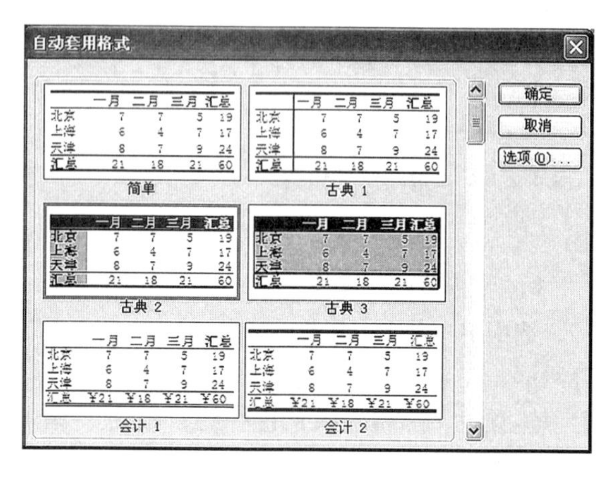

图 4.2.11　“自动套用格式”中的各种样式

打开“青茂乡各行业户均月收入”工作表，选中 A1：G1 区域，设标题合并且居中，字体为隶书、24 号字、字色白色、深蓝色底纹；选中 A2：G2 区域，设副标题合并单元格、右对齐，字体为楷体、10 号字、加粗。如图 4.2.10 所示，设置副标题对齐。

2. 自动套用格式

选中 A3：G15 区域，单击“格式”→“自动套用格式”菜单命令，打开“自动套用格式”对话框，选择“古典 2”的样式，如图 4.2.11 所示，最后单击“确定”按钮。为 A4：A15 添加“灰色 -25%”的底纹。

3. 设置记录行数值数据格式

选中 B4：G15 区域，设各行业收入数据用“会计专用”类别，无小数，使用千位分隔符，货币符号采用人民币符号（如图 4.2.12 所示）。

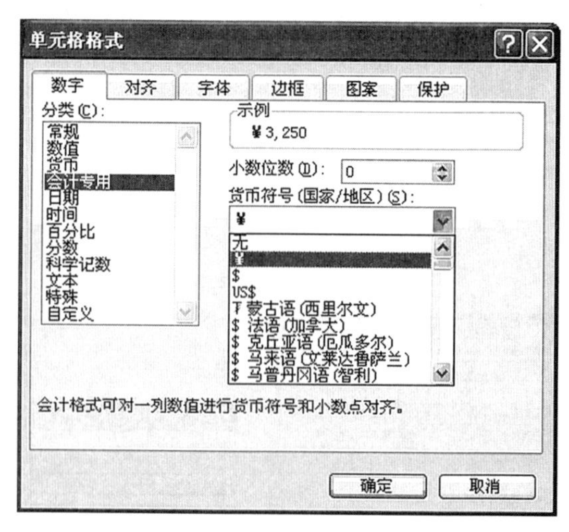

图 4.2.12　设置“会计专用”的数字格式

4. 设置字段行及 A 列文本数据格式

分别选中字段行、A 列，点击“格式工具栏”的居中对齐按钮☰。

5. 设置条件格式

选中 B4：G15 区域，单击“格式”→“条件格式”菜单命令，打开“条件格式”对话框，在“条件 1”中选择“单元格数值”，条件为“小于 2000”，格式设置为：红色字体颜色（如图 4.2.13 所示），背景图案为“黄色细对角线条纹”（如图 4.2.14 所示）。最后单击“确定”按钮。

图 4.2.13　“字体”选项卡

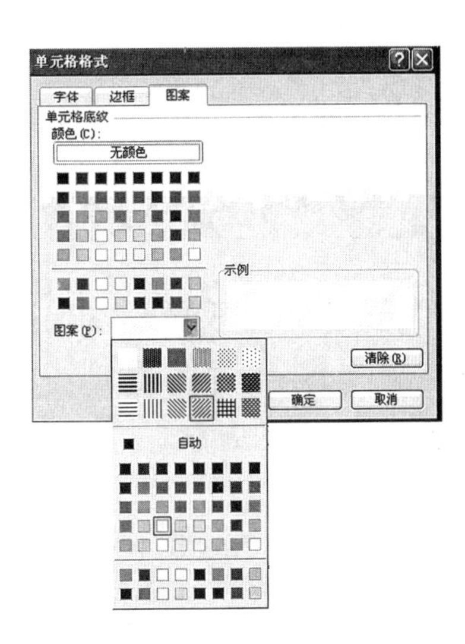

图 4.2.14　“图案”选项卡

6. 设置行高和列宽

选中 A3：G15 区域，设置行高为 18；设置 A 列列宽为 15，其他数值区域列宽为“最适合列宽”。最终效果图如图 4.2.15 所示。

	A	B	C	D	E	F	G
1	青茂乡各行业人均月收入						
2							（人民币：元）
3	农场	种植	养殖	运输	商贩	服务	制造
4	东海农场	¥ 3,250	¥ 5,775	¥ 6,986	¥ 4,296	¥ 1,374	¥ 3,945
5	南湾农场	¥ 4,735	¥ 4,131	¥ 7,996	¥ 5,135	¥ 1,784	¥ 2,500
6	西沙农场	¥ 3,158	¥ 6,150	¥ 6,205	¥ 4,323	¥ 1,179	¥ 2,690
7	北洋农场	¥ 2,290	¥ 6,354	¥ 12,290	¥ 1,735	¥ 613	¥ 1,847
8	中浦农场	¥ 3,643	¥ 5,882	¥ 7,817	¥ 5,036	¥ 1,624	¥ 3,445
9	莲塘农场	¥ 5,005	¥ 6,584	¥ 7,223	¥ 7,548	¥ 1,703	¥ 2,767
10	荔红农场	¥ 3,232	¥ 3,788	¥ 7,650	¥ 2,679	¥ 1,615	¥ 1,091
11	青溪农场	¥ 2,687	¥ 5,122	¥ 7,130	¥ 3,388	¥ 1,439	¥ 2,965
12	桂香农场	¥ 3,685	¥ 3,978	¥ 5,896	¥ 2,659	¥ 1,346	¥ 727
13	旗岭农场	¥ 3,585	¥ 2,257	¥ 7,835	¥ 3,614	¥ 2,039	¥ 876
14	合浦农场	¥ 2,985	¥ 5,697	¥ 6,763	¥ 3,133	¥ 1,780	¥ 1,038
15	新和农场	¥ 2,732	¥ 4,477	¥ 6,327	¥ 1,345	¥ 933	¥ 944
16							

图 4.2.15　“青茂乡各行业户均月收入”工作表美化后效果图

技能拓展

一、工作表编辑

1. 行列转置复制

行列转置复制，即把某区域数据复制到目标位置时，行变成列，列变成行。其操作步骤如下：

① 选中复制区域（此实例的复制区域为如图 4.2.17 所示的 A1：I10）。

选择性粘贴
粘贴
⊙全部(A) ○有效性验证(N)
○公式(F) ○边框除外(X)
○数值(V) ○列宽(W)
○格式(T) ○公式和数字格式(R)
○批注(C) ○值和数字格式(U)
运算
⊙无(O) ○乘(M)
○加(D) ○除(I)
○减(S)
□跳过空单元(B) ☑转置(E)
粘贴链接(L) 确定 取消

图 4.2.16 “选择性粘贴”设置

	A	B	C	D	E	F	G	H	I	J
1	序号	姓名	性别	出生日期	学科	语文	数学	英语	政治	
2	2011001	梁幂	男	1993-7-2	理科	61	62	95	78	
3	2011002	黄文	男	1993-7-6	文科	92	87	75	75	
4	2011003	雷浩	男	1993-1-26	文科	65	49	95	70	
5	2011004	曹婷	女	1993-1-31	理科	92	90	72	75	
6	2011005	曾韵	女	1993-2-5	文科	92	87	75	52	
7	2011006	戴巍	男	1992-7-10	理科	55	73	95	69	
8	2011007	钱华	男	1993-6-14	理科	90	74	75	90	
9	2011008	张军	男	1992-11-18	理科	73	64	75	85	
10	2011009	谭荣	男	1993-1-22	理科	81	61	70	85	
11										
12	序号	2011001	2011002	2011003	2011004	2011005	2011006	2011007	2011008	2011009
13	姓名	梁幂	黄文	雷浩	曹婷	曾韵	戴巍	钱华	张军	谭荣
14	性别	男	男	男	女	女	男	男	男	男
15	出生日期	93-7-2	93-7-6	93-1-26	93-1-31	93-2-5	92-7-10	93-6-14	92-11-18	93-1-22
16	学科	理科	文科	文科	理科	文科	理科	理科	理科	理科
17	语文	61	92	65	92	92	55	90	73	81
18	数学	62	87	49	90	87	73	74	64	61
19	英语	95	75	95	72	75	95	75	75	70
20	政治	78	75	70	75	52	69	90	85	85

行列转置

图 4.2.17 “行列转置复制”效果图

② 单击“复制”按钮，选择目标位置首单元格（A12）。

③ 单击“编辑”→“选择性粘贴”菜单命令，打开“选择性粘贴”对话框，勾选下方“转置”前的复选框（如图 4.2.16 所示），最后单击“确定”按钮，得到如图 4.2.17 所示 A12：J20 的行列转置复制效果。

2. 单元格格式设置

打开“格式”→“单元格格式”菜单命令，会出现“单元格格式”对话框，包含“数字”、“对齐”、“字体”、“边框”、“图案”、“保护”等选项卡。

（1）“数字”选项卡

“数字”选项卡的左边是“分类”，常用的有“常规”、“数值”、“货币”、“会计专用”、“日期”、“科学记数”、“文本”、“自定义”等类别，右边则是选中类别的示例及其他附属选择。

①“常规”分类：仅有“示例”，该格式不包含任何特定的数字格式。

②“数值”分类：有“小数位数”、“使用千位分隔符”、“负数”显示等设置（如图 4.2.18 左图所示）。

③“货币”分类：比“数值”分类多了“货币符号”的设置，自动加了“千位分隔符”；在单元格显示时，货币符号后紧跟着数字（如图 4.2.18 右图所示）。

④“会计专用”分类：比“货币”分类少了“负数”设置；在单元格中显示时，货币符号会显示在最左端，并与后面的数字分开，使得同列单元格内的货币符号、千位分隔符、小数点等位置全部对齐（前面的案例中就采用了这种分类方式显示数据）。

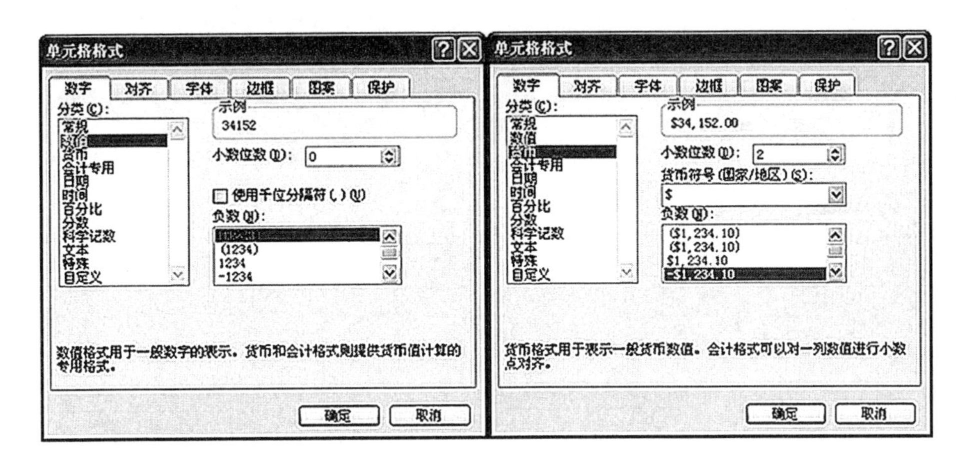

图 4.2.18　“数字”选项卡中“数值”分类（左）、“货币”分类（右）

⑤“日期”分类：有“类型”、“区域设置（国家/地区）”的设置，其中“类型”中有很多显示类型供选择（如图 4.2.19 左图所示）。

⑥“时间”分类：与“日期”类型类似（如图 4.2.19 右图所示）。

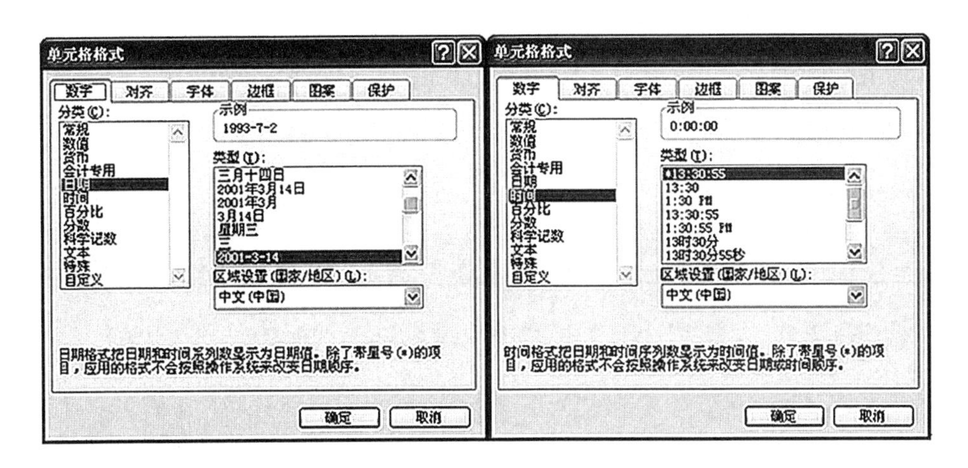

图 4.2.19　“数字”标签卡中“日期”分类、“时间”分类（右）

⑦“百分比”分类：有“小数位数”设置（如图 4.2.20 左图所示）。

⑧“分数”分类：有“类型”设置。

⑨“科学记数”分类：有“小数位数”设置（如图 4.2.20 右图所示）。

⑩“文本”分类：仅有“示例”，在文本单元格格式中，数字作为文本处理。

⑪“特殊”分类：其中的“类型”可设置为邮政编码、中文小写数字、中文大写数字（如图 4.2.21 左图所示）。

⑫“自定义”分类：“类型”中的每一项均可以人工重新设置（如图 4.2.21 右图所示）。

(2)“对齐”选项卡

本部分内容前面的“知识准备”及“操作步骤”中已有详细介绍，此处不再赘述。

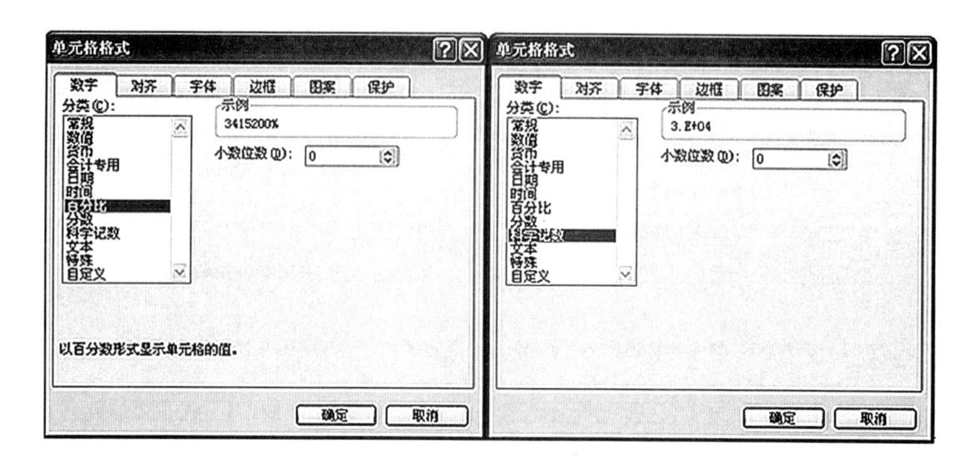

图 4.2.20 “数字”标签卡中“百分比”分类（左）、“科学记数”分类（右）

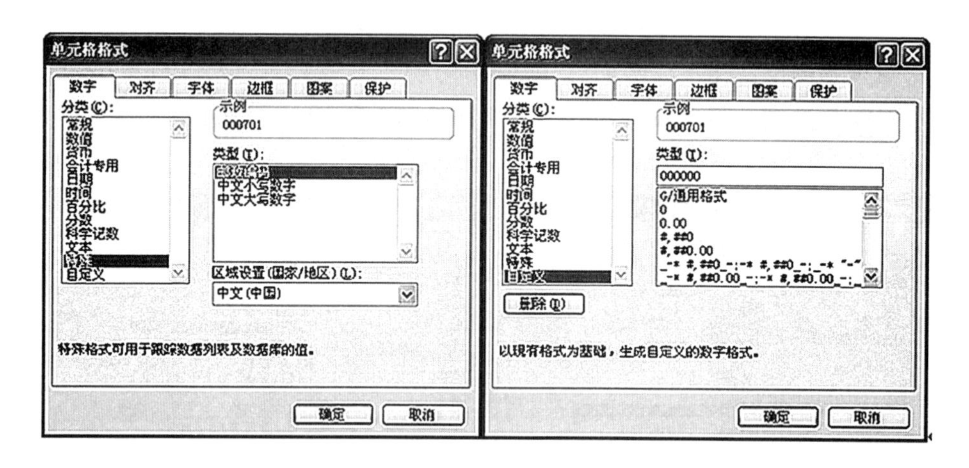

图 4.2.21 “数字”标签卡中“特殊”分类（左）、“自定义”分类（右）

(3)“字体”选项卡

本部分内容在前面的“知识准备”及“操作步骤”中已有较详细介绍，并且与Word 2003 中“格式”→“字体”菜单命令中的“字体”对话框中“字体”选项卡操作相似，此处不再赘述。

(4)“边框”选项卡

打开“边框”选项卡后，操作顺序为：“线条样式”→“线条颜色”→“预置”，选择“外边框”或“内部”→“边框”。在“边框”中可单独选择区域中包括斜线的8种边框线。此部分内容在前面“操作步骤”中已作介绍，此处不再赘述。

(5)“图案”选项卡

此部分内容在前面的“知识准备”及“操作步骤”中已有详细介绍，此处不再赘述。

(6)“保护”选项卡

只有在工作表被保护时，“锁定”单元格（区域）或“隐藏”公式才有效。因此，这个选项卡的操作与数据保护密切相关，它能设置单元格（区域）或工作表的内容能否修改，具体内容将在后面部分详细介绍。

3. 样式的设置与应用

样式是一组定义并保存的格式集合，如数字、字体、边框、图案、对齐方式等。对多个区域使用同样的格式效果，首先把某区域的格式设置好，接着将其定义成一种样式，最后对其他区域使用样式；也可以把区域格式设置好后，使用常用工具栏的“格式刷”工具对其他区域进行设置。

① 定义样式：先选中已经定义好格式的单元格（区域），单击“格式”→“样式”菜单命令，打开“样式”对话框，在“样式名”的下拉列表框中直接输入新样式的名字（如图 4. 2. 22 左图所示），最后单击“确定”按钮即可。

② 使用样式：先选中想要使用某样式的单元格（区域），单击“格式”→“样式”菜单命令，打开“样式”对话框，在“样式名”的下拉列表框中选择想用的样式的名字，如图 4. 2. 22 右图所示，最后单击“确定”按钮即可。

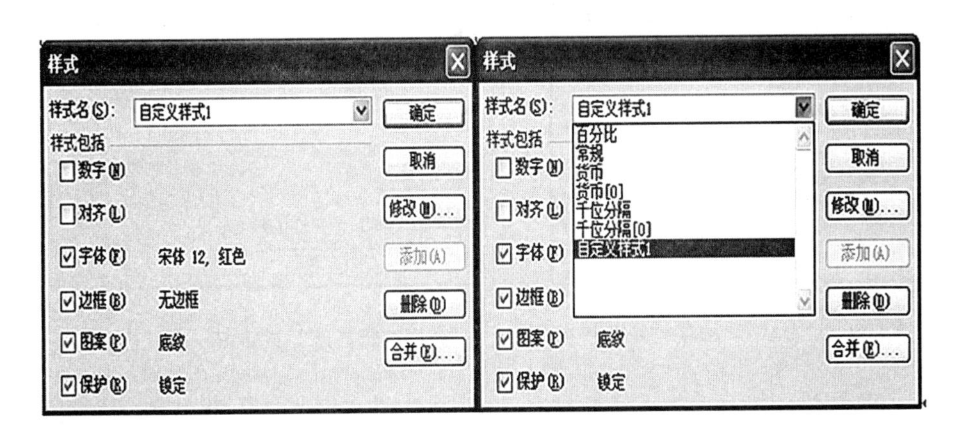

图 4. 2. 22　“定义样式”（左）及“样式”使用（右）

二、数据保护

在 Excel 中，需要保护的数据可能是允许用户编辑的区域、工作表、工作簿等不同对象。

1. 保护“允许用户编辑区域”

保护“允许用户编辑区域”，是指设置保护工作表后，只能通过密码访问编辑特定区域。

① 选中需要保护的区域，选择“工具”→“保护”→“允许用户编辑区域”菜单命令，会打开“允许用户编辑区域”对话框（如图 4. 2. 23 左图所示），单击“新建”按钮。

② 出现“新区域”对话框（如图 4. 2. 23 右图所示），设置好“区域密码”单击“确定”按钮（如不设置密码，则对该区域没有保护）。

③ 按提示在“确认密码”对话框中“重新输入密码”（如图 4. 2. 24 左图所示），单击“确定”按钮。

图 4.2.23 “允许用户编辑区域”对话框（左）、新建“新区域”设置（右）

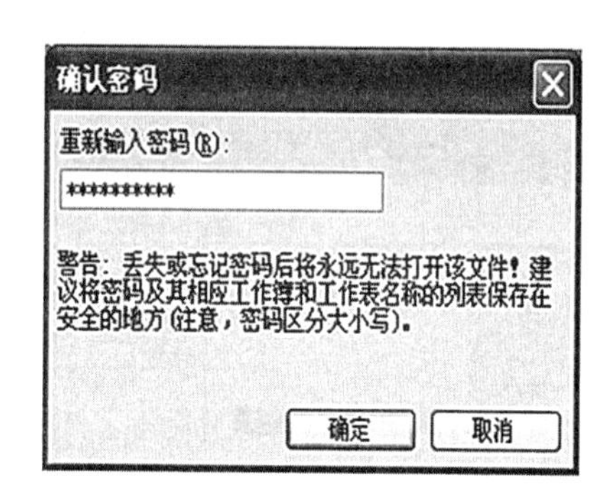

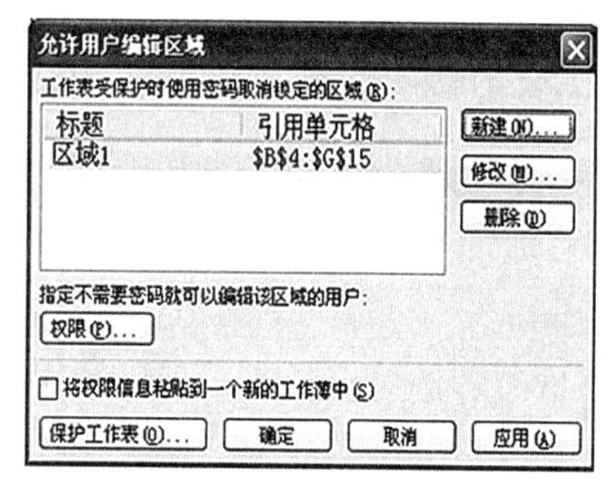

图 4.2.24 “确认密码”操作（左）、“允许编辑区域”设定好一个（右）

④ 返回步骤①对话框时，可见在列表框中多了“区域 1”及其引用单元格区域（如图 4.2.24 右图所示）。重复进行前面 4 步操作，则可以通过密码访问每一个设置保护的区域。

⑤ 点击“保护工作表”按钮，打开“保护工作表”对话框，可以设置“取消工作表保护时使用的密码”（即为密码保护，如果没有密码，则可任意取消对工作表的保护），最后单击“确定”按钮（如图 4.2.25 左图所示）。

取消区域保护时，首先选择“工具”→“保护”→“撤销工作表保护”菜单命令，按提示输入密码确定。接着打开“允许用户编辑区域”对话框，选中该区域，单击“删除”命令按钮即可。

2. 保护工作表

保护工作表，是指对当前工作表及锁定的单元格设置的保护。Excel 默认所有单元格和图表都为“锁定”状态。操作步骤如下：

① 打开需保护的工作表，选择“工具”→“保护”→“保护工作表”菜单命令，出现“保护工作表”对话框（如图 4.2.25 左图所示）。

② 选中“保护工作表及锁定的单元格内容”复选框（即能启动对工作表的保护），在“取消工作表保护时使用的密码”框中输入密码（即为密码保护，如果没有密码，则可任意取消对工作表的保护），在“允许此工作表的所有用户进行”区域中选择设置

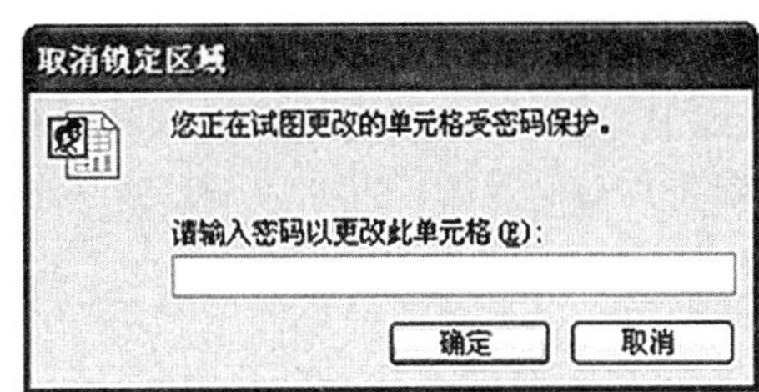

图 4.2.25　“保护工作表”设置（左）、区域保护时对区域操作时的提示对话框（右）

所有用户可以进行的操作。

③ 单击“确定”按钮，启动对工作表的保护。当在被保护区域的某单元格重新输入数据时，即弹出如图 4.2.25 右图所示的对话框，要求输入正确密码，才可以重新编辑此单元格。

取消对工作表的保护：打开被保护的工作表，选择“工具”→“保护”→“撤销工作表保护”菜单命令，按提示输入密码，单击“确定”按钮即可。

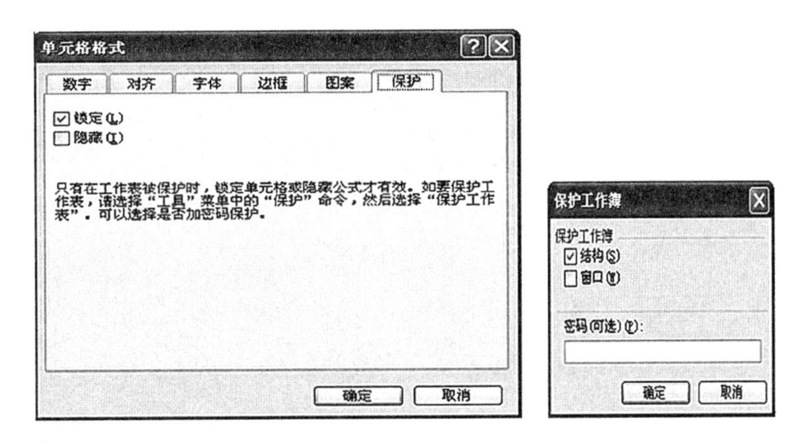

图 4.2.26　“单元格格式”中“保护”选项卡设置（左）、“保护工作簿”设置（右）

选中不需要保护的单元格（区域），执行“格式”→“单元格”菜单命令，在“单元格格式”对话框中选择“保护”选项卡，取消“锁定”。这样在后来设置保护工作表时，对该单元格（区域）保护则不起作用（如图 4.2.26 左图所示）。

类似地，选中含有公式的单元格（区域），执行“格式”→“单元格”菜单命令，在“单元格格式”对话框中选择“保护”选项卡，选择“隐藏”。这样在后来设置保护工作表时，该单元格（区域）只在工作区显示公式结果，而在编辑框中会隐藏单元格公式，不过该公式仍在起作用。

3. 保护工作簿

保护工作簿，能防止对工作簿中所含工作表结构和工作簿窗口显示方式的修改。

① 选择“工具”→“保护”→“保护工作簿”菜单命令，打开如图 4.2.26 右图所示“保护工作簿”对话框。

② 选中“结构”，则可保护工作簿的结构（此时在该工作簿中不能进行复制、移动、删除、插入、隐藏、取消隐藏、查看隐藏、重命名工作表等操作）。

③ 选中“窗口”，则可保护工作簿的窗口（此时工作簿窗口将不能移动、调整或关闭，窗口保持固定的位置和大小，但用户可以复制、移动、隐藏或取消隐藏工作表窗口等）。

④“密码”设置后，取消工作簿保护时必须输入该密码，否则不能取消工作簿保护。

4. 保护文件

保护文件，即对该文件的打开和修改权限进行密码保护（与 Word 文件保护类似）。

选择“工具”→“选项”菜单命令，打开“选项”对话框，选择“安全性”选项卡，设置工作簿文件的“打开权限密码”、“修改权限密码”，如图 4.2.27 所示，最后单击“确定”按钮即可。

❖**提示：**密码最多由区分大小写的 15 个字符组成。

这样没有“打开权限密码”不能打开该文件，没有“修改权限密码”不能修改文件并按原文件名称保存。

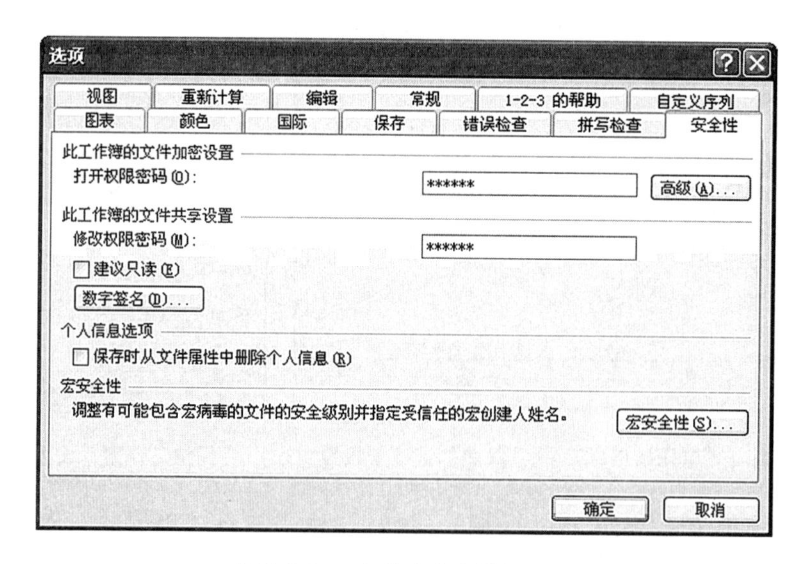

图 4.2.27 **文件“安全性”设置**

三、使用模板

模板是含有特定内容和格式的工作簿，以它为模型能快速建立与之类似的其他工作簿。

1. 保存模板

打开作为模板的工作簿文件，选择“文件”→“另存为”菜单命令，打开“另存为”对话框，在“保存类型”中选择“模板”选项，输入模板的“文件名”（如图 4.2.28 所示），最后单击“保存”命令按钮。于是，在“Templates”文件夹下，会出现一个用户自己创建的模板文件。

图 4.2.28　“模板”文件的保存设置

2. 使用模板

打开 Excel 窗口，创建新工作簿文件时使用“文件”→“新建”命令，能调出“新建工作簿”任务窗格（如图 4.2.29 左图所示）；选择“本机上的模板”，可调出“模板”对话框（如图 4.2.29 右图所示）；在“常用”选项卡中，选择定义好的模板即可单击“确定”按钮。

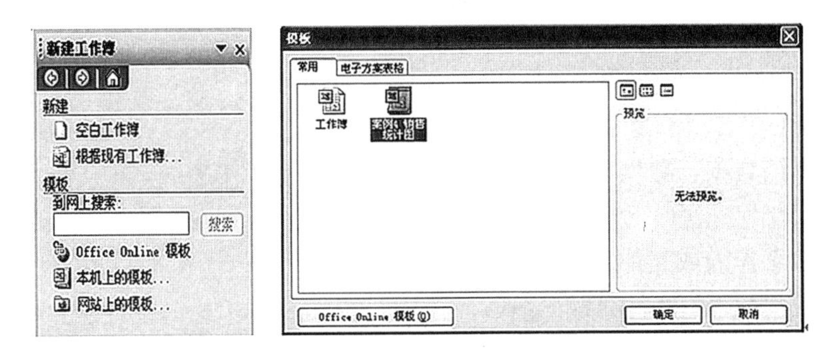

图 4.2.29 “新建工作簿”任务窗格（左）及“模板”对话框（右）

案例三　成绩表计算

案例说明

青云培训中心又招进一批高三冲刺班的学生，摸底成绩出来了，水平果然参差不齐。各科辅导老师需要对原始数据经处理后的结果加以分析，以便更好地设计有针对性的培训，尽快提高同学们的成绩。

管理员小刘负责这项工作：先将原始数据复制成几张工作表，再对它们分别进行计算，得到学科成绩分类计算、学生成绩分类计算、排名次、统计各分数段等一系列结果，最后送交各位任课老师。

知识准备

Excel 中的数据，除了前面介绍的常量数据（文本数据、数值数据等），另一类数据则与公式函数密切相关。

一、公式及其组成

Excel 中的公式是运算符与运算数据进行合法运算求得结果的等式，由等号、数字、单元格引用、函数及运算符等组成，最多能包含 1 024 个字符。图 4.3.1 为公式组成实例。

1. 等号

Excel 的公式都以等号“＝”作开始标记。

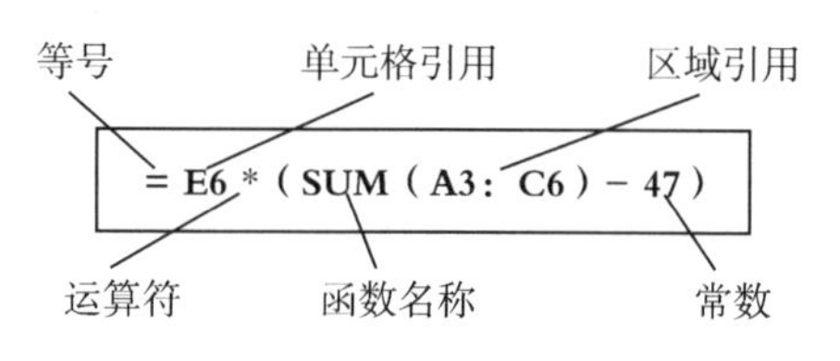

图 4.3.1　公式的组成实例

2. 运算数据

运算数据可以是常数（数值数据、文本数据、日期时间数据等）、单元格引用、函数等。

① 常数：如例子中的 47。

② 单元格引用：指参与计算的其实是该单元格中保存的数据，数据来源可以是同工作表或其他工作表或其他工作簿。

③ 区域引用：指参与计算的其实是该区域中所有单元格数据，数据来源可以是同工作表或其他工作表或其他工作簿。

④ 函数：预先定义或内置的公式。

3. 运算符

运算符有四类——算术运算符、比较运算符、文本连接运算符、引用运算符，运算优先级别从高到低的顺序为引用运算符、算术运算符、文本运算符、比较运算符，并且总是最先计算圆括号内的内容。Excel 对数学中涉及的中括号、大括号，全部由圆括号承担。

① 算术运算符——能完成基本的数学运算产生数字结果。表 4.3.1 左边是算术运

算符。

② 比较运算符——能比较两个数值，产生逻辑值 TRUE（真）或 FALSE（假）的结果。此结果再参与运算时，逻辑真表示 1，逻辑假表示 0。表 4.3.1 右边是比较运算符。

③ 文本运算符——仅一个“&”，能把多个文本连接成一个文本。例如，“XYZ” & “JK” 的结果是 “XYZJK”。

④ 引用运算符——有冒号、逗号、空格等，分别代表连续矩形区域、不连续单元格（区域）、不同区域的交叉单元等。

表 4.3.1　Excel 使用的算术运算符和比较运算符

算术运算符	含义	比较运算符	含义
+	加	=	等于
—	减	>	大于
*	乘	<	小于
/	除	>=	大于或等于
^	乘幂	<=	小于或等于
%	百分比	< >	不等于
—	取负		

二、函数

函数是一些预先定义或内置的、执行计算、分析等处理数据任务的特殊公式。它既可以单独使用，也可以作为其他公式或函数的一部分。函数计算结果一般会有结果值。

每个函数只有唯一的一个名称，它决定了函数的功能和用途。Excel 提供了 9 大类 300 多个函数，其中包括数学与三角函数、统计函数、数据库函数、财务函数、日期与时间函数、查找与引用函数、逻辑处理函数、文本函数和信息函数等。

函数的一般格式为：函数名、紧跟一对圆括号、括号内为参数（个别函数无参数）、参数间往往用逗号分隔。如图 4.3.2 所示，用 SUM 函数对 A3 到 C6 区域 12 个单元格再加 F9 单元格共 13 个单元格的数据进行求和计算。

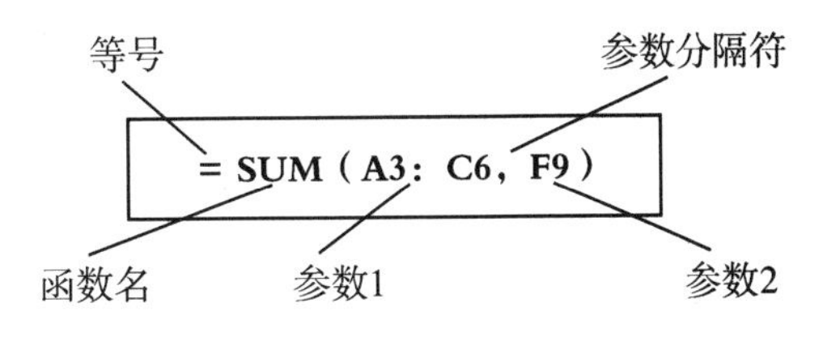

图 4.3.2　函数的一般格式

一般函数使用的操作步骤为：

① 将保存函数计算结果的单元格选定为活动单元格。

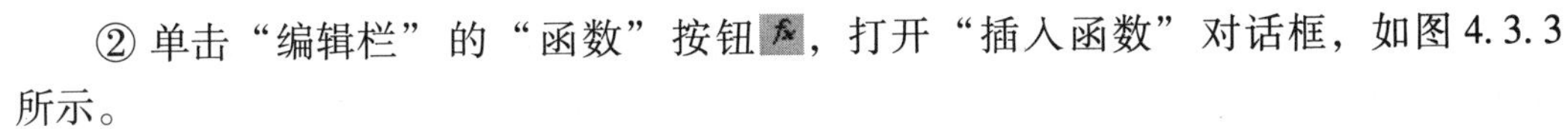

② 单击“编辑栏”的“函数”按钮，打开“插入函数”对话框，如图 4.3.3 所示。

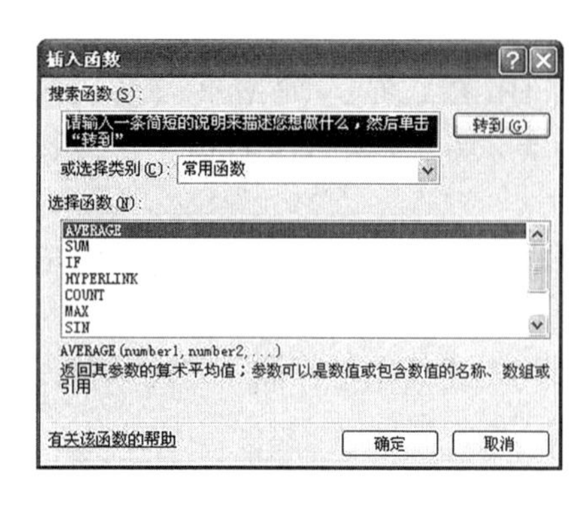

图 4.3.3 “插入函数”对话框

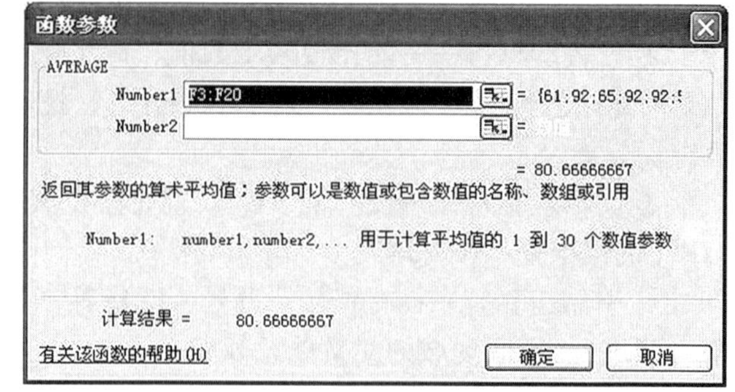

图 4.3.4 “函数参数”对话框

③ 选择函数类别、函数（选中某函数时，“选择函数”框下面有对该函数的简单说明）。

④ 单击“确定”按钮，弹出如图 4.3.4 所示的对话框。

⑤ 参照函数使用说明和事例，分别对每个参数进行设置。

⑥ 最后点击“确认”命令按钮，完成操作。

❖**提示：**函数中的参数可以是工作表中的区域，或是条件区域，或是条件表达式，或是直接输入的文本数据、数值数据、日期时间数据等。点击文本框后面的折叠按钮可进入工作表选择涉及计算的数据所在的区域。

三、单元格引用

由于 Excel 中的数据都保存在各单元格中，因此在公式或函数引用某单元格（区域），实际上就是使用其中的数据进行计算。单元格引用分为四种。

1. 相对引用

如果某单元格使用的公式或函数中引用了普通单元格（仅用列行号表示单元格）作为源公式复制后，目标单元格引用的单元格会发生相应变化。即目标单元格与其引用单元格之间的关系，与源单元格与其引用单元格之间的关系保持一致。如果在多行或多列复制公式，引用同样会自动调整。默认情况下，新公式使用相对引用。

例如，在 C3 单元格中输入公式 =A1+B2，表示将“A1”、“B2”中的数据相加的结果保存到 C3 单元格中。那么，A1 相对于 C3 单元格的关系是：上 2 行左 2 列。B2 相对于 C3 单元格的关系是：上 1 行左 1 列。当把 C3 单元格复制到 F5 单元格时，公式将变为 =D3+E4，那么 D3 和 E4 相对于 F5 单元格的关系，显然与 A1 和 B2 相对于 C3 单元格的关系是一致的。

2. 绝对引用

如果某单元格使用的公式或函数中引用了加“$”符号的特殊单元格作为源公式复制后，目标单元格引用的数据与源单元格一模一样，不发生变化。换言之，无论复制到什么位置，目标单元格总是绝对引用源单元格引用的单元格（区域），数据引用位置是固定不变的。如果在多行或多列复制公式，绝对引用将不进行调整。

例如，在 C3 单元格中输入公式 =$A$1+$B$2，仍表示将“A1”、“B2”中的数据相加的结果保存到 C3 单元格中；当把 C3 单元格复制到 F5 单元格时，公式依然是 = $A$1 + $B$2，没有发生变化。

3．混合引用

如果某单元格使用的公式或函数中只有列号前加了“ $ ”，表示绝对引用列、相对引用行，作为源公式复制后，目标单元格引用的单元格会发生部分变化，即绝对引用部分不变化、相对引用部分相应变化。

如果某单元格使用的公式或函数中只有行号前加了“ $ ”，表示绝对引用行、相对引用列，作为源公式复制后，目标单元格引用的单元格会发生部分变化，即绝对引用部分不变化、相对引用部分相应变化。

例如，在 C3 单元格中输入公式 = $A1 + B$2，仍表示将“A1”、“B2”中的数据相加的结果保存到 C3 单元格中；当把 C3 单元格复制到 F5 单元格时，公式变成 = $A3 + E$2，没有发生变化的只有绝对引用部分。

编辑公式时，可以双击公式所在单元格显示出公式，然后按功能键【F4】进行上述三种引用类别切换。

4．三维引用

如果在引用前加上工作表名和符号“!”，则表示三维引用（相当于在平面工作表行与列的基础上，增加了表的纵列，立体化了）。

例如，公式 =Sheet3！A1 + Sheet2！B2 + Sheet1！C3，表示把 Sheet3 工作表中的 A1 单元格与 Sheet2 工作表中的 B2 单元格以及 Sheet1 工作表中的 C3 单元格中的数据相加。

操作步骤

打开“成绩表计算 . xls”工作簿文件（如图 4. 3. 5 所示），将“摸底成绩”工作表复制三张，分别重命名为“各科成绩分类计算”、“学生成绩计算”、“学生成绩状况分析”。

	A	B	C	D	E	F	G	H	I
1	文科班成绩表								
2	序号	姓名	性别	出生日期	学科	语文	数学	英语	文综
3	2011001	梁幂	男	1993-07-02	文科	61	62	95	78
4	2011002	黄文	男	1993-07-06	文科	92	87	75	75
5	2011003	雷浩	男	1993-01-26	文科	65	49	95	70
6	2011004	曹婷	女	1993-01-31	文科	92	90	72	75
7	2011005	曾韵	女	1993-02-05	文科	92	87	75	52
8	2011006	戴巍	男	1992-07-10	文科	55	73	95	69
9	2011007	钱华	男	1993-06-14	文科	90	74	75	90
10	2011008	张军	男	1992-11-18	文科	73	64	75	85

图 4. 3. 5　本案例原始数据

一、对“各科成绩分类计算”工作表数据进行计算

1. 计算“语文”科目的平均成绩

① 选中 F21 单元格，点击编辑栏“插入函数”按钮 *fx*，F21 单元格与编辑框中同时自动出现“ = ”，同时打开“插入函数”对话框；选中“常用函数”类别，在“选

择函数”中选择“AVERAGE”，即计算平均值函数（如图4.3.6所示），最后单击“确定”按钮。

② 在打开的“函数参数”对话框中，在“Number1”参数文本框右端点击折叠按钮，在工作表中选择如图4.3.7所示的数据区域F3：F20并再按折叠按钮返回，可见文本框右边显示出该区域的部分数据，同时在对话框下方出现了“计算结果”，单击“确定”按钮后选中F21单元格，可见单元格中显示计算结果，而编辑框中显示函数本身 =AVERAGE（F3：F20）。

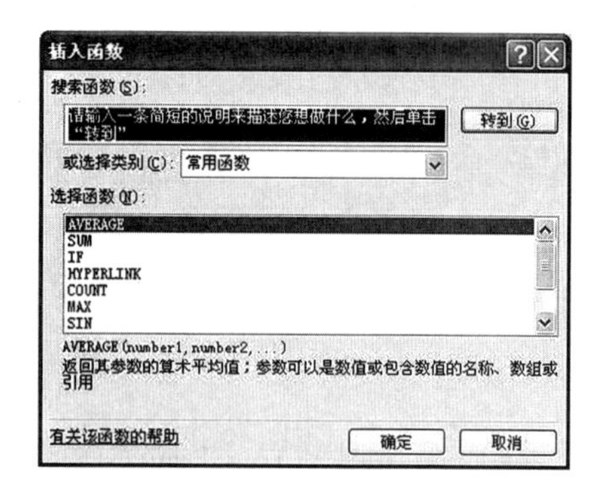

图4.3.6 “插入函数”对话框

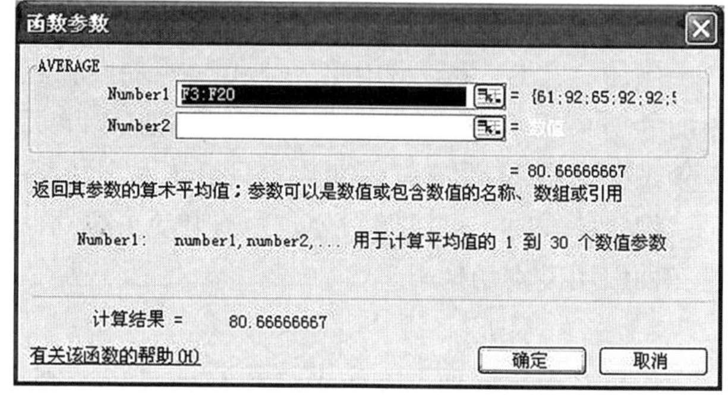

图4.3.7 AVERAGE“函数参数”对话框

2. 计算“语文”科目的最高分数

选中F22单元格，按“=”号后，编辑栏“名称框”会出现一个函数及下拉列表钮，选择“MAX”函数，即“最大值”函数（如图4.3.8左图所示）。在弹出的“函数参数”对话框中选择数据区域F3：F20，单击“确定”按钮后在F22得到计算结果。

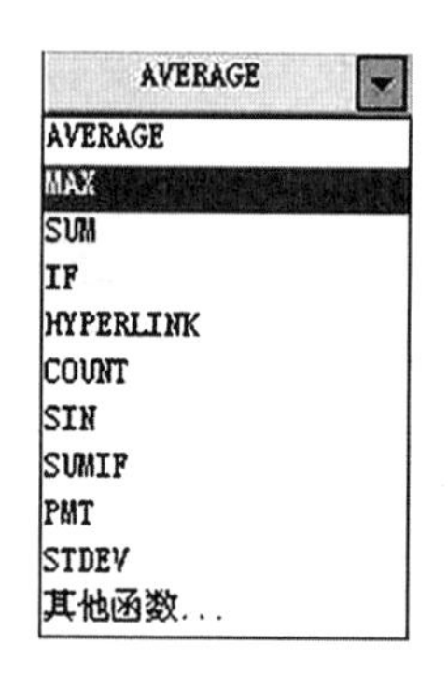

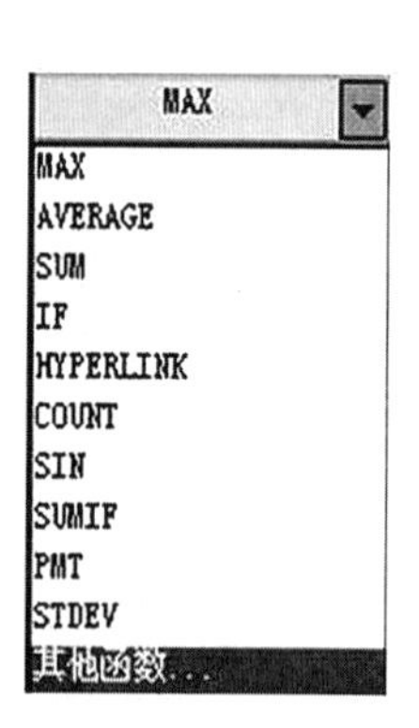

图4.3.8 在编辑栏“名称框”中选择“常用函数”

3. 计算“语文”科目的最低分数

选中F23单元格，按“=”号后，点击编辑栏“名称框”下拉列表，在“常用函数”中选择最后一项“其他函数...”（如图4.3.8右图所示），在“插入函数”对话框中选择“统计”函数类别中的“MIN”函数，即求最小值函数；在“函数参数”对话框中依然选择数据区域F3：F20，单击“确定”按钮后在F23得到计算结果。

4. 复制公式

选中 F21：F23 区域，点击区域右下角的“填充柄”按钮并向右拖动至 I23 单元格，得到各科的平均成绩、最高成绩、最低成绩，如图 4.3.9 所示。

❖**提示：**本工作表中所有的计算涉及的区域全部选用相对引用。

	A	B	C	D	E	F	G	H	I
1	文科班成绩表								
2	序号	姓名	性别	出生日期	学科	语文	数学	英语	文综
21	各科平均成绩					80.67	73.78	80.78	73.11
22	各科最高分数					96	94	97	90
23	各科最低分数					49	49	70	52

图 4.3.9　“各科成绩分类计算”工作表结果图

二、对“学生成绩计算”工作表数据进行计算

1. 计算学生“平均分”成绩

选中 J3 单元格，点击常用工具栏“自动求和” Σ· 旁边的下拉列表按钮选择“平均值”函数（如图 4.3.10 所示）。此时系统自动选择 F3：I3 区域为求平均值区域（区域被虚线框暂时罩住），编辑框同时出现函数公式（如图 4.3.11 所示）。点击编辑栏中“输入”按钮，即完成该函数的输入（求平均值区域的虚线框消失），J3 显示计算结果。

Σ ·
求和(S)
平均值(A)
计数(C)
最大值(M)
最小值(I)
其他函数(F)...

图 4.3.10　“自动求和”工具

RANK　=AVERAGE(F3:I3)

	B	C	D	E	F	G	H	I	J	K	L
1	文科班成绩表										
2	姓名	性别	出生日期	学科	语文	数学	英语	文综	平均分	总分	排名
3	梁幂	男	1993-7-2	文科	61	62	95	78	=AVERAGE(F3:I3)		1
4	黄文	男	1993-7-6	文科	92	87	75	75	AVERAGE(number1, [number2], ...)		
5	雷浩	男	1993-1-26	文科	65	49	95	70			

图 4.3.11　选择“自动求和”工具中的“平均值”函数

2. 计算学生“总分”成绩

① 方法一：选中 K3 单元格，点击常用工具栏“自动求和”按钮，此时系统自动选择 F3：J3 区域为求和区域，在编辑框直接修改区域为 F3：I3，再点击编辑栏“输入”按钮，K3 中即显示出计算结果。

② 方法二：选中 K3 单元格，直接在编辑框输入函数 =SUM（F3：I3），按回车键确认。

❖**提示：**直接输入公式或函数时，除了中文字符外，输入其他任何符号都只能使用半角英文字符，如单元格（区域）、等号（=）、小于号（<）、圆括号一对（()）、双引号一对（“”）等。

3. 按学生总分从高到低计算各人在班中的排名

选中L3单元格，选择“插入”→“函数”菜单命令，打开“插入函数”对话框并选中“统计”类别中的“排名”函数RANK，打开“函数参数”对话框（如图4.3.12所示）。

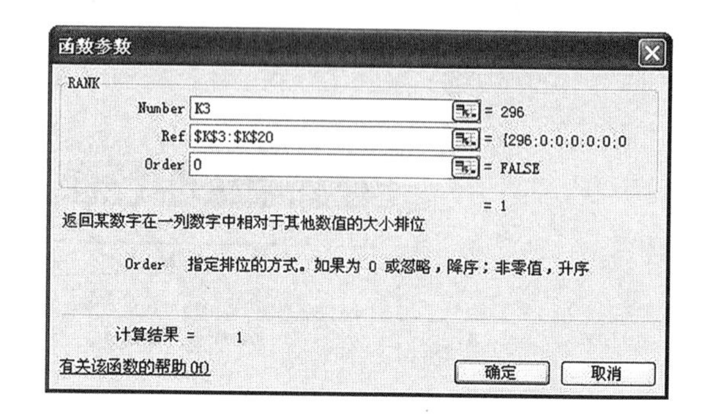

图4.3.12 排名函数RANK的参数设置

在“Number”参数中选中单元格K3；在“Ref”参数中选择区域K3：K20，并立即在该区域的列号、行号前人工加上“$”符号。

在“Order”参数中指定排位方式，忽略或0表示降序、非0表示升序。

最后单击“确定”按钮，在L3单元格中得到计算结果。

❖**提示：**第二个参数中的区域采用“绝对引用”，表示每个学生的总分成绩均在同一个区域K3：K20中进行排名比对。

4. 以学生平均分进行等级设置

本例选用IF函数进行计算，IF函数用于判断一个条件是否成立并分别返回相应的值。IF函数有3个参数需要设置：第1个参数是条件，如果条件成立，将显示第2个参数设置的结果值，如果条件不成立，将显示第3个参数设置的结果值。

由于本例要根据学生平均分进行不同等级的设置，在第1个条件参数中无法把所有情况都表达出来，因此必须在第2或第3参数中，以函数嵌套方式进一步设置条件。具体操作如下：

① 选中M3，在“插入函数”中选择“逻辑”类别的“IF”函数，单击“确定”按钮后打开其“函数参数”对话框。

② 如图4.3.13（a）所示，设置IF函数的3个参数：

➢在“Logical_ test”参数文本框中，输入函数需要满足的条件“<60”。

➢在“Value_ if_ true”参数文本框中，输入条件满足时应显示的文本值“差”。

➢在“Value_ if_ false”参数文本框中，输入条件不满足（即条件“>=60”）时，再分情况设置的条件——仅输入 IF（ ，接着点击编辑框中最后一个IF后面的圆括号中间位置（即把插入点移至此位置），打开第2层嵌套的IF“函数参数”对话框。

③ 如图4.3.13（b）所示，设置第2层嵌套的IF函数的3个参数：

➢在“Logical_ test”参数文本框中，输入函数需要满足的条件 <70 （已经满足条件“>=60”）。

➢在“Value_ if_ true”参数文本框中，输入条件满足时应显示的文本值 及格 。

➢在“Value_ if_ false”参数文本框中，输入条件不满足（即条件“>=70”）时，再分情况设置的条件——仅输入 IF（ ，接着点击编辑框中最后一个IF后面的圆括号中间位置，打开第3层嵌套的IF“函数参数”对话框。

④ 如图4.3.13（c）所示，设置第3层嵌套的IF函数的3个参数：

➢在“Logical_ test”参数文本框中，输入函数需要满足的条件 <80 （已经满足条件“ >=70”）。

➢在“Value_ if_ true”参数文本框中，输入条件满足时应显示的文本值 中 。

➢在“Value_ if_ false”参数文本框中，输入条件不满足（即条件“ >=80”）时，再分情况设置的条件——仅输入 IF（ ，接着点击编辑框中最后一个 IF 后面的圆括号中间位置，打开第 4 层嵌套的 IF“函数参数”对话框。

⑤ 如图 4. 3. 13（d）所示，设置第 4 层嵌套的 IF 函数的 3 个参数：

➢在“Logical_ test”参数文本框中，输入函数需要满足的条件 <90 （已经满足条件“ >=80”）。

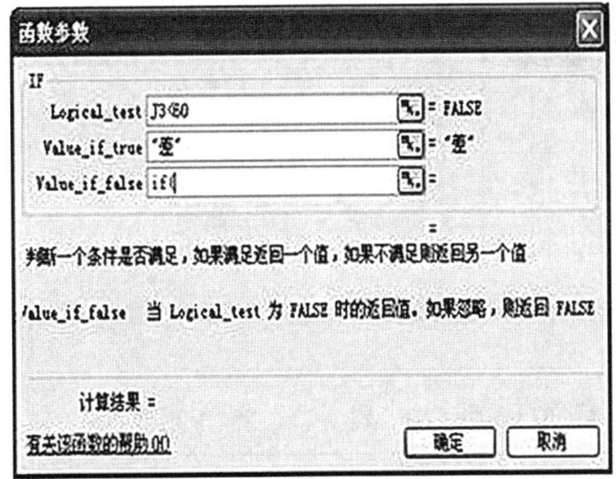

（a）第一层设置

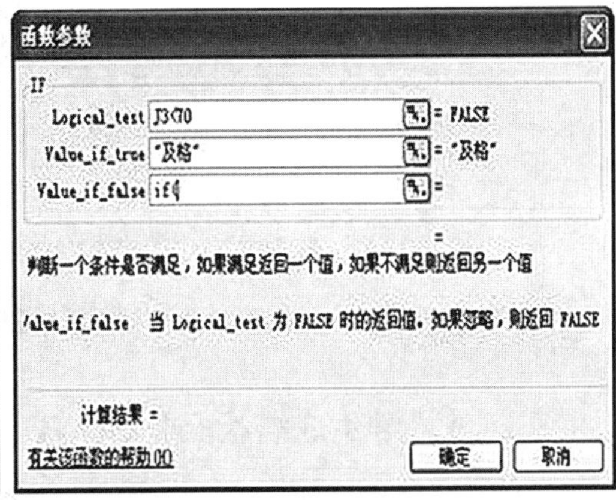

（b）第二层设置

（c）第三层设置

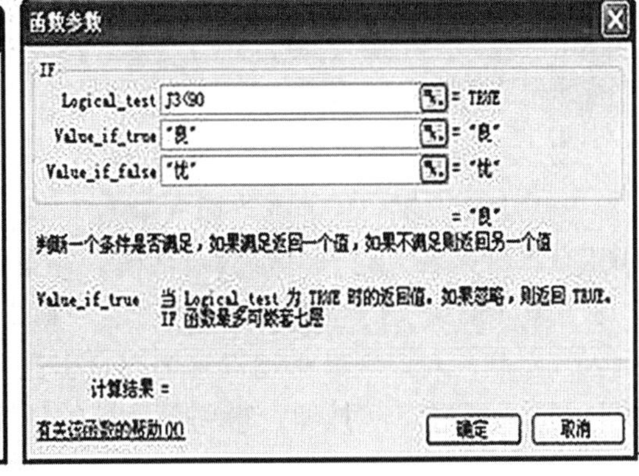

（d）第四层设置

图 4. 3. 13　IF 函数及其多层嵌套设置

➢在“Value_ if_ true”参数文本框中，输入条件满足时应显示的文本值 良 。

➢在“Value_ if_ false”参数文本框中，输入条件不满足（即条件“ >=90”）时应显示的文本值 优 。

⑥ 最后单击“确定”按钮。选中 M3 单元格可见计算结果，同时编辑框显示本例中 IF 函数 4 层嵌套的完整公式：

= IF(J3 < 60,“差”,IF(J3 < 70,“及格”,IF(J3 < 80,“中”,IF(J3 < 90,“良”,“优”))))

❖**提示**：在 IF 函数设置过程中，可见编辑框中的函数每层嵌套的圆括号颜色是不一样的，为了方便用户辨别，第 1 层的是黑色，第 2 层的是绿色，第 3 层的是紫色，第 4 层的是棕色；当函数设置完成无误后，括号会自动变为黑色，同时在工作表中显示该单元格的计算结果。

5. 复制公式

选中 J3：M3 区域，点击区域右下角的“填充柄”按钮并向下拖动至 M23 单元格，得到每个学生的平均分、总分、（按总分）排名、（按平均分）设置等级的计算结果，如图 4.3.14 所示。

	A	B	C	D	E	F	G	H	I	J	K	L	M
1	文科班成绩表												
2	序号	姓名	性别	出生日期	学科	语文	数学	英语	文综	平均分	总分	排名	等级
3	2011001	梁幂	男	1993-7-2	文科	61	62	95	78	74	296	14	中
4	2011002	黄文	男	1993-7-6	文科	92	87	75	75	82.25	329	3	良
5	2011003	雷浩	男	1993-1-26	文科	65	49	95	70	69.75	279	17	及格
6	2011004	曹婷	女	1993-1-31	文科	92	90	72	75	82.25	329	3	良
7	2011005	曾韵	女	1993-2-5	文科	92	87	75	52	76.5	306	10	中
8	2011006	戴巍	男	1992-7-10	文科	55	73	95	69	73	292	16	中
9	2011007	钱华	男	1993-6-14	文科	90	74	75	90	82.25	329	3	良
10	2011008	张军	男	1992-11-18	文科	73	64	75	85	74.25	297	12	中

图 4.3.14 “学生成绩计算”工作表结果图

三、对“学生成绩状况分析”工作表数据进行计算

1. 建立“各科各分数段学生人数统计”区域

在 L2：P2 区域分别输入统计说明字段分数区间，语文，数学，英语，文综，在 K4：K7 分别输入 60，69，79，89，在 L4：L7 区域分别输入 0 ~ 59，60 ~ 69，70 ~ 79，80 ~ 89，90 ~ 100。

2. 统计各科各分数段学生人数

选中区域 L3：L7，在“插入函数”对话框中选择“统计”函数类别中的“FREQUENCY”函数，打开其参数对话框，在第 1 个参数文本框中选中用来计算频率的数组 F3：F20（即语文的全部学生成绩）、在第 2 个参数中选中数据接收区间 K4：K7（考虑到公式复制，对该区域手动设置为混合引用）（如图 4.3.15 所示），最后单击【Ctrl】+【Shift】+“确定”按钮，得到该区域的计算结果。

图 4.3.15 FREQUENCY 函数对话框

	K	L	M	N	O	P
2		分数区间	语文	数学	英语	文综
3		0~59	2	4	0	2
4	60	60~69	2	3	0	4
5	69	70~79	2	2	10	5
6	79	80~89	4	7	4	6
7	89	90~100	8	2	4	1

图 4.3.16 FREQUENCY 函数统计结果

将该函数的公式复制到“数学”、“英语”、“文综”3 科的统计区域内，得到各科各分数段的学生人数统计（如图 4.3.16 所示）。

❖**提示：**该函数以一列垂直数组返回一组数据的频率分布，因此选择的是一个区域进行函数设置，最终单击“确定”按钮时，也必须同时按下【Ctrl】+【Shift】组合键，才能确保整个区域能得到相应的计算结果。

3. 建立“各科男女生平均分统计”区域

在 L11：P11 区域分别输入统计说明字段 学生性别、语文、数学、英语、文综，在 L12：L13 区域分别输入 男、女。

4. 统计男女生各科成绩平均分

本例用到两个函数：SUMIF 函数和 COUNTIF 函数。前者能在满足条件的区域中，对某一项数据进行求和计算；后者能统计满足条件的区域中的数据个数。两者相除，得到满足条件的数据的平均成绩。

（1）对满足条件的数据求和

选中 M12 单元格，选择“插入函数”对话框中“数学与三角函数”类别中的“SUMIF”函数，打开其“函数参数”对话框，设置 3 个参数（如图 4.3.17 所示）：

- “Range”参数是选择条件所在的区域（本例中即学生性别所在区域）；
- “Criteria”参数是设置条件（本例选择“男”）；
- “Sum_range”参数是选择需要求和的区域（本例中即“语文”成绩区域）。

图 4.3.17　“SUMIF”函数对话框参数设置

最后单击“确定”按钮，M12 单元格得到所有“男生”的语文成绩的总和。

（2）对满足条件的数据求平均分

点击编辑框，将插入点移到函数末尾，继续输入 /COUNTIF（$C3：$C20，“男”），单击编辑栏的“输入”按钮✓，这样 M12 单元格即求出了所有男生“语文”成绩的平均分，编辑框中显示的公式是 =SUMIF（$C3：$C20，“男”，F3：F20）/COUNTIF（$C3：$C20，“男”）。

❖**提示：**SUMIF 函数属于“数学与三角函数”类别的函数，有 3 个参数，如图 4.3.17 所示。而 COUNTIF 函数属于“统计”类别的函数，有 2 个参数，一是满足条件的区域，二是条件内容。本例中，条件区域是 C3：C20，条件内容是条件区域中的所有男生。

（3）复制函数公式

选中 M12 单元格填充柄，拖动至 M13 单元格；选中 M13 单元格，对编辑框显示的公式修改为 =SUMIF（$C3：$C20，“女”，F3：F20）/COUNTIF（$C3：$C20，

“女”)，按编辑栏的“输入”按钮✓，这样 M13 单元格即求出了所有女生“语文”成绩的平均分。

选中 M12：M13 区域，点击区域右下角的“填充柄”按钮并向右拖动至 P13 单元格，得到另外 3 科男女生的平均成绩（如图 4.3.18 所示）。

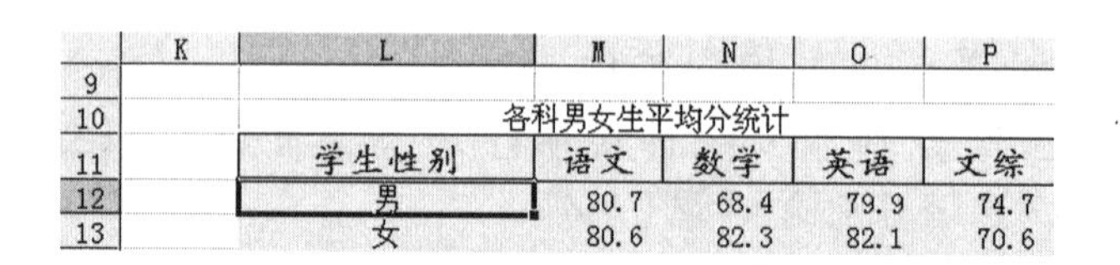

	K	L	M	N	O	P
9						
10		各科男女生平均分统计				
11		学生性别	语文	数学	英语	文综
12		男	80.7	68.4	79.9	74.7
13		女	80.6	82.3	82.1	70.6

图 4.3.18　“男女生各科成绩平均分”统计结果

技能拓展

一、公式

1. 公式的显示

通常在单元格中只显示计算的结果，而该单元格的公式本身则在编辑框中显示。如果需要在单元格中显示公式，则可以选择“工具”→“选项”菜单命令，打开“选项”对话框的“视图”选项卡，在“窗口选项”框中选中“公式”复选框（如图 4.3.19 所示），最后单击“确定”按钮。

或者按【Ctrl】+【~】组合键，即可在“显示值”和“显示公式”之间切换。

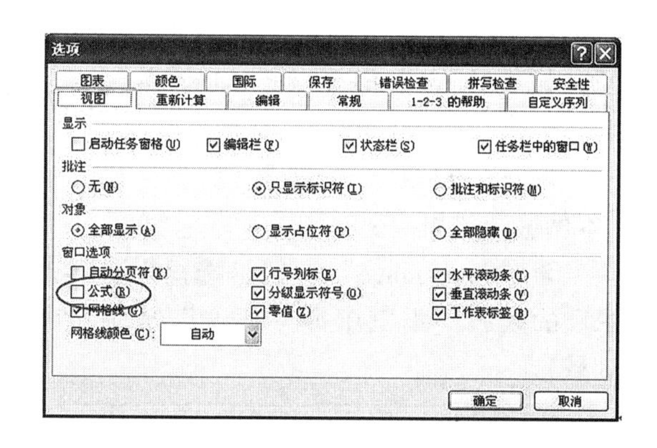

图 4.3.19　“公式”是否在单元格中直接显示的设置

2. 公式输入

公式一般采用直接输入的方法，即选中要输入公式的单元格，以“=”开始，把公式完整输入后，单击编辑栏的“输入”按钮或按回车键确认。当公式需要引用单元格时，可用鼠标直接选中该单元格，此时该单元格地址会自动出现在编辑框中。当公式中输入的数据是文本、日期和时间时，需要使用半角英文的一对双引号将其括起。

3. 函数输入

函数输入，既可以像公式那样直接输入，也可以向本案例介绍的那样，采用多种方法选中所需要的函数并对其参数进行设置后确认。

4. 公式及函数的编辑

在需要重新引用公式或需要修正公式的错误时，可以选中单元格，重新输入正确公式；对于函数，还可以点击编辑框里的公式的任意位置，再单击“插入函数”按钮，重新进入该“函数参数”中进行设置。

二、名称及其应用

Excel 允许对单元格（区域）进行命名，命名在数据处理与分析中有定位和计算的作用。其中“定位”作用可以通过“点名”的方式，快速确定操作对象的位置；“计算”作用可以在公式计算中直接引用该单元格（区域）名称，以便使公式的含义更直观。

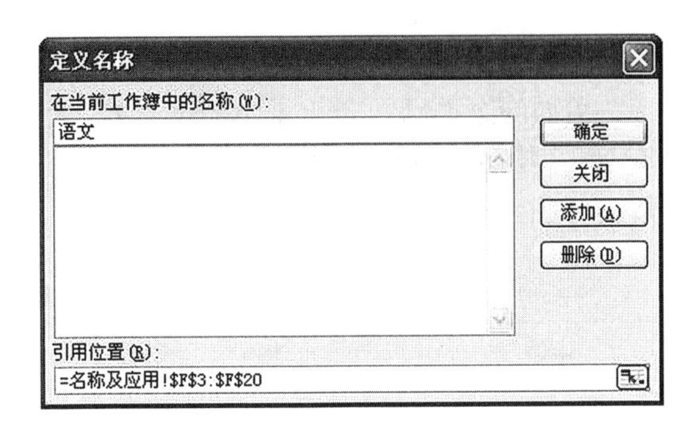

图 4.3.20　任务窗格及可选任务

1. “名称”的建立

选中要建立名称的单元格（区域）F3：F20，执行“插入”→“名称”→“定义”菜单命令，打开“定义名称”对话框（如图 4.3.20 所示），“在当前工作簿中的名称”下面的文本框中输入名称后，单击“确定”按钮，此时可见编辑栏名称框中出现“语文”。如果有其他单元格（区域）的名称，点击名称框右边的下拉列表按钮即可全部显示出来。

2. “名称”的使用

在公式或函数中，直接输入定义好的名称，表示数据来自定义名称所属的单元格（区域）。如图 4.3.21 所示，选中 D22 单元格，在编辑框中输入函数 =SUM（语文），此时工作表 F3：F20 区域自动出现蓝色框线（即“语文”名称所属的区域）；最后单击编辑栏的“输入”按钮后，即在 D22 单元格中显示出计算结果。

SUMIF　=SUM(语文)

	A	B	C	D	E	F	G	H	I
1				文科班成绩表					
2	序号	姓名	性别	出生日期	学科	语文	数学	英语	文综
3	2011001	梁幂	男	1993-7-2	文科	61	62	95	78
4	2011002	黄文	男	1993-7-6	文科	92	87	75	75
5	2011003	雷浩	男	1993-1-26	文科	65	49	95	70
6	2011004	曹婷	女	1993-1-31	文科	92	90	72	75
7	2011005	曾韵	女	1993-2-5	文科	92	87	75	52
8	2011006	戴巍	男	1992-7-10	文科	55	73	95	69
9	2011007	钱华	男	1993-6-14	文科	90	74	75	90
10	2011008	张军	男	1992-11-18	文科	73	64	75	85
11	2011009	谭荣	男	1993-1-22	文科	81	61	70	85
12	2011010	翟峰	男	1992-7-26	文科	93	94	75	55
13	2011011	何仪	男	1993-7-30	文科	96	51	80	74
14	2011012	黄艳	女	1993-2-10	文科	81	88	85	81
15	2011013	金苗	女	1993-2-15	文科	82	82	72	81
16	2011014	陈耿	女	1993-1-1	文科	90	86	88	61
17	2011015	吴波	女	1992-12-3	文科	49	58	86	63
18	2011016	刘滔	男	1992-8-3	文科	96	81	71	61
19	2011017	黄华	男	1992-4-7	文科	86	56	73	80
20	2011018	唐梦	女	1993-6-5	文科	78	85	97	81
21									
22				=SUM(语文)					
23				SUM(number1, [number2], ...)					

图 4.3.21　“名称”在函数中的使用

三、其他常用函数介绍

1. 统计函数

前面的案例已经介绍了 AVERAGE（平均值）、MAX（最大值）、MIN（最小值）、RANK（排名）、FREQUENCY（频率统计）函数，表 4.3.2 列出另外 3 个常用的统计函数（如图 4.3.22 所示）。

表 4.3.2 其他常用“统计”函数

函数	功能	示例及说明
Count（区域）	统计区域内数值数据个数	= Count（A2：I20)），如图 4.3.22（a）所示
Counta（区域）	求区域内非空单元格个数	= Counta（A11：I23)，如图 4.3.22（b）所示
Countif（区域，条件）	求区域内满足条件的数值个数	= Countif（F3：I20，“<60”)，统计指定区域内满足条件的数值的个数，如图 4.3.22（c）所示

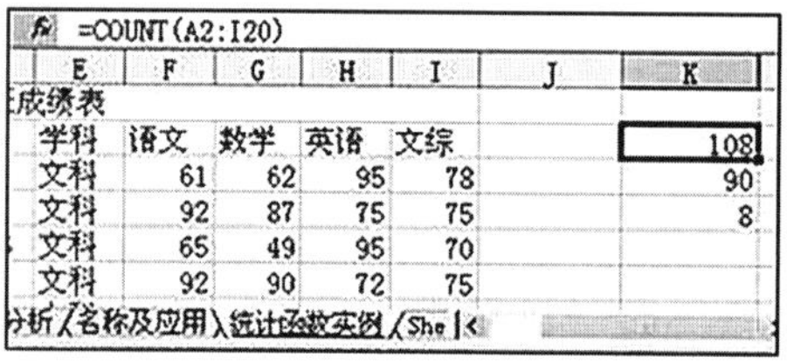

（a）“Count”函数实例

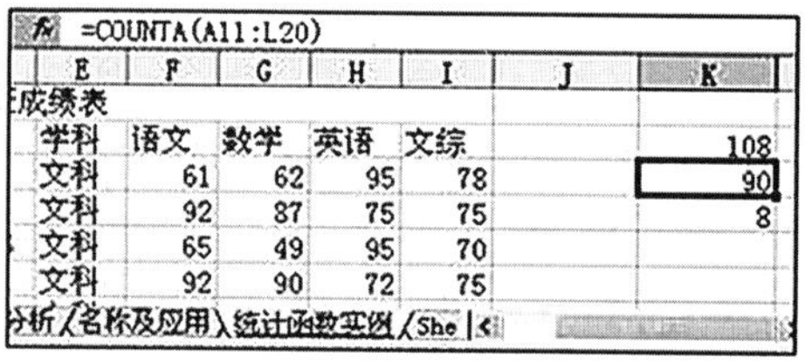

（b）“Counta”函数实例

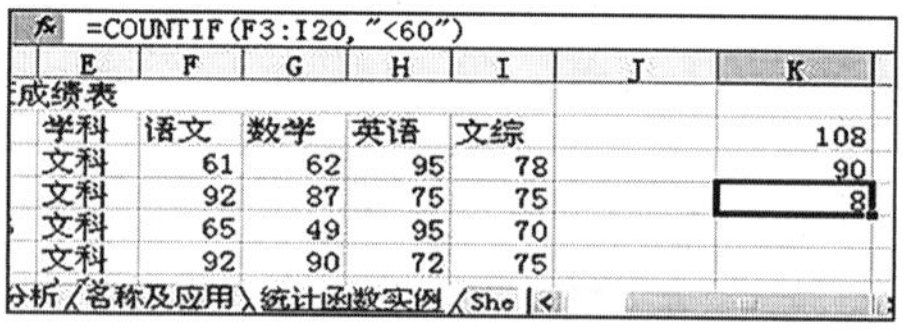

（c）“Countif”函数实例

图 4.3.22 统计函数实例

2. 数学与三角函数

前面的案例已经介绍了 SUM（求和）、SUMIF（条件求和）函数，表 4.3.3 是其他常用的数学与三角函数。

3. 数据库函数

常用的数据库函数有 DAVERAGE，DSUM，DMAX，DMIN，DCOUNT。如图 4.3.23 所示，列出了上述 5 个函数所使用的公式、计算结果及函数说明。

表 4.3.3　其他常用的“数学与三角函数”

函数	功能	函数	功能
Abs（数值）	求数值的绝对值	Sqrt（数值）	求正整数的平方根
Int（数值）	取数值的整数部分	Pi（）	返回圆周率（无参数）
Round（数值，位数）	按指定位数对数值进行四舍五入	Rand（）	求 0～1 之间的随机数（无参数），复制时会变化
Sin（数值）	返回给定角度的正弦值	Mod（被除数，除数）	返回两数相除的余数
Cos（数值）	返回给定角度的余弦值	Power（数值，乘幂）	返回某数的乘幂
Tan（数值）	返回给定角度的正切值	Product（数值多个）	计算最多 30 个数值的乘积
Exp（数值）	返回 e 的 n 次方	Fact（数值）	返回某数的阶乘
Ln（数值）	返回自然对数	Log10（数值）	返回以 10 为底的某数值的对数

函数公式	结果	说明
=DAVERAGE(A2:I20,6,F2:F20)	80.67	对A2：I20区域的第6列“语文”科目进行求平均值统计
=DCOUNT(A2:I20,2,B2:B20)	0	对A2：I20区域的第2列“姓名”进行数值个数统计
=DMAX(A2:I20,7,G2:G20)	94	对A2：I20区域的第7列“数学”科目进行求最大值计算
=DMIN(A2:I20,8,H2:H20)	70	对A2：I20区域的第8列“英语”科目进行求最小值计算
=DSUM(A2:I20,9,I2:I20)	1316	对A2：I20区域的第9列“文综”科目进行求和计算

图 4.3.23　数据库函数实例

4. 日期与时间函数

Excel 规定，日期数是指从 1900 年 1 月 1 日起到指定日期的日序数；时刻数是指从 0：00：00 起到指定时刻所经历的时间间隔，与一天 24 h 总秒数 86 400 s 之比所得到的十进制小数。图 4.3.24 是“DATEDIF”函数实例。表 4.3.4 是常用的日期与时间函数。

J3　fx =DATEDIF(D3,NOW(),"y")

	A	B	C	D	E	F	G	H	I	J
1	文科班成绩表									
2	序号	姓名	性别	出生日期	学科	语文	数学	英语	文综	学生年龄
3	2011001	梁幂	男	1993-7-2	文科	61	62	95	78	19
4	2011002	黄文	男	1993-7-6	文科	92	87	75	75	18
5	2011003	雷浩	男	1993-1-26	文科	65	49	95	70	19

图 4.3.24　“DATEDIF”函数实例

表 4.3.4 常用“日期与时间”函数

函数	功能	示例
Now（）	返回现在的日期数和时间数（无参数）；计算结果自动选用“yyyy－m－d hh：mm”类型	＝Now（），结果显示今天的日期和现在的时刻
Today（）	返回现在的日期数（无参数）；计算结果自动选用“yyyy－m－d”类型	＝Today（），结果显示今天的日期
Day（某日期）	返回某日期的日期数	设 G5 存放日期数据 2011－6－8，则公式＝Month（G5）与公式＝Month（“2011－6－8”）等效，其结果均为 6
Month（某日期）	返回某日期的月份数	
Year（某日期）	返回某日期的年份数	
Weekday（某日期）	返回某日期所在的星期序数（Excel 以星期日为每周开始的第一天）	＝Weekday（G5），结果显示 4（即星期三）
Date（year，month，day）	返回指定年、月、日的日序数；计算结果自动选用“yyyy－m－d”类型	＝Date（2011，6，8）结果显示 2011－6－8
Datedif（始日期，终日期，“返回类型”）	Excel 的隐含函数，计算终止日期与起始日期之间的差值，返回整年数用“Y”，返回整月数用“M”，返回整天数用“D”；引用实际日期一定要用双引号括住	如图 4.3.24 所示实例，其中，终止日期一定要比起始日期大
Time（hour，minute，second）	返回指定的时、分的时序数；计算结果自动选用“hh：mm AM”类型	＝Time（11，11，11）结果显示 11：11 AM

5. 财务函数

表 4.3.5 列出了 3 个常用的财务函数及功能，每个函数各有 5 个参数。图 4.3.25 至图 4.3.27 分别为 3 个函数实例。

表 4.3.5 常用“财务函数”

函数	功能	示例
Pmt（利率，偿还期数，贷款总额）	每期还贷款额度	如图 4.3.25 所示
Fv（利率，存款期数，每期存款额）	期满后的本息总和	如图 4.3.26 所示
Pv（利率，偿还期数，每期偿还数）	可贷款总额	如图 4.3.27 所示

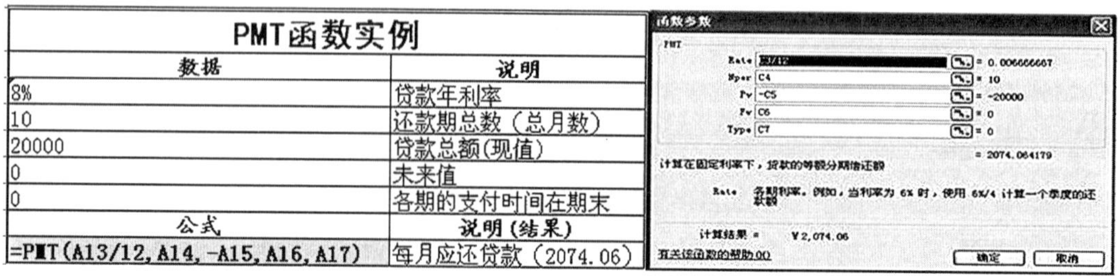
PMT函数实例
数据
说明
8%
贷款年利率
10
还款期总数（总月数）
20000
贷款总额(现值)
0
未来值
0
各期的支付时间在期末
公式
说明（结果）
=PMT(A13/12,A14,-A15,A16,A17)
每月应还贷款（2074.06）
函数参数
PMT
Rate
Nper
Pv
Fv
Type
= 0.006666667
= 10
= -20000
= 0
= 0
= 2074.064179
计算在固定利率下，贷款的等额分期偿还额
计算结果 =
¥2,074.06
确定
取消

图 4.3.25 PMT 函数实例

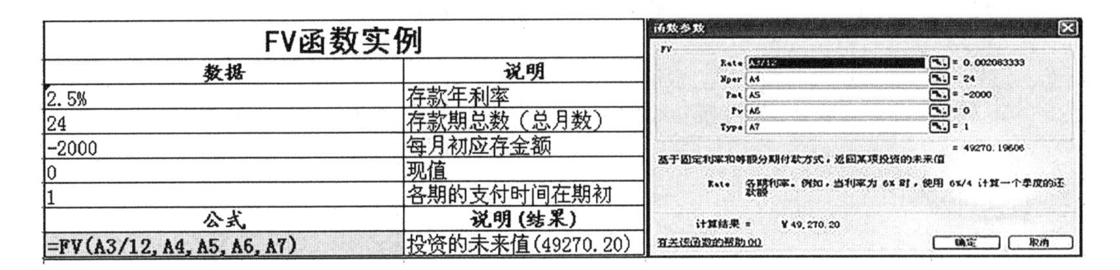

FV函数实例	
数据	说明
2.5%	存款年利率
24	存款期总数（总月数）
-2000	每月初应存金额
0	现值
1	各期的支付时间在期初
公式	说明（结果）
=FV(A3/12,A4,A5,A6,A7)	投资的未来值(49270.20)

图 4.3.26　FV 函数实例

PV函数实例	
数据	说明
2000	每月底能支付的还款额
8%	贷款年利率
20	还款的年限
0	未来值
0	各期的支付时间在期末
公式	说明（结果）
=PV(A24/12,A25*12,-A23,A26,A27)	可贷款总额(239,108.58)

图 4.3.27　PV 函数实例

6. 逻辑函数

逻辑函数有 AND，OR，NOT 函数，简称与函数、或函数、非函数（见表 4.3.6），常与 IF 函数联合使用。

表 4.3.6　常用“逻辑”函数

函数	功能	示例
AND（条件 1，条件 2……）	所有条件都满足才能返回 TRUE，否则返回 FALSE	=AND（1>0，2<4，5<7），结果显示 TRUE
OR（条件 1，条件 2……）	所有条件都不满足才能返回 FALSE，而满足条件之一就能返回 TRUE	=OR（2+1=5，9<4，18<7），结果显示 FALSE
NOT（条件）	对条件求相反的值	=NOT（1=0），结果为 TRUE

7. 文本函数

常用的文本函数见表 4.3.7。

8. 查找与引用函数

常用的查找与引用函数有 VLOOKUP，ROW，COLUMN。图 4.3.28 列出了上述 3 个函数所使用的公式、计算结果及函数意义。其中，VLOOKUP 函数应用较多，用于在工作表中查找满足条件的记录所特指字段的数据值。

表 4.3.7 常用“文本”函数

函数	功能	示例
Char（数值）	数值代码转换为对应字符	= Char（65），结果 A
Len（字符串）	求字符串的长度	= Len（“ABCDEFG”）结果 7
Upper（字符串）	字母变大写	= Upper（“xue”）结果 XUE
Lower（字符串）	字母变小写	= Lower（“SHE”）结果 she
Value（数字文本）	将数字文本转换为数值	= Value（“123”）结果 123

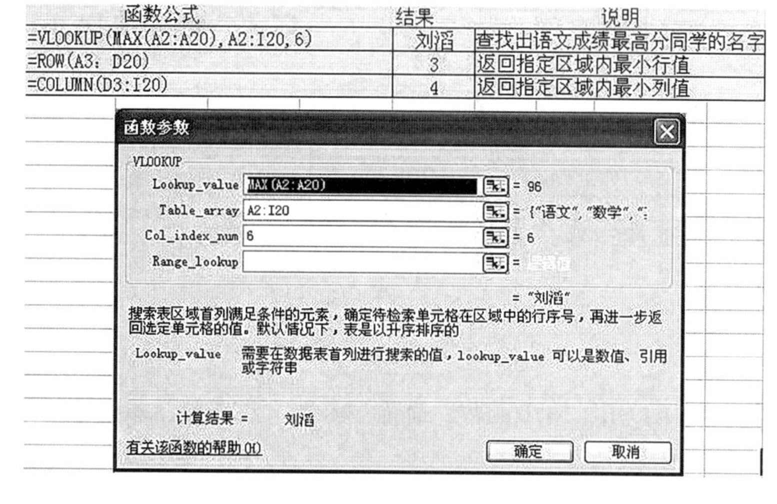

图 4.3.28 “查找与引用”函数实例

案例四 销售表图解

案例说明

青发商场在 2011 年营业结束后，商场经理需要对全年商品的销售情况进行详尽了解，只用原始数据已经不能说明销售中出现的问题了。经理要求直观地了解全年各类商品的每月销售动态，掌握各类商品的全年销售总额，对二月份（过年前后）各类商品的销售份额，以及服装日用品两大类商品的全年销售走势进行重点分析，以便进行新一年销售策略的决策。

经理助理小李拿到原始销售数据后，立即着手对数据进行了图表处理：采用“簇状柱形图”对比全年各类商品销售情况，建立“堆积柱形圆锥图”反映各类商品全年销售总额，运用“分离型三维饼图”查看二月份各类商品销售所占比例，绘出“数据点折线图”分析服装和日用品的全年销售情况。

知识准备

图表是对 Excel 数据的图形化表示，它可以使繁杂的数据更加生动、直观，清晰地显示不同数据间的差异。图表的本质，是按工作表中的数据创建不同的对象；而图表对象则由一个或多个数据系列组成。

图表创建完成后，能够改变不同图表选项的格式、调整大小、移动位置，其操作类似前面 Word 2003 中学过的对图形、图片的操作。

一、图表的组成

Excel 图表无论是何种类型图表，其基本组成是相似的。一个基本的图表是由图表区、绘图区、图表标题、图例、数值轴、数值轴标题、分类轴、分类轴标题、网格线等图表项目组成的。

➢图表区：整个图表的背景区，包含所有图表项。

➢绘图区：是真正图表所在的位置，展现工作表中图形化的数据。

➢图表标题：对整个图表的标题进行说明。

➢图例：对图表涉及的数据系列进行说明。

➢分类轴：对图表涉及的数据进行某种分类，如不同的月份、不同的科目等。一般用横轴代表分类轴（类似坐标中的 X 轴）。

➢数值轴：一般具有等差值的数字刻度，是图表中的数据的大小高低的数值参考。网格线如果没有清除，往往会沿刻度显示，多用竖轴代表数值轴（类似坐标中的 Y 轴）。

➢分类轴标题：对分类轴的标题说明。

➢数值轴标题：对数值轴的标题说明。

二、图表的创建

图表创建分 4 步：图表类型选择→图表数据源及数据系列选择→图表项选择→图表位置选择。打开“插入”→“图表”菜单命令或单击常用工具栏的按钮，都可以打开“图表向导”，按向导指示操作，最终即能得到想要的图表。

图表建好后，还可以对图表进行编辑，就像前面章节学过的对图形、图片的编辑一样。当工作表的数据发生变化时，图表中对应项的数据也会自动更新。

三、图表的类型

图表创建的第 1 步就是选择图表的类型，为必选步骤。Excel 的图表有 14 类，能提供约 100 种不同格式的图表，其中包括二维图表、三维图表。每一种图表有各自不同的直观效果，方便用户按需选择。最常用的图表有柱形图、条形图、折线图、饼图等。

四、图表的数据源

图表创建的第 2 步是选择数据源，为必选步骤。所选数据可以是包括表头行和数据行的全部数据区域，也可以在选择数据区域时，按【Ctrl】键选若干行（或若干列）的数据作图。

当数据区域不只一行（或一列）时，往往还要对数据“系列产生在”行或列进行选择。选择“行”时，分类轴往往以等宽度来显示表头行的不同字段名；选择“列”时，分类轴往往以等宽度来显示第一列的数据说明内容。

图例的内容不清晰时，要在“系列”选项卡中分别选中每个系列，并在“名称框”中输入系列名字或在数据表中选择系列名字所在的单元格。

五、图表选项

图表创建的第 3 步，是图表选项，非必选步骤。有了这一步的设置，图表会更加直观清晰地表达数据。图表选项共有 6 个选项卡，每个选项卡对应不同的图表设置：

- “标题”卡：用于输入整个图表、分类轴和数值轴的标题。
- “坐标轴”卡：用于确定主坐标上分类轴和数值轴的显示和类型。
- “网格线”卡：用于确定是否显示网格线。
- “图例”卡：用于确定是否显示图例及其位置。
- “数据标志”卡：用于确定是否显示数据标志及其显示方式。
- “数据表”卡：用于确定是否在图表下方的网格中显示每个数据系列的值。

图表选项在图表建立后，还可以修改。其方法是右击图表区，执行快捷菜单中的“图表选项”即可进入其对话框进行修改。

六、图表建立的方式

图表创建的第 4 步也是最后一步，即选择图表建立的方式，为必选步骤。图表建立方式分为嵌入式图表和独立图表两种。

嵌入式图表与数据源在同一张工作表中，是悬浮在工作表上的一个图表对象，能移动到工作表的任意位置；与其他绘图对象一样，它可以进行移动、调整大小等操作；能随着工作表一起被保存和打印。

而独立图表也称图表工作表，它在创建时占据一张工作表，打印时与数据源分开打印。

 **操作步骤**

一、采用簇状柱形图对比全年各类商品销售情况

打开“青发商场销售情况 . xls”工作簿文件，选中“原始数据表”工作表（如图 4. 4. 1 所示）。

1. 选择图表类型

选中报表数据区域中的全部单元格，执行“插入”菜单的“图表”或单击常用工具栏中的“图表向导”按钮，打开如图 4. 4. 2 所示的“图表向导 - 4 步骤之 1 - 图表类型”对话框。

选择“标准类型”的默认选项“簇状柱形图”，单击“下一步”按钮，打开“图

表向导－4 步骤之 2－图表源数据”。

	A	B	C	D	E	F	G	H	I	J
1	2011年商场销售情况表（单位：万元）									
2	商品类别	服装	日用品	办公用品	食品	烟酒茶	化妆品	家俱	汽车用品	保健品
3	1月	337	558	236	497	461	234	320	135	164
4	2月	1123	2076	698	2011	2988	889	1106	597	1678
5	3月	389	433	312	465	533	207	372	211	132
6	4月	278	467	196	488	499	301	261	95	155
7	5月	265	515	220	744	478	287	248	119	411
8	6月	378	577	207	512	506	265	361	106	179
9	7月	299	511	289	497	478	250	282	188	164
10	8月	533	482	584	432	454	227	516	483	99
11	9月	447	689	378	875	497	666	430	277	542
12	10月	465	484	219	527	1023	253	448	118	194
13	11月	577	398	262	551	517	299	560	161	218
14	12月	531	478	277	483	499	331	514	176	150

图 4.4.1　原始数据表

图 4.4.2　“图表向导”步骤 1“图表类型”设置

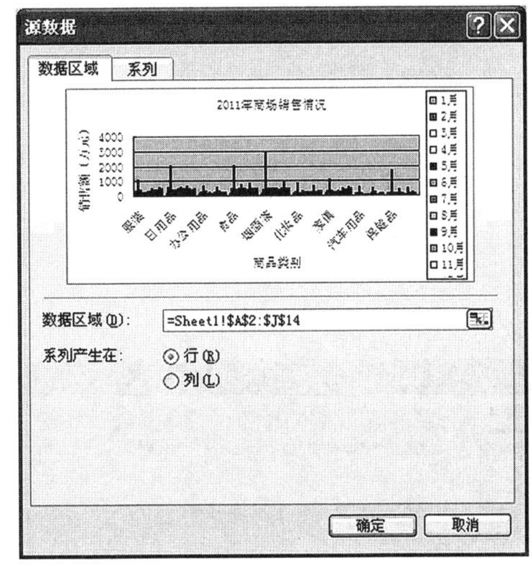

图 4.4.3　“图表向导”步骤 2“数据区域”设置

2. 选择图表引用的数据区域

点击“数据区域”选项卡中“数据区域”文本框右边的折叠按钮，选择数据区域为 B2：J14；系列产生在“行”，如图 4.4.3 所示。

点击“系列”选项卡中“分类（X）轴标志”文本框右边的折叠按钮，选择分类 X 轴区域为 B2：J2（如图 4.4.4 所示）。单击“下一步”按钮，打开“图表向导－4 步骤之 3－图表选项”。

3. 设置图表其他选项

在“标题”选项卡中分别输入“图表标题”、“分类（X）轴”、“数值（Y）轴”的标题，其他保持默认设置（如图 4.4.5 所示）。单击“下一步”打开“图表向导－4 步骤之 4－图表位置”。

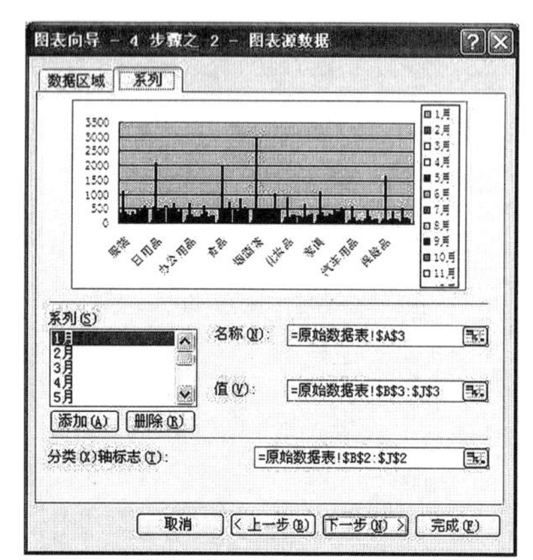

图 4.4.4 “图表向导”步骤 2 “数据系列”设置

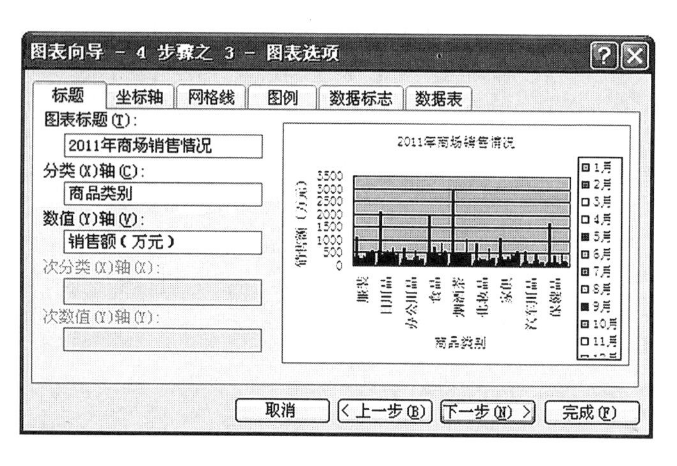

图 4.4.5 “图表向导”步骤 3 “标题”设置

4. 选择图表插入位置

选择“作为新工作表插入”，并输入工作表标签的名称为“2011 年销售状况表”(如图 4.4.6 所示)，单击“完成”按钮后得到如图 4.4.7 所示的柱形图。

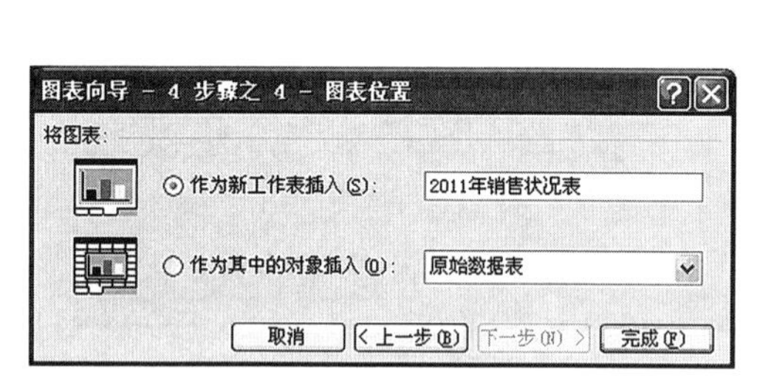

图 4.4.6 “图表向导”步骤 4 “图表位置”设置

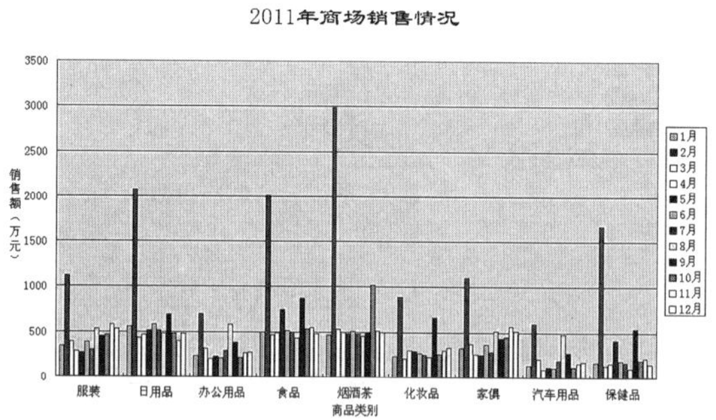

图 4.4.7 根据“图表向导”四步设置后得到的柱形图

二、进行图表修饰

Excel 图表生成后，系统默认的格式往往不好看，并且其文字与图表之间的比例也不协调。为了使设计的图表更具有表现力，用户可以对图表中的各个图表项进行格式修改。

1. 修改图表标题的字体、字号与颜色

鼠标指向图表标题，系统同时出现提示“图标标题”，单击右键选择“图表标题格式”快捷菜单，选中“字体”选项卡，设置“字体”为“隶书”，“字号”为“24”号(如图 4.4.8 所示)，单击“确定”按钮，完成对图表标题的格式修改。

2. 设置分类轴标题格式

鼠标指向分类轴标题，系统同时出现提示“分类轴标题”，单击右键选择“分类轴标题格式”快捷菜单，选中“字体”选项卡，设置“字体”为“宋体”，“字号”为“12”号，单击“确定”按钮完成对分类轴格式的修改。

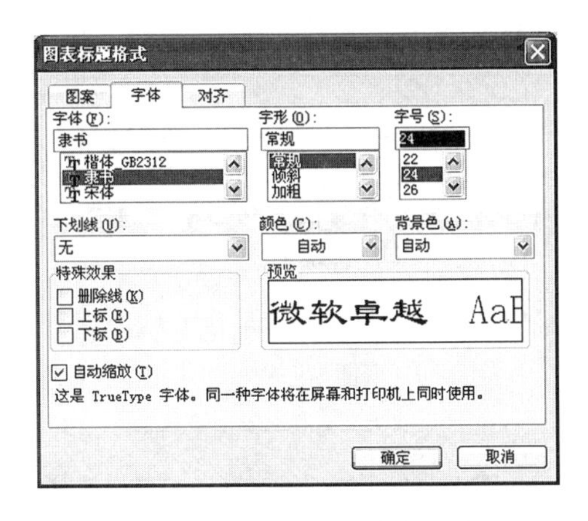

图 4.4.8　图表标题格式设置

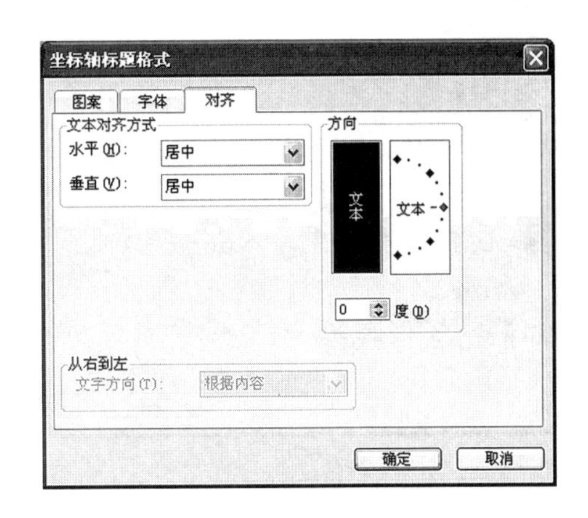

图 4.4.9　坐标轴标题格式“对齐”设置

3. 设置数值轴标题格式

鼠标指向数值轴标题，系统同时出现提示“数值轴标题”，单击右键选择“数值轴标题格式”快捷菜单，选中“对齐”选项卡，设置“方向”为“竖排”，完成格式修改（如图 4.4.9 所示）。

4. 修改图例、分类轴、数值轴的字号

分别选中图例、分类轴、数值轴，并把它们的“字号”分别设置为“14”、“12”、“12”。

5. 调整数值轴刻度

鼠标移到数值轴刻度，系统提示“数值轴”，右击，打开快捷菜单，选择“刻度”选项卡，在“主要刻度单位”文本框中输入“500”，单击“确定”按钮（如图 4.4.10 所示）。

6. 设置图表区背景

鼠标移到图表外围空白位置，系统提示“图表区”，右击，打开快捷菜单，选中“图表区格式”（如图 4.4.11 所示），在对话框中选择“图案”选项卡，在“区域”中选择“黄色”后，单击“确定”按钮。

7. 设置绘图区背景

鼠标移到图表中间位置，系统提示“绘图区”，右击，打开快捷菜单，选中“绘图区格式”，在对话框的“区域”中选择“浅紫色”后，单击“确定”按钮。

8. 清除网格线

鼠标移到图表中间任意一条网格线上，系统提示“数值轴主要网格线”，右击，在快捷菜单中选择“清除”，最终得到如图 4.4.12 所示的结果。

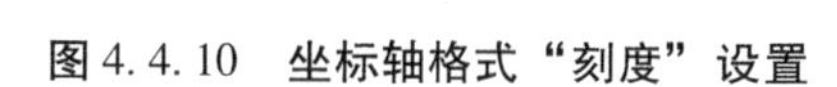

图 4.4.10　坐标轴格式“刻度”设置

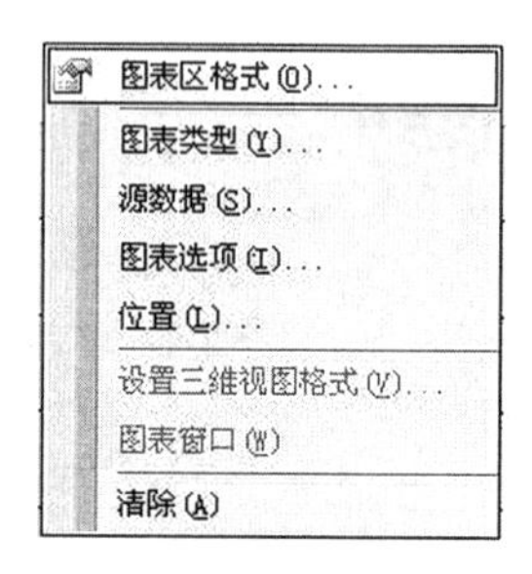

图 4.4.11　在“图表区”打开快捷菜单

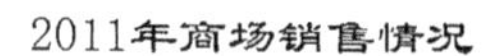

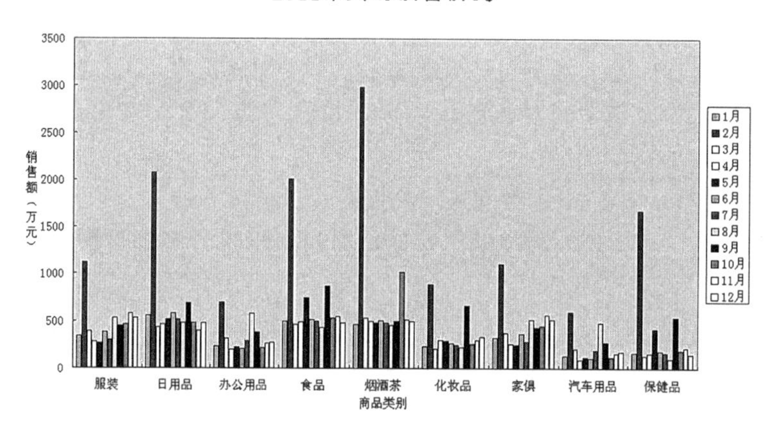

图 4.4.12　“2011 年商场销售情况”柱形图美化效果图

三、建立堆积柱形圆锥图反映各类商品全年销售总额

1. 选择图表类型

选中“原始数据表”中的数据区域的全部单元格，启动图表向导，选择图表类型为“圆锥图”，在“子图表类型”中选择“堆积柱形圆锥图”，如图 4.4.13 所示。

2. 选择图表引用的数据区域

在“图表数据源”中，选择“系列产生”在“行”。

3. 设置图表选项

在“图表选项”中，给图表加标题：2011 年各类商品销售总额。

4. 设置图表插入位置

在“图表位置”中，选择“作为新工作表插入”，并在文本框中输入 2011 年各类商品销售总额，单击“完成”按钮，得到如图 4.4.14 所示的结果。

图 4.4.13　选择“堆积柱形圆锥图”

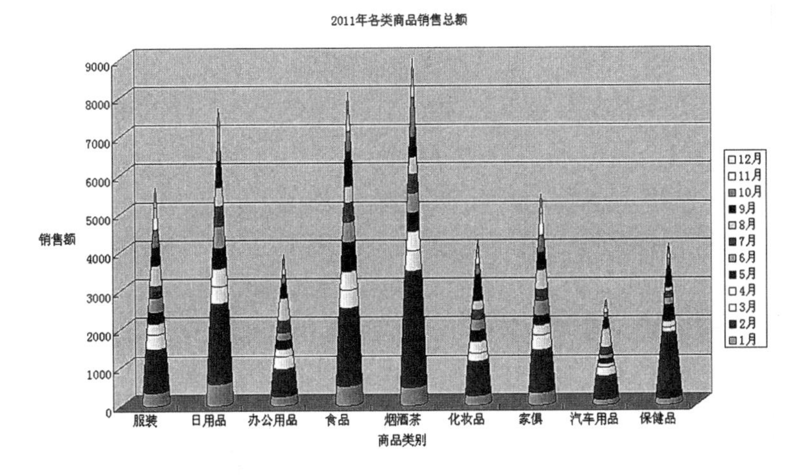

图 4.4.14　“2011 年各类商品销售总额”堆积圆锥图效果

四、运用分离型三维饼图查看二月份各类商品销售所占比例

1. 选择图表类型

在“原始数据表”工作表，启动图表向导，选择图表类型为“饼图”，在“子图表类型”中选择“分离型三维饼图”。

2. 选择图表引用的数据区域

在“图表数据源”中，选择“数据区域”为 A4：J4，“系列产生”在“行”。

在“系列”选项卡中，在“分类标志”中输入区域 B2：J2（如图 4.4.15 所示）。

3. 设置图表选项

在“图表选项”中，给图表添加标题：2011 年 2 月各类商品销售情况。

在“数据标志”选项卡中，选中“数据标签包括”中的“百分比”（如图 4.4.16 所示）。

图 4.4.15 在“饼图”中添加“分类标志”

图 4.4.16 在“饼图”中添加“数据标志”

4. 设置图表插入位置

在“图表位置”中，选择“作为新工作表插入”，并在文本框中输入 2011 年 2 月各类商品销售情况，单击“完成”按钮。

5. 对图表各部分进行格式修改美化

对图表“标题”格式修改为隶书、20 号，并居中。

对图表“图例”格式的“位置”修改为“放置于底部”（如图 4.4.17 所示）。

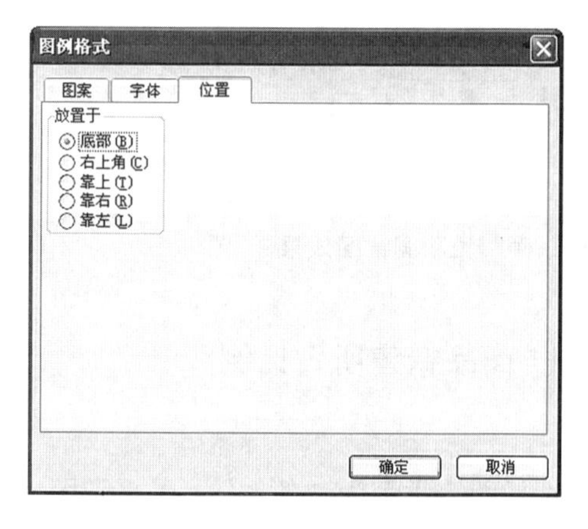

图 4.4.17 “图例格式”设置

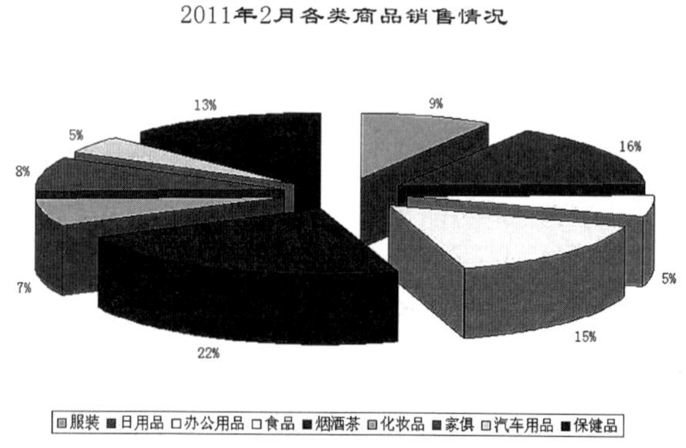

图 4.4.18 分离型三维饼图效果

对标题、饼图、图例进行调整，使它们位置居中，高度适宜，最终得到如图 4.4.18 所示的“2011 年 2 月各类商品销售情况”分离型三维饼图的效果。

五、绘出数据点折线图分析服装和日用品的全年销售情况

1. 选择图表类型

在“原始数据表”工作表中，启动图表向导，选择图表类型为“折线图”，在“子图表类型”中选择“数据点折线图”。

2. 选择图表引用的数据区域

在“数据源”中，选择“数据区域”为 A2：C14，“系列产生”在“列”（如图 4.4.19 所示）。

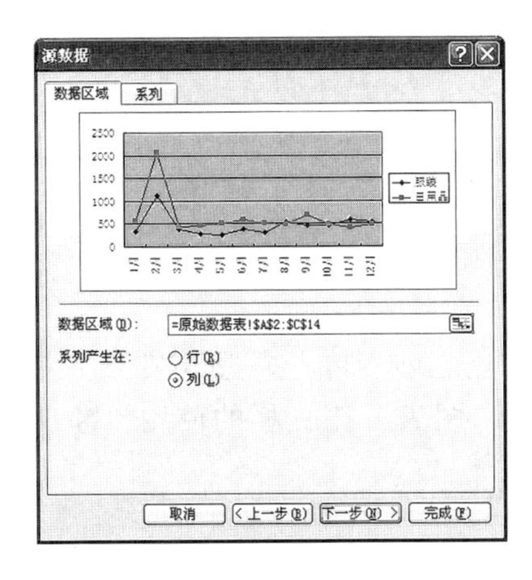

图 4.4.19　“折线图”数据区域及系列产生设置

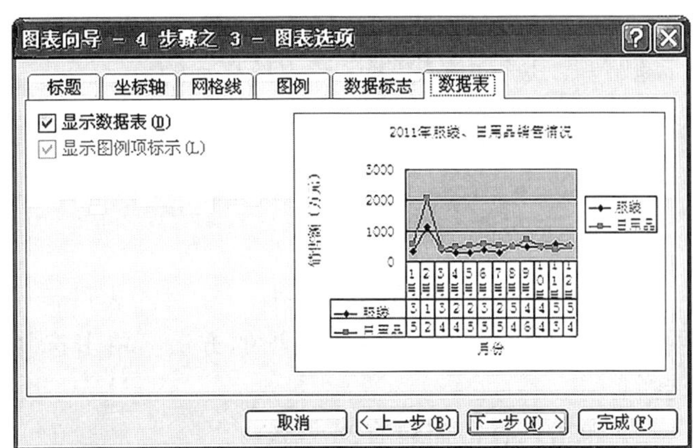

图 4.4.20　在“图表选项”中设置“显示数据表”

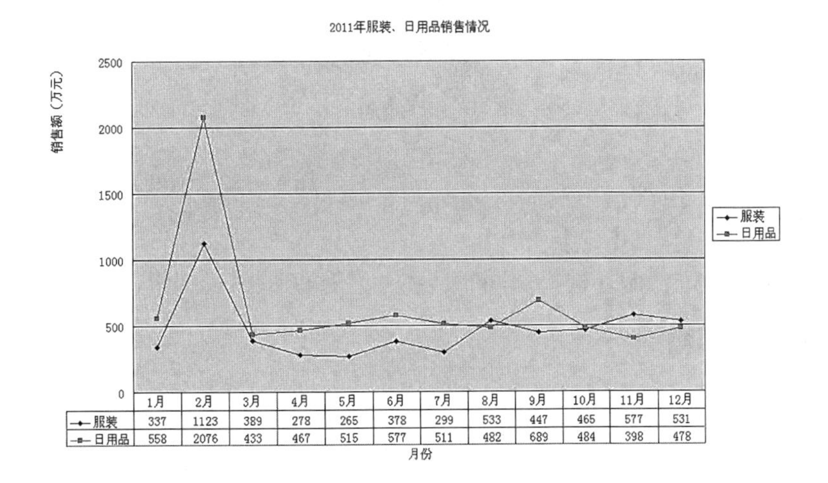

	1月	2月	3月	4月	5月	6月	7月	8月	9月	10月	11月	12月
服装	337	1123	389	278	265	378	299	533	447	465	577	531
日用品	558	2076	433	467	515	577	511	482	689	484	398	478

图 4.4.21　“2011 年服装、日用品销售情况”数据点折线图效果

3. 设置图表选项

在“图表选项”中，给图表添加标题：2011 年服装、日用品销售情况。

在“数据表”选项卡中，选中“显示数据表”的复选框（如图 4.4.20 所示）。

4. 设置图表插入位置

在“图表位置”中，选择“作为新工作表插入”，并在文本框中输入2011 年服装、日用品销售情况，单击“完成”按钮，得到如图 4.4.21 所示的结果。

六、移动和调整图表的比例大小

如果在图表向导第 4 步的“图表位置”中，选择“作为其中的对象插入”，并选择当前工作簿中的某个工作表，则图表将成为该工作表中的一张嵌入式的图表。与图形对象的操作方法一样，选中该图表，就可以调整它的整体位置和大小。

图表中各个部分，如“图表标题”、“图例”、“绘图区”、“分类轴标题”、“数值轴标题”等，是可以在图表区域内部移动的。

技能拓展

一、选定图表项

与处理 Excel 的其他数据一样，在对图表进行格式化之前，首先要选定某个图表项。Excel 提供了 3 种选择图表项的方法：单击选择、“图表”工具栏的使用、键盘选择。

➢单击选择最简单直观。单击后，可以在编辑栏的“名称框”中看到所选图表项的名称。

➢“图表”工具栏在插入或选中图表时，一般会自动显示出来。点击其最左边的下拉列表框按钮，可以展开不同图表选项，选择后就可以编辑（如图 4.4.22 所示）。

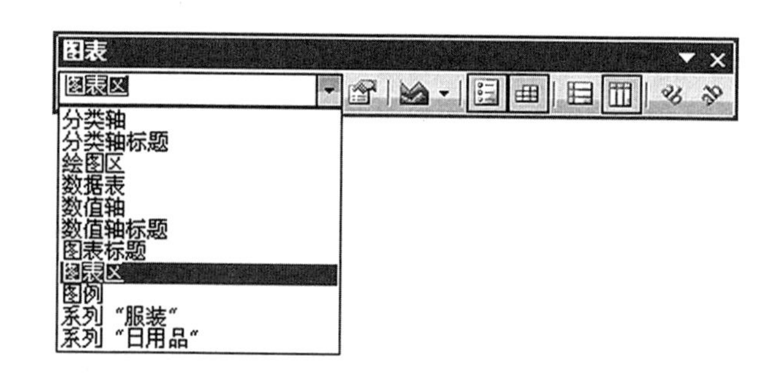

图 4.4.22 图表工具栏

➢选中图表后，用键盘上的方向键【→】、【←】、【↑】、【↓】能对图表各项进行循环选择。同时，在“名称框”中看到所选图表项的名称。

二、图表类型简介

1. 柱形图

柱形图是 Excel 2003 默认图表类型，不仅以柱形的长短代表数值的大小，便于进行数据比较、反映系列间的差异；而且，由于同分类项中各系列水平排列，也能表达一段时期内数据的变化情况。柱形图的分类位于横轴，数据位于纵轴。

2. 条形图

条形图是柱形图的 90°旋转，采用水平横条的长度来表示数据值的大小，它能淡化数值项随时间的变化，而只突出数值项之间的比较。条形图的分类位于纵轴，数值位于横轴。

3. 圆柱、圆锥和棱锥图

圆柱、圆锥和棱锥图是柱形图和条形图的立体效果图，与三维柱形图和条形图相似。

4. 折线图

折线图是用直线将各数据点连接起来而组成的图形，用于显示某个时期内的数据在相等时间间隔内的变化趋势。折线图与面积图相似，但它更强调变化率，而不是变化量。

5. 面积图

面积图实际上是折线图的另一种表现形式，通过折线和分类轴组成的面积来显示数据的总和、说明各部分相对于整体的变化。它强调的是变化量，而不是变化的时间和变化率。

6. 饼图

饼图通常只用一组数据系列作为源数据，它将一个圆划分为若干个扇形，每个扇形代表数据系列中的一项数据，其面积的大小可直观反映该项占总和的比例值。

7. 圆环图

圆环图与饼图相类似，它能显示多个数据系列，而饼图仅能显示一个数据系列。圆环图由多个同心的圆环组成，每个圆环又被划分为若干个圆环段，每个圆环段代表一个数据值在相应数据系列中所占的比例。

8. XY 散点图

XY 散点图即可用来比较几个数据系列中的数值，也可将两组数值显示为 XY 坐标系中的一个系列。它除了可以显示数据的变化趋势外，还可用来描述数据之间的关系。在 XY 散点图中没有分类轴，而有两条数值轴。

9. 气泡图

气泡图是一种特殊类型的 XY 散点图，数据标记的大小表示出数据组中第 3 个变量的值；在组织数据时，可将 X 值放置于一行或一列中，在相邻的行或列中输入相关的 Y 值和气泡大小。

10. 雷达图

在雷达图中，每个分类都拥有自己的数值坐标轴。

11. 曲面图

曲面图使用不同的颜色和图案来指示在同一取值范围的区域，适合在寻找两组数据之间的最佳组合时使用。

12. 股价图

股价图经常用来描绘股票的价格走势，也可用于科学数据，如随气压变化的数据。生成股价图时，必须以正确的顺序组织数据，其中，计算成交量的股价图有两个数值标志，一个代表成交量，另一个代表股票价格，在股价图中可以包含成交量。

案例五　工资表数据管理

案例说明

青鑫公司 3 月份要发工资啦！接到财务部门通知，经理想按职位由高到低的顺序查看工资发放情况，又想了解各部门实发工资的总量；而工会特别想了解实发工资低于 2 000 元的女职员的情况，还想按部门分职务查看不同性别的员工的实发工资平均数。

办公室小王立即找到公司工资表的 Excel 文件，首先将工资表复制了 4 张工作表，在 4 张工作表分别作不同的数据分析：①自定义一个“经理、主管、职员”的序列，并按其排序；②按“所属部门”字段对“实发工资”进行“求和”的分类汇总；③对性别为“女”、实发工资为“<2 000”的数据进行高级筛选；④作一个数据透视表，按部门分职务查看男女员工的实发工资平均数。

知识准备

一、数据库知识

1. 数据库

数据库指以相同结构方式存储的数据集合。常见的数据库有层次型、网络型和关系型 3 种。其中关系型数据库是一张二维表，由表栏目及栏目内容组成。Excel 数据库是关系型的数据库，其工作表的表栏目行也称“字段名行”，栏目内容行也称“数据行”或“记录行”；字段名是对各列数据的说明，同列数据的数据类型必须一致。

2. 数据库管理

Excel 对数据管理，就是利用现有的数据表格，根据用户需求对数据进行数据查找、修改、删除、添加、排序（分类）、筛选（查询）、分类汇总、数据交叉汇总（数据透视）、合并计算等操作。执行以上操作时，Excel 就把这个数据表当成一个数据库。

二、Excel 数据库操作

1. 数据清单

数据清单是包含相关数据的一系列工作表数据行，如学生的成绩表、职员的工资表等。清单中的列是数据库中的字段，列标题是数据库的字段名，清单中的每一行是数据库的一条记录。

在 Excel 中，数据库意义下的数据清单通常是表格状的，前面所学的输入和编辑数据、插入删除等操作，在这里同样适用。为了方便记录的添加和编辑，Excel 还提供了记录单的功能，其中显示了字段名、输入数据的文本框以及对记录操作的按钮，这样的数据视图使记录输入变得更容易和精确。如图 4. 5. 1 所示，使用“数据”→“记录单”菜单命令，即可进行记录单操作。

2. 数据排序

数据排序是把工作表中的数据按照某种顺序进行排列。Excel 可以对整个数据清单的数据进行排序，也可以对某一列或所选定的单元格区域进行排序。

数据排序方法有两种：一是按照排序条件选择排序关键字所在字段名，并把活动单元格放在该字段名下的第一个数据单元格，接着选择常用工具栏的排序按钮或进行升序或降序，即可以快速得到预期结果；二是选定目标单元格区域，用“数据”→“排序”菜单命令打开“排序”对话框（如图 4. 5. 2 所示），根据需要进行相应的设置，最后单击“确定”按钮即可。

图 4. 5. 1　“成绩管理”对话框

图 4. 5. 2　“排序”对话框

3. 数据筛选

数据筛选是把符合指定条件的记录筛选显示出来，并隐藏不满足条件的记录。Excel提供了自动筛选和高级筛选两种方法，前者为简单条件的筛选，后者多为复杂条件的筛选。

“自动筛选”需要先选定数据区域，再打开“数据”→“筛选”→“自动筛选”菜单命令，然后在筛选字段的下拉列表中选择相应的选项即可。

“高级筛选”需要先建立条件区域，再选定数据区域，执行“数据”→“筛选”→“高级筛选”菜单命令，根据需要在“高级筛选”对话框中进行相应设置（如图 4. 5. 3 所示）。

4. 分类汇总

分类就是按指定字段排序，即将同类的记录排列在一起；汇总就是对其他多个字段的值按汇总方式分别进行计算。汇总方式包括求和、求平均值、统计个数、求最大值、求最小值等。使用“数据”→“分类汇总”菜单命令进行这项操作（如图 4. 5. 4 所示）。

5. 数据透视表

数据透视表能对大量数据快速汇总并建立交互式的交叉列表表格，一个工作表的数据透视表结果如图 4. 5. 5 所示，它结合了排序、筛选和分类汇总 3 个过程，让用户在一个数据库中快速重组和统计数据。数据透视表由页字段、行字段、列字段和数据区域组成。选择“数据”→“数据透视表和数据透视图”菜单命令，根据提示向导进行 3 个步骤的操作，就能得到需要的结果。

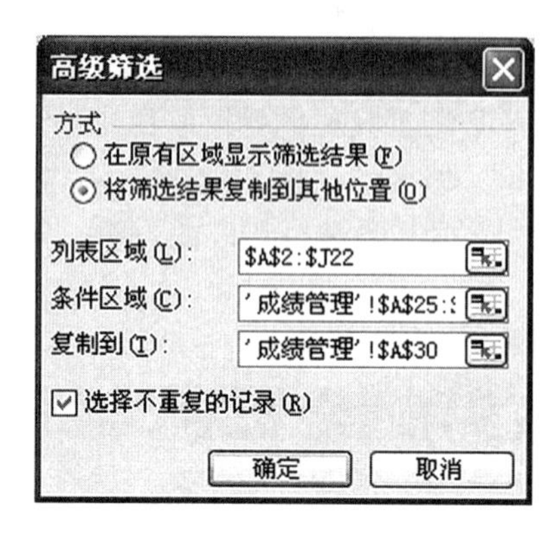

图 4.5.3 “高级筛选”对话框

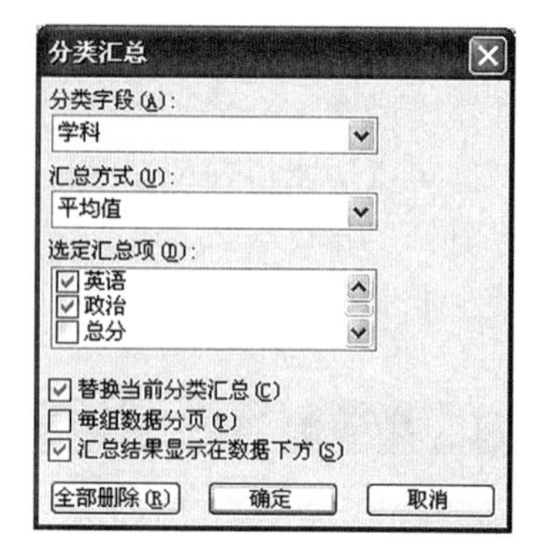

图 4.5.4 “分类汇总”对话框

	A	B	C	D	E
25	QX024	张军	男	劳资科	职员
26	QX025	周志	男	销售科	职员
27					
28	部门	(全部)			
29					
30	平均值项:实发工资	职务			
31	性别	经理	科长	职员	总计
32	男	5931.5	5466.15	3374.07	4038.285714
33	女	5810	5196.15	3361.4	4362.790909
34	总计	5858.6	5331.15	3369.31875	4181.068

图 4.5.5 “数据透视表”结果及“数据透视表”工具栏

6. 数据合并计算

数据合并计算能对一个或多个结构一样的表进行合并统计，并将结果保存到指定位置。使用“数据”→“合并计算”菜单命令进行这项操作。

操作步骤

打开“公司工资表.xls”工作簿文件，将“工资表”复制 4 份，分别命名为“工资排序表”、“工资汇总表”、“工资筛选表”和“工资透视表”（如图 4.5.6 所示）。

一、排序

按职务高低排序的各条记录，操作如下：

1. 设置“自定义序列”

选择“工资排序表”，执行“工具”→“选项”菜单命令，打开“选项”对话框并选择“自定义序列”选项卡，在右边的“输入序列”文本框中输入预定义的序列（文本间用半角英文的逗号隔开或按回车键）（如图 4.5.7 所示），单击“添加”按钮，即在左边的“自定义序列”栏中呈现新输入的序列，最后单击“确定”按钮完成设置。

	A	B	C	D	E	F	G	H	I	J	K	L	M	N	O	P	Q
1	编号	姓名	性别	部门	职务	底薪	补贴	房补	车补	医疗	其它	应发工资	三险	公积金	扣税	应扣合计	实发工资
2	QX001	艾提	男	计划科	科长	2500	1500	400	100	200	2200	6900	250	180	192	622	6278
3	QX002	蔡国	男	计划科	职员	1500	500	200	100	100	330	2730	150	120	0	270	2460
4	QX003	成燕	女	财务科	经理	3000	2000	600	200	300	600	6700	350	280	152	782	5918
5	QX004	成智	男	计划科	职员	1500	500	200	100	100	330	2730	150	120	0	270	2460
6	QX005	程玲	女	劳资科	职员	1500	500	200	100	100	330	2730	150	120	0	270	2460
7	QX006	邓晶	男	劳资科	经理	3000	2000	600	200	300	560	6660	350	280	148	778	5882
8	QX007	何晓	男	销售科	职员	1500	500	200	100	100	2700	5100	150	120	39.9	309.9	4790.1
9	QX008	和秀	女	销售科	职员	1500	500	200	100	100	880	3280	150	120	0	270	3010
10	QX009	赫龙	男	计划科	职员	1500	500	200	100	100	330	2730	150	120	0	270	2460
11	QX010	华丽	女	销售科	职员	1500	500	200	100	100	1000	3400	150	120	0	270	3130
12	QX011	江华	女	办公室	经理	3000	2000	600	200	300	380	6480	350	280	130	760	5720
13	QX012	康喜	男	劳资科	科长	2500	1500	400	100	200	420	5120	250	180	35.7	465.7	4654.3
14	QX013	李涛	男	销售科	职员	1500	500	200	100	100	1740	4140	150	120	11.1	281.1	3858.9
15	QX014	刘梅	女	办公室	职员	1500	500	200	100	100	380	2780	150	120	0	270	2510
16	QX015	刘珍	女	财务科	科长	2500	1500	400	100	200	420	5120	250	180	35.7	465.7	4654.3
17	QX016	卢新	男	办公室	职员	1500	500	200	100	100	380	2780	150	120	0	270	2510
18	QX017	马玲	女	销售科	科长	2500	1500	400	100	200	1600	6300	250	180	132	562	5738
19	QX018	尼孜	男	销售科	职员	1500	500	200	100	100	2780	5180	150	120	42.3	312.3	4867.7
20	QX019	祁明	男	计划科	经理	3000	2000	600	200	300	670	6770	350	280	159	789	5981
21	QX020	谭红	女	销售科	职员	1500	500	200	100	100	1890	4290	150	120	15.6	285.6	4004.4
22	QX021	王甫	男	财务科	职员	1500	500	200	100	100	330	2730	150	120	0	270	2460
23	QX022	杨青	女	销售科	经理	3000	2000	600	200	300	460	6560	350	280	138	768	5792
24	QX023	袁莉	女	销售科	职员	1500	500	200	100	100	2980	5380	150	120	56	326	5054
25	QX024	张军	男	劳资科	职员	1500	500	200	100	100	330	2730	150	120	0	270	2460
26	QX025	周志	男	销售科	职员	1500	500	200	100	100	3380	5780	150	120	96	366	5414

图 4.5.6 “工资表”原始数据

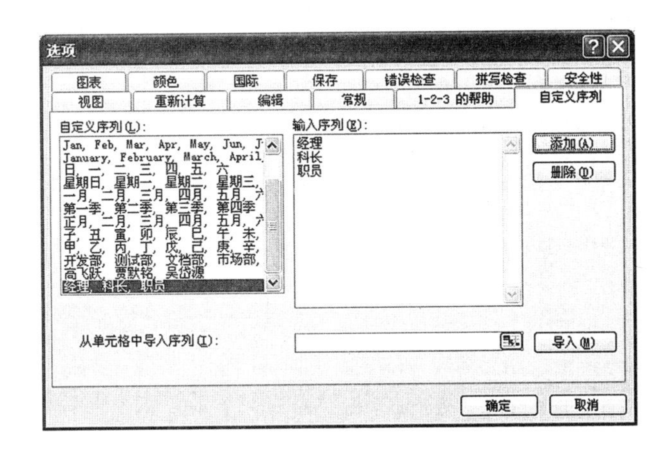

图 4.5.7 “自定义序列”的设置

2. 排序

将活动单元格置于数据区域中任意位置，执行“数据”→“排序”菜单命令，打开“排序”对话框，选中关键字“职务”（如图 4.5.8 左图所示）；点击对话框左下角的“选项”按钮，打开“排序选项”对话框，按“自定义排序次序”文本框右端的下拉列表按钮，选中自定义序列（如图 4.5.8 右图所示）；最后单击“确定”按钮，排序效果如图 4.5.9 所示。

二、筛选

利用高级筛选，将工资低于 2 600 元的女职员筛选到以 A31 为首单元格的区域，操作如下：

① 制作高级筛选的条件区域。打开“工资筛选表”，将单元格 Q1“实发工资”和 C1“性别”两个字段名内容分别复制到 A28 和 B28 中，在 A29 和 B29 分别输入如图 4.5.10 所示的数据，完成条件区域 A28：B29 制作（本例中，两个条件要同时满足，因

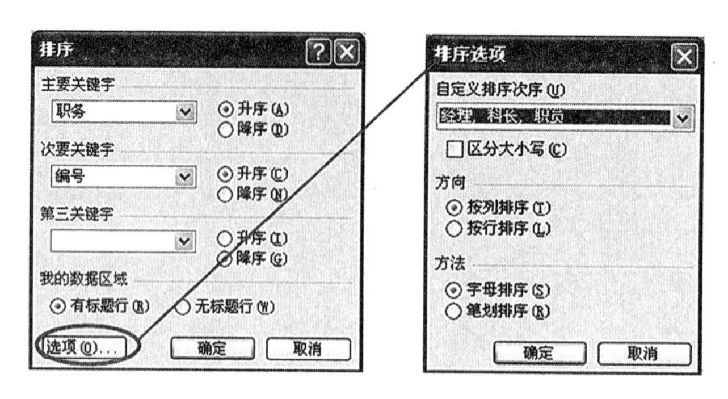

图 4.5.8　“排序”中设置“主要关键字”（左）及按“自定义排序次序”设置关键字（右）

	A	B	C	D	E	F	G	H	I	J	K	L	M	N	O	P	Q
1	编号	姓名	性别	部门	职务	底薪	补贴	房补	车补	医疗	其它	应发工资	三险	公积金	扣税	应扣合计	实发工资
2	QX003	成燕	女	财务科	经理	3000	2000	600	200	300	600	6700	350	280	152	782	5918
3	QX006	邓晶	男	劳资科	经理	3000	2000	600	200	300	560	6660	350	280	148	778	5882
4	QX011	江华	女	办公室	经理	3000	2000	600	200	300	380	6480	350	280	130	760	5720
5	QX019	祁明	男	计划科	经理	3000	2000	600	200	300	670	6770	350	280	159	789	5981
6	QX022	杨青	女	销售科	经理	3000	2000	600	200	300	460	6560	350	280	138	768	5792
7	QX001	艾提	男	计划科	科长	2500	1500	400	100	200	2200	6900	250	180	192	622	6278
8	QX012	康喜	男	劳资科	科长	2500	1500	400	100	200	420	5120	250	180	35.7	465.7	4654.3
9	QX015	刘珍	女	财务科	科长	2500	1500	400	100	200	420	5120	250	180	35.7	465.7	4654.3
10	QX017	马玲	女	销售科	科长	2500	1500	400	100	200	1600	6300	250	180	132	562	5738
11	QX002	蔡国	男	计划科	职员	1500	500	200	100	100	330	2730	150	120	0	270	2460
12	QX004	成智	男	计划科	职员	1500	500	200	100	100	330	2730	150	120	0	270	2460
13	QX005	程玲	女	劳资科	职员	1500	500	200	100	100	330	2730	150	120	0	270	2460
14	QX007	何晓	男	销售科	职员	1500	500	200	100	100	2700	5100	150	120	39.9	309.9	4790.1
15	QX008	和秀	女	销售科	职员	1500	500	200	100	100	880	3280	150	120	0	270	3010
16	QX009	赫龙	男	计划科	职员	1500	500	200	100	100	330	2730	150	120	0	270	2460
17	QX010	华丽	女	销售科	职员	1500	500	200	100	100	1000	3400	150	120	0	270	3130
18	QX013	李涛	男	销售科	职员	1500	500	200	100	100	1740	4140	150	120	11.1	281.1	3858.9
19	QX014	刘梅	女	办公室	职员	1500	500	200	100	100	380	2780	150	120	0	270	2510
20	QX016	卢新	男	办公室	职员	1500	500	200	100	100	380	2780	150	120	0	270	2510
21	QX018	尼孜	男	销售科	职员	1500	500	200	100	100	2780	5180	150	120	42.3	312.3	4867.7
22	QX020	谭红	女	销售科	职员	1500	500	200	100	100	1890	4290	150	120	15.6	285.6	4004.4
23	QX021	王甫	男	财务科	职员	1500	500	200	100	100	330	2730	150	120	0	270	2460
24	QX023	袁莉	女	销售科	职员	1500	500	200	100	100	2980	5380	150	120	56	326	5054
25	QX024	张军	男	劳资科	职员	1500	500	200	100	100	330	2730	150	120	0	270	2460
26	QX025	周志	男	销售科	职员	1500	500	200	100	100	3380	5780	150	120	96	366	5414

图 4.5.9　“按职务高低排序”效果图

此在同一行制作条件）。

② 进行“高级筛选”。将活动单元格置于数据区域中任意位置，执行“数据”→“筛选”→“高级筛选”菜单命令，打开“高级筛选”对话框，选择“方式”为“将筛选结果复制到其他位置”，再分别设置好“列表区域”（包括字段名行及所有记录行）、“条件区域”（A28：B29）、“复制到”（A31 是筛选结果的首个单元格位置，可手动输入或直接点击此单元格），最后单击“确定”按钮，筛选结果如图 4.5.11 所示。

25	QX024	张军	男	劳资科	职员	1500	500	200	100	100	330	2730
26	QX025	周志	男	销售科	职员	1500	500	200	100	100	3380	5780
27												
28	实发工资	性别										
29	<2600	女										
30												

图 4.5.10　“高级筛选”条件区域设置

28	实发工资	性别															
29	<2600	女															
30																	
31	编号	姓名	性别	部门	职务	底薪	补贴	房补	车补	医疗	其它	应发工资	三险	公积金	扣税	应扣合计	实发工资
32	QX005	程玲	女	劳资科	职员	1500	500	200	100	100	330	2730	150	120	0	270	2460
33	QX014	刘梅	女	办公室	职员	1500	500	200	100	100	380	2780	150	120	0	270	2510

图 4.5.11　**实发工资低于 2 600 元的女职员筛选结果**

三、分类汇总

按部门汇总实发工资总额，操作如下：

① 分类。打开“工资汇总表”，将活动单元格置于部门字段名下的第一个单元格位置，点击常用工具栏的排序按钮 或 进行升序或降序的操作，即可得到按部门排序后的数据表（同部门的职员记录集中显示后，才会显示下一部门的职员记录）。

② 汇总。选择“数据”→“分类汇总”菜单命令，打开“分类汇总”对话框，进行如图 4.5.12 左图所示的设置“分类字段”为“部门”、“汇总方式 ”为“求和”、“汇总项”为“实发工资”，最后按“确定”按钮，详细分类汇总结果如图 4.5.12 右图所示。

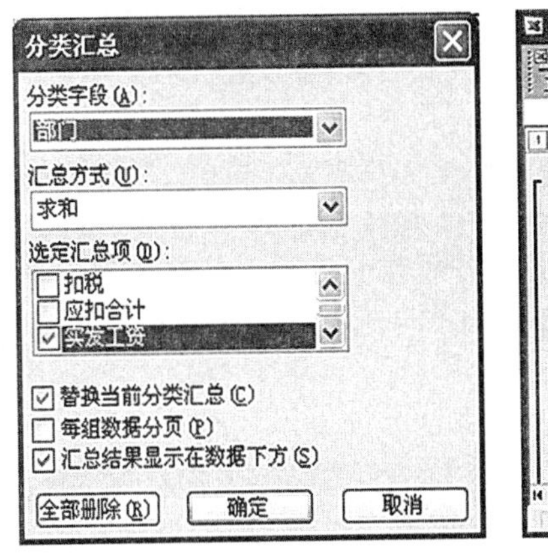

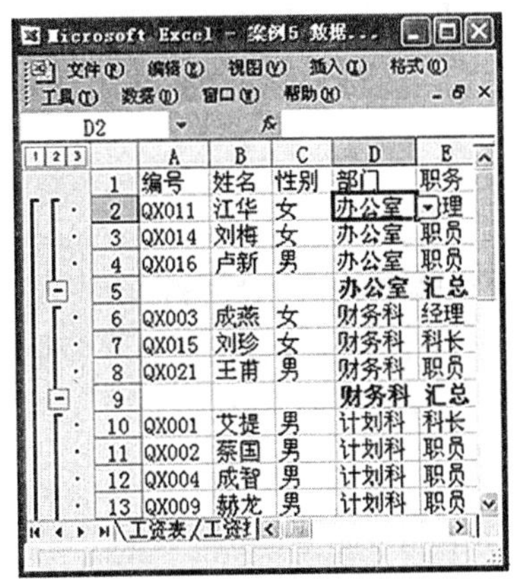

图 4.5.12　**“分类汇总”对话框设置（左）、详细分类汇总结果（右）**

③ 选择显示级别。分类汇总后，可选择行号左端上部的大纲控制符对数据进行分级显示。

四、数据透视

利用数据透视表实现按部门分职务汇总不同性别员工的实发工资平均数，操作如下：

① 打开“工资透视表”，执行“数据”→“数据透视表和数据透视图”菜单命令，调出“数据透视表和数据透视图向导”（如图 4.5.13 所示），选择“数据源类型”和“所创建的报表类型”后，单击“下一步”按钮。

② 如图 4.5.14 所示，选定要建立数据透视表的数据源区域后，单击“下一步”

按钮。

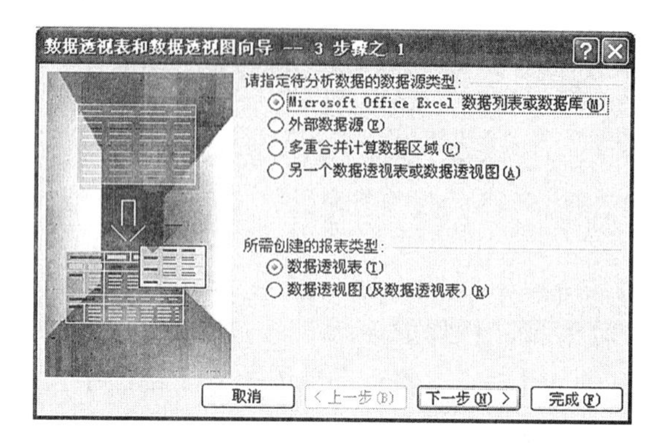

图 4.5.13 “数据透视表”第 1 步设置

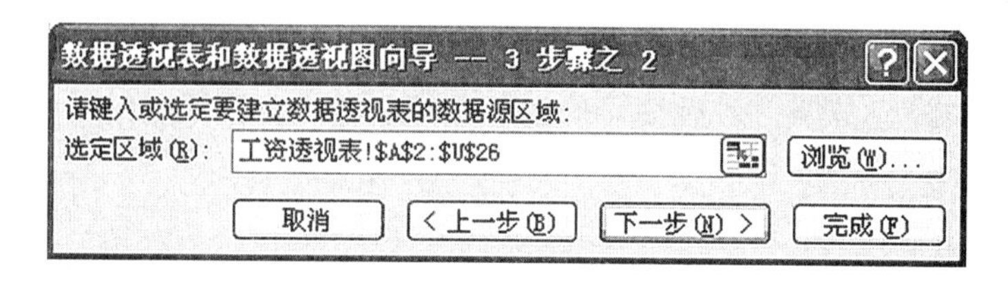

图 4.5.14 “数据透视表”第 2 步设置

③ 如图 4.5.15 所示，选定“数据透视表显示位置”。点击“布局”按钮打开“布局”对话框，按提示将不同字段拖入相应位置进行透视表布局（如图 4.5.16 所示）。双击数据项，在弹出的“数据透视表字段”对话框中更改汇总方式为“平均值”（如图 4.5.17 所示），单击“确定”按钮返回如图 4.5.15 所示的对话框，最后单击“完成”按钮，数据透视结果如图 4.5.18 所示。

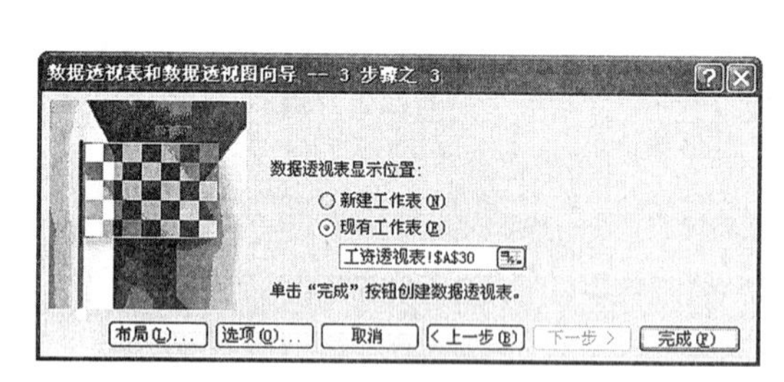

图 4.5.15 “数据透视表”第 3 步“显示位置”设置

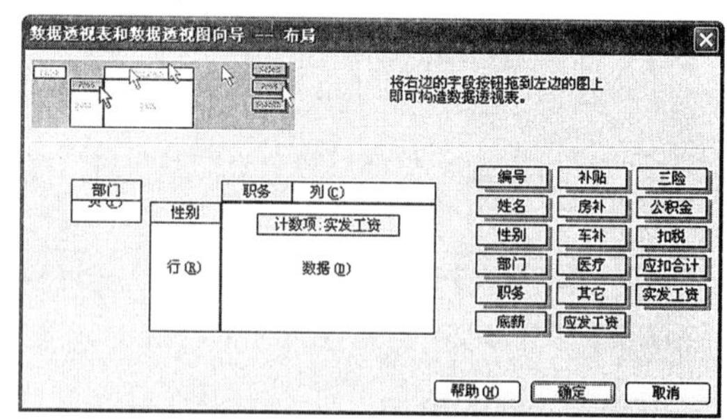

图 4.5.16 “数据透视图”步骤 3“布局”对话框

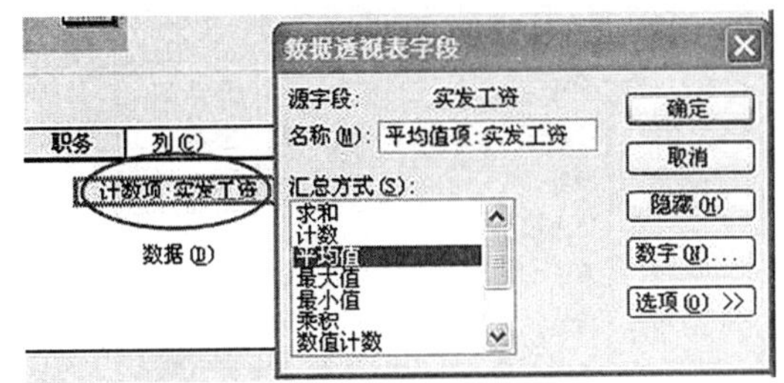

图 4.5.17　数据项汇总方式设置

	A	B	C	D	E
28	部门	(全部)			
29					
30	平均值项:实发工资	职务			
31	性别	经理	科长	职员	总计
32	男	5931.5	5466.15	3374.07	4038.285714
33	女	5810	5196.15	3361.4	4362.790909
34	总计	5858.6	5331.15	3369.31875	4181.068

图 4.5.18　“数据透视表”汇总结果

技能拓展

一、数据记录单

1. 设计结构

对于空白的数据库（工作表），可以先设计数据清单的结构，即在工作表的字段名行依次输入各个字段名（如图 4.5.19 所示）。

	A	B	C	D	E	F	G
1	学号	姓名	数学	语文	英语	总分	平均分
2							
3							
4							

图 4.5.19　设计数据结构

2. 输入数据

活动单元格移到字段名下第一条记录行中任意单元格，打开“数据”→“记录单”菜单命令，弹出如图 4.5.20 所示的对话框，单击“确定”按钮。

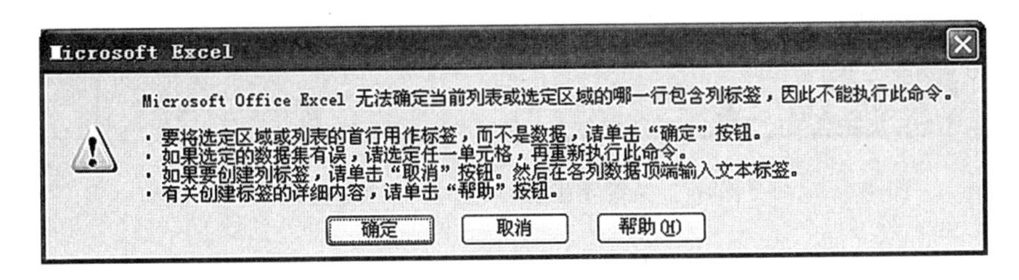

图 4.5.20　“确定”后进入“数据记录单”对话框

如图 4.5.21 所示，在“记录单”对话框中，分别在各字段名后的文本框中输入数据（字段间可按【Tab】键移动），单击“新建”按钮或按【Enter】键，即加入了一条当前记录，单击“下一条”按钮可以继续输入记录，直到输完所有记录。

❖**提示**：建立数据清单时要注意：

① 一个数据清单中不要混有其他数据；

② 在数据清单的首行创建列标志（即字段名）；

③ 避免在数据清单中放置空白行和列，尤其是在字段名行和第一行数据之间不要有空行；

④ 字段名使用的字体、对齐方式、格式、图案、边框或大小写样式，最好与其他数据记录行的格式有区别；

⑤ 同一列数据的类型应该一致；

⑥ 单元格的开始处不要插入多余的空格。

图 4.5.21 当前工作表的“记录单”对话框

二、排序

排序时应先选定对象（一列、部分数据区域或整个数据区域），如果是对整个数据区域的记录进行排序，可以不选区域，直接把活动单元格移到数据区域任意位置，进行菜单命令的操作。

打开“排序”对话框，对“主要关键字”、“次要关键字”、“第三关键字”以及相应的“递增”、“递减”选项进行设定（排序时，主要关键字的值相同时，记录按次要关键字排序，如果次要关键字的值也相同，则按第 3 关键字对记录进行排序）。（如图 4.5.22 左图所示）。

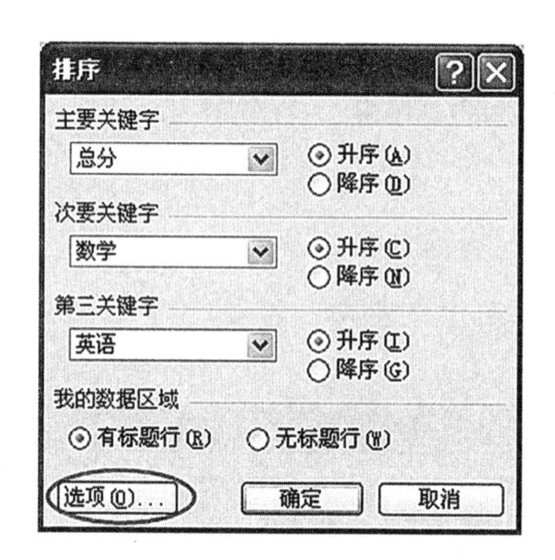

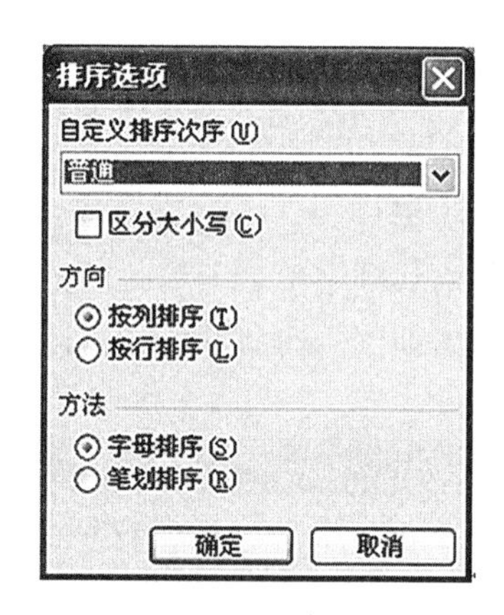

图 4.5.22 “排序”关键字设置（左）、“排序选项”选择（右）

Excel 默认状态为按列、按字母排序。如果需要按行排序，或者文本按笔画排序，或者按自定义序列排序，则可以点击排序对话框中的“选项”按钮，打开“排序选项”对话框进行设置（如图 4.5.22 右图所示），选择“按行排序”后，单击“确定”按钮，将返回“排序”对话框，此时 3 个关键字的下拉列表框中，只能选择“行 1、行 2、行 3……”进行排序；选择自定义排序时，必须先在“工具”→“选项”菜单命令中的“自定义序列”选项卡中，先把自定义序列设定好，才能在打开“排序”对话框选好关键字后，点击“排序选项”中的自定义排序次序进行选择。

三、筛选

筛选是对满足条件的记录进行选择。筛选条件可能是多个，当多个条件必须同时满足时，我们用 AND（与）来表示；当所有条件满足其一即可时，我们用 OR（或）来表示。

筛选方法分为自动筛选和高级筛选两种。

1. 自动筛选

自动筛选可以同时在若干字段中指定筛选条件，条件之间是“与”的关系。筛选结果显示在原来的数据区域上，无法明显看到筛选条件。

操作步骤为：

① 将活动单元格移到数据区域中任一位置，选择“数据”→“筛选”→“自动筛选”菜单命令，各字段名的右端即显示一个下拉箭头；单击筛选条件所在字段（如“性别”）的下拉箭头会出现下拉列表，包括：升序排列、降序排列、(全部)、(前 10 个...)、(自定义...) 以及在该列出现的值，如图 4.5.23 所示，选中列表中“男”，则所有男生的记录被筛选出来。设定了筛选条件的字段名的下拉箭头和筛选出来的记录行号变成蓝色。

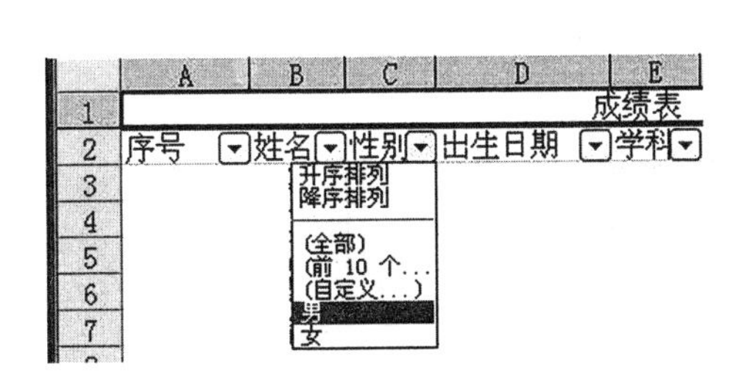

图 4.5.23　“自动筛选”条件设置

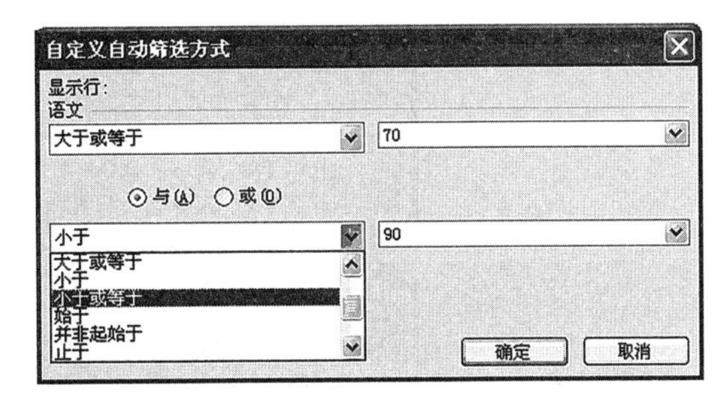

图 4.5.24　“自定义自动筛选方式”对话框设置

② 单击另一条件所在字段（如“语文”）的下拉箭头，选择“自定义...”，打开“自定义自动筛选方式”对话框，如图 4.5.24 所示，设置筛选条件（同一字段的筛选条件可以有“与”、“或”的选择），单击“确定”按钮，得到“语文成绩在 70 ~ 90 之间的男生”的筛选结果（如图 4.5.25 所示）。

	A	B	C	D	E	F	G	H	I	J
1	成绩表									
2	序号	姓名	性别	出生日期	学科	语文	数学	英语	政治	总分
9	2011007	钱华	男	1993-6-14	理科	90	74	75	90	329
10	2011008	张军	男	1992-11-18	理科	73	64	75	85	297
11	2011009	谭荣	男	1993-1-22	理科	81	61	70	85	297
19	2011017	黄华	男	1992-4-7	文科	86	56	73	80	295

图 4.5.25　“语文成绩在 70 ~ 90 之间的男生”筛选结果

取消“自动筛选”时，选择“数据”→“筛选”菜单命令，取消“自动筛选”前面的“√”标记，这样所有自动筛选下拉箭头取消，所有数据恢复显示。

2. 高级筛选

高级筛选能把筛选结果与原数据区分开，筛选条件需要在工作表中专门设定。筛选条件区域第一行为筛选条件的字段名（最好从数据区域字段名行直接复制过来，避免输入时因大小写或多空格造成与数据区域字段名不一致）；在条件区域字段名下分别输入条件；条件在同一行表示 AND（与）的关系，条件在不同行表示 OR（或）的关系；条件区内不能有空行（有空行则条件设置无效，仍会显示全部记录）。

（1）建立条件区域

如图 4. 5. 26 左图所示，在 A22：D25 区域建立条件（本例的筛选条件是："语数英"三科只要其中一科分数高于 75 分的男生都可入选。条件中，"性别"与其他科目是"与"的关系，设置在同行，3 个科目之间是"或"的关系，必须设置在不同行）。

（2）进行高级筛选

把活动单元格移到数据区域中任一位置，选择"数据"→"筛选"→"高级筛选"菜单命令，打开"高级筛选"对话框（如图 4. 5. 26 右图所示），设置筛选的方式、列表区域（必须包括数据区域中字段名行及所有数据行）、条件区域、复制到（可以直接输入结果显示的起始单元格），单击"确定"按钮，满足"语数英三科成绩之一高于 75 分的所有男生"的筛选结果如图 4. 5. 27 所示。

	A	B	C	D	E
17	2011015	吴波	女	1992-12-3	理科
18	2011016	刘滔	男	1992-8-3	理科
19	2011017	黄华	男	1992-4-7	文科
20	2011018	唐梦	女	1993-6-5	文科
21					
22	性别	语文	数学	英语	
23	男	>75			
24	男		>75		
25	男			>75	
26					

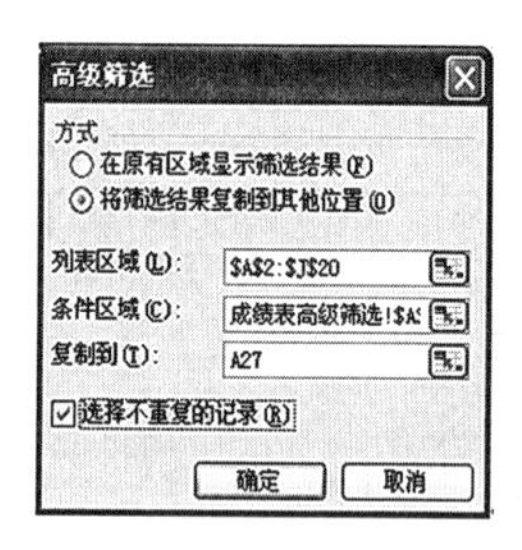

图 4. 5. 26 "高级筛选"条件区域设置（左）、"高级筛选"对话框设置

	A	B	C	D	E	F	G	H	I	J
21										
22	性别	语文	数学	英语						
23	男	>75								
24	男		>75							
25	男			>75						
26										
27	序号	姓名	性别	出生日期	学科	语文	数学	英语	政治	总分
28	2011001	梁幂	男	1993-7-2	理科	61	62	95	78	296
29	2011002	黄文	男	1993-7-6	文科	92	87	75	75	329
30	2011003	雷浩	男	1993-1-26	文科	65	49	95	70	279
31	2011006	戴巍	男	1992-7-10	理科	55	73	95	69	292
32	2011007	钱华	男	1993-6-14	理科	90	74	75	90	329
33	2011009	谭荣	男	1993-1-22	理科	81	61	70	85	297
34	2011010	翟峰	男	1992-7-26	理科	93	94	75	55	317
35	2011011	何仪	男	1993-7-30	理科	96	51	80	74	301
36	2011016	刘滔	男	1992-8-3	理科	96	81	71	61	309
37	2011017	黄华	男	1992-4-7	文科	86	56	73	80	295

图 4. 5. 27 "语数英三科成绩之一高于 75 分的所有男生"筛选结果

❖**提示：**在"高级筛选"对话框中，选中"选择不重复记录"复选框后再筛选，

筛选结果中相同记录只有一条（必须选择“将筛选结果复制到其他位置”方式才有效），这可用于合并相同结构的工作表（先把两个工作表记录全复制在一个表中，再按介绍操作即可）。

四、分类汇总

分类汇总一定要先对分类字段进行排序，使该字段相同的数据记录全部集中显示，再打开“分类汇总”对话框进行设置。

分类汇总结果显示后，在行号的左侧出现分级显示大纲控制符号。单击 3 级大纲控制符号，将显示详细记录及汇总信息（如前面案例中分类汇总的结果选择）；单击 2 级大纲控制符号，只显示分类汇总信息，如图 4. 5. 28 所示的“成绩表分类汇总”实例中，以性别为分类字段，对各单科成绩的平均分进行汇总，并选择了 2 级分类汇总方式显示结果；单击 1 级大纲控制符号，只有总计一行信息显示。

	A	B	C	D	E	F	G	H	I
1	成绩表								
2	序号	姓名	性别	出生日期	学科	语文	数学	英语	政治
14			男 平均值			80.73	68.4	79.9	74.73
22			女 平均值			80.57	82.3	82.1	70.57
23			总计平均值			80.67	73.8	80.8	73.11

图 4. 5. 28 “以性别为分类字段，对各单科成绩平均分汇总”的 2 级分类汇总显示结果

取消分类汇总时，需要打开“分类汇总”对话框，单击左下角“全部删除”按钮，单击“确定”按钮。这样，分类汇总结果取消，恢复到原始工作表数据状态。

五、数据透视表

分类汇总只能对一个字段进行分类后汇总，而数据透视表可以对多个字段进行汇总。

1. 数据透视表的组成

① 页字段：数据透视表中指定为页方向的源数据字段，单击页字段的不同项，数据透视表只会显示与之相关的汇总数据，有看书翻页的感觉。

② 行字段：数据透视表中指定为行方向的源数据字段，行字段名出现在数据透视表的最左列。

③ 列字段：数据透视表中指定为列方向的源数据字段，列字段名出现在页字段下方、透视表的首行。

④ 数据区域：数据透视表中含有汇总数据的区域，其单元格显示行、列字段中数据项的汇总数据，数据区每个单元格中的数值代表数据源记录或行的一个汇总。

2. 创建数据透视表

首先将活动单元格移到源数据区域中任一个单元格，选择“数据”→“数据透视表和数据透视图”菜单命令，在“数据透视表和数据透视图向导”对话框中按向导进行操作：

① 指定数据源的类型，确定创建报表类型。

② 指出源数据的位置。

③ 指出数据透视表显示的位置。

④ 点击“布局”按钮，指定数据透视表的显示布局和数据计算方式。

⑤ 点击“选项”按钮，编辑数据透视表的名称、是否显示列总计、行总计等（如图 4.5.29 所示）。

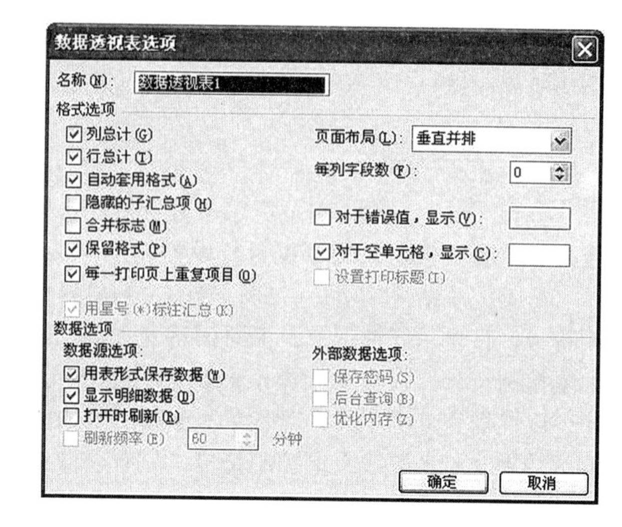

图 4.5.29 “数据透视表选项”对话框

3. 编辑数据透视表

图 4.5.30 是对“成绩表数据透视”工作表进行“布局”设置，数据透视表创建完成时，如图 4.5.31 所示，会自动打开“数据透视表”工具栏和“数据透视表字段列表”（单击“视图”→“工具栏”菜单命令，也可打开或关闭“数据透视表”工具栏）。

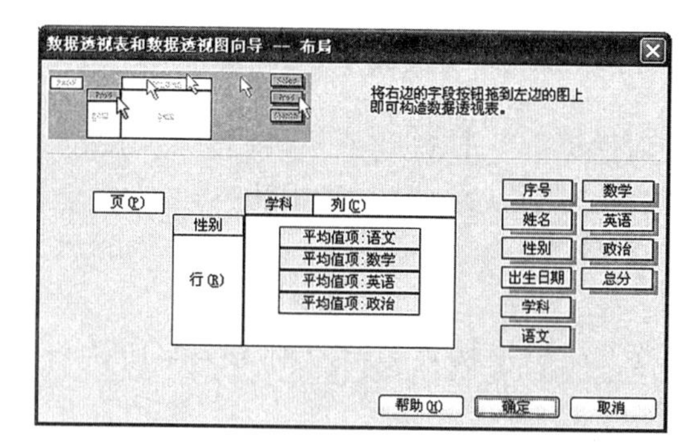

图 4.5.30 “成绩表数据透视”的“布局”设置

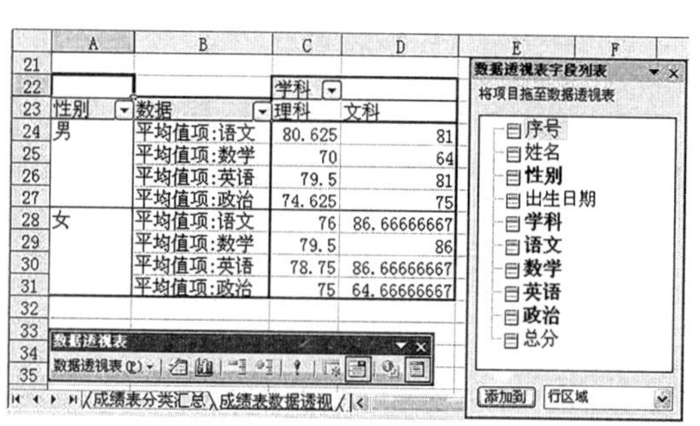

图 4.5.31 “成绩表数据透视”结果及工具栏显示

① 把“数据透视表字段列表”的字段拖动到数据透视表中，可添加数据透视表的字段。

② 利用工具栏“数据透视表”中的“数据透视表向导”按钮，可调出对话框重新布局。

③“表选项”可调出透视表选项进行重新设定。

④ 利用工具栏的“图表向导”按钮，可创建数据透视图。

⑤ 如果数据源中的数据进行了修改，使用工具栏的“刷新数据”按钮，可修改透视表中的数据。

⑥ 使用工具栏的“字段设置”按钮，可改变汇总方式。

⑦ 使用工具栏的“显示”→“隐藏字段列表”，可显示或隐藏“数据透视表字段列表”。

六、合并计算

数据合并计算能对一个或多个结构一样数据表进行不同方式的合并统计，将结果保存到指定的统计位置。如图 4.5.32 所示的实例中，左边两个表是数据表，右边是统计结果表。操作如下：

	A	B	C	D	E	F	G	H
1	一集团负责人			二集团负责人			统计表	
2	科室	姓名		科室	姓名		科室	姓名
3	劳资科	祁　红		技术科	艾　提		劳资科	2
4	劳资科	杨　明		财务科	达晶华		企管办	2
5	企管办	江　华		财务科	刘　珍		油材科	6
6	企管办	成　燕		财务科	风　玲		生产科	2
7	油材科	莉　军		保卫科	建　军		技术科	1
8	油材科	祥　龙		保卫科	玉　甫		财务科	3
9	油材科	蔡　国		保卫科	成　智		保卫科	4
10	油材科	卢　新		保卫科	尼工孜		总务科	1
11	油材科	王和秀		总务科	生　华		医务所	1
12	油材科	康　晓		医务所	刘　枝		托儿所	2
13	生产科	康众喜		托儿所	亚　军			
14	生产科	张　志		托儿所	程小玲			

图 4.5.32　数据的“合并计算”结果图

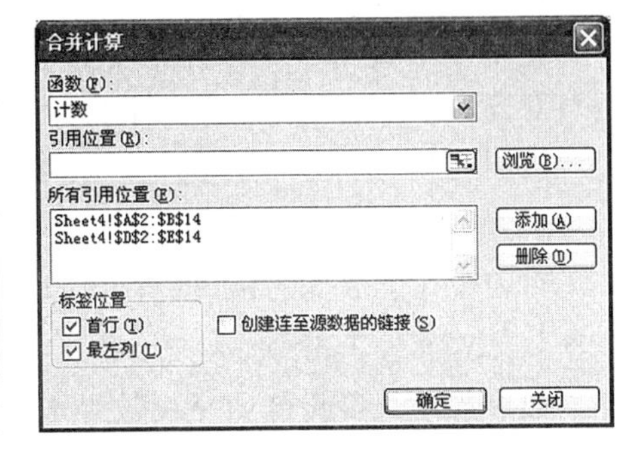

图 4.5.33　“合并计算”对话框

① 选中“统计表”第一个字段名所在单元格 G2，执行“数据”→“合并计算”菜单命令，打开“合并计算”对话框（如图 4.5.33 所示）。

② 在“函数”下拉列表中选择统计函数（如求和、计数、平均值、最小值、最大值等），本例选“计数”。

③ 点击“引用位置”右端的折叠按钮，在工作表中选择包括字段名的数据区域，单击“添加”按钮后在“所有引用位置”中会出现刚才选的数据区域。

④ 如果有多个相同结构的数据区域选择（甚至在不同表也可以），重复操作上一步进行数据区域的添加。

⑤ 在左下角的“标签位置”项目中，勾选“首行”及“最左列”的复选框，最后单击“确定”命令按钮即可得到如图 4.5.32 所示的结果。

案例六　课程表打印

案例说明

青职学院新学期即将开学，教务处忙着安排新学期的课程表。要求每张课程表上，同专业班级的课程尽量安排在一页上；课程表要体现每周一至五的教学安排，每天分上午、下午 2 个时间段；同时要安排每个班的上课课室。

教务员小陈拿到课程安排后，首先进行了时间、课室、老师的安排，以每周五天每天三个时间段作为行、以班级名称作为列、以课室对应各班放在课程表的底行，编辑出 22 个班课程表。接着对打印课程表进行了相关设置，如标题、数据及表的格式、打印区域、采用纸张、页边距设置、打印标题设定等。

知识准备

在 Excel 2003 中，许多工作表都可以方便地打印成报表。由于该软件具有控制页面打印的强大功能，可以使报表的视觉效果更好。

打印工作表报表一般有如下步骤：

1. 设置报表标题格式

使用“格式”→“单元格格式”菜单命令，对报表标题进行“对齐”（水平对齐、垂直对齐)、“字体”（字体、字号、字形）等进行设置。

使用“格式”→“行”→“行高”菜单命令，对其行高进行设置。

2. 编排报表数据格式

对表头行、数据的格式进行设置，调整表的列宽，添加表格的边框线和底纹等。

3. 进行人工分页

如果数据太多或自动分页效果不理想，使用“插入”→“分页符”菜单命令，能方便地进行人工分页，使选中列开始的右边各列成为新的打印页，或使选中行开始的下边各行成为新的打印页。

4. 添加页眉和页脚

使用“视图”→“页眉和页脚”菜单命令，进入页面设置的“页眉/页脚”选项卡，可以对报表页眉和页脚进行设置。

5. 调整页面设置

使用“文件”→“页面设置”菜单命令，可以对当前工作表的“页面”、“页边距”、“工作表”等标签卡进行纸张大小和方向、页边距、工作表打印区域及是否保留打印标题等项目的设置。

6. 进行打印预览

使用“文件”→“打印预览”命令或点击常用工具栏的“打印预览”图标，可以进入 Excel 的预览界面，预览打印效果或再进行调整，直到呈现最佳预览效果。

7. 打印工作表

打开打印机，装好打印纸，利用菜单命令“文件 | 打印”设置打印范围、份数、打印内容等，最后按“确定”按钮进行工作表的打印。点击常用工具栏的“打印”图标，可以按打印的默认设置直接把工作表打印出来。

操作步骤

一、课程表的制作

按已经规划好的课程表，制作“课程安排 . xls”工作簿文件，输入上课班级、时间、课室及相关课程等数据，如图 4. 6. 1 所示。

二、报表标题、数据格式的设置

使用“格式”→“单元格格式”菜单命令中的各标签卡，可以对选中的对象作数

	A	B	C	D	E	F	G	H	I	J	K	L
3	时间安排		会电1	会电2	会电3	会电4	会电5	会电6	商英1	商英2	商英3	商英4
4	星期一	上午1-2	经济数学	经济数学	体育▲				综合英语▲	体育▲	计算机应用基础▲	计算机应用基础▲
5		上午3-4			经济数学	经济数学	基础会计▲	基础会计▲	计算机应用基础▲	计算机应用基础▲	综合英语▲	体育▲
6		下午5-6	体育▲				经济数学	经济数学			体育▲	
7	星期二	上午1-2	基础会计▲	基础会计▲	计算机应用基础▲	计算机应用基础▲		体育▲	英语听说	综合英语▲	英语听说	综合英语▲
8		上午3-4	大学英语▲	大学英语▲	基础会计▲	基础会计▲	应用写作	应用写作	综合英语▲	英语听说	综合英语▲	英语阅读
9		下午5-6					计算机应用基础▲	计算机应用基础▲				
10	星期三	上午1-2	计算机应用基础▲	计算机应用基础▲	计算机应用基础▲	计算机应用基础▲	大学英语▲	大学英语▲	英语听说		思想道德修养与法律基础▲	思想道德修养与法律基础▲
11		上午3-4	思想道德修养与法律基础▲	思想道德修养与法律基础▲	大学英语▲	大学英语▲	计算机应用基础▲	计算机应用基础▲	计算机应用基础▲	计算机应用基础▲		
12		下午5-6		体育▲	思想道德修养与法律基础▲	思想道德修养与法律基础▲				英语听说	英语听说	
13	星期四	上午1-2	经济数学	经济数学	大学英语▲	大学英语▲	思想道德修养与法律基础▲	思想道德修养与法律基础▲	英语阅读	综合英语▲	综合英语▲	综合英语▲
14		上午3-4	大学英语▲	大学英语▲	经济数学	经济数学	经济数学	经济数学		英语阅读		英语听说
15		下午5-6				体育▲	大学英语▲	大学英语▲				
16	星期五	上午1-2	应用写作	应用写作	基础会计▲	基础会计▲	基础会计▲		综合英语▲			英语听说
17		上午3-4	基础会计▲	基础会计▲	应用写作	应用写作	体育▲	基础会计▲	思想道德修养与法律基础▲	思想道德修养与法律基础▲	计算机应用基础▲	计算机应用基础▲
18		下午5-6	计算机应用基础▲	计算机应用基础▲								
19	课室安排		201	202	202	204	301	302	303	304	401	402

图 4.6.1　青职学院“课程安排”表

字、字体、对齐、边框、底纹等进行操作；也可使用“格式”→“行”或“格式”→“列”菜单命令对选中的对象作行格式、列格式的设置；具体操作已在前面的案例中讲解过，不再赘述。操作结果如图 4.6.2 所示。

	A	B	C	D	E	F	G	H	I	J	K	L	M
1	青职学院2011年度第一学期课程表												
2													
3	时间安排		会电1	会电2	会电3	会电4	会电5	会电6	商英1	商英2	商英3	商英4	社工
4	星期一	上午1-2	经济数学	经济数学	体育▲				综合英语▲	体育▲	计算机应用基础▲	计算机应用基础▲	
5		上午3-4			经济数学	经济数学	基础会计▲	基础会计▲	计算机应用基础▲	计算机应用基础▲	综合英语▲	体育▲	大学英语▲
6		下午5-6	体育▲				经济数学	经济数学			体育▲		思想道德修养与法律基础▲
7	星期二	上午1-2	基础会计▲	基础会计▲	计算机应用基础▲	计算机应用基础▲		体育▲	英语听说	综合英语▲	英语听说	综合英语▲	社会工作导论
8		上午3-4	大学英语▲	大学英语▲	基础会计▲	基础会计▲	应用写作	应用写作	综合英语▲	英语听说	综合英语▲	英语阅读	社会学
9		下午5-6					计算机应用基础▲	计算机应用基础▲					
10	星期三	上午1-2	计算机应用基础▲	计算机应用基础▲	计算机应用基础▲	计算机应用基础▲	大学英语▲	大学英语▲	英语听说		思想道德修养与法律基础▲	思想道德修养与法律基础▲	现代教育学
11		上午3-4	思想道德修养与法律基础▲	思想道德修养与法律基础▲	大学英语▲	大学英语▲	计算机应用基础▲	计算机应用基础▲	计算机应用基础▲	计算机应用基础▲			
12		下午5-6		体育▲	思想道德修养与法律基础▲	思想道德修养与法律基础▲				英语听说	英语听说		计算机应用基础▲
13	星期四	上午1-2	经济数学	经济数学	大学英语▲	大学英语▲	思想道德修养与法律基础▲	思想道德修养与法律基础▲	英语阅读	综合英语▲	综合英语▲	综合英语▲	大学英语▲
14		上午3-4	大学英语▲	大学英语▲	经济数学	经济数学	经济数学	经济数学		英语阅读		英语听说	
15		下午5-6				体育▲	大学英语▲	大学英语▲					
16	星期五	上午1-2	应用写作	应用写作	基础会计▲	基础会计▲	基础会计▲		综合英语▲			英语听说	社会工作导论
17		上午3-4	基础会计▲	基础会计▲	应用写作	应用写作	体育▲	基础会计▲	思想道德修养与法律基础▲	思想道德修养与法律基础▲	计算机应用基础▲	计算机应用基础▲	体育▲
18		下午5-6	计算机应用基础▲	计算机应用基础▲									计算机应用基础▲
19	课室安排		201	202	202	204	301	302	303	304	401	402	606

图 4.6.2　课程表格式化效果

三、分页线的设置

分页线的设置步骤如下：

① 选中要插入分页线的列号 N 列。

② 点击菜单命令“插入”→“分页符”，立即在 M 列与 N 列之间出现了分页线，本例中需要打印的内容将分成 2 页。

③ 点击菜单命令“视图”→“分页视图”，即能看到明显的分页效果（如图 4.6.3 所示）。

图 4.6.3 设置分页符后的“分页视图”效果

四、报表打印的设置

选择“文件”→“页面设置”菜单命令，调出“页面设置”对话框，分别进行页面、页边距、页眉和页脚、工作表的设置。

1. “页面”选项卡设置

选择纸张“方向”为横向，纸张大小选用默认的 A4 纸，其余设置不变（如图 4.6.4 所示）。

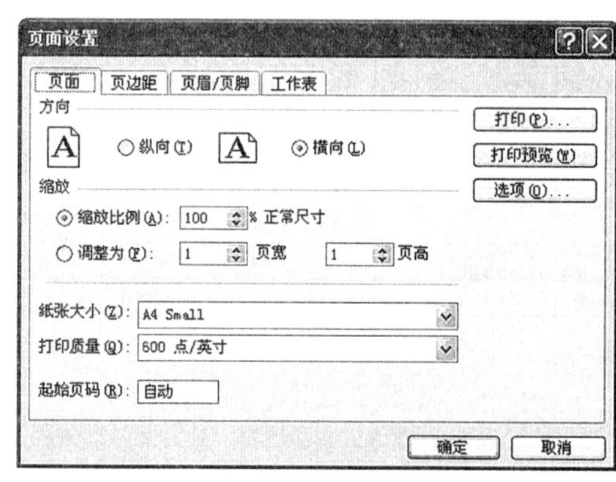

图 4.6.4 “页面”选项卡

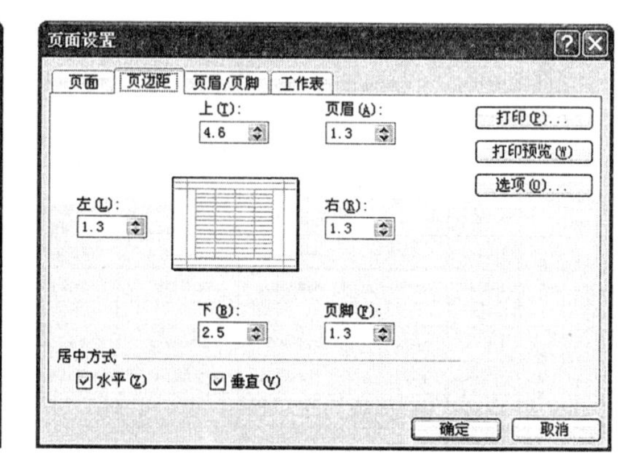

图 4.6.5 “页边距”选项卡

2. “页边距”选项卡设置

“页边距”即在打印纸四周留下适当的空白距离；应根据需要分别对上、下、左、右的页边距以及页眉、页脚所占边距进行设置；还可以设置报表在页面上的“居中方式”是水平或垂直，一般都采用水平方式。本例设置如图 4.6.5 所示，预览效果如图 4.6.6 所示。

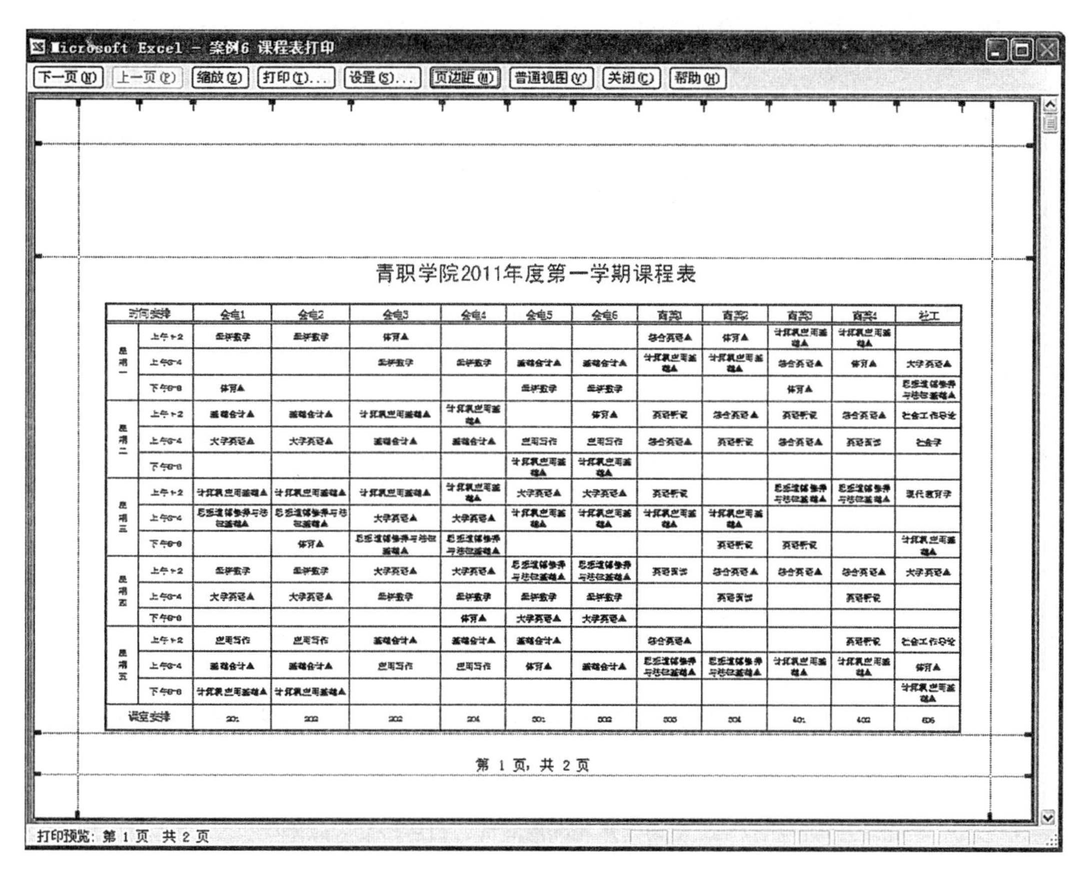

图 4.6.6　“打印预览”中显示“页边距”的效果图

3. “页眉/页脚”选项卡设置

由于人工分页使得当前打印报表分成了两页，因此需要在页脚插入相关页码信息提示。选中“页脚”的下拉列表中选择系统提供的样式“第 1 页，共？页”，得到如图 4.6.7 所示的设置效果。

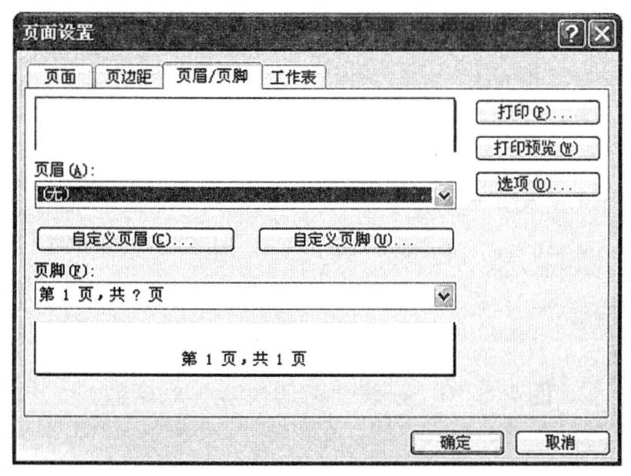

图 4.6.7　“页眉/页脚”选项卡

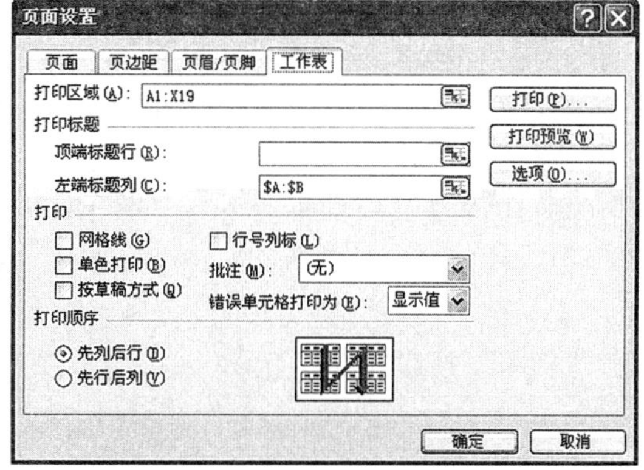

图 4.6.8　“工作表”选项卡

4. “工作表”选项卡设置

首先，设置“打印区域”；其次，由于本例课程表横向数据多，我们设定“时间安排”所占据的两列为“左端标题列”；其余设置不变（如图 4.6.8 所示）。最后单击“打印预览”命令按钮查看效果（如图 4.6.9 所示），或单击“确定”按钮退出设置。

青职学院2011年度第一学期课程表

时间安排		会电1	会电2	会电3	会电4	会电5	会电6	商英1	商英2	商英3	商英4	社工
星期一	上午1-2	经济数学	经济数学	体育▲				综合英语▲	体育▲	计算机应用基础▲	计算机应用基础▲	
	上午3-4			经济数学	经济数学	基础会计▲	基础会计▲	计算机应用基础▲	计算机应用基础▲	综合英语▲	体育▲	大学英语▲
	下午5-6	体育▲				经济数学	经济数学			体育▲		思想道德修养与法律基础▲
星期二	上午1-2	基础会计▲	基础会计▲	计算机应用基础▲	计算机应用基础▲		体育▲	英语听说	综合英语▲	英语听说	综合英语▲	社会工作导论
	上午3-4	大学英语▲	大学英语▲	基础会计▲	基础会计▲	应用写作	应用写作	综合英语▲	英语听说	综合英语▲	英语语法	社会学
	下午5-6					计算机应用基础▲	计算机应用基础▲					
星期三	上午1-2	计算机应用基础▲	计算机应用基础▲	计算机应用基础▲	计算机应用基础▲	大学英语▲	大学英语▲	英语听说		思想道德修养与法律基础▲	思想道德修养与法律基础▲	现代教育学
	上午3-4	思想道德修养与法律基础▲	思想道德修养与法律基础▲	大学英语▲	大学英语▲	计算机应用基础▲	计算机应用基础▲	计算机应用基础▲	计算机应用基础▲			
	下午5-6		体育▲	思想道德修养与法律基础▲	思想道德修养与法律基础▲				英语听说	英语听说		计算机应用基础▲
星期四	上午1-2	经济数学	经济数学	大学英语▲	大学英语▲	思想道德修养与法律基础▲	思想道德修养与法律基础▲	英语语法	综合英语▲	综合英语▲	综合英语▲	大学英语▲
	上午3-4	大学英语▲	大学英语▲	经济数学	经济数学	经济数学	经济数学		英语语法		英语听说	
	下午5-6				体育▲	大学英语▲	大学英语▲					
星期五	上午1-2	应用写作	应用写作	基础会计▲	基础会计▲	基础会计▲		综合英语▲			英语听说	社会工作导论
	上午3-4	基础会计▲	基础会计▲	应用写作	应用写作	体育▲	基础会计▲	思想道德修养与法律基础▲	思想道德修养与法律基础▲	计算机应用基础▲	计算机应用基础▲	体育▲
	下午5-6	计算机应用基础▲	计算机应用基础▲									计算机应用基础▲
课室安排		201	202	203	204	501	502	503	504	401	402	606

第 1 页，共 2 页

图 4.6.9 “页面设置”完成后的“打印预览”效果图

五、打印预览

除了在“页面设置”中可以单击“打印预览”命令按钮随时查看页面设置效果外，点击常用工具栏上的按钮，或执行“文件”→“打印预览”命令都可预览打印效果。

六、报表的打印

预览效果满意后，即可点击“页面设置”对话框上的“打印”按钮或点击常用工具栏上的按钮直接打印。

执行“文件”→“打印”命令调出“打印内容”对话框（如图 4.6.10 所示），可以对“打印范围”、“打印内容”、“打印份数”进行设置，最后单击“打印”按钮进行打印。

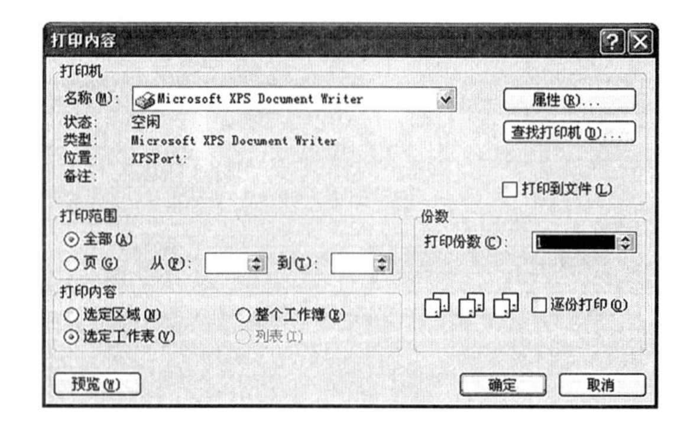

图 4.6.10 报表“打印内容”对话框

技能拓展

一、设置分页

当 Excel 工作表很大而打印的纸张大小有限时，系统能够自动进行分页。但分页效果不能满足用户需求时，可以设置强制性的人工分页。

人工分页的方法是：选定列号（或行号或要开始新页的单元格），执行“插入”→“分页符”菜单命令，即在选定列的左侧（或选定行的上边或选定单元格的上方和左侧）插入了垂直人工分页符（或水平人工分页符或包括两者的人工分页符）。

插入分页符的方法前面已经作了介绍，这里不再赘述。

删除垂直人工分页符时，需要选中原先插入分页符所在的列，执行“插入”→“删除分页符”菜单命令实现（菜单中的“分页符”变为了“删除分页符”）（如图4.6.11 左图所示）；删除水平人工分页符时，需要选中原先插入分页符所在行，执行“插入”→“删除分页符”菜单命令实现；删除全部人工分页符，应选中整个工作表，执行“插入”→“重设所有分页符”菜单命令实现（如图 4.6.11 右图所示）。

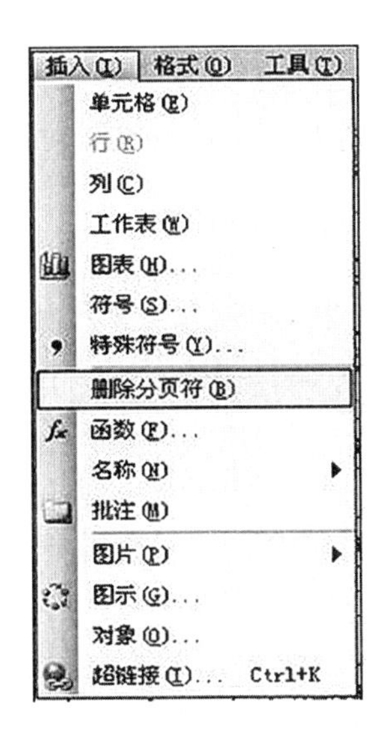

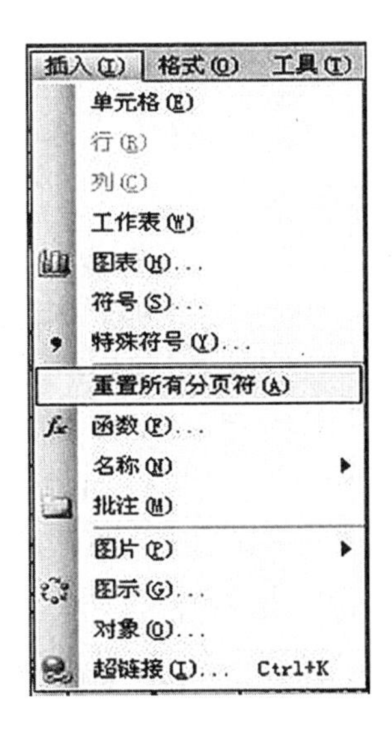

图 4.6.11 删除垂直人工分页符（左）及删除全部人工分页符（右）

二、选定打印区域

方法一：在“页面设置”的“工作表”选项卡的“打印区域”中选定区域再打印。

方法二：选中要打印的区域，执行“文件”→“打印区域”→“设置打印区域”菜单命令进行确定（如图 4.6.12 所示）；选择“文件”→“打印”菜单命令，打开“打印内容”对话框，将打印内容设为“选定区域”，再进行打印。

选择“文件”→“打印区域”→“取消打印区域”菜单命令，可取消选定的打印区域。

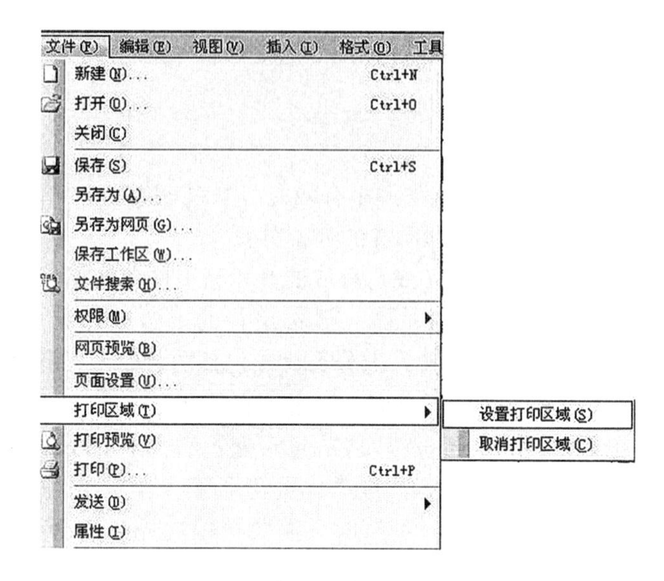

图 4.6.12 用菜单命令选定“打印区域”

三、进行页面设置

执行“文件”→“页面设置”菜单命令，打开“页面设置”对话框。

1. “页面”选项卡

除了设置纸张的“方向”、“纸张大小”，还可以调整打印的“缩放比例”。“缩放比例”可选择10% ~400%尺寸的效果打印，其中100%为正常尺寸，“打印质量”列表能提供多个选项，“起始页码”能让用户指定开始打印的页码。

2. “页边距”选项卡

“上”、“下”、“左”、“右”、“页眉”、“页脚”编辑框中的页边距均可调整，工作表在“居中方式”中可选择对于打印页面“水平居中”、“垂直居中”或两者兼有。

3. “页眉/页脚”选项卡

在“页眉”或“页脚”的下拉列表中，系统提供了若干样式供用户选择。单击“自定义页眉”或“自定义页脚”按钮，可在弹出的“页眉”或“页脚”对话框中进行设置（如图 4.6.13 所示）。对话框中部有 10 个快捷按钮，从左到右，其功能如下：

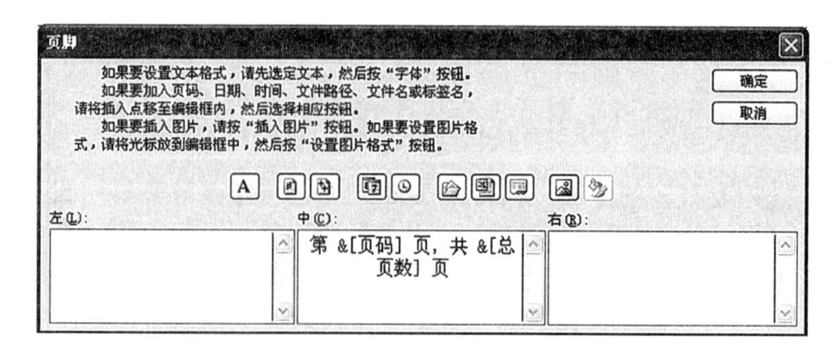

图 4.6.13 “页脚”对话框的设置

①“字体”按钮：对页眉或页脚的文字进行字体设置。

②“页码”按钮：插入页码。

③“总页数”按钮：插入总页数。

④“日期”按钮：插入当前日期。

⑤“时间”按钮：插入当前时间。

⑥“文件路径”按钮：插入当前文件的保存路径。

⑦“文件名”按钮：插入当前文件的文件名。

⑧“标签名”按钮：插入当前工作表的标签名。

⑨“插入图片”按钮：插入一张图片。

⑩“设置图片格式”按钮：对插入图片格式进行设置。

4. “工作表”选项卡

除了设置打印区域、打印标题外，还可以指定“打印顺序”（先列后行或先行后列）。选中“打印”项目的“网络线”复选框，表示在打印时自动给工作表的数据报表添加边框。

5. 取消显示网格线

取消当前工作表中显示的所有网格线，可执行“工具”→“选项”单菜命令，在打开的“选项”对话框的“视图”选项卡的“窗口”选项中去掉“网格线”前的勾选（如图 4. 6. 14 所示），按“确定”按钮后即可。

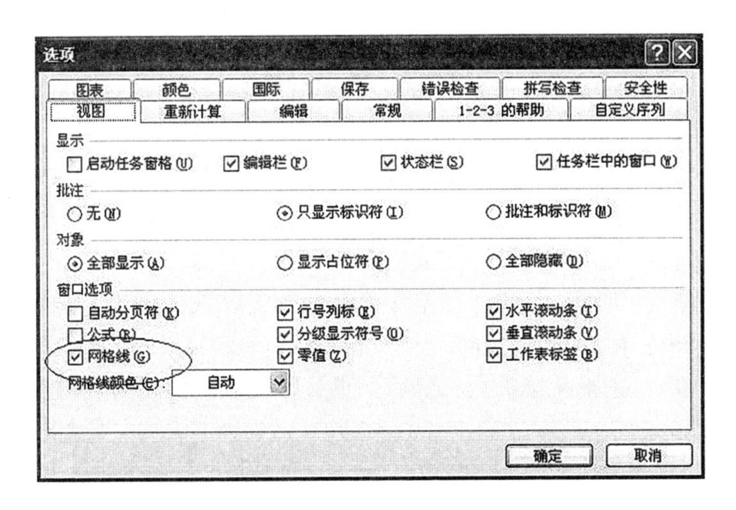

图 4. 6. 14　“视图”选项卡网格线设置

四、执行打印预览

“打印预览”使用户在打印前预先浏览到报表在打印纸上的显示情况，用于对分页符、页边距和设置格式的效果进行检查，以期一次打印成功、节约用纸。

进入打印预览后，在打印报表上方，有如图 4. 6. 15 所示的按钮可供选择，其中：

①“下一页”按钮：报表多页且不在最后一页时，此按钮突出显示，点击能显示下

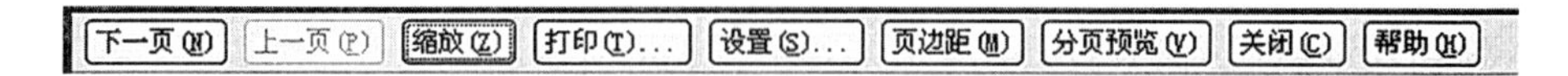

图 4.6.15　“打印预览”视图的按钮

一页。

②“上一页”按钮：报表多页且不在最前一页时，此按钮突出显示，点击能显示上一页。

③“缩放”按钮：可以选择对当前页报表预览总体效果或细节效果。

④“打印”按钮：将打开“打印内容”对话框。

⑤“设置”按钮：将打开“页面设置”对话框。

⑥“页边距”按钮：能显示各页边距、各列宽的设置；通过拖动页面边上的点状线，能在不退出“打印预览”窗口的条件下，改变各页边距和列宽。关闭页边距线和列的显示，再次单击“页边距”按钮即可。

⑦“分页预览”按钮：能打开“视图”→“分页预览”视图。

⑧“关闭”按钮：退出“打印预览”窗口返回之前的视图。

⑨“帮助”按钮：求得系统有关打印预览的帮助信息。

五、进行打印

当报表设置完成、预览无误、检查打印机设备使用正常后，即可直接单击常用工具栏上的“打印”按钮进行打印；如果执行“文件”→“打印”菜单命令，会打开“打印内容”对话框（如图 4.6.16 所示）；Excel 默认将当前活动工作表的全部内容打印一份。除了前面学习的知识以外：

①“打印到文件”：是将选中数据发送到磁盘上指定位置的一个文件内，而不是发送到打印机。

②“打印范围”：可选择打印全部或指定的页或指定的若干页。

③“打印内容”：可选择打印活动工作表、某选定区域、整个工作簿。

④“打印份数”：由用户自己指定。

⑤“逐份打印”：是指从第 1 页到最后 1 页打印完成一份之后，再重新打印下一份。

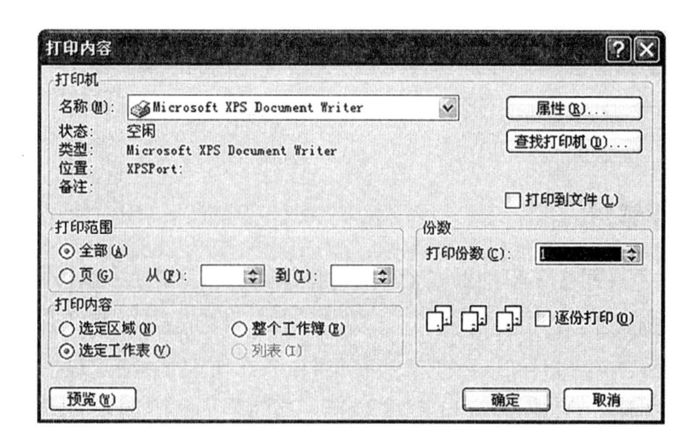

图 4.6.16　“打印内容”对话框

复习思考题

选择题

1. Excel 工作表上的每一个格子就是一个存储单元，称为________。
   （A）工作簿　（B）工作表　（C）单元格　（D）名称
2. 下列操作中，不能在 Excel 工作表选定的单元格中输入公式的是________。
   （A）单击“插入”菜单中的“函数”命令
   （B）单击工具栏中的“粘贴函数”命令
   （C）单击“编辑公式”按钮，从左端函数列表中选择所需函数
   （D）单击“编辑”菜单中“对象…”命令
3. 工作表的显示模式有________。
   （A）图形模式与文本模式　（B）普通模式与大纲模式
   （C）普通模式与分页预览模式　（D）Web 模式与分页模式
4. 可用________表示 Sheet3 工作表 B19 单元格。
   （A）=Sheet3！B19　（B）=Sheet3：B19
   （C）=Sheet3 $ B19　（D）=Sheet3. B19
5. 在工作表视图中，表示被选中的单元格或单元格区域的标志是________。
   （A）粗边方框　（B）细边圆框　（C）粗线十字标志　（D）空心十字标志
6. Excel 的图表是动态的，当改变了其中________之后，Excel 会自动更新图表。
   （A）所依赖的数据　（B）X 轴上的数据　（C）Y 轴上的数据　（D）标题内容
7. 下面关于工作表与工作簿的论述正确的是________。
   （A）一个工作簿中一定有 3 张工作表
   （B）一张工作表保存在一个文件中
   （C）一个工作簿保存在一个文件中
   （D）一个工作簿的多张工作表类型相同，或同是数据表，或同是图表
8. 在 Excel 中，将公式向右填充后，公式中地址改变的是________。
   （A）相对引用　（B）三维引用　（C）绝对引用　（D）混合引用
9. 在 Excel 中，下列________是输入正确的公式形式。
   （A）>=b2*d3+1　（B）='c7+c1
   （C）==sum（d1：d2）　（D）=8^2
10. 要在单元格里输入公式，首先要输入的字符是________。
    （A）@　（B）#　（C）=　（D）$
11. 在 Excel 中，选取整个工作表的方法是________。
    （A）单击“编辑”菜单的“全选”命令
    （B）按组合键【Ctrl】+【A】
    （C）单击 A1 单元格，然后按住【Shift】键单击当前屏幕的右下角单元格
    （D）单击 A1 单元格，然后按住【Ctrl】键单击当前屏幕的右下角单元格
12. Excel 要求在“数字字符串”数据输入项前添加________符号来区别“数字”数据。
    （A）#　（B）'（单引号）　（C）"（双引号）　（D）@
13. 关于删除工作表的叙述错误的是________。
    （A）工作表的删除是永久性删除，不可恢复
    （B）右击当前工作表标签，再从快捷菜单中选“删除”，可删除当前工作表

(C) 执行“编辑”→“删除工作表”菜单命令可删除当前工作表

(D) 误删了工作表可单击工具栏的“撤销”按钮撤销删除操作

14. 下列不是图表组成部分的是________。

(A) 数据区　　(B) 绘图区　　(C) 图表区　　(D) 图例

15. 在 Excel 中，在选择了内嵌图表后，改变它的大小的方法是________。

(A) 按【+】号或【-】号　　(B) 用鼠标拖拉图表边框上的控制点

(C) 按【↑】键或【↓】键　　(D) 用鼠标拖拉它的边框

16. 在 Excel 中，下面操作序列将选取区域________；单击 A2 单元格，按【F8】键，单击 E8 单元格，单击 D9 单元格，再按【F8】键。

(A) E8：D9　　(B) A2：D9　　(C) A2：E8　　(D) A2：E9

17. 在高级筛选的条件表示中，同一行上的条件表示________关系。

(A) 或　　(B) 与　　(C) 非　　(D) 任意

18. 关于图表的错误叙述是________。

(A) 图表可以放在一个新的工作表中，也可以嵌入在一个现存的工作表中

(B) 当工作表区域中的数据发生变化时，由这些数据产生的图表的形状会自动更新

(C) 只能以表格列作为数据系列

(D) 选定数据区域时，最好选定带表头的一个数据区域

19. Excel 主要应用在________。

(A) 多媒体制作　　(B) 工业设计与制造

(C) 图片音乐制作　　(D) 统计、财务等

20. 在 Excel 中，保存工作簿时屏幕若出现“另存为”对话框，则说明________。

(A) 该文件作了修改　　(B) 该文件未保存过

(C) 该文件不能保存　　(D) 该文件已经保存过

模块五　幻灯片制作软件 PowerPoint 2003

PowerPoint 2003 是 Office 2003 办公软件中的一个组件，专门用于设计、制作信息展示领域，集文字、图片、声音等媒体于一体，提供幻灯片供人们输入和编辑文字、图形、表格、音频、视频和公式对象等，使演示文稿的编制更加容易和直观，是人们在各种场合进行信息交流的重要工具。

一个 PowerPoint 文件就称为一份演示文稿，演示文稿名就是文件名，其扩展名为 . ppt。用户可以创建一个新的演示文稿，也可以对已存在的演示文稿的内容进行添加、修改和删除等操作。演示文稿中可以包含幻灯片、演讲者备注和大纲等内容。

知识点列表

案例名称	能力目标	相关知识点
案例一 成长历程：创建和编辑演示文稿	➢掌握 PowerPoint 2003 基本操作 ➢掌握创建演示文稿 ➢简单编辑演示文稿	1. 创建演示文稿 2. 编辑演示文稿 3. 幻灯片播放 4. 幻灯片保存
案例二 贺卡设计制作：设置幻灯片背景和动画	➢掌握设计幻灯片 ➢掌握幻灯片各种对象的使用	1. 素材的收集 2. 幻灯片背景的设置 3. 动画方案 4. 幻灯片切换方式 5. 幻灯片对象的插入 6. 幻灯片多媒体素材的插入
案例三 优化充实成长历程幻灯片：设置超级链接和插入动画	➢掌握超级链接的使用 ➢掌握 Flash 动画的使用 ➢幻灯片打包等	1. 设置超级链接 2. 使用动作按钮 3. 插入 Flash 动画 4. 幻灯片打包

演示文稿的设计过程

设计工作重在灵感的发挥，然而先期的准备工作同样不可缺少，为了高效地完成演示文稿的设计工作，需要有一整套完善的流程。演示文稿设计与其他的平面、网页等设计不同，拥有一个特别的设计过程，这里将此过程大致归纳为收集资料、编写摘要、设计幻灯片、输出演示文稿。

1. 收集资料

幻灯片设计涉及文本、图片、音效、影片以及不同类型的动画元素。如果是通过委托他人专业创作的方式获得设计素材，则不必考虑应用版权问题。现在网络搜索服务非常发达，很多专业的网络搜索引擎都提供了图片类型的搜索，可以通过输入关键字快速寻找所要的图片。但是，通过此方式收集的图片应注意版权问题。

除此之外，用户还可以自己创作相关素材，即在条件允许的情况下，可通过自行制作或拍摄而获得第一手素材，另外，也可以利用专业的编辑工具自行设计，包括影片或声音素材等。

2. 编写摘要

文本是幻灯片编辑最基本的内容，以会议演示方向为例，就需要在幻灯片中安排内容众多的文本资料，因此有必要在幻灯片设计之前先编写摘要资料。

事先编写文本摘要的好处是，不仅能够直接将文本应用于幻灯片编排，还能够为整份演示文稿的设计提供蓝本，如确定幻灯片内容的顺序和结构，从而使设计结果更加合理。

编写文本摘要可使用诸如记事本、写字板或 Word 等文字处理工具，而 Word 作为 Office 家族的软件之一，在文本处理上拥有完备的功能，特别是通过 Word 编排的大纲内容可直接输入演示文稿中快速建立幻灯片，在综合应用上拥有较大优势，因此推荐使用 Word 作为编写摘要的首选工具。

3. 设计幻灯片

制作演示文稿的主要工作就是设计幻灯片，而一份成功的演示文稿离不开设计精美的幻灯片效果。在完成素材资料的搜集与处理之后，便可着手设计幻灯片。幻灯片设计一般由以下三项内容组成。

（1）幻灯片版面设计

为了使演示文稿拥有统一的设计风格，可通过套用设计模板、版面配置以及设置色彩配置等操作来完成。

（2）主体内容设计

幻灯片的主体内容设计包括编排文本，插入表格、图片、影音多媒体素材，绘制图形及其他图表等，插入这些对象后再通过调整与设置其位置、大小、格式等，从而完成幻灯片的内容设计。

其中，利用 PowerPoint 2003 提供的“自选图形”功能可绘制出形态各异的图案效果；而剪贴画则是 PowerPoint 2003 提供的一个多媒体素材库，利用它可为幻灯片加入精美装饰效果，特别是可以连接到 Office Online 下载更多的剪贴画素材。

（3）设置动态效果

完成基本的幻灯片对象编排后，可按需设置幻灯片的动态效果。主要有两种方式：一种是套用幻灯片切换特效，使幻灯片在放映时产生动态切换效果；另一种是针对幻灯片中的对象添加动画效果，包括“进入”、“强调”、“退出”和“路径动画”四种类型，使幻灯片上的内容呈现丰富的动态效果。

4. 输出演示文稿

制作演示文稿的目的是为了呈现与传达信息，因此，在幻灯片设计完成之后，需要考虑以何种形式输出演示文稿内容，下面介绍输出演示文稿的几种主要方式。

（1）输出为放映格式

PowerPoint 2003 提供了将演示文稿保存为放映格式的功能。用户可将完成设计的演示文稿文件保存为能直接放映的文件，然后拿到专门的放映场合便可以马上放映。

（2）打印

PowerPoint 2003 提供了强大的文件打印功能。用户可将演示文稿中的幻灯片以不同色彩类型打印出来，同时可指定打印的幻灯片范围。此外，若是演示文稿在设计过程中加入了备注资料，用户在打印时，既可以将这些资料一起打印，也可以将幻灯片打印成讲义文件。

（3）发布为网页

PowerPoint 2003 提供了将演示文稿另存为网页文件的功能，并可设置网页标题、导航栏等 Web 属性，最后直接将网页文件发布至网络空间，实现通过网络共享演示文稿信息的需求。

（4）打包成 CD 光盘

PowerPoint 2003 为用户新增了一项“打包成 CD”的功能，可将演示文稿和与之相关的支持文件一同打包，并刻录成 CD 光盘，或是包装到文件夹再保存到 U 盘等储存设备，为演示文稿的传送提供最大的方便，并且在计算机系统未安装 PowerPoint 2003 程序的情况下，也能使演示文稿正常地播放。

案例一　成长历程——创建和编辑演示文稿

案例说明

个人的成长历程是非常值得纪念的，如果利用 PowerPoint 把个人成长过程中的重要事项用文字、图片等动态地展示出来，效果肯定非常不错。展示幻灯片时，第一张幻灯片一般特别引人注意，所以标题文字要显得醒目突出，让观看 PPT 的人们能清楚地知道主题是什么。其他幻灯片应该紧扣主题，同时要选择适合的幻灯片版式，用简洁扼要的语言展示相关内容。下面示例“成长历程”幻灯片的制作过程。

知识准备

一、概述

启动 PowerPoint 2003 应用程序后，PowerPoint 的工作界面以窗口的形式出现，其中包括标题栏、菜单栏、常用工具栏、格式工具栏、任务窗格、幻灯片编辑窗格、视图切换按钮、备注窗格和状态栏等。

PowerPoint 2003 提供了多种视图方式（普通、幻灯片浏览、幻灯片放映和备注页等），每种视图包括特定的工作区、功能区和其他工具。在不同的视图模式中，用户可以对演示文稿进行编辑和加工。

二、知识介绍

启动 PowerPoint 2003，然后单击工具栏上的“设计”按钮，可得到如图 5. 1. 1 所示界面。此界面主要由大纲窗格、幻灯片演示文稿窗格、备注文本框、任务窗格、大纲工具栏、视图切换按钮等部分组成。

在大纲窗格中可以通过幻灯片标签和大纲标签选择幻灯片和大纲两种模式。在幻灯片模式中可以快速地选定幻灯片，在大纲模式中可以直接输入、编辑幻灯片的标题和文本。单击大纲窗格中的“关闭”按钮关闭这个窗格，可以通过执行“视图”→“普通”命令来恢复这个窗格。

大纲工具栏包含在大纲窗格中，包括对文本内容进行升级、降级、展开、折叠等操作的常用工具按钮。

在幻灯片演示文稿窗格中可以直观地输入、编辑幻灯片的标题和文本，插入图片、艺术字等 PowerPoint 2003 允许使用的对象，这是制作幻灯片的主要工作区域。

任务窗格中的内容会随选择对象的变化而变化，主要是为方便操作而设置。可以单击任务窗格的“关闭”按钮关闭这个窗格，也可以通过执行“视图”→“工具栏”→“任务窗格式”命令来打开这个窗格。在备注文本框中可以输入每张幻灯片的注解或提示信息，但这些信息不会在幻灯片上显示出来。

PowerPoint 2003 的视图方式一般为三种：普通视图、幻灯片浏览视图和幻灯片放映

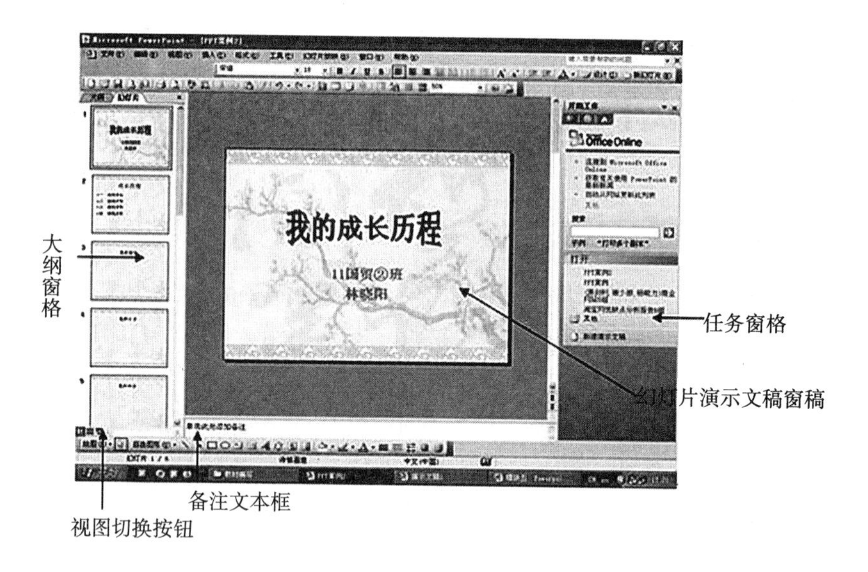

图 5.1.1 PowerPoint 2003 界面介绍

视图。视图的转换通过“视图切换按钮”或“视图”菜单来完成。

1. 普通视图

普通视图如图 5.1.1 所示，它包括大纲窗格、幻灯片演示文稿窗格和备注文本框，主要工作区是幻灯片演示文稿窗格，用户可在此进行本张幻灯片对象的插入和编辑、超级链接的插入和编辑以及动画的设置，也可以插入新幻灯片和幻灯片副本。它是制作演示文稿的主要视图。

2. 幻灯片浏览视图

幻灯片浏览视图是缩略图形式幻灯片的专有视图方式，可以浏览整个演示文稿中所有幻灯片的大致外观（如图 5.1.2 所示）。在此视图下对于多张连续或不连续的幻灯片进行移动、复制、删除及美化是很方便的，还可以同时选中多张同时进行某一种操作。

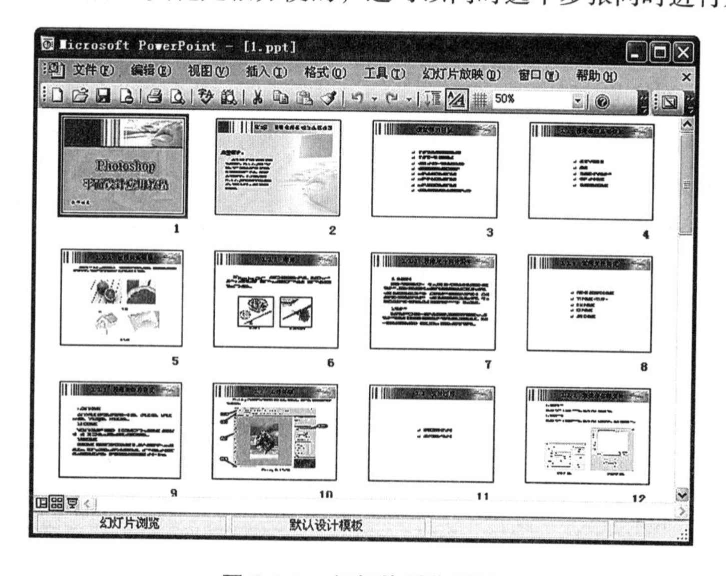

图 5.1.2 幻灯片浏览视图

3. 幻灯片放映视图

幻灯片放映视图是 PowerPoint 2003 最具特色的视图方式，它将占据计算机的整个屏幕（如图 5.1.3 所示）。在使用演示文稿进行工作时即在此视图下进行，幻灯片将以设置好的放映方式逐张进行放映，用户也可以根据需要随时在屏幕上单击鼠标右键，从快捷菜单中定位到某一张幻灯片。如果需要做标记，还可以从快捷菜单中把鼠标指针改变成笔进行写、画，并且笔的颜色也能改变。想要结束放映时，按【Esc】键或选择快捷菜单中的“结束放映”命令，否则放映完最后一张幻灯片将返回到原来的视图。

图 5.1.3 幻灯片放映视图

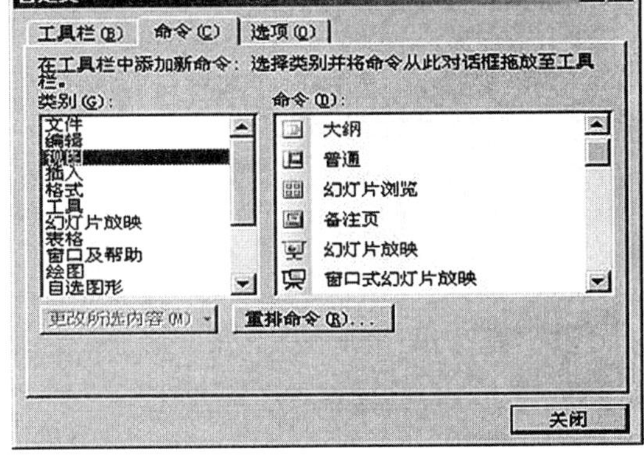

图 5.1.4 “自定义”对话框

❖提示：如果有特殊需要，可以把其他视图命令或按钮从“自定义”对话框的“命令”选项卡中调出来（如图 5.1.4 所示）。

三、PowerPoint 2003 使用的文件类型

PowerPoint 2003 通常使用以下几种文件类型：

① 扩展名为 . ppt 的文件是常规演示文稿文件，这是 PowerPoint 2003 使用的默认文件类型。一般制作完成的演示文稿没有特别需要，都使用这种类型。

② 扩展名为 . pps 的文件在打开时始终以“幻灯片放映”模式显示演示文稿文件。

③ 扩展名为 . pot 的文件是 PowerPoint 2003 的模板文件，PowerPoint 2003 提供的设计模板使用这种格式，如果需要，用户可以自行制作模板文件。

四、新建、打开和关闭演示文稿

1. 新建演示文稿

单击菜单“文件”→“新建”命令，在窗口右侧显示“新建演示文稿”任务窗格（如图 5.1.5 所示）。用户可以通过“空演示文稿”、“根据设计模板”、“根据内容提示向导”三种主要方式来新建演示文稿。

（1）空演示文稿

它是 PowerPoint 2003 启动成功时默认的类型。单击“新建演示文稿”任务窗格中

的“空演示文稿”项，此时新建一份只包含一张标题幻灯片的演示文稿，同时出现“幻灯片版式”任务窗格，用户可以根据需要选择合适的应用幻灯片版式来改变这张幻灯片的版式。

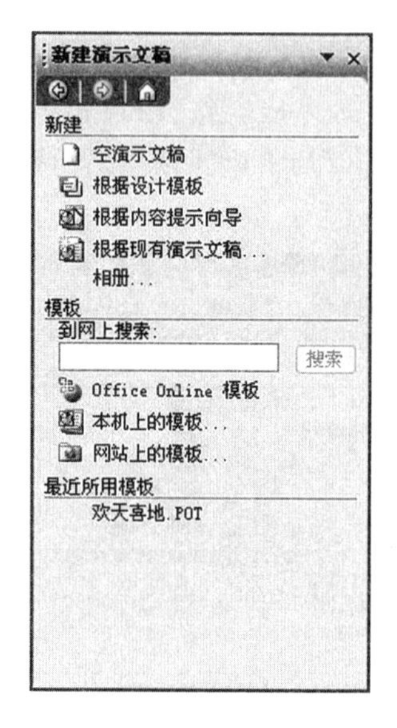

图5.1.5 “新建演示文稿”任务窗格

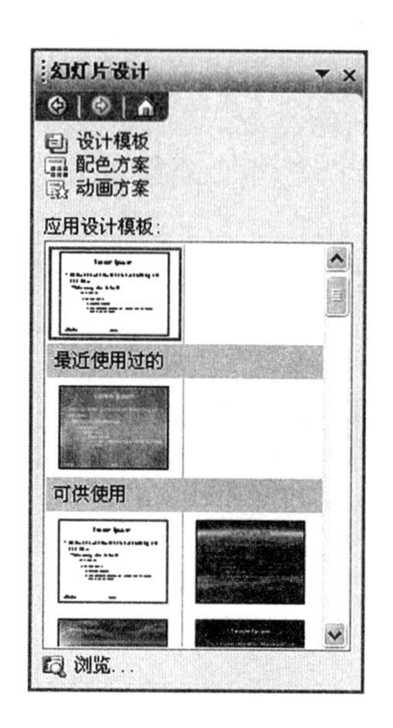

图5.1.6 “幻灯片设计”任务窗格

(2) 根据设计模板

单击“新建演示文稿”任务窗格中的“根据设计模板”项，此时新建一份只包含一张标题幻灯片的演示文稿，同时出现“幻灯片设计”任务窗格（如图5.1.6所示），其中包含了用户最近使用过的和可供使用的模板类型。用户还可以单击“浏览”打开其他位置的模板，根据需要选择合适的模板应用到当前幻灯片中。

(3) 根据内容提示向导

单击“新建演示文稿”任务窗格中的“根据内容提示向导”项，此时打开“内容提示向导”对话框（如图5.1.7所示）。“内容提示向导”包括“开始”、“演示文稿类型”、“演示文稿样式”、“演示文稿选项”和“完成”五个对话框，用户在相应的对话框中根据需要进行设置，然后单击“下一步”按钮，依次操作，最后单击“完成”按钮，就可完成演示文稿的创建。

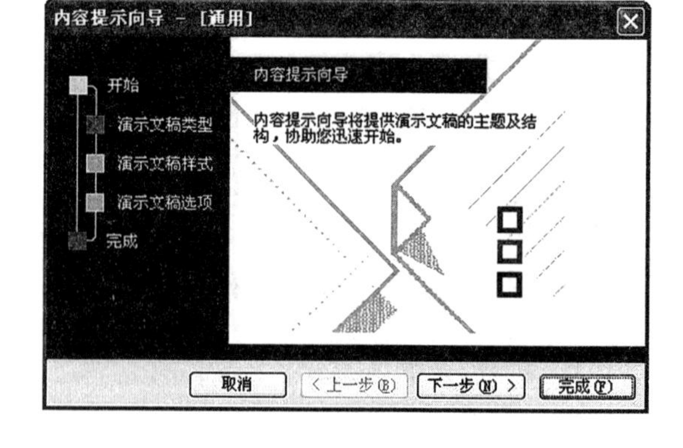

图5.1.7 内容提示向导对话框

2. 打开演示文稿

打开演示文稿同打开Word或Excel文档操作方法相同，打开已存在的演示文稿有两种情况：

① 从 Windows 中打开演示文稿时，直接找到需打开的文档，双击它的图标即可打开演示文稿。

② 从 PowerPoint 2003 中打开演示文稿时，单击“文件”菜单的“打开”命令，或单击“常用”工具栏中的“打开”按钮，从“打开”对话框中找到要打开的演示文稿图标，选中图标（如图 5.1.8 所示），单击“打开”按钮，这样就打开了演示文稿。

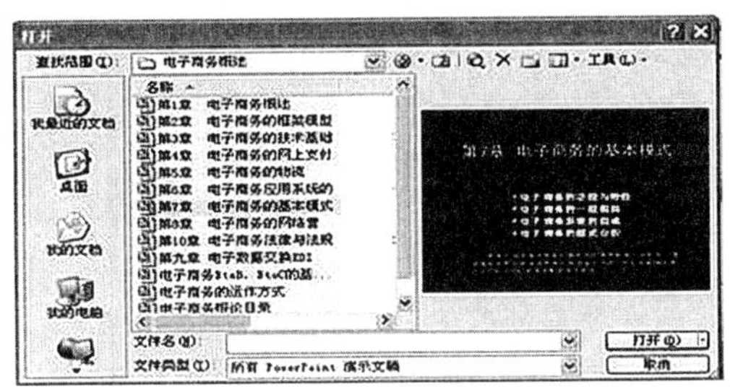

图 5.1.8　“打开”对话框

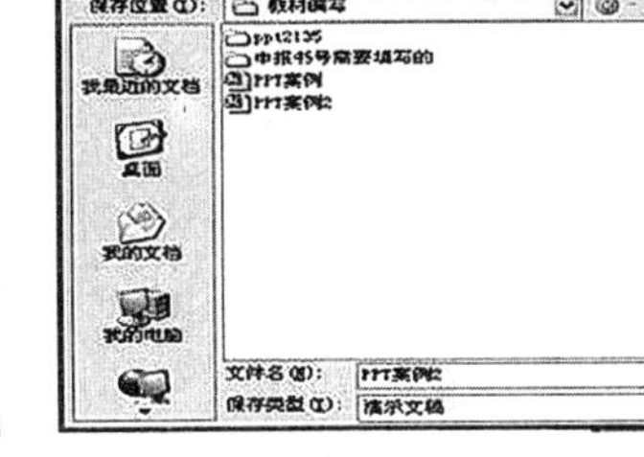

图 5.1.9　“另存为”对话框

3. 保存演示文稿

在完成演示文稿创建、编辑或修改等操作之后，如需长期保留当前的结果，可以把它保存下来。操作方法同 Word 或 Excel 文档的保存方法相同。

方法一：执行“文件”→“保存”或“另存为”菜单命令实现。

方法二：单击“常用工具栏”中的“保存”按钮。

方法三：利用热键【Ctrl】+【S】。

如果是第一次保存或是另存，则打开的是“另存为”对话框（如图 5.1.9 所示），用户可在对话框中设置保存位置、名称和类型，然后单击“保存”按钮；否则，演示文稿将在原位置以原文件名和原类型更新保存。

4. 关闭演示文稿

关闭演示文稿时，执行“文件”→“关闭”菜单命令，或单击演示文稿窗口的“关闭”按钮均可实现。另外，退出 PowerPoint 2003 环境的同时也就关闭了演示文稿窗口。

五、编辑演示文稿

编辑演示文稿是指对演示文稿中的幻灯片进行插入、移动、复制、删除等操作，这些操作通常在幻灯片浏览视图下完成。

1. 选中演示文稿中的幻灯片

因为一切编辑操作的前提是正确地进行选中，所以在编辑之前首先应学习几种选中方法。

① 选中一张幻灯片：把鼠标指针放在幻灯片上，单击。

② 选中连续的几张幻灯片：首先选中要选取范围内的第一张幻灯片，按住【Shift】键，再选中要选取范围内的最后一张幻灯片。

③ 选中不连续的几张幻灯片：按住【Ctrl】键不放，再选中每一张在选取范围内的

幻灯片。

2. 插入新幻灯片

新建的演示文稿大多情况下只包含一张幻灯片，要增加新幻灯片，首先要确定插入新幻灯片的位置，接着执行“插入”→“新幻灯片”菜单命令或单击格式工具栏上的“新幻灯片(N)”按钮，增加一张新幻灯片，并同时打开“幻灯片版式”任务窗格（如图5.1.10所示），在任务窗格列表中选择应用于本幻灯片的合适的版式。

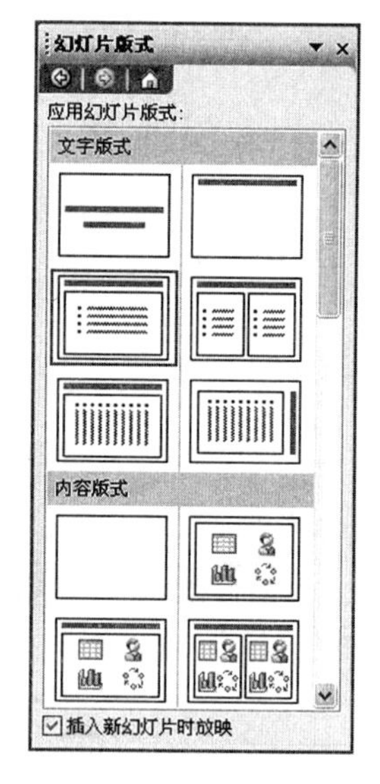

图5.1.10　幻灯片版式任务窗格

演示文稿中的每一张幻灯片的版式随时都可以更改，单击“格式”菜单中的“幻灯片版式”命令，从“幻灯片版式”任务窗格中来完成。

❖**提示：** *若选中的是幻灯片，则插入的新幻灯片将放于选中幻灯片之后，并成为当前幻灯片；若把插入点定位于两张幻灯片之间，则新幻灯片放于原两张幻灯片之间。*

3. 移动幻灯片

选中要移动的幻灯片，通过在 Word 中对文本进行移动的方法来完成幻灯片的移动。

4. 复制幻灯片

选中要复制的幻灯片，通过在 Word 中对文本进行复制的方法来完成幻灯片的复制。除此之外，单击菜单“插入”→“幻灯片副本”命令也可以实现幻灯片的复制。

5. 删除幻灯片

选中要删除的幻灯片，通过按【BackSpace】键或【Delete】键，或单击菜单命令“编辑”→“删除幻灯片”完成删除操作。

幻灯片基本编辑完成后，按照每张幻灯片的不同版式在幻灯片上输入文本或插入对象，如果有特殊需要，还可以再在幻灯片上插入文本框、图片、艺术字、自选图形和其他对象，并调整它们在幻灯片上的位置及设置它们的格式。这些操作基本都在普通视图下进行。

6. 幻灯片的基本操作

（1）输入标题和文本内容

如图5.1.11所示，单击幻灯片的“标题区”或“文本区”占位符，插入点即定位在相应区域中，在幻灯片上对标题和文本内容的录入与编辑、字符格式的设置以及项目符号和编号的设置与 Word 中的操作基本相同。设置段落格式时可通过标尺和“格式”菜单来完成。另外，“标题区”和“文本区”相当于 Word 中的文本框，对这些区域位置的调整和格式设置可按照 Word 中文本框的操作来实现。

（2）插入版式中的其他对象

其他对象可通过单击幻灯片中相应的图标，打开对应的对象库，选择合适的对象插入即可。幻灯片上对象的位置调整和格式设置都与在 Word 中操作相同。

图 5.1.11　幻灯片示例　　　　图 5.1.12　"查找"对话框

(3) 其他对象的插入

对于特殊需要插入的其他对象，可以通过"绘图"工具栏上对应的按钮或"插入"菜单中相应的命令来完成，操作也与在 Word 中相同。

(4) 查找和替换功能

在 PowerPoint 2003 中提供了在幻灯片中对内容实现查找和替换的功能，它是在整个演示文稿所有幻灯片中进行的查找和替换。方法是：执行"编辑"→"查找"菜单命令，打开"查找"对话框（如图 5.1.12 所示）；单击对话框中的"替换"按钮可切换到"替换"对话框（如图 5.1.13 所示），在"查找内容"输入框中输入要在幻灯片中查找的具体内容如"abc"，在"替换为"输入框中输入要替换成的结果如"def"，单击"全部替换"按钮，则演示文稿中的所有幻灯片中的"abc"全部被替换为"def"。

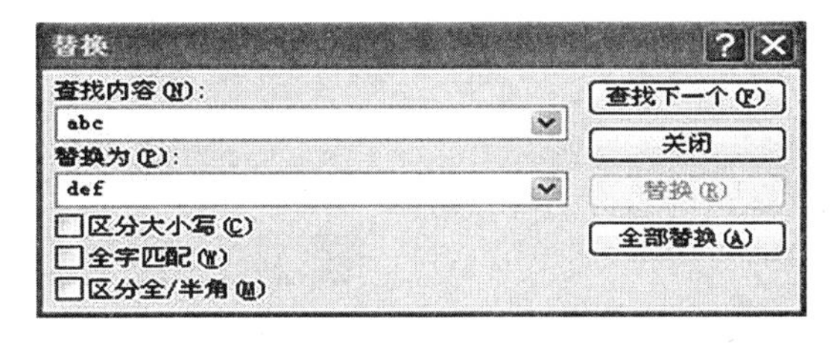

图 5.1.13　"替换"对话框

另外，幻灯片中所有对象的选中、移动、复制和删除操作也与 Word 相同，同样也可以实现多个对象的组合。

(5) 在大纲窗格中制作幻灯片

制作幻灯片主要在演示文稿窗口中进行，如果需要，也可在大纲窗格中进行。在大纲窗格中可以快速地创建演示文稿的主要框架，而不必考虑过多的细枝末节。用户可以在大纲窗格中创建每张幻灯片的标题和版式来构造演示文稿的框架。框架构造完成后再在幻灯片窗格中添加图片、背景等其他内容。

选择大纲窗格后，可以得到如图 5.1.14 所示的界面，在大纲窗格中可以使用大纲工具栏添加、删除、移动和编辑幻灯片。

在大纲窗格中，演示文稿以大纲形式显示，大纲由每张幻灯片的标题和正文组成。每张幻灯片的标题都会出现在编号和图标的旁边，正文在每个标题的下面，并设置多级项目符号，按项目符号的级别逐级多层缩进。

在大纲窗格中选择文本时，大纲工具栏（如图 5.1.15 所示）上用于操作大纲的按钮将被激活，用户可以使用这些按钮快速组织演示文稿。例如，单击升级或降级按钮可

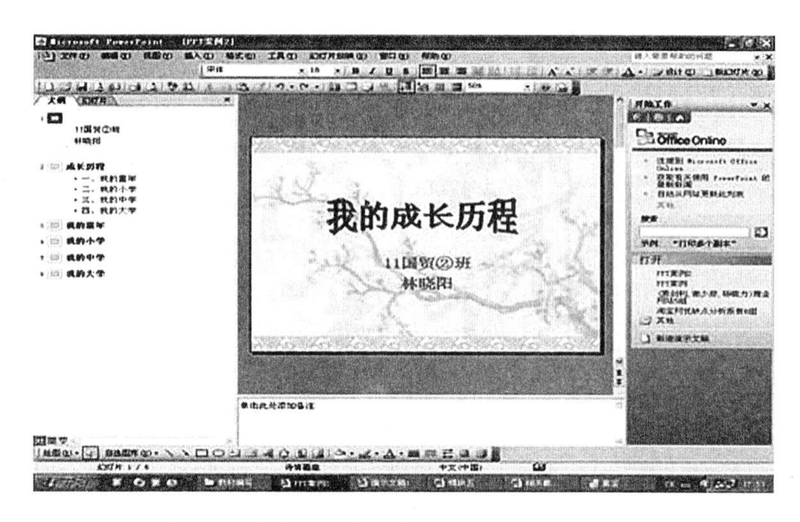

图 5. 1. 14　含有大纲窗格的 PowerPoint 2003 设计界面

增加或减少字符的缩进层次，单击“显示格式”按钮可在大纲中打开或关闭格式，单击“全部展开”按钮可显示大纲中的所有细节或仅看见幻灯片标题。

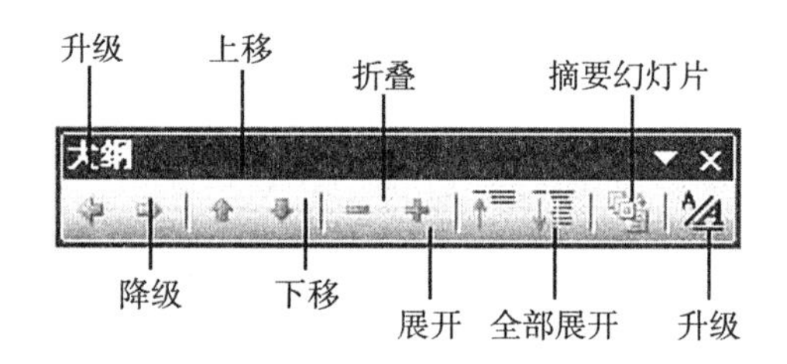

图 5. 1. 15　“大纲”工具栏

使用大纲是组织和开发演示文稿内容的好方法，因为工作时可以看到屏幕上所有的标题和正文；可以在幻灯片中重新安排要点；将整张幻灯片从一处移到另一处，或者编辑标题和正文等。例如，如果要重排幻灯片或项目符号，只要选定要移动的幻灯片图标或文本符号，再将其拖动到新位置上即可。

六、应用设计模板

设计模板包含演示文稿的整体格式，它包括占位符的大小及位置、项目符号和字体的类型及大小、背景和填充、配色方案、幻灯片母版和可选用的标题母版。应用设计模板可以大大简化幻灯片编辑的复杂程度，并且能够统一幻灯片的设计风格。具体操作为：

① 打开演示文稿，选定要应用新设计模板的幻灯片。

② 执行“格式”→“幻灯片设计”菜单命令，弹出幻灯片设计任务窗格，选择“设计模板”项，再单击需要的应用设计模板右侧的下拉按钮（如图 5. 1. 16 所示），选择相应的菜单项，即可实现不同的应用效果。

❖**提示：**在 PowerPoint 2003 中可以实现在同一演示文稿中应用多种设计模板。

七、演示文稿的打印

演示文稿制作完成之后，可以通过打印机打印出来供审阅或存档。PowerPoint 2003 可以使用 4 种方式打印演示文稿，即打印幻灯片、讲义、备注和大纲。单击“文件”→“打印”菜单命令可以得到如图 5.1.17 所示的“打印”对话框。

在“打印”对话框的打印内容下拉列表框中可以选择打印内容，当选择“讲义”时可选择每页打印几张幻灯片，共有每页打印 1 张、2 张、3 张、4 张、6 张、9 张幻灯片 6 种选择。选择好打印内容，再根据需要进行其他选项的设置，然后单击“确定”按钮，即可打印输出所需要的演示文稿。

图 5.1.16　“幻灯片设计”任务窗格

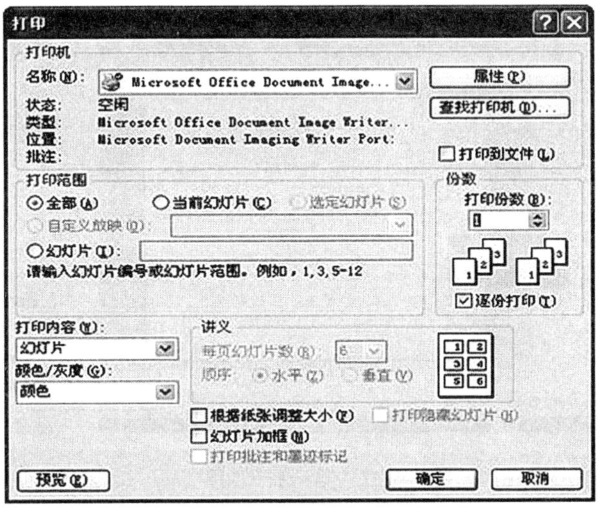

图 5.1.17　“打印”对话框

操作步骤

制作的第一张成长历程幻灯片的结果如图 5.1.18 所示。

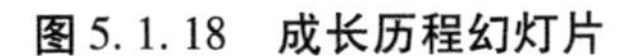

图 5.1.18　成长历程幻灯片

图 5.1.19　PowerPoint 2003 启动界面

一、演示文稿的建立和编辑

① 启动 PowerPoint 2003，可以得到如图 5.1.19 所示的界面。此时，PowerPoint 2003 会自动在文档中插入一张“标题幻灯片”。

② 单击工具栏上的“设计”按钮，在任务窗格中选择“标题和文本”文字版式。

③ 在幻灯片窗口中调整新幻灯片文本区域的大小和位置，输入第一张幻灯片的内容（如图 5.1.20 所示）。

④ 插入艺术字标题。

➢执行“插入”→“图片”→“艺术字”菜单命令，弹出“艺术字库”对话框（如图 5.1.21 所示），选择 2 行 5 列的样式，单击“确定”按钮。

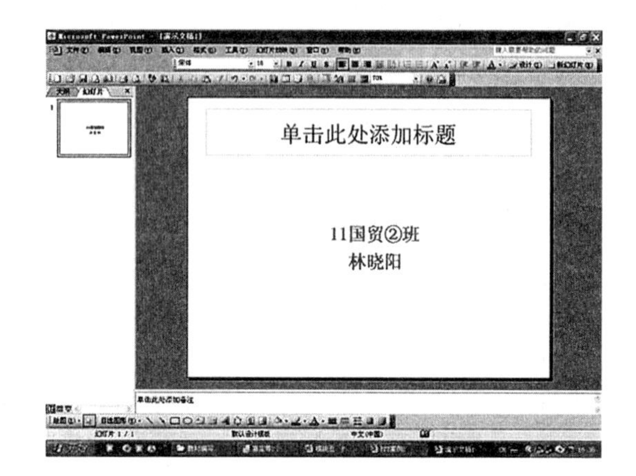

图 5.1.20 建立的第一张幻灯片

图 5.1.21 “艺术字库”对话框

➢在弹出的“编辑‘艺术字’”对话框中，输入演示文稿的标题“我的成长历程”，设置字体为宋体，字号为 36，加粗，单击“确定”按钮。

➢单击艺术字工具栏上的设置“艺术字格式”按钮，弹出“艺术格式”对话框，选择合适的艺术字颜色和线条的颜色，单击“确定”按钮。

⑤ 右击艺术字，弹出艺术字格式设置对话框，调整艺术字的大小和位置，设置“艺术字”形状为“朝鲜鼓”，效果如图 5.1.22 所示。

⑥ 编辑幻灯片。选中制作好的幻灯片，对文本作格式设置，效果如图 5.1.22 所示。

⑦ 执行“插入”→“新幻灯片”菜单命令，选择幻灯片版式“标题与文本”，插入第二张幻灯片，并在其中输入相关文本，操作效果如图 5.1.23 所示。

图 5.1.22 第一张幻灯片的内容

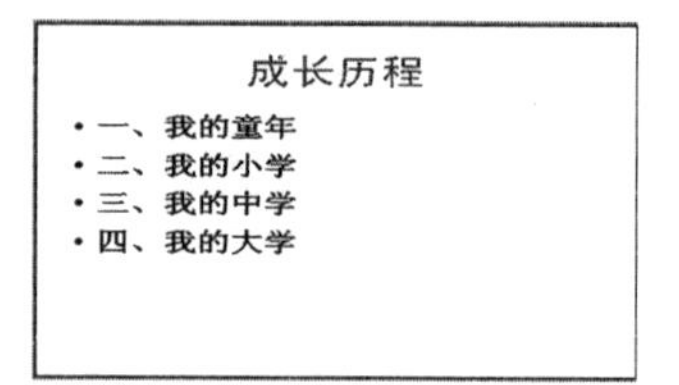

图 5.1.23 第二张幻灯片的内容

⑧ 重复前一步骤，插入 4 张新幻灯片，标题文字分别为“我的童年”、“我的小学”、“我的中学”和“我的大学”。

⑨ 执行“格式”→“幻灯片设计”菜单命令，在任务窗格中选择一个自己满意的模板，如“诗情画意”模板，右击该模板，弹出快捷菜单，如图 5. 1. 24 所示。该快捷菜单中提供了“应用于所有幻灯片”、“应用于选定幻灯片”等命令供用户选择，执行“应用于所有幻灯片”命令，一个专业的演示文稿就制作好了。效果分别如图 5. 1. 25 和图 5. 1. 26 所示。

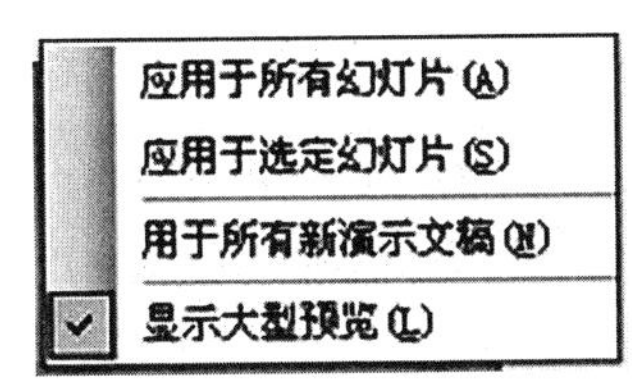

图 5. 1. 24　选择模板的应用范围

图 5. 1. 25　第一张幻灯片效果

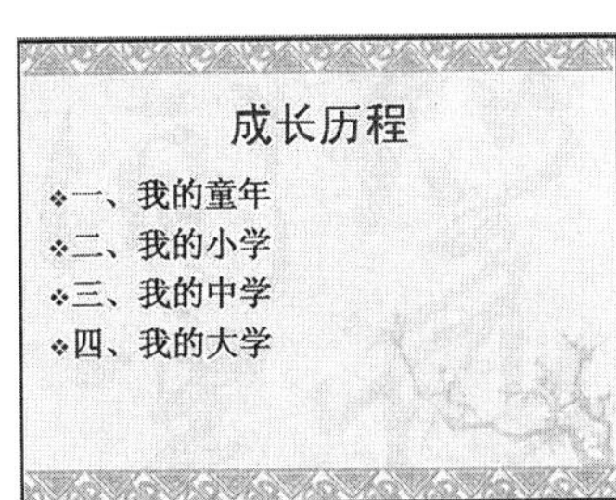

图 5. 1. 26　第二张幻灯片效果

二、排练计时

为了自动播放幻灯片，实现滚动字幕的效果，需要使用排练计时的功能，录制排练计划。具体方法是将全部幻灯片放映一遍，并记录下放映的过程，然后再设置循环放映时使用这一排练计划。

① 执行“幻灯片”→“排练计时”菜单命令，开始放映幻灯片，此时屏幕上除了放映的幻灯片外，在左上角出现了一个“预演”对话框（如图 5. 1. 27 所示），在该对话框中显示当前幻灯片的放映时间及总的放映时间。

② 按照需要，确定每张幻灯片的放映时间，放映幻灯片至结束后，会弹出如图 5. 1. 28 所示的询问是否保留幻灯片排练时间对话框。

③ 单击“是”按钮，结束排练计时。如果对本次排练不满意，可以重新进行排练直到满意为止。录制了排练计划之后，可以使用这一排练时间来播放幻灯片。

图 5. 1. 27　“预演”对话框

图 5. 1. 28　询问是否保留幻灯片排练时间

三、设置循环播放

如果开始演示时不需要滚动显示各幻灯片内容，在放映时，只需要播放第一张标题幻灯片。否则，需要设置幻灯片能够循环播放。

执行“幻灯片放映”→“设置幻灯片放映方式”菜单命令，弹出如图 5.1.29 所示的“设置放映方式”对话框，根据本案例需要，在放映选项中选中“循环放映，按【ESC】键终止”复选框，在换片方式中选择“如果存在排练时间，则使用它”单选项，最后单击“确定”按钮，完成循环播放设置。

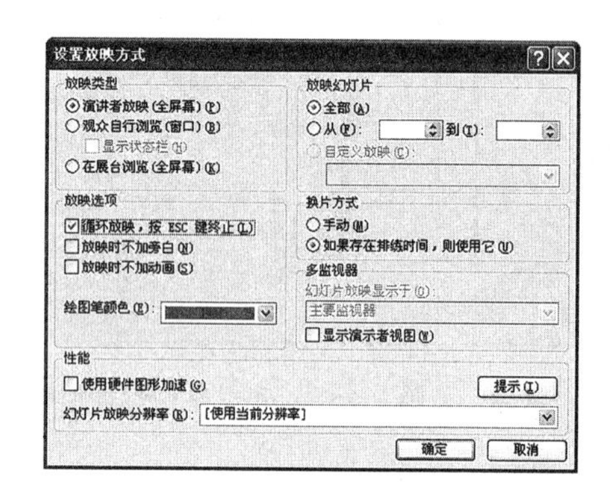

图 5.1.29 “设置放映方式”对话框

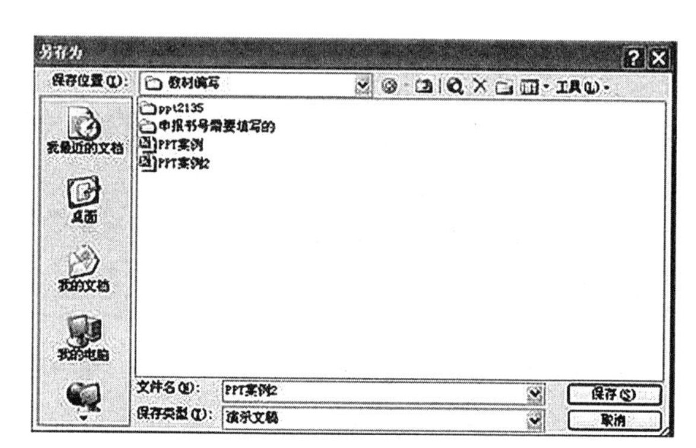

图 5.1.30 “另存为”对话框

四、演示文稿保存

演示文稿创建、编辑或修改等操作完成之后，需长期保留当前的结果，可以把它保存下来。操作方法也和 Word 或 Excel 文档保存方法相同。执行“文件”→“保存”或“文件”→“另存为”菜单命令实现。

如果是第一次保存或是另存，则打开的是“另存为”对话框（如图 5.1.30 所示），在对话框中设置保存位置、名称和类型，单击“保存”按钮；否则，演示文稿在原位置以原文件名和原类型更新保存。

技能拓展

一、在 PowerPoint 2003 插入其他的应用程序创建的大纲文档

PowerPoint 2003 中可以插入其他应用程序创建的大纲文档，如 Word 中的大纲文档。从其他字处理程序导入大纲文档时，PowerPoint 2003 以 rtf 格式和纯文本格式读入文档。导入大纲文档的第一级标题成为幻灯片标题，而正文成为缩进级别。

将文档从 . doc，. rtf 或 . txt 文件插入 PowerPoint 2003 文件时，所得到的演示文档将按照源文档中设置的标题样式进行格式设置。如果源文档不包含标题样式，PowerPoint 2003 将根据段落创建大纲文档。从 . htm 文档插入大纲文本，将保留源标题格式，但是来自该文件的所有文本将显示在幻灯片的一个文本框内。

如果已有一个设计好的标题样式的 Word 大纲文档，执行下列操作之一，可以将其

插入 PowerPoint 2003 中，快速地创建演示文稿。

1. 基于其他文件中的文本新建演示文稿

① 在 PowerPoint 2003 中单击“文件”→“打开”菜单命令。

② 在文件类型下拉列表框中，单击“所有大纲”。

③ 在文件列表中，双击要使用的文档。

2. 将 Word 中的文本发送到新演示文稿

① 在 Word 中，打开要发送至演示文稿中的文档。

② 单击“文件”→“发送”→“Microsoft Office PowerPoint”命令。

3. 在现有演示文稿中插入文本

① 在大纲窗格中选择要在其后插入的大纲文本幻灯片。

② 执行“插入”→“幻灯片（从大纲）”菜单命令。

③ 在“插入大纲”对话框中，找到需要插入的文档。

④ 双击该文件，插入文档。

在本任务中已经创建一个“成长历程 . ppt”文件，但是这个文件中的成长各阶段素材太少。在素材文件中已用 Word 创建了一份成长各阶段的素材内容，对这些素材做一些简单修改和设置，然后保存成 Word 类型的大纲文件，再将大纲文件发送到 PowerPoint 2003 就可以快速地创建演示文稿框架。

二、PowerPoint 到 Word

1. 使用现有的 PowerPoint 演示文稿创建 Word 大纲文档

① 打开演示文稿。

② 执行“文件”→“发送”→“Microsoft Office Word”菜单命令。

2. Office 系列应用软件之间的数据交换

在 PowerPoint，Word 或 Excel 中，只要选择菜单中的“插入”→“对象”命令，均可打开“插入对象”对话框。利用该对话框可将其他应用程序中的数据链接或嵌入进来，成为当前文件的一部分。

打开应用软件，找到需要链接或嵌入的数据，选择“复制”和“粘贴”命令，也可以进行 Office 系列应用软件之间的数据交换。

案例二　贺卡设计制作——设置幻灯片背景和动画

案例说明

新年将至，众好友纷纷给我发来五彩缤纷的新年贺卡，我也利用 PowerPoint 2003 制作了精致的幻灯片。幻灯片中含有祝贺词、动画、图片、声音等内容，以此向辛勤工作一年的朋友们表示诚挚的问候。

知识准备

幻灯片基本制作完成后，为使幻灯片更加美观动感，我们需要对幻灯片作相应的修饰。修饰幻灯片，包括对幻灯片背景设置、动作设置、动画设计、插入超级链接、插入相关素材相关元素等，具体描述如下：

1. 编辑配色方案

配色方案用于定义演示文稿的主要颜色，如文本、背景、填充等所用的颜色。一旦选择了某种方案，方案中的每种颜色会自动应用于幻灯片的不同组件上。用户可选择一种配色方案应用于个别幻灯片或整个演示文稿。具体操作步骤如下：

① 选择“格式”→“幻灯片设计”菜单命令，打开“幻灯片设计”任务窗格，单击“配色方案”选项卡，任务窗格中出现“应用配色方案”列表框，如图5.2.1所示，在其中选择一个适合的配色方案。

② 单击所选配色方案，或单击配色方案右边的下拉列表框，选择“应用于所有幻灯片”命令，则整个演示文稿应用该配色方案；选择“应用于所选幻灯片”命令，则该配色方案只应用于当前所选幻灯片。

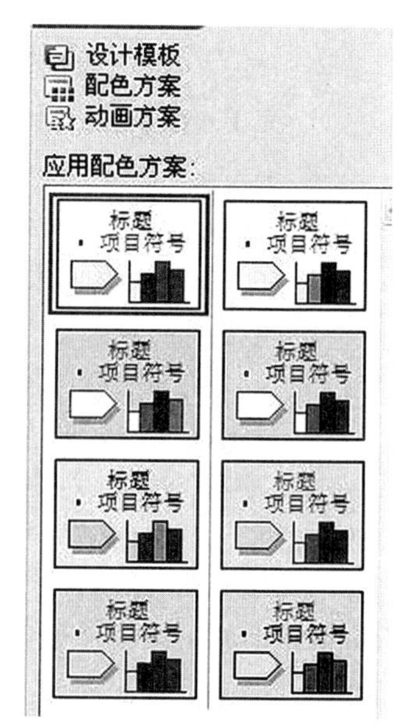

图5.2.1 应用配色方案

2. 背景填充

在演示文稿中更改背景颜色或图案，具体操作步骤如下：

① 选择“格式”→“背景”菜单命令，弹出“背景”对话框。

② 从“背景填充”下拉列表框中选择“填充效果”选项，弹出“填充效果”对话框，在该对话框中，用户可根据需要选择渐变、纹理、图案或图片作为背景填充。或者直接从“背景填充”下拉列表框中选择某种单一颜色，如图5.2.2所示。

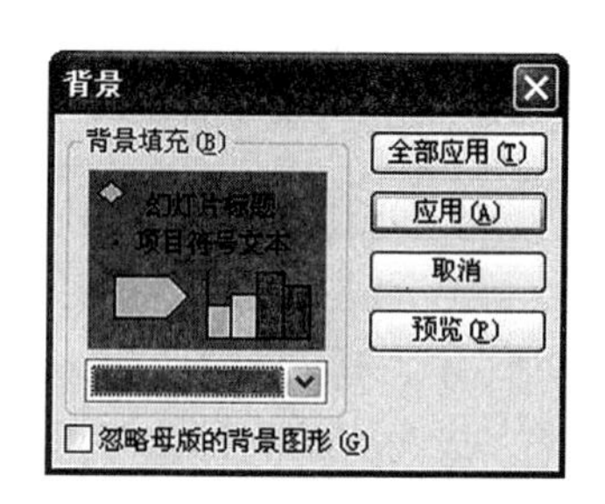

图5.2.2 “背景”对话框

3. 插入剪贴画

可在演示文稿中加入一些与文稿主题有关的剪贴画，使演示文稿生动有趣、更富有吸引力。插入剪贴画时，根据选择的幻灯片不同版式（版式介绍请参看案例一知识准备中的“插入新幻灯片”部分），采用不同的操作方法，具体阐述如下：

① 有内容占位符（在内容版式中选择包含内容的版式）。单击内容占位符的“插入剪贴画”图标，弹出“选择图片”对话框，列表框内显示的为管理器里已有的图片，双击所需图片即可插入。如果图片太多难以找到，可以利用对话框中的搜索功能。如果所需图片不在管理器内，可单击“导入”按钮，选择所需图片导入到管理器后，再双击图片插入。

② 有剪贴画占位符（在其他版式中选择包含剪贴画的版式）。双击剪贴画占位符，打开“选择图片”对话框，其他操作同步骤①。

③ 无内容占位符或剪贴画占位符。选择“插入”→“图片”→“剪贴画”菜单命令，或单击“绘图”工具栏上的“插入剪贴画”按钮，打开“剪贴画”任务窗格。在“剪贴画”任务窗格中，设置好“搜索文字”、“搜索范围”和“结果类型”后，单击“搜索”按钮，出现符合条件的剪贴画，选择所需的图片插入。

插入了剪贴画后可对剪贴画进行编辑（如改变大小、位置、复制等），操作与Word类似。

4. 插入图片

① 插入计算机中的图片：在内容占位符上单击“插入图片”图标，或选择“插入”→“图片”→“来自文件”菜单命令，弹出“插入图片”对话框，选择要插入的图片，单击“插入”按钮。

② 插入外部图片：选择“插入”→“图片”→“来自扫描仪或照相机”菜单命令，可从扫描仪或照相机中选择要输入的图片。

5. 插入艺术字

在普通视图的幻灯片窗格中可以绘制图形和插入艺术字，单击“插入”→“图片”→“艺术字”菜单命令，选择一种艺术字样式。单击已经插入的艺术字，可以利用“艺术字”工具栏对艺术字进行编辑。

6. 插入绘制图形

在普通视图的幻灯片窗格中可以绘制图形和插入艺术字，单击“插入”→“图片”→“自选图形”菜单命令，插入需要的图形。

7. 插入表格

有内容占位符的，单击内容占位符中的“插入表格”图标，或选择“插入”→“表格”菜单命令，在弹出的“插入表格”对话框中设置表格的行数和列数，单击“确定”按钮即可。没有内容占位符的可以直接选择“插入”→“表格”菜单命令插入。

8. 插入组织结构图

在幻灯片中插入组织结构图，可使版面整洁，便于表现系统的组织结构形式。

有内容占位符的，单击内容占位符中的“插入组织结构图或其他图示”图标；有组织结构图占位符的，双击组织结构图占位符；有内容占位符或组织结构图占位符的，选择“插入”→“图示”菜单命令，在弹出的“图示库”对话框中选择要插入的组织结构图。

9. 添加多媒体对象

可以将本地计算机、局域网络、Internet 或“剪辑管理器”中的声音文件和自己录制的声音文件添加到演示文稿中，还可以在放映幻灯片时播放 CD 中的音乐。

（1）插入剪辑管理器中的声音

操作步骤如下：

① 选中要插入声音文件的幻灯片。

② 选择“插入”→“影片和声音”→“剪辑管理器中的声音”菜单命令，打开

“剪贴画”任务窗格。

③ 移动滚动条找到需要的声音文件，单击将其插入到幻灯片中。

④ 这时系统弹出信息框，单击“是”，将自动播放声音；单击“否”，将在单击鼠标时播放。

当声音文件插入幻灯片后，将出现一个代表声音文件的喇叭图标。如果希望隐藏幻灯片中的声音图标，可以将它拖出幻灯片并将声音设置为自动播放。

（2）插入声音文件

如果剪辑库中的声音文件不能满足要求，用户还可以插入其他来源的声音文件，操作步骤如下：

① 选中要插入声音文件的幻灯片。

② 单击菜单“插入”→“影片和声音”→“文件中的声音”命令，弹出“插入声音”对话框，在其中选择要使用的声音文件。

③ 单击“确定”按钮，会弹出一个提示框，询问用户是在幻灯片放映时自动播放该声音文件，还是仅在单击声音图标之后播放该声音文件。

④ 选择需要的播放方式。

（3）插入 CD 音乐

在 PowerPoint 2003 中还可以使用 CD 音乐作为背景音乐，操作步骤如下：

① 选中要插入声音文件的幻灯片。

② 将带有所需音乐的 CD 唱片放入 CD-ROM 中。

③ 单击菜单“插入”→“影片和声音”→“播放 CD 乐曲”命令，弹出“插入 CD 乐曲”对话框。

④ 设置所需选项后，单击“确定”按钮，弹出提示询问播放方式。

⑤ 选择需要的播放方式。

（4）插入影片

影片是指 . avi，. mov，. qt，. mpg 和 . mpeg 格式的文件。插入影片的操作步骤如下：

① 选中要插入影片的幻灯片。

② 执行“插入”→“影片和声音”→“剪辑管理器中的影片”或“插入”→“影片和声音”→“文件中的影片”菜单命令。

③ 根据不同选择，可以从“剪贴画”任务窗格或“打开影片”对话框中选择需要插入到幻灯片中的影片。这时，将弹出提示框询问用户如何设置影片的开始方式，是单击播放还是自动播放。

（5）录制旁白

在演示文稿中要插入语音解说内容，不需任何其他专门录音软件，PowerPoint 2003 本身就可以完成旁白的录制工作。操作方法如下：

① 选中要开始录制旁白的幻灯片。

② 单击“幻灯片放映”→“录制旁白”命令，弹出“录制旁白”对话框。

③ 单击“设置话筒级别”按钮，按照屏幕说明设置话筒的级别。

④ 选中“链接旁白”复选框，并单击“浏览”按钮，指定链接文件存放的文件夹，否则以嵌入方式插入幻灯片。

⑤ 单击“确定”按钮后，在打开的对话框中选择从“当前幻灯片”或“第一张幻灯片”开始录制旁白。

⑥ 在确定了开始录制的位置后，进入幻灯片全屏播映方式。此时，可以通过话筒录入首张幻灯片的旁白内容，单击鼠标切换到下一张继续录制，直到最后。

⑦ 结束录制时，将显示确认保存“排练时间”对话框。

“排练时间”是指在录制旁白或规划时间时，系统会自动将每张幻灯片在屏幕上停留的时间记录下来，作为将来自动播放时切换幻灯片的时间依据。

由于语音旁白优先于其他声音，如果已在演示文稿中插入其他声音并设置为自动播放，语音旁白将覆盖其他声音。

10. 设置动画方案

选择“幻灯片放映”→“动画方案”菜单命令，打开“幻灯片设计”任务窗格（如图 5.2.3 所示），单击相应的动画即可在当前幻灯片相应的文本或幻灯片切换中应用此动画方案；单击“应用于所有幻灯片”按钮，则整个文稿应用此动画方案。

图 5.2.3　动画方案面板

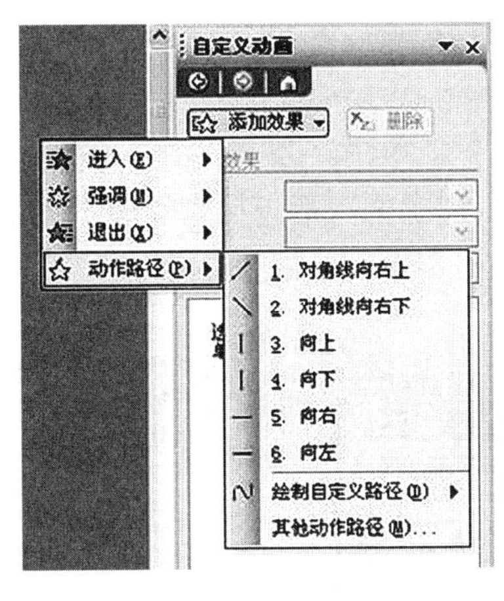

图 5.2.4　动作路径面板

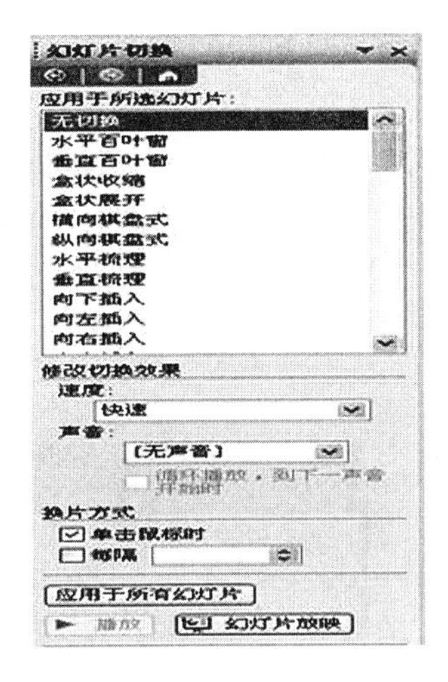

图 5.2.5　幻灯片切换面板

11. 自定义动画设置

幻灯片中各对象动画的播放顺序是依照其设置的先后顺序进行的。若对预设的动画方案不满意，用户可根据需要用自定义动画功能对其进行修改或重新设置。

在幻灯片中选择要设置动画的某个对象，然后选择“幻灯片放映”→“自定义动画”菜单命令，或在要设置动画的某个对象上右击，在弹出的快捷菜单中选择“自定义动画”命令，打开“自定义动画”任务窗格进行设置即可。

12. 设置动作路径

PowerPoint 在自定义动画的功能里还可以对指定对象或文本出现或运行的路径进行设置，它是幻灯片动画序列的一部分。具体操作步骤为：先选定操作对象，再执行“幻灯片放映”→“自定义动画”→“添加效果”→“动作路径”菜单命令，然后按对象运行的路径进行设置（如图 5.2.4 所示）。

13. 设置幻灯片切换方式

幻灯片的切换方式是指某张幻灯片进入或退出屏幕时的特殊视觉效果，目的是为了使前后两张幻灯片之间的过渡自然。既可以为选择的某张幻灯片设置切换方式，也可为一组幻灯片设置相同的切换方式。

选择“幻灯片放映”→“幻灯片切换”菜单命令，打开“幻灯片切换”任务窗格，按要求设置即可（如图 5.2.5 所示）。

操作步骤

首先收集贺卡幻灯片需要的图片、音乐资料，资料准备好以后，启动 PowerPoint 2003 就可以开始制作了。

操作步骤其实也比较简单：设置贺卡背景→输入祝福字符→添加个性图片→设置背景音乐。

一、设置贺卡背景

① 执行“格式”→“背景”菜单命令，打开“背景”对话框。

② 单击“背景填充”下拉按钮（如图 5.2.6 所示），选择“填充效果”选项，打开“填充效果”对话框（如图 5.2.7 所示）。

③ 切换到“图片”标签下，单击“选择图片”按钮，打开“选择图片”对话框，选择事先准备好的图片，单击“确定”后返回“背景”对话框。

④ 单击“应用”（或“全部应用”）按钮返回。

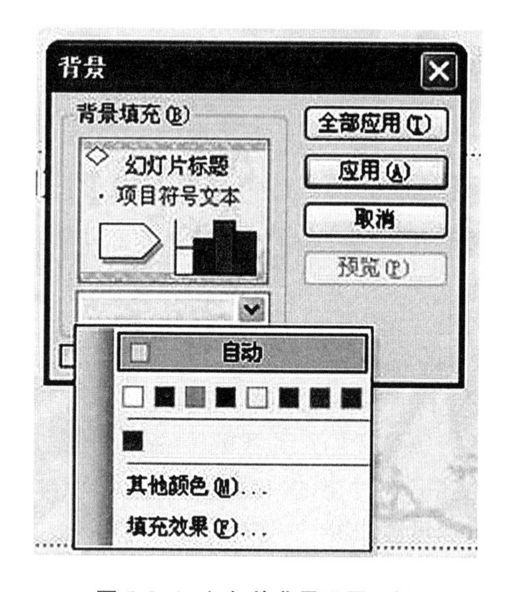

图 5.2.6 幻灯片背景设置面板

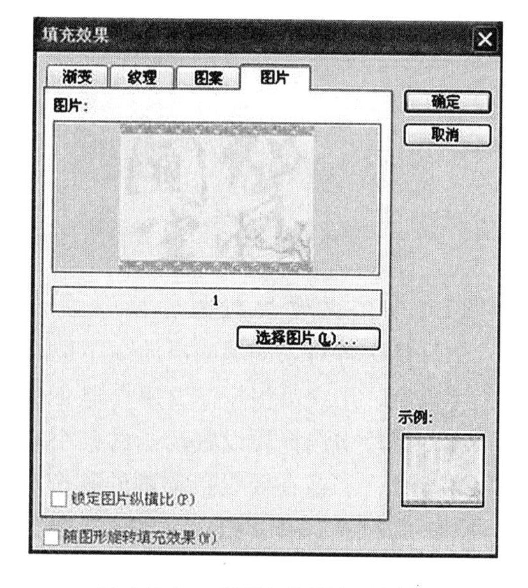

图 5.2.7 “填充效果”对话框

二、输入祝福字符

① 执行“插入”→“文本框”→“水平”菜单命令，然后在页面上拖拉出一个文

本框，并输入相应的祝福字符，如本例中的“亲爱的野百合小姐，新年快乐”。

② 设置好字体、字号、字符颜色等。

③ 选中“文本框”，执行“幻灯片放映”→“自定义动画”菜单命令，展开“自定义动画”任务窗格（如图 5.2.8 所示）。

图 5.2.8　“自定义动画”对话框

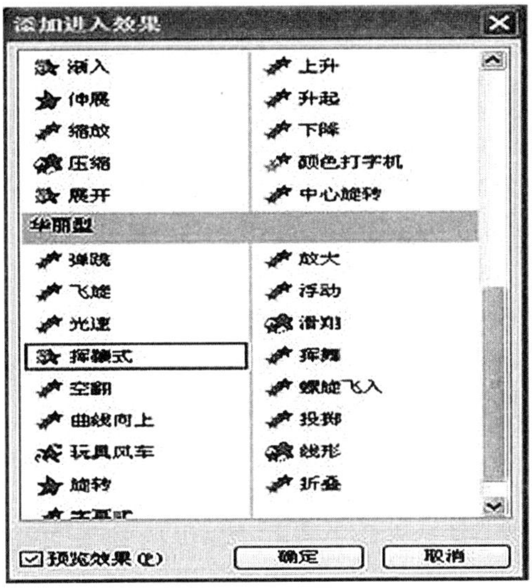

图 5.2.9　“添加效果”对话框

④ 单击其中的“添加效果”按钮，在随后展开的下拉菜单中，选择“进入”→“其他效果”选项，打开“添加进入效果”对话框（如图 5.2.9 所示）。

⑤ 选择一种合适的动画方案（如“挥鞭式”），单击“确定”按钮后退出。

⑥ 在“自定义动画”任务窗格中，将“速度”选项设置为“中速”。

三、添加个性图片

① 执行“视图工具栏绘图”命令，展开“绘图”工具栏。

② 依次点击工具栏上的“自选图形”→“基本形状”→“心形”选项（如图 5.2.10 所示），然后在幻灯片中拖拉出一个“心形”来。

③ 选中刚才画出的“心形”，执行“格式”→“自选图形”命令，打开“设置自选图形格式”对话框（如图 5.2.11 所示）。

④ 在“颜色和线条”标签卡中，单击“填充”、“颜色”右侧的下拉按钮，在随后出现的下拉列表中选择“填充效果”选项，打开“填充效果”对话框。

⑤ 打开“图片”标签卡，单击“选择图片”按钮，打开“选择图片”对话框，选择事先准备好的图片，单击“确定”按钮返回“设置自选图形格式”对话框，将“线条”、“颜色”设置为“无线条颜色”，最后单击“确定”按钮。

⑥ 调整好图形大小，将其定位在贺卡合适的位置上。

⑦ 仿照上面操作，在大心形图上再加一个小的心形图，将两个心形图组合在一起。

⑧ 为上述图形添加动画效果。

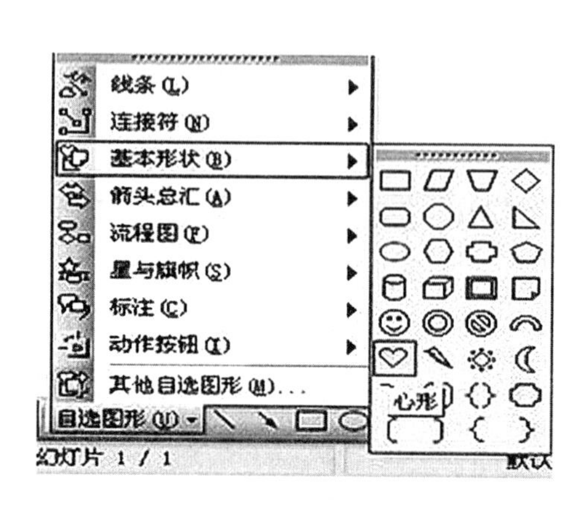

图 5.2.10 “插入自选图形”对话框

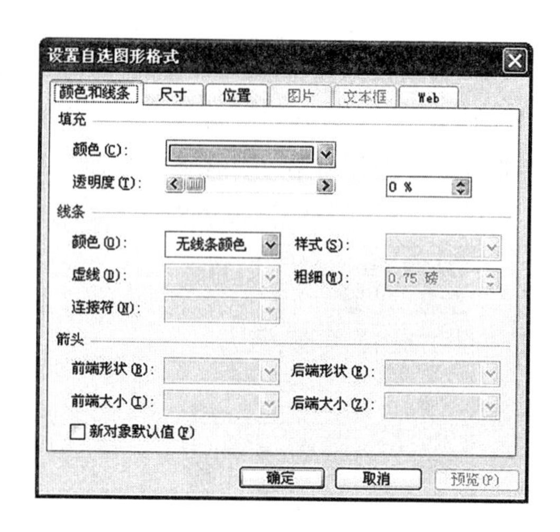

图 5.2.11 插入“设置自选图形格式”对话框

四、设置背景音乐

① 执行“插入”→“影片和声音”→“文件中的声音”菜单命令，打开“插入声音”对话框（如图 5.2.12 所示）。

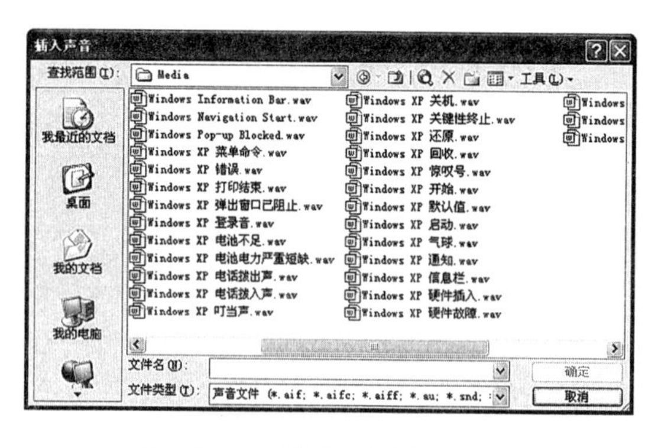

图 5.2.12 “插入声音”对话框

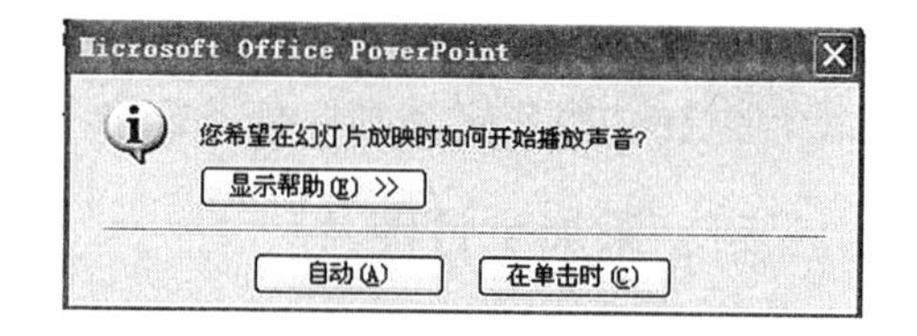

图 5.2.13 设置声音播放方式对话框

② 定位到前面准备的音乐文件所在的文件夹，选中相应的音乐文件，单击“确定”按钮返回。

③ 在随后弹出的对话框中（如图 5.2.13 所示），单击“自动”按钮。

④ 此时，在幻灯片中出现一个小喇叭图标，将该图标尽可能地调小，将其定位在合适的位置上。尽可能地调小的目的是起到将其隐藏起来的效果。

⑤ 插入声音文件后，在“自定义动画”任务窗格出现一个声音动画选项，按住鼠标左键将其拖动到第一项，这样一旦放映幻灯片就会同时播放出音乐。采取这种方法，我们可以随意地调整各动画的播放顺序。

⑥ 再双击该动画方案，打开“播放声音”对话框（如图 5.2.14 所示），切换到“计时”标签下，按“重复”右侧的下拉按钮，在菜单中选择“直到幻灯片末尾”选项，单击“确定”按钮返回。

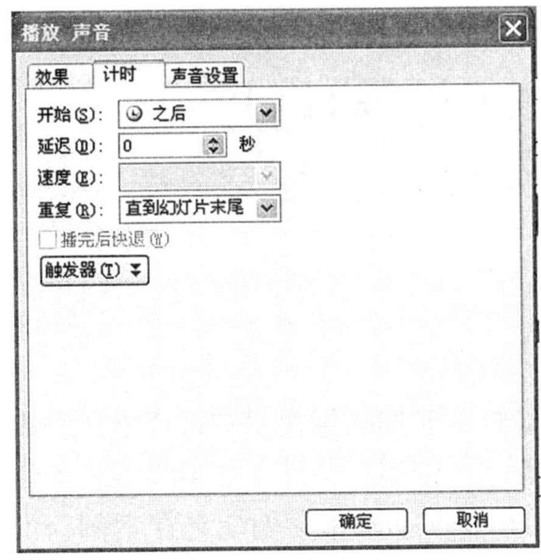

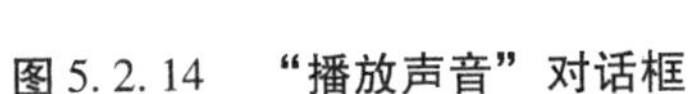
图 5. 2. 14　“播放声音”对话框

图 5. 2. 15　新年贺卡完成效果

我们也可以通过执行“插入”→“影片和声音”→“文件中的影片”菜单命令，将一些视频文件插入到幻灯片中。贺卡制作完成后（如图 5. 2. 15 所示），按下【F5】功能键，就可以边听音乐边欣赏贺卡了。

技能拓展

一、母版的制作和应用

PowerPoint 为每个演示文稿创建一个母版集合（幻灯片母版、演讲者备注母版和讲义母版等）。母版中的信息一般是共有的信息，改变母版中的信息可统一改变演示文稿的外观。例如，把公司标记、产品名称及演示者的名字等信息放到幻灯片母版中，使这些信息在每张幻灯片中以背景图案的形式出现。

二、建立“摘要幻灯片”

在创建好一个 PowerPoint 演示文稿后，有时可能需要添加一个简介、议程或小结。其实，PowerPoint 本身就提供了向现有演示文稿中快速添加摘要幻灯片的方法：打开需要添加摘要的演示文稿，选择“视图”→“幻灯片浏览”菜单命令，并在幻灯片浏览视图中选择所需幻灯片的标题（也可以配合【Ctrl】和【Shift】键选择多张幻灯片，当然一般选择那些最能概括该演示文稿的幻灯片作为摘要）。再单击幻灯片浏览工具栏上的“摘要幻灯片”按钮，PowerPoint 将会自动利用所选幻灯片的标题创建名为“摘要幻灯片”的新幻灯片，该幻灯片将出现在所选幻灯片的前面，并作为摘要。

❖**提示：**可以双击该幻灯片，更改标题、编辑现有项或添加新项来作进一步修改和完善。

案例三　优化充实成长历程幻灯片
——设置超级链接和插入动画

案例说明

案例一成长历程幻灯片简单制作成功后，播放幻灯片时如果想根据幻灯片阐述的内容自由地跳转，那就必须在需要跳转的幻灯片中设置超级链接。另外，如果需要将幻灯片设置得生动活泼，我们可以在幻灯片中插入适合的 Flash 动画。案例三是在案例一的基础上作内容的优化和充实。

知识准备

一、插入超链接

使用超链接功能不仅可以在不同的幻灯片间自由切换，还可以在幻灯片与其他程序或文件之间，如 Word 文档、Excel 工作表、Internet 地址间来回跳转。播放幻灯片时，把鼠标指针移到设有超链接的对象上，鼠标指针会变成“手”型，单击或鼠标移过即可启动超链接。

1. 创建文本或对象的超级链接

操作步骤：

① 选取建立超链接的文本或对象。

② 执行“插入”→“超链接”或“幻灯片放映”→“动作设置”菜单命令，均可创建超链接。后者实现的功能更多，以后者为例进行讲解。

③ 从弹出的“动作设置”对话框中（如图 5.3.1 所示），若用鼠标单击来启动超级链接，则在“单击鼠标”选项卡中进行设置；若用鼠标移动来启动，则在“鼠标移动”选项卡中进行设置；如果对一个对象设置两种效果，则两个选项卡都设置。

图 5.3.1　动作设置面板

④ 选中“超链接到”单选按钮，再单击“下一张幻灯片”后的下拉列表按钮，从下拉列表框中选择要跳转的目标。如果是链接到其他幻灯片，最好再从其他幻灯片链接回来。

⑤ 若想运行某一程序，可选中“运行程序”单选按钮，再单击“浏览”按钮，从

对话框中选择需要运行的程序文件，单击“确定”按钮后返回。

⑥ 若在超链接时要播放声音，则选中“播放声音”复选框，并从下拉列表框中选择合适的声音。

⑦ 单击“确定”按钮，完成创建。

如果需要修改和删除超链接，仍要选中原创建时的文本或对象，重新进行动作设置。

❖**提示：** 删除原文本或对象时，会连同超链接一并删除。如图 5.3.1 所示，在“动作设置”对话框中对“单击鼠标时的动作”选择“无动作”，即能删除对象的超链接。

2. 插入动作按钮

在 PowerPoint 2003 中提供了一组动作按钮，选择“幻灯片放映”→“动作按钮”级联菜单，选择合适的按钮，鼠标指针变为“＋”形状，在幻灯片适当位置单击，所选动作按钮出现在指定位置，同时，弹出“动作设置”对话框。这些按钮都预先定义了特定的功能，如“开始”、“上一张”、“下一张”、“结束”等，共有 12 种按钮，需要哪一种直接插入即可。每种动作按钮系统预设了它的链接方式，若不改动，单击“确定”按钮即可，也可根据需要重新设定。

具体操作步骤为：

① 在幻灯片视图中，切换到要插入动作按钮的幻灯片为当前幻灯片，执行“幻灯片放映”→“动作按钮”菜单命令，选择合适的按钮（如图 5.3.2 所示）。

② 在幻灯片中的合适位置拖动鼠标画出按钮并同时打开“动作设置”对话框，如图 5.3.3 所示进行设置，单击“确定”按钮即可。若插入的是自定义的按钮或原按钮动作设置不合适，则直接按需要设置好后再确定。设置方法同前边介绍的动作设置。

❖**提示：** 不需要的动作按钮可直接删除，按钮删除后动作也就不存在了。

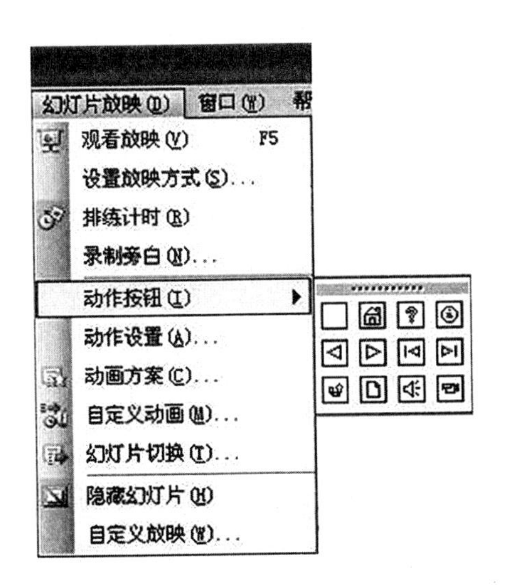

图 5.3.2　动作按钮面板

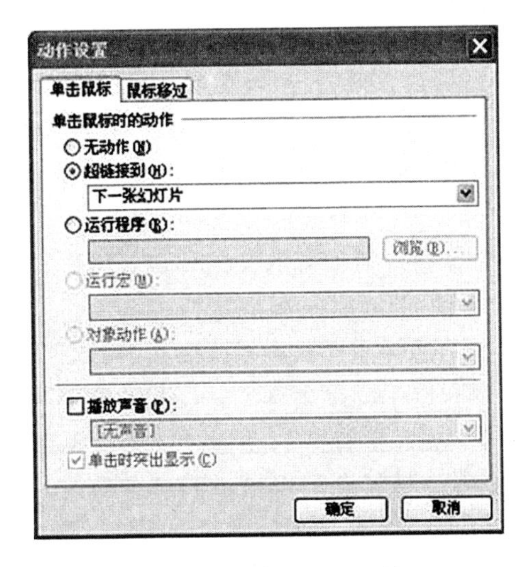

图 5.3.3　动作设置对话框

二、插入动画（插入 Flash）

① 运行 PowerPoint 2003，切换到要插入 Flash 动画的幻灯片。

② 执行“视图”→“工具栏”→“控件工具箱”菜单命令，调出“控件工具箱”工具。

③ 单击“控件工具箱”中的“其他控件”按钮（工具箱中的最后一个，即锤子图案的按钮），弹出 Active X 控件窗口，在控件列表中找到“Shockwave Flash Object”并单击，此时系统会自动关闭控件窗口。

④ 将光标移动到 PowerPoint 的编辑区域中，光标变成“十”字形，按下鼠标并拖动，画出适当大小的矩形框，这个矩形区域就是播放动画的区域。

⑤ 右击矩形框，在出现的快捷菜单中单击“属性”，出现“属性”窗口。

⑥ 单击“属性”窗口中的“自定义”一栏，此栏右端便出现一个按钮。单击该按钮，出现“属性页”窗口，在“影片”右侧文本框中输入“我的文件”Flash 动画的完整路径（如果 Flash 动画与 PowerPoint 文件处于同一目录中，也可以只输入 Flash 动画文件名），且必须带后缀名“. swf”。别的项目采用系统默认的即可，最后单击“确定”按钮返回 PowerPoint。

⑦ 放映该幻灯片，你所期待的画面就出现了。

❖**提示：**

① 使用该方法的前提是系统中须有“Shockwave Flash Object”控件。这个问题不用担心，此控件绝大多数电脑中都已安装。

② 在步骤⑤中双击矩形框也可以打开“属性”窗口。

③ 也可以在“属性”窗口“Movie”一栏右侧的文本框中直接输入 Flash 动画的路径，而不用步骤⑥自定义的方式。

④ 设定的矩形框的大小就是放映时动画窗口的大小，当然它的大小是可以通过拖动矩形框的句柄随意改变的。Flash 动画播放时，鼠标处在 Flash 播放窗口，响应 Flash 的鼠标事件；处在 Flash 播放窗口外，响应 PowerPoint 的鼠标事件。

操作步骤

① 打开制作好的文档“成长历程 . ppt”，在第二张幻灯片中设置成长的不同阶段对应不同的幻灯片内容。

② 选择需要插入超链接文本的幻灯片，本例选择幻灯片 2“成长历程”。

③ 选中链接文本“一、我的童年”。单击菜单命令“插入”→“超链接”，此时弹出“编辑超链接”对话框（如图 5. 3. 4 所示）。

④“链接到”区域中有“原有文件或网页”、“本文档中的位置”、“新建文档”、“电子邮件”四项，分别设置链接到磁盘中的某个文件或者某一网页地址、本演示文稿中的某一位置、新建的文档、电子邮件地址。本例中选择“本文档中的位置”这一项，并如图 5. 3. 4 选择“请选择文档中的位置”，最后单击“确定”按钮。

⑤ 设置超链接的文本的颜色变了，而且出现了下划线。放映演示文稿时，鼠标移至有超链接的文本，光标会变成手形，单击可以打开链接的内容。

⑥ 仿照步骤2，分别对“二、我的小学”、“三、我的中学”、“四、我的大学”文本内容进行超链接设置。

⑦ 设置动作按钮。在菜单命令“幻灯片放映”→“动作按钮”中选择“后退或前一项”按钮◀，用鼠标在幻灯片适当位置画出该按钮，同时打开“动作设置”对话框（如图5.3.5所示）。设置当前幻灯片超链接到其他幻灯片，最后单击“确定”按钮。幻灯片放映时，在幻灯片“我的童年”中点击该动作按钮，即跳转到指定幻灯片“2.成长历程”。

⑧ 在幻灯片“我的童年”中插入 Flash 动画。

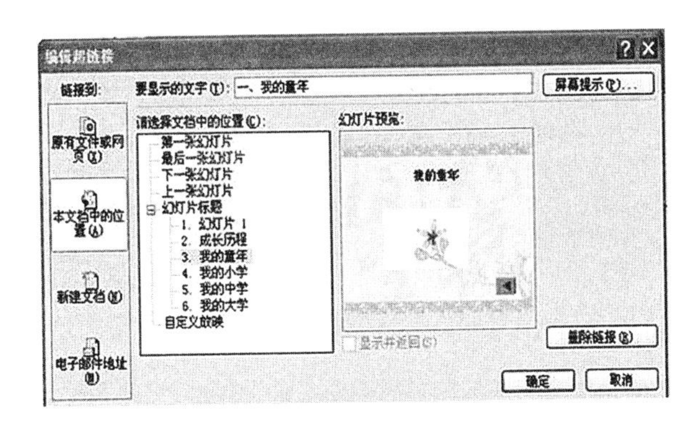

图 5.3.4　超级链接设置对话框

图 5.3.5　动作按钮设置对话框

➢执行“视图”→“工具栏”→“控件工具箱”菜单命令，在控件工具箱的“其他控件”的列表中选择“Shockwave Flash Object”（如图5.3.6所示）。

➢在当前幻灯片中画出动画矩形区域，并适当调整矩形区域的位置与大小，如图5.3.7所示。

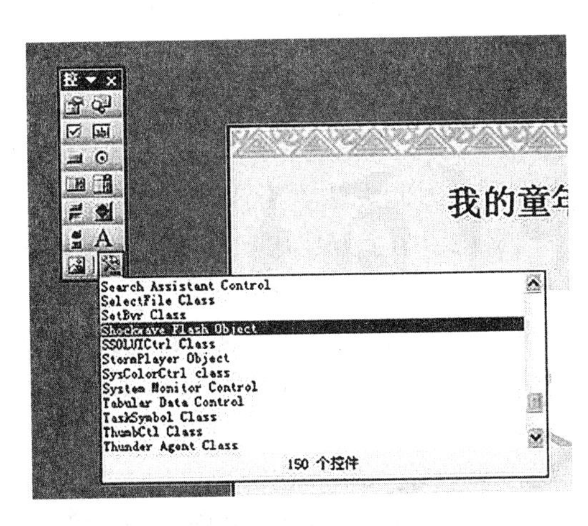

图 5.3.6　控件工具箱中插入 Flash 控件列表

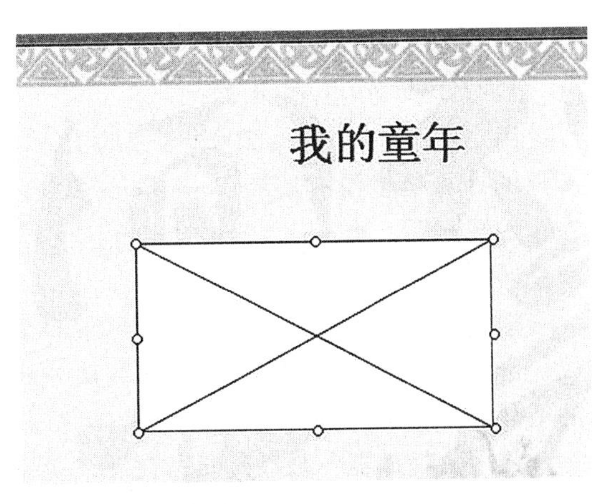

图 5.3.7　画出动画矩形区域

➢右击矩形区域，打开“属性”面板，在 Movie 项中输入 Flash 动画的文件名 童年的梦.swf（如图5.3.8所示），关闭面板。幻灯片放映后，结果如图5.3.9所示。

❖**提示**：插入的动画在“幻灯片播放”状态才能动态显示。

属性

ShockwaveFlash1 ShockwaveFlash

按字母序 | 按分类序

(名称)	ShockwaveFlash1
AlignMode	0
AllowFullScreen	false
AllowFullScreenIntera	false
AllowNetworking	all
AllowScriptAccess	
BackgroundColor	-1
Base	
BGColor	
DeviceFont	False
EmbedMovie	False
FlashVars	
FrameNum	-1
Height	126
left	150
Loop	True
Menu	True
Movie	童年的梦.swf
MovieData	
Playing	True
Profile	False
ProfileAddress	
ProfilePort	0
Quality	1
Quality2	High
SAlign	
Scale	ShowAll
ScaleMode	0

图 5.3.8 属性面板中输入插入的 Flash 路径和文件名

图 5.3.9 插入 Flash 动画后的幻灯片

技能拓展

一般情况下，用户创作的演示文稿要拿到异地的计算机上去播放，因此，如何携带是一个需要解决的问题。

PowerPoint 2003 提供了一个“打包”工具，它将播放器和演示文稿压缩后存放在同一张 CD 内，然后在演示的计算机上再将播放器和演示文稿一起解压缩。

1. PowerPoint 播放器

用户使用 PowerPoint 2003 创建的演示文稿，有时需要拿到客户那里去播放，但在客户的计算机里没有安装 PowerPoint 2003 应用程序，因此无法观看用户的演示文稿，在这种情况下，Microsoft 公司针对上述问题，专门提供了一个方便用户的解决方案，它就是播放器。

播放器 Ppview32. exe 可在 Microsoft Office Web 站点中找到，它们没有附加的许可协议，可以被自由分发。用户可以直接从 Web 站点安装或从“打包向导”链接到该站点的下载页。

使用“播放器”放映幻灯片之前，必须先将“播放器”安装在客户要用来观看放映幻灯片的计算机上。播放器支持绝大部分 PowerPoint 地区 2000/2002 功能，但在 PowerPoint 2003 中，“播放器”不支持某些动画效果，且在播放器中不能打开受密码保护的演示文稿，也不能在“打包向导”中将播放器与受密码保护的演示文稿一起打包。

2．幻灯片打包刻录成 CD

若要在没有安装 PowerPoint 的计算机上放映幻灯片，可使用 PowerPoint 提供的打包工具，将演示文稿及相关文件制作成一个可在其他计算机中放映的文件。具体操作步骤如下：

① 打开要打包的演示文稿。如果正在处理以前未保存的新的演示文稿，建议先保存。

② 将空白的、可写入的 CD 插入到刻录机的 CD 驱动器中。

③ 选择“文件”→“打包成 CD”菜单命令，弹出“打包成 CD”对话框。

④ 在“将 CD 命名为”文本框中，为 CD 输入名称。

⑤ 若要添加其他演示文稿或其他不能自动打包的文件，单击“添加文件”按钮，在弹出的“添加文件”对话框中选择要添加的文件，然后单击“添加”按钮。默认情况下，演示文稿被设置为按照“要复制的文件”列表中排列的顺序进行自动播放。若要更改播放顺序，可选择一个演示文稿，然后单击向上键或向下键，将其移动到列表中的新位置。若要删除演示文稿，先选择它，然后单击“删除”按钮。

⑥ 若要更改默认设置，可单击“选项”按钮，弹出“选项”对话框，再根据需要进行后面的设置。若要删除播放器，则取消“PowerPoint 播放器”前面的复选框。

3．异地播放打包的演示文稿

将刻有已打包演示文稿的 CD 插入到计算机的光盘驱动器中，然后执行“play. bat”文件，即开始播放演示文稿。

复习思考题

一、选择题

1. PowerPoint 2003 演示文稿的默认扩展名是________。
   (A) ppt　(B) doc　(C) xls　(D) ppt
2. 如果要从第 3 张幻灯片跳到第 8 张幻灯片，需要在第 3 张幻灯片上设置________命令。
   (A) 预设动画　(B) 动作按钮　(C) 自定义动画　(D) 幻灯片切换
3. 在编辑演示文稿中的幻灯片的内容时，最常用的视图方式是________。
   (A) 普通视图　(B) 备注页视图　(C) 幻灯片浏览视图　(D) 幻灯片放映视图
4. 下列有关幻灯片配色方案的叙述中，正确的是________。
   (A) 应用配色方案后，系统会根据配色方案自动设置文本、背景等内容的颜色
   (B) 同一个演示文稿中的幻灯片只能应用同一种配色方案
   (C) 配色方案以文件的形式单独存储在系统文件夹中
   (D) 在同一个演示文稿中可以添加任意多个配色方案
5. PowerPoint 2003 中，下列关于表格的说法错误的是________。
   (A) 可以向表格中插入新行和新列　(B) 不能合并和拆分单元格
   (C) 可以改变行高和列宽　(D) 可以给表格添加边框

二、填空题

1. PowerPoint 2003 有________、________、________、________4 种最常用的视图。

2. PowerPoint 2003 有________、________、________、________4 种母版类型。
3. ________是 PowerPoint 对幻灯片各种对象预设的动画效果。
4. ________是 PowerPoint 提供的带有预设动作的按钮对象。
5. PowerPoint 2003 有________________、________________、________________3 种常见的放映方式。

三、设计题

综合运用幻灯片制作的各个技术要点，完成介绍文化遗址为主题的演示文稿。

制作内容与要求：

① 设计制作一个以介绍文化遗址为主题的演示文稿，其中包括遗址的地理位置、历史文化、特色、纪念意义等内容，在主页面中有多个分类，单击分类可以跳转到显示该类别的幻灯片，每个分类都有返回到主页面的链接。
② 多方面收集文化遗址的相关素材，并做好组织和美化的准备。
③ 主界面由标题、各分类标题构成，最好用遗址的特色照片作为背景。单击分类别标题可以跳转到相应类别。
④ 各类别可以包含多个幻灯片，各幻灯片中根据需要插入相应的对象。要求做到图文并茂，形象生动，最好在每个遗址的特色景点中都加有旁白介绍。
⑤ 各类别有一个返回主页面的链接。
⑥ 为突出的内容设计对象动画。
⑦ 为每一张幻灯片设计切换动画。
⑧ 设计定时自动放映。
⑨ 在桌面上新建一个文件夹，将制作的演示文稿打包，存放在该文件夹下。

模块六　计算机网络与应用

计算机网络无处不在，从个人电脑、手机到具有无线接入服务的机场、咖啡厅；从宽带家庭网络、办公网络到全球互联网、物联网等，计算机网络已成为日常生活与工作中必不可少的基础设施。如何检索、利用、发现、分享信息资源已成为计算机网络应用的重点，这也是本模块的学习目标。

知识点列表

案例名称	能力目标	相关知识点
案例一 认识与接入网络	➢了解网络基本原理 ➢理解网络基本参数及其含义	1. 网络基本原理 2. IP 地址分类 3. 域名系统原理 4. 网络参数含义及作用
案例二 浏览器的使用	➢网页的浏览 ➢使用搜索引擎进行信息的搜索 ➢信息的下载与保存	1. 网页浏览 2. 利用搜索引擎搜索信息 3. 保存网页的文字、图片
案例三 信息检索	➢掌握搜索引擎基本技巧 ➢关键字搜索 ➢高级搜索技巧	1. 信息检索基本概念 2. 认识搜索界面 3. 图片、视频等多媒体搜索
案例四 电子邮件的使用	➢了解电子邮件的原理 ➢掌握邮件收发技巧	1. 电子邮件工作原理 2. 申请电子邮箱 3. 收发带附件的邮件 4. 电子邮件的其他技巧
案例五 FTP 的使用	➢了解 FTP 的原理 ➢掌握 FTP 上传及下载文件的技巧	1. FTP 工作原理 2. 利用浏览器上传文件 3. 利用浏览器下载文件 4. FTP 客户端的使用

案例一　认识与接入网络

案例说明

在大学生当中，“上网”是经常被提及的话题，如上网速度、上网资费、网络课堂、网络木马等。不少同学认为，买来电脑、插上网线就可以上网。其实，那只是上网的第一步。在本案例中，我们将介绍网络基础知识，认识基本的网络参数。

知识准备

一、计算机网络简介

计算机网络是将分散在不同地点且具有独立功能的多个计算机系统，利用通信设备和线路相互连接起来，在网络协议和软件的支持下进行数据通信，实现资源共享和透明服务的计算机系统的集合。

网络按覆盖范围大小，规模从小到大一般可分为：局域网、城域网、广域网和互联网。

1. 计算机网络的组成

根据网络的定义，一个典型的计算机网络主要由数据通信系统、计算机系统、网络软件及协议三大部分组成。数据通信系统是连接网络基本模块的桥梁，它提供各种连接技术和信息交换技术；计算机系统是网络的基本模块，为网络内的其他计算机提供共享资源；网络软件是网络的组织者和管理者，在网络协议的支持下，为网络用户提供各种服务。

（1）数据通信系统

数据通信系统主要由通信控制处理机、传输介质和网络连接设备等组成。

通信控制处理机主要负责主机与网络的信息传输控制，它的主要功能是：线路传输控制、差错检测与恢复、代码转换以及数据帧的装配与拆装等。在以交互式应用为主的微机局域网中，一般不需要配备通信控制处理机，但需要安装网络适配器，用来担任通信部分的功能。

传输介质是传输数据信号的物理通道，将网络中各种设备连接起来。常用的有线传输有双绞线、同轴电缆、光纤，无线传输介质有微波信号、激光等。

网络互连设备用来实现网络中各计算机之间的连接、网与网之间的互联、数据信号的变换以及路由选择等功能，主要包括中继器（Repeater）、集线器（HUB）、调制解调器（Modem）、网桥（Bridge）、路由器（Router）、网关（Gateway）和交换机（Switch）等。如图 6.1.1 所示，这是一个典型的局域网。

（2）计算机系统

计算机系统主要完成数据信息的收集、存储、处理和输出任务，并提供各种网络资源。计算机系统根据在网络中的用途可分为两类：主机和终端。

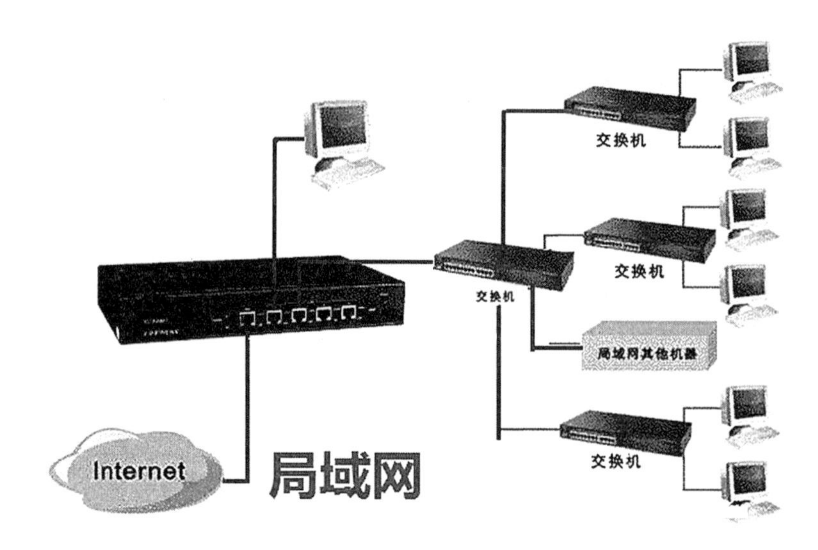

图 6.1.1 典型的局域网

主机（Host）负责数据处理和网络控制，并构成网络的主要资源。网络软件和网络的应用服务程序主要安装在主机中，在局域网中主机称为服务器（Server）。

终端（Terminal）是网络中数量大、分布广的设备，是用户进行网络操作、实现人机对话的工具。一台典型的终端看起来很像一台 PC 机，有显示器、键盘和一个串行接口。与 PC 机不同的是，终端没有 CPU 和主存储器。在局域网中，以 PC 机代替了终端，既能作为终端使用又可作为独立的计算机使用，被称为工作站（Workstation）。

（3）网络软件和网络协议

软件授权用户对网络资源的访问，方便用户安全使用网络，同时管理和调度网络资源，提供网络通信和用户所需的各种网络服务。网络软件一般包括网络操作系统、网络协议、通信软件以及管理和服务软件等。

网络操作系统（NOS）是网络系统管理和通信控制软件的集合，它负责整个网络的软、硬件资源的管理以及网络通信和任务的调度，并提供用户与网络之间的接口。常见的网络操作系统有：UNIX，Windows Server 和 Linux。UNIX 是唯一跨微机、小型机、大型机的网络操作系统。常用的操作系统图标，如图 6.1.2 所示。

图 6.1.2 常用的操作系统图标

网络协议是实现计算机之间、网络之间相互识别并正确进行通信的一组标准和规则，它是计算机网络工作的基础。

在 Internet 上传送的每个消息至少通过三层协议：网络协议（network protocol），它负责将消息从一个地方传送到另一个地方；传输协议（transport protocol），它管理被传送内容的完整性；应用程序协议（application protocol），作为对通过网络应用程序发出的一个请求的应答，它将传输转换成人类能识别的东西。

一个网络协议主要由语法、语义、同步三部分组成。语法即数据与控制信息的结构或格式；语义即需要发出何种控制信息，完成何种动作以及作出何种应答；同步即事件实现顺序的详细说明。

TCP/IP 是网络中使用的基本通信协议。TCP/IP 协议起源于 ARPANET，目前已成为实际上的 Internet 的标准连接协议。TCP/IP 协议其实是一个协议集合，内含了许多协议。TCP（Transmission Control Protocol，传输控制协议）和 IP（Internet Protocol，互联协议）是其中最重要的、确保数据完整传输的两个协议，IP 协议用于在主机之间传送数据，TCP 协议则确保数据在传输过程中不出现错误和丢失。除此之外，还有多个功能不同的其他协议。TCP/IP 的体系结构一共定义了四层，从下到上依次是网络接口层、网络层、传输层和应用层。

3. 资源子网和通信子网

为了简化计算机网络的分析与设计，有利于网络的硬件和软件配置，按照计算机网络的系统功能，一个网可分为资源子网和通信子网两大部分（如图 6. 1. 3 所示）。

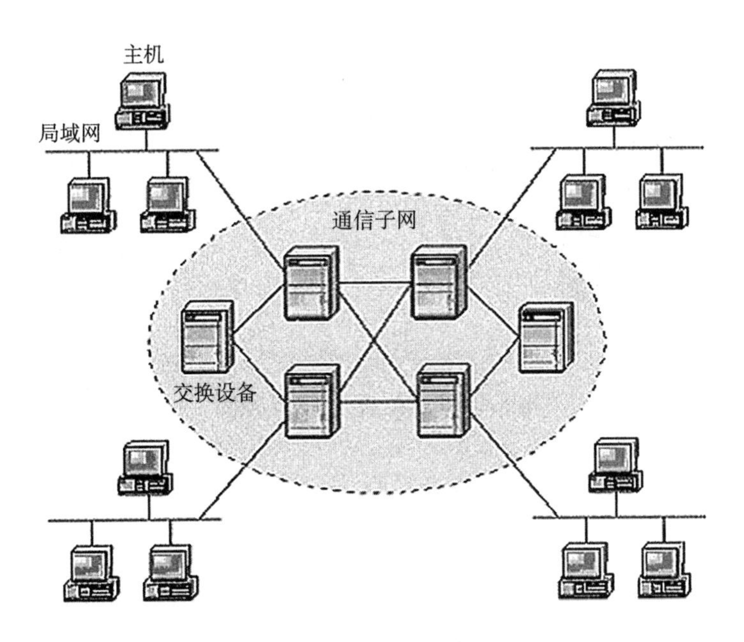

图 6. 1. 3　通信子网与资源子网

资源子网主要负责全网的信息处理，为网络用户提供网络服务和资源共享功能等。它主要包括网络中所有的主机、I/O 设备、终端、各种网络协议、网络软件和数据库等。

通信子网主要负责全网的数据通信，为网络用户提供数据传输、转接、加工和变换等通信处理工作。它主要包括通信线路（即传输介质）、网络连接设备（如网络接口设备、通信控制处理机、网桥、路由器、交换机、网关、调制解调器、卫星地面接收站等）、网络通信协议和通信控制软件等。

在局域网中，资源子网主要由网络的服务器和工作站组成，通信子网主要由传输介质、集线器、交换机和网卡等组成。

❖**提示：**按拓扑结构区分，网络结构有总线型、星型、环型、树型、网状型和混合型拓扑结构等（如图 6.1.4 所示）。请大家上网了解上述几种拓扑结构的节点示意图及各自特点。

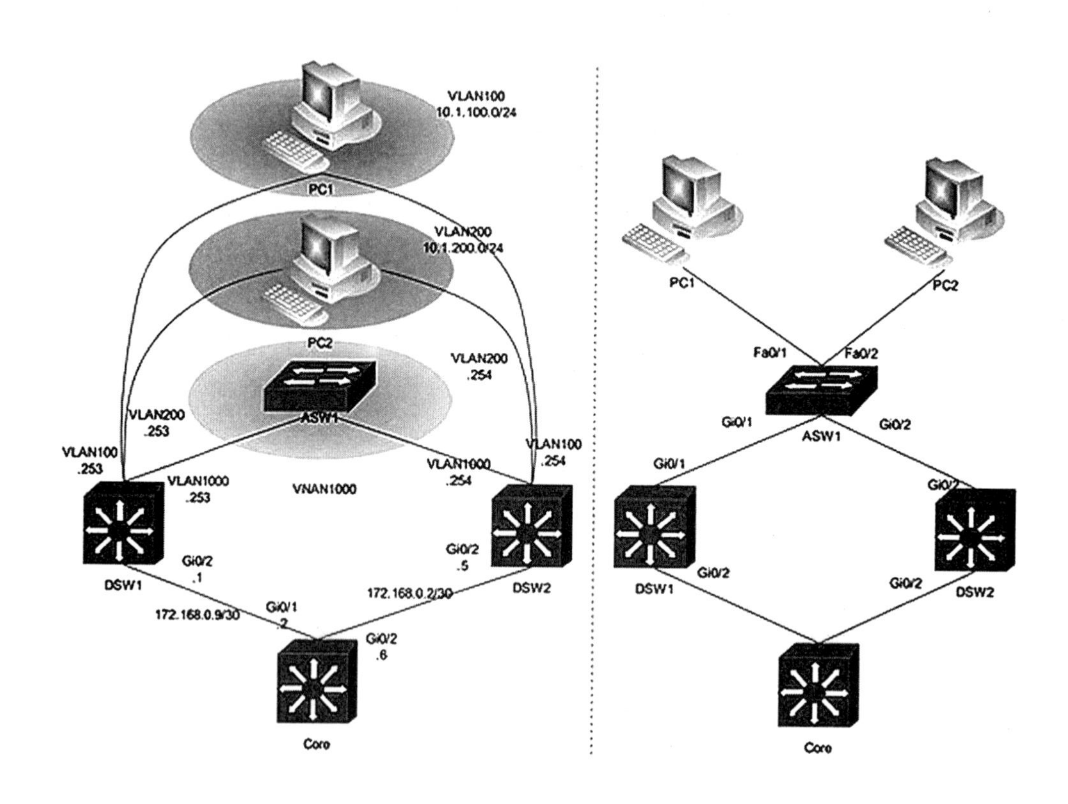

图 6.1.4　网络拓扑结构示意图

二、访问 Internet 的基本参数

1. IP 地址

Internet 最初起源于美国国防部高级研究项目署（ARPA）在 1969 年建立的一个实验性网络 ARPANET。该网络将美国许多大学和研究机构中从事国防研究项目的计算机连接在一起，是一个广域网。1974 年 ARPANET 研究并开发了一种新的网络协议，即 TCP/IP 协议（Transmission Control Protocol/Internet Protocol，传输控制协议/互连协议），使得连接到网络上的所有计算机能够相互交流信息。

20 世纪 80 年代局域网技术迅速发展，1981 年 ARPA 建立了以 ARPANET 为主干网的 Internet 网，1983 年 Internet 已开始由一个实验型网络转变为一个实用型网络。

在 TCP/IP 协议的 IP 层使用的标识符叫做因特网地址或 IP 地址。

因特网技术是将不同物理网络技术统一起来的高层软件技术，在统一的过程中，首先要解决的就是地址的统一问题。因特网采用一种全局通用的地址格式，为全网的每一网络和每一主机都分配一个唯一的因特网地址。

目前，常用的因特网地址是 IPv4（IP 第 4 版本）的 IP 地址，它是一个 32 位的二进制（4 个字节）地址，通常用 4 个十进制来表示，十进制数之间用“.”分开。例如，202. 114. 206. 202 为一个 IP 地址对应的二进制数表示方法为：

11001010 01110010 11001110 11001010

IP 地址全局唯一地定义了因特网上的主机或路由器。一个 IP 地址只能被一个网络设备所使用，但一个网络设备可以同时使用多个 IP 地址。

在 IPv4 的 IP 地址包括 4 个字节，它定义了两个部分：NETID 和 HOSTID。其中 NETID 标识一个网络，而 HOSTID 标识在该网络上的一个主机。因此，因特网地址是一种层次型地址，携带有对象位置的信息。

IP 地址的一般格式为：类别 + Netid + Hostid，其中：

① 类别：用来区分 IP 地址的类型。

② 网络标识（Netid）：表示入网主机所在的网络。

③ 主机标识（Hostid）：表示入网主机在本网段中的标识。

通常，将因特网 IP 地址分成 5 种类型：A 类、B 类、C 类、D 类、E 类。

A 类地址：网络标识占 1 个字节，第 1 位为“0”，允许有 $2^7-2=126$ 个 A 类网络，每个网络大约允许有 1 670 万台主机。通常分配给拥有大量主机的网络，如一些大型公司和因特网主干网络。

B 类地址：网络标识占 2 个字节，第 1，2 位为“10”，允许有 $2^{14}=16\ 383$ 个网络，每个网络大约允许有 65 533 台主机。通常分配给结点比较多的网络，如区域网。

C 类地址：网络标识占 3 个字节，第 1，2，3 位为“110”，允许有 $2^{21}=2\ 097\ 151$ 个网络，每个网络大约允许有 254 台主机。通常分配给结点比较少的网络，如校园网。一些大的校园网可以拥有多个 C 类地址。

D 类地址：前 4 位为“1110”，用于多址投递系统（组播）。目前，使用的视频会议等应用系统都采用了组播技术进行传输。

E 类地址：前 4 位为“1111”，保留未用。

2. 域名

域名系统要解决的是主机名字的管理、主机名字到 IP 地址的映射等问题。

在 ARPNET 时代，整个网络上只有数百台计算机，因此只需用一个叫做 hosts 的文件列出所有主机名字与相应的 IP 地址。

1983 年 Internet 开始采用层次结构的命名树作为主机的名字，并使用域名系统（Domain Name System，DNS）。Internet 的域名系统 DNS 被设计成一个联机分布式数据库系统，并采用客户服务器模式。DNS 系统是高效可靠的。DNS 使大多数名字都在本地映射，极少量映射需要在 Internet 上通讯，使得系统是高效的。

Internet采用层次树状结构的命名方法。任何一个连接在Internet上的主机或路由器，都有一个唯一的层次结构的名字，即域名（Domain Name）。域（Domain）是名字空间中一个可被管理的划分。域还可以继续划分为子域，如二级域、三级域等。

域名的结构由若干个分量组成，各分量之间用点隔开。例如：

三级域名．二级域名．顶级域名　sports. gdylc. cn

每级域名都由英文字母和数字组成（不超过63个字符，且不区分大小写）。完整的域名不超过255个字符。域名只是一个逻辑概念，并不能反映出计算机所在的物理地点。

域名由两种基本类型组成：机构域名和国家地区代码域名。常见的机构域名如表6.1.1所示。

表6.1.1　常见的机构域名

域名	机构	域名	机构
com	商业组织	mil	军事组织
edu	教育机构	net	网络支持中心
gov	政府机构	org	非营利组织
int	国际组织		

国家地区域名使用二字符的国家缩写。例如，用us代表美国、cn代表中国、uk代表美国、jp代表日本等。二级标号可以是组织的指定，也可以是州、省或区的缩写。例如，hk代表香港、hb代表湖北等（如图6.1.5所示）。

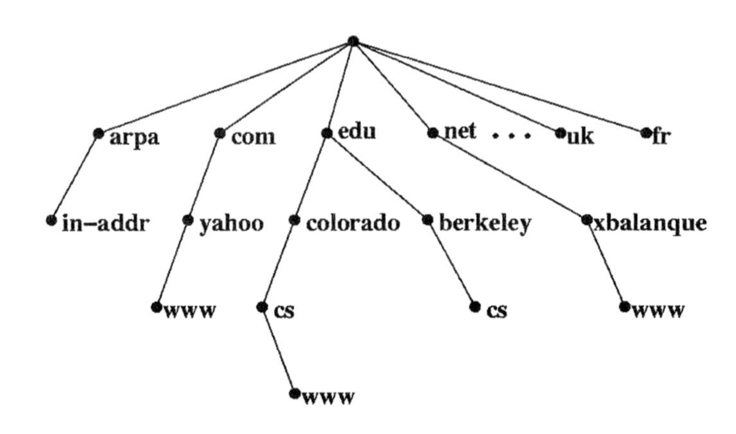

图6.1.5　域名体系示意图

3. URL

统一资源定位符（URL，英语Uniform/Universal Resource Locator的缩写）也被称为网页地址，是因特网上标准的资源的地址（Address）。它最初是由蒂姆·伯纳斯·李发明用来作为万维网地址的。现在，它已经被万维网联盟编制为因特网标准RFC1738。

对于 Internet 服务器或万维网服务器上的目标文件，可以使用“统一资源定位符（URL）”地址（该地址以“http://”开始）。Web 服务器使用“超文本传输协议（HTTP）”，一种“幕后的”Internet 信息传输协议。例如，http://www.microsoft.com/ 为 Microsoft 网站的万维网 URL 地址。

URL 的一般格式为（带方括号［］的为可选项）：

protocol:// hostname[:port] / path / [;parameters][?query]#fragment

例如，http://www.micro.net/index.asp 表示用户想访问一个文件名叫 index.asp 的网页，该网页存放在 www.micro.net 这样一个资源服务器上。

例如，ftp://ftp.micro.net/share/test.exe 表示用户想要下载的文件存放在名为“ftp.micro.net”这个计算机上，而且该文件存放在该服务器下的 share 子目录中，具体要下载的内容是 test.exe 这个程序。

4．常见的上网方式

（1）电话拨号上网

这是前几年我国最普遍的家庭网络接入方式。拨号上网业务在我国已经开通了比较长的时间，无论是线路还是技术维护，相对比较成熟。

（2）ADSL 上网

ADSL 技术是一种通过现有的普通电话线为家庭、办公室提供高速数据传输服务的技术。利用现有的电话线网络，在线路两端加装 ADSL 设备，即可为用户提供高宽带服务。另外，ADSL 技术上网和打电话互不影响，也为用户生活和交流带来便利。

（3）有线电视线路上网

通过有线电视线路上网也是近几年出现的一种上网方式，其优点就是接入布线非常方便，原来装有有线电视的用户开通该项服务后，只要加装一个电缆调制解调器就可以上网了。

（4）小区宽带/局域网上网

小区宽带其实就是在一个小区内架起的一个局域网，这个局域网是由本地小区内的一些计算机构成的一个网络。一般小区宽带是采用光纤到主干楼机房，再通过网线、交换机等设备连接到住户端，因此每个用户都拥有交换机的 100 M 共享带宽。

（5）无线上网

无线上网是指使用无线连接的互联网登录方式。它使用无线电波作为数据传送的媒介。传送速度和传送距离虽然没有有线线路上网优秀，但它以移动便捷为杀手锏，深受广大商务人士喜爱。无线上网现在已经广泛地应用在商务区、大学、机场及其他各类公共区域，其网络信号覆盖区域正在进一步扩大。家居无线网络示意图如图 6.1.6 所示。

无线上网分两种，一种是通过手机开通数据功能，以电脑通过手机或无线上网卡来达到无线上网的目的，速度则根据使用不同的技术、终端支持速度和信号强度共同决定。另一种无线上网方式即无线网络设备，它以传统局域网为基础，以无线 AP 和无线网卡来构建的无线上网方式。一般认为，只要上网终端没有连接有线线路，都称为无线上网。

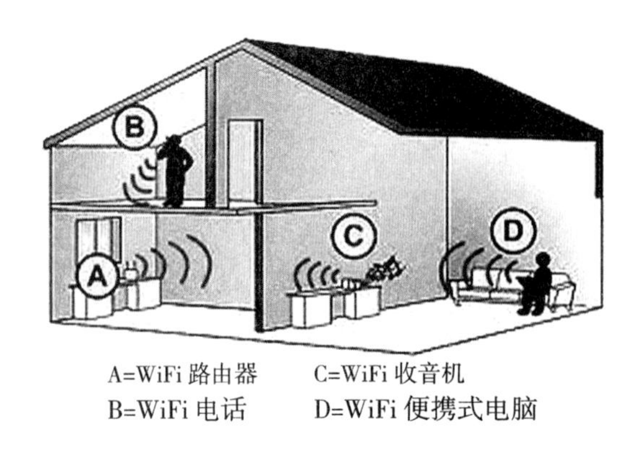

图 6.1.6　家居无线网络

操作步骤

三、查看网络基本状态

① 选中桌面上的“网上邻居”图标，右击，在快捷菜单中选“属性”（如图 6.1.7 所示）。

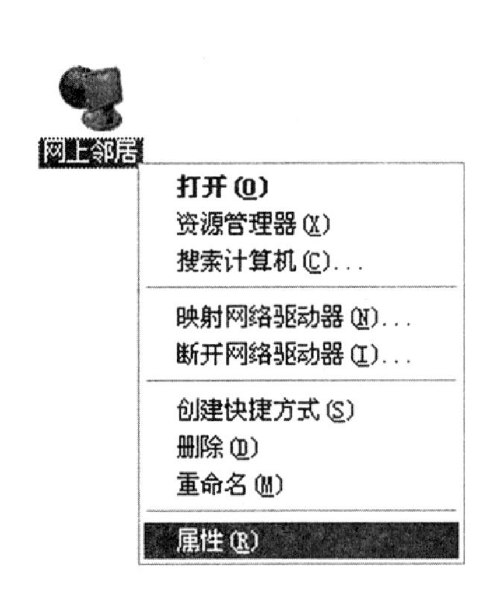

图 6.1.7　“网上邻居”属性

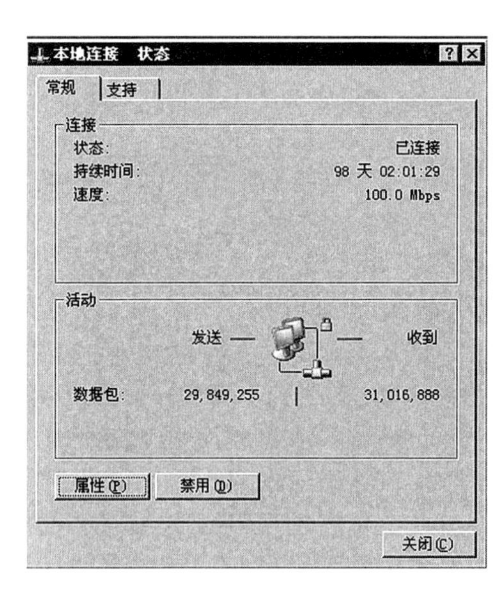

图 6.1.8　本地连接状态

② 双击需要查看网络状态的网络连接的图标，例如“本地连接”（如图 6.1.8 所示）。从图 6.1.8 中可以看到，本地连接速度为 100 Mb/s，已不间断连接 98 天，发送了 2 984 万个数据包，收到 3 101 万个数据包。观察数据包收发情况，可以判断网络连接情况及连接质量。

③ 如果选择某网络连接，如“本地连接”，右击，在弹出的快捷菜单中选择“属

性”，可以看到更多的技术细节，如 Internet 协议（TCP/IP）属性（如图 6.1.9 所示）。

从 Internet 协议属性窗口，可以看到当前 IP 地址参数是自动获取 IP 地址，DNS 服务器参数也是自动获得的（如图 6.1.10 所示）。这些参数为网络测试提供基础数据，特别是在网络故障情况下，可以迅速定位故障点，加快排障速度。

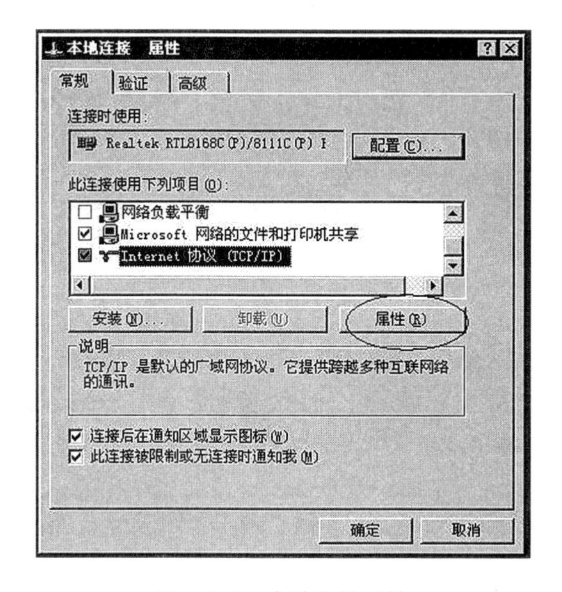

图 6.1.9 本地连接属性

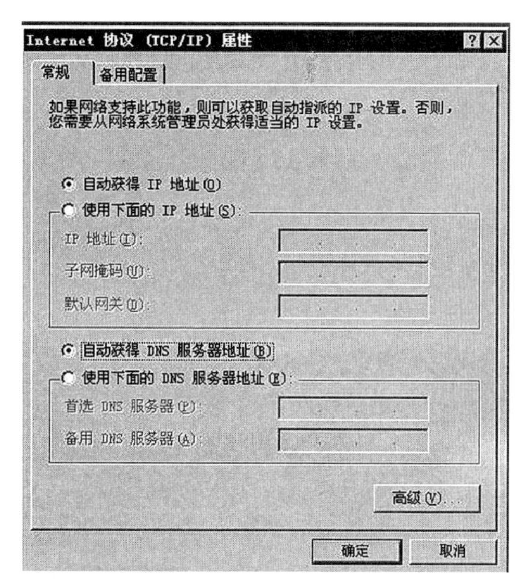

图 6.1.10 Internet 协议属性

二、观察网卡指示灯状态

网卡一般配备 1 ~2 个指示灯，在网络连通的情况下，指示灯闪烁。指示灯亮表示网线连接正常，能接通网络设备，网络处于连接状态；不亮表示网线连接不正常，不能接通网络设备，网络处于断开状态；指示灯闪烁表示工作中，处于数据传送的状态。

技能拓展

一、计算机不能上网的简单自查

① 检查网卡及其驱动程序是否安装好。

② 检查 IP 地址等参数设置是否正确。

③ 检查网线与墙上的信息插座（模块）、计算机上的网卡之间的接触是否完好。

④ 检查网络参数是否设置好，IP 地址、网关、DNS、子网掩码设置均要按网络配置要求填写。

⑤ 安装或者升级最新版的杀毒软件，检查机器是否有病毒存在。

⑥ 网络故障检查。

当上网出现故障时，首先请您看一下电脑主机后面网卡的指示灯，一般情况下，网卡有 2 个灯，一个 LINK 灯，指示网络链路的状态；另一个是 DATA 灯，指示数据传输状态。当网络正常时，LINK 灯常亮，当您打开网页或者下载文件时，DATA 灯闪烁，表示有数据流。有的网卡只有一个 DATA 灯，常亮表示线路正常，闪烁表示数据正在传输。根据指示灯的状态，大体推断出问题所在，如果指示状态正常，那么可能是您的电脑出现了故障，如果只有一个灯亮或者两个灯都不亮，那么请您检查网线接头两端是否松动，或者接触不良。

二、利用路由器共享上网

1. 路由器设置

使用路由器共享上网时，要对路由器和个人电脑进行设置。将连接外网的网线插入路由器 WAN 口，内部电脑网线接入 LAN 口，确保对所有的硬件进行了正确的连接。一般路由的设置界面及功能大同小异且十分简单，按说明书设置即可。路由器共享上网示意图如图 6.1.11 所示。

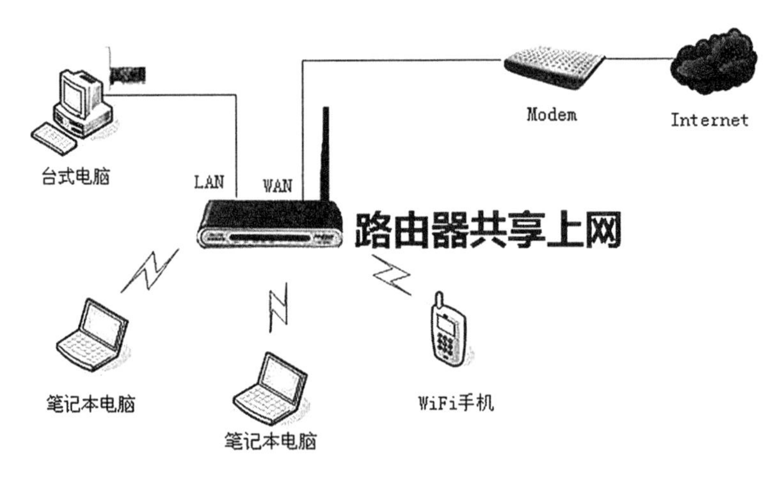

图 6.1.11　路由器共享上网示意图

2. 设置网络协议

设置计算机网络的 Internet 协议属性为自动获取 IP 地址及 DNS 服务器地址，即可正常上网。

案例二　浏览器的使用

案例说明

我们上网时常用的人机交互软件是浏览器，借助浏览器可以访问丰富的网络内容。那么浏览器的作用是什么？常用的浏览器有哪些？我们将借助百度搜索浏览器的相关知识，了解浏览器的基本界面及功能，进而全面认识浏览器的作用。

知识准备

一、因特网的基本原理

因特网（英文：Internet），又称互联网，它是将各地的网络以一组通用的协议互连，形成逻辑上的单一国际网络。这种将计算机网络互相联接在一起的方法可称作“网络互联”，在这基础上发展出覆盖全球的网络称作“因特网”（或互联网），即“互相连接一起的网络”。

那么，因特网在哪里？如何运作？有人认为，因特网就是用来与朋友交流、读新闻、购物和玩游戏的。而对其他人来说，因特网则可能是当地的宽带提供商，越洋过海传输数据的地下电缆和光纤。谁的看法正确呢？

我们不妨从互联网诞生的1974年开始说起。那一年，几位天才的计算机研究人员发明了一种称为“互联网协议组”的技术，简称“TCP/IP”。TCP/IP制定了一套规则，可以让不同的计算机彼此“交谈”，并且发送和接收信息。TCP/IP有点类似于人类之间的交流：人们在交谈时会按照语法规则组织语言，从而确保彼此可以相互理解和交流看法。同样地，TCP/IP也提供了一套交流规则，从而确保互连设备可以彼此了解，以便发送和接收信息。随着这种互连设备从一个房间扩展到许多房间，再扩展到许多建筑物、城市乃至国家，互联网便诞生了。

互联网的早期创建者发现，如果先将数据和信息分成小块独立发送，然后再重新组合，那么传送效率会更高。这些小块称为数据包。所以，当您通过互联网发送电子邮件时，完整的电子邮件内容会先分成许多数据包发送到收件人邮箱，然后再重新组合。当您上网观看视频时，情况同样如此：视频文件会分成许多数据包，从世界各地的多个视频服务器发送出去，然后重新组合，还原成您在浏览器中看到的视频。

二、如何理解上网速度

如果将互联网的流量比做水流，那么互联网的带宽就相当于每秒流过的水量。所以，工程师们所说的带宽实际上是指通过互联网连接每秒所能发送的数据量。这是反映连接速度的一项指标。如今，凭借更精良的硬件基础设施（如光纤电缆，其传输速度接近光速），网络连接的速度可以更快，而且可以更好地在物理介质上进行信息编码，即使是铜线这样的老式介质也完全没问题。

互联网是一个令人着迷的高度技术化体系，但是对于我们大多数人来说，其实很容易使用，完全不必考虑其中所涉及的电缆和方程式之类复杂的东西。

另外，互联网也是人类信息社会存在的支柱：正是互联网连接实现了互连的网页和应用程序，带我们走进了一个不断发展的开放世界。事实上，网络中的网页数量可能已经像人脑中的神经元或者银河系中的星星那么多了。

在我们所生活的城市中，几乎每个博物馆、银行和政府部门都有自己的网站。结果如何呢？我们可以通过这些网站进行付账和预约等活动，因此节省了排队和打电话的时间。许多日常事务可以转由网络进行处理，这样我们可以生活得更加丰富多彩。

三、浏览器的作用

网页浏览器是用于显示网站或文件系统内网页文件的应用软件。它用来显示文字、影像及其他资讯，也可以是连接到其他网址的超链接。大部分网页为 HTML 格式，有些网页需特定浏览器才能正确显示。

1. 浏览器支持的标准

浏览器应该能理解并正确显示符合标准的网页代码，包括文本、声音、图形、图像、格式定义及其他功能插件。

标准的浏览器支持以下标记格式：

- HTTP（超文本传输协议）和 HTTPS。
- HTML（超文本连结标记语言），XHTML（可扩展的超文本标记语言）及 XML（可扩展标记语言）。
- 图形文件格式，如 GIF，PNG，JPEG，SVG。
- CSS（层叠样式表）。
- JavaScript（动态网页 DHTML）。
- Cookie（让网站可以追踪浏览者）。
- 电子证书（用于身份识别）。
- SSL 数据加密传输。

2. 基本功能

浏览器基本功能为网页代码解释、书签管理、下载管理、网页内容快取、多媒体内容展示等。浏览器各类菜单按钮布局合理，容易上手，零学习成本。用户的各种需求，按自己的理解和经验，基本可以快速达到目的（如图 6.2.1 所示）。

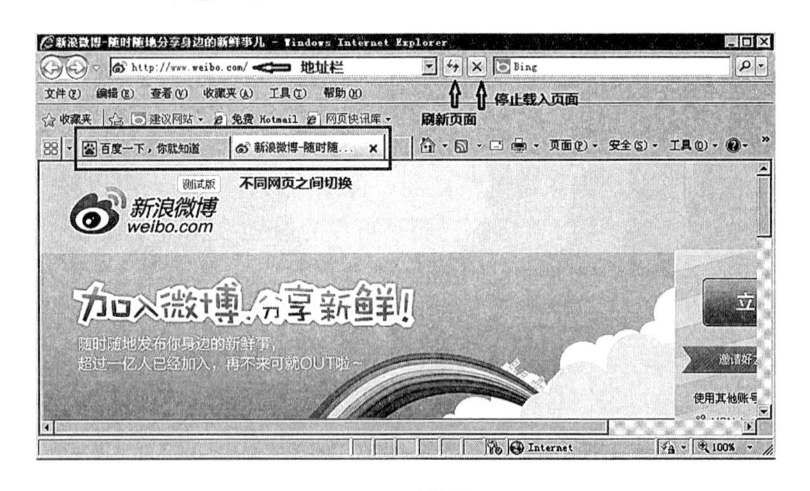

图 6.2.1 浏览器界面

- 访问网站：输入网址，按回车键。
- 浏览页面：点击链接，该链接可以是文字、图片或视频。
- 保存文字或图片：右击，在弹出的快捷菜单中有相应选项。

➢收藏网页：点击收藏夹按钮，需要时在收藏夹菜单调出该网页。

操作步骤

一、搜索目标信息

① 打开浏览器（如 IE 浏览器），在地址栏输入百度的网址 www. baidu. com，按回车键。

② 在搜索栏输入关键词：“浏览器”并按回车键或点击“百度一下”，如图 6. 2. 2 所示。

③ 浏览系统反馈的搜索结果，点击感兴趣的链接，如“浏览器　百度百科”，阅读详细内容（如图 6. 2. 3 所示）。

图 6. 2. 2　“百度”搜索栏

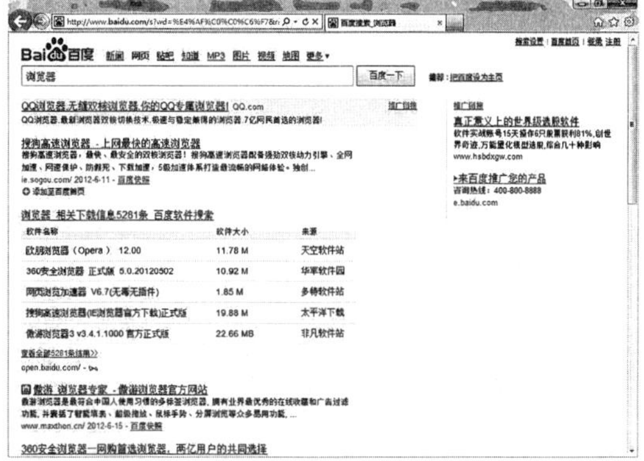

图 6. 2. 3　百度搜索的相关结果

二、利用搜索结果制作调查报告

① 阅读网页内容（如图 6. 2. 4 所示）。

② 保存整个网页：执行“文件”→“另存为”菜单命令，输入文件名，选择保存类型，单击“保存”按钮完成（如图 6. 2. 5 所示）。

技能拓展

一、IE 浏览器的使用技巧

1. 收藏夹

收藏夹用于收藏常用的网址或感兴趣的页面，方便下次访问。

➢加入收藏夹：点击“收藏夹”菜单，选“添加到收藏夹”，点击“添加”按钮（如图 6. 2. 6 所示）。

➢访问收藏夹：点击浏览器中的“收藏夹”菜单，选择需要的网络链接（如图 6. 2. 7 所示）。

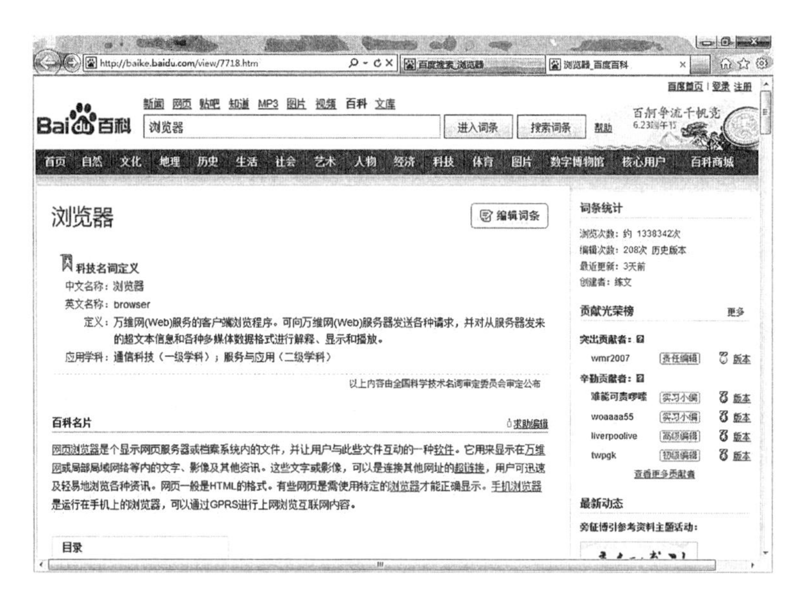

图 6.2.4　网页内容

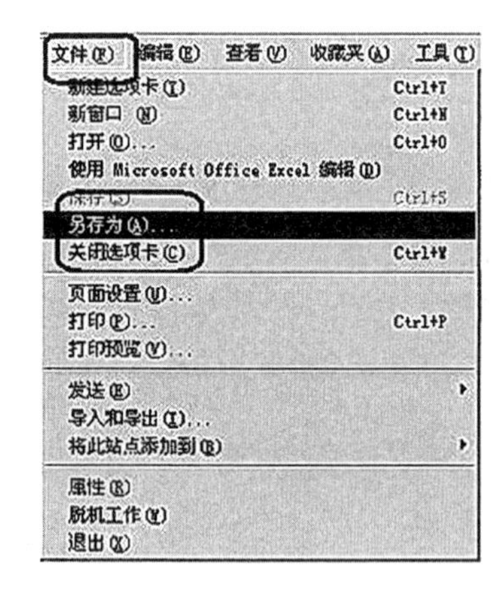

图 6.2.5　网页文件保存

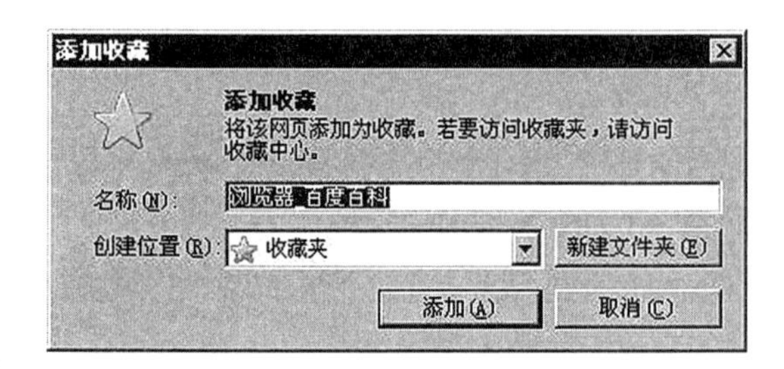

图 6.2.6　收藏网页

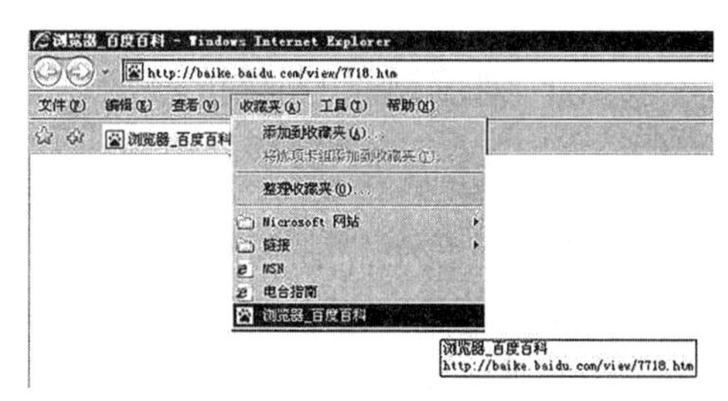

图 6.2.7　使用收藏夹

2. 在网页中查找文字

利用快捷键【Ctrl】＋【F】，可以在当前网页中查找目标文字.

3. 网页乱码问题

由于网页编码设置不当，会导致网页乱码（如图 6.2.8 所示）。解决的方法是：打开浏览器中的菜单命令“查看”→“编码”，选择正确编码即可解决。常用中文编码为 GB2312 和 UTF-8，繁体中文编码可以是 BIG5 码。

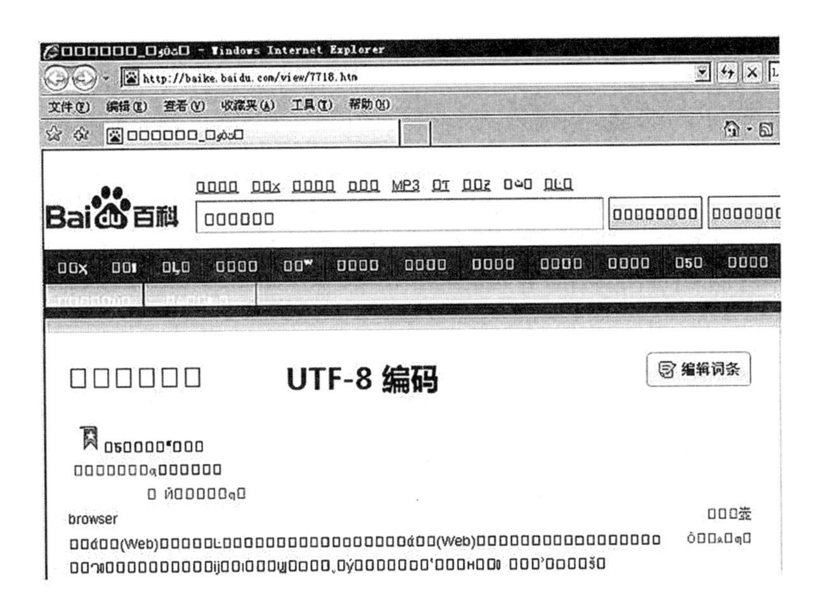

图 6.2.8　网页中出现乱码

4. 网页信息的保存

① 保存网页图片。在目标图片上右击，在弹出的快捷菜单上选“图片另存为”，设置相应参数即可将图片保存到当前电脑中。

② 保存网页文字。网页文字保存的方法与 Word 文档的文本保存方法相同，通过选定、复制、粘贴等步骤保存文字。

③ 保存网页中的音频、视频资料。一般不能直接用另存的方式保存音频、视频资料，包括 Flash 动画，借助专用工具软件才能实现上述目标。

5. 搜索引擎的使用

常用的搜索引擎有百度和谷歌两种，搜索引擎采用关键字搜索法。准确、详细的关键字可以提高搜索命中率。建议大家通过搜索引擎，以“百度的用法”、“谷歌的用法”为关键字，学习该搜索的使用技巧。

二、了解云计算

云计算（Cloud Computing）是一种基于因特网的计算方式，通过这种方式，共享的软硬件资源和信息可以按需提供给计算机和其他设备，整个运行方式很像电力供应网。

当您在笔记本电脑看视频或使用搜索引擎时，实际上利用了遍布全球的无数台计算机的集体力量，正是它们远程提供了您所需的信息。这简直就像有一台大型超级计算机随时听候您的差遣，而这一切都归功于互联网。这种现象就是我们通常所说的“云计算”。如今我们都可以在网络上读新闻、听音乐、购物、看电视以及存储文件。

云计算还有其他一些好处。几年前，如果计算机出现了病毒感染或硬件故障之类的问题，很多人都会担心文档、照片和文件丢失。如今，我们已不再将数据存储局限在个人计算机中，而是迁移到网络上，将数据在线储存到“云”中。不论您在世界的哪个角落，都可以通过一台接入互联网的计算机访问这些数据。

三、为何需要更新浏览器

大多数因特网用户可能尚未意识到，过时的旧版网络浏览器会对我们的网络生活，尤其是网络安全造成很大的负面影响。大家肯定不愿意长年累月使用一台硬件配置过时、工作不稳定的电脑。同样，也不应该每天使用过时的旧版浏览器来访问网页和网络应用程序。应该及时升级到最新版本的浏览器，如 Mozilla Firefox，Apple Safari，Microsoft Internet Explorer，Opera 或者 Google Chrome 浏览器。这样做是很有必要的，理由有以下三点：

① 旧版浏览器通常无法更新最新的安全补丁和功能，因而极易受到攻击。浏览器的安全漏洞可能导致用户密码被盗、恶意软件偷偷侵入计算机甚至其他更严重的后果。而最新版本的浏览器能帮助您抵御网上诱骗和恶意软件等安全威胁。

② 网络的发展十分迅速。旧版浏览器可能无法支持当今网站和网络应用程序中的许多最新功能。只有最新版本的浏览器在速度方面进行了改进，再加上对 HTML5，CSS3 以及快速 JavaScript 等现代网络技术的支持，可以让您快速地访问网页和运行应用程序。

③ 旧版浏览器阻碍了网络创新的步伐。如果大量的互联网用户都墨守旧版浏览器，网络开发人员就不得不在设计网站时兼顾新旧技术。面对有限的时间和资源，他们不得不为了照顾旧版浏览器的低标准，而停止为现代浏览器开发创新性的下一代网络应用程序。因此，无论对于广大网络用户还是网络创新而言，过时的浏览器都是有百害而无一利的。

个人电脑上常见的浏览器按照2010 年 1 月的市场占有率依次是微软的 Internet Explorer，Mozilla 的 Firefox，Google 的 Chrome，苹果公司的 Safari 和 Opera 软件公司的 Opera。

2011 年 5 月，美国市场调查公司 StatCounter 公布的结果如下：

➢以全球用户计，第一位 IE 占 43.95%，第二位 Firefox 占 29.35%，第三位 Chrome 占 19.22%，第四位 Safari 占 5.01%，第五位 Opera 占 1.85%。

➢中国用户（2012 年 4 月统计），第一位 IE 占 61.33%，第二位奇虎 360 占 20.73%，第三位搜狗浏览器占 5.48%，第四位 Chrome 占 4.85%，第五位 Safari 占 1.71%。

案例三　信 息 检 索

案例说明

图书馆是人类文明的象征，每个城市的公共图书馆更是城市的文化名片。作为南粤文化重镇，广州市的图书馆建设现状如何？有哪些公共图书馆？它们分布在广州市的哪些地方？借助网络搜索引擎的信息检索功能，我们对此进行了全面探究。

知识准备

信息检索起源于图书馆的参考咨询和文摘索引工作，从 19 世纪下半叶首先开始发展，至 20 世纪 40 年代，索引和检索已成为图书馆独立的工具和用户服务项目。它是将信息按一定的方式组织和存储起来，并根据信息用户的需要找出有关信息的过程和技术，包括“存”和“取”两个环节和内容。狭义的信息检索就是信息检索过程的后半部分，即从信息集合中找出所需要的信息的过程，也就是我们常说的信息查询（Information Search 或 Information Seek）。在信息处理技术、通讯技术、计算机和数据库技术的推动下，信息检索在教育、军事和商业等各领域高速发展，得到了广泛的应用。

一、搜索引擎的分类

搜索引擎能够获取网站网页资料，建立数据库并提供查询服务。按照工作原理，可分为两种类型：全文搜索引擎（Full Text Search Engine）和分类目录（Directory）。

全文搜索引擎的数据库是依靠“网络机器人（Spider）”或“网络蜘蛛（crawlers）”软件，通过访问网络的各种链接自动获取网页信息内容，并按一定规则分析整理形成的。Google、百度是典型的全文搜索引擎系统。

分类目录是通过人工的方式收集整理网站资料形成数据库，如雅虎、搜狐、新浪、网易分类目录。

二、搜索引擎的发展趋势

优秀的搜索引擎，不仅数据库容量要大，更新频率、检索速度要快，支持多语言的搜索，还要能从海量资料库中精确地找到资料。搜索引擎朝着人性化、智能化发展，体现为如下三个方面：

1. 自然语言智能答询提高对检索意图的理解能力

用户可以输入简单的疑问句，比如“如何清除计算机病毒”，搜索引擎在对提问进行结构和内容的分析之后，或直接给出提问的答案，或引导用户从几个可选择的问题中进行再选择。自然语言的优势在于，一是使网络交流更加人性化，二是使查询变得更加方便、直接、有效。就以上例子来讲，如果用关键词查询，多半人会用“病毒”这个词来检索，结果中必然会包括各类病毒的介绍以及病毒是怎样产生的等许多无用信息，而用自然语言检索，搜索引擎会将怎样杀死病毒的信息提供给用户，提高检索效率。

2. 垂直主题搜索引擎更有发展空间

网络资源正以惊人的速度增长，搜索引擎很难收集齐全所有主题的网络信息，即使信息主题收集得比较全面，由于主题范围太宽，很难做得精确、专业，检索结果垃圾太多。垂直主题的搜索引擎，如新闻、Mp3、图片、视频等搜索，加强了检索的针对性。

3. 元搜索引擎提供全面、准确的查询结果

现有搜索引擎，由于各自收集信息的范围、索引方法、排名规则等各不相同，每个搜索引擎平均只能涉及整个网络资源的30% ~50%，导致同一个搜索请求在不同搜索引擎中获得的查询结果不同，查准率不高。元搜索引擎（META Search Engine）是将用户提交的检索请求发送到多个独立的搜索引擎上去搜索，并将检索结果集中统一处理，以统一的格式提供给用户，因此有搜索引擎之上的搜索引擎之称。它的主要精力放在提高搜索速度、智能化处理搜索结果、个性化搜索功能的设置和用户检索界面的友好性上，查全率和查准率都比较高。

**操作步骤**

一、认识搜索界面

在浏览器地址栏输入Google网址www.google.com.hk即可访问谷歌网站。谷歌的基本搜索界面如图6.3.1所示。

图6.3.1 Google搜索引擎界面

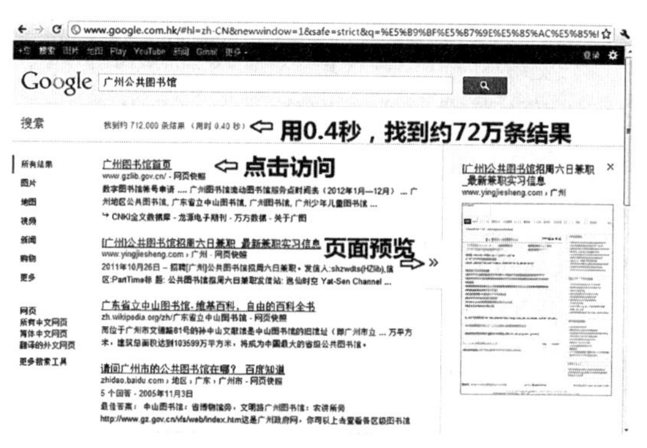

图6.3.2 Google搜索结果

例如，要了解广州市公共图书馆的基本情况，可输入关键词“广州公共图书馆”，在结果页面中选择访问感兴趣的网页，(如图6.3.2所示)。

二、更多的特色服务

搜索引擎除了按关键字提供网页文字搜索服务外（如图6.3.3所示），还能在图片（如图6.3.4所示）、图书、地图（如图6.3.5所示）、视频（如图6.3.6所示）、新闻（如图6.3.7所示）、购物（如图6.3.8所示）中查找目标素材，特别是Google学术搜索更提供了广泛搜索学术文献的简便方法。

图 6.3.3　Google 搜索提供更多的服务

图 6.3.4　Google 图片搜索结果

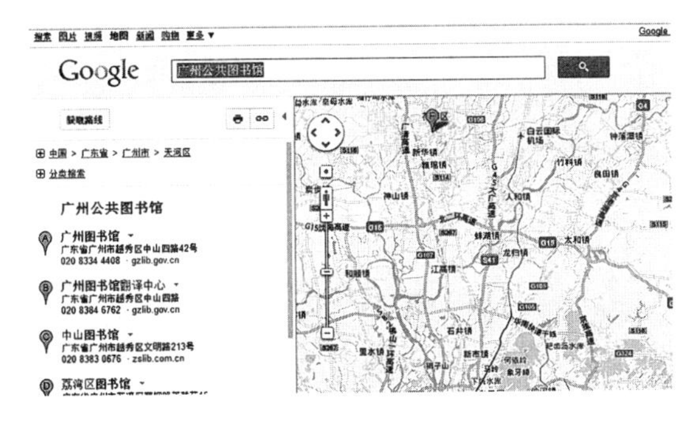

图 6.3.5　Google 地图搜索结果

图 6.3.6　Google 视频搜索结果

图 6.3.7　Google 新闻搜索结果

图 6.3.8　Google 购物搜索结果

Google 学术搜索可检索来自学术著作出版商、专业社团、各大学及其他学术组织的文章、论文、图书、摘要，帮助我们在学术领域中确定相关性最强的研究（如图 6.3.9 所示）。

Google 学术搜索按相关性对搜索结果进行排序。最有价值的参考信息会显示在页面顶部，其排名技术会考虑到每篇文章的完整文本、作者、刊登文章的出版物以及文章被其他学术文献引用的频率（如图 6.3.10 所示）。

http://scholar.google.com

Google
学术搜索

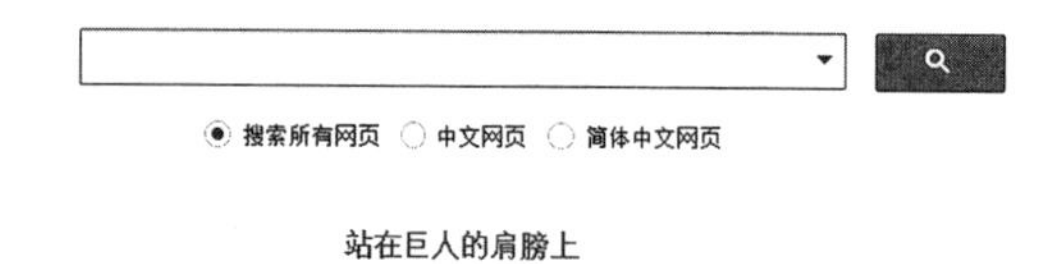

图 6.3.9 Google 学术搜索页面

图 6.3.10 Google 学术搜索结果

技能拓展

一、Google 的妙用

1. 查天气

用 Google 查询中国城市地区的天气和天气预报，只需输入一个关键词（“天气”、“tq”或“TQ”任选其一）。Google 返回的网站链接会带给您最新的当地天气状况和天气预报。

2. 数学计算

可以使用 Google 进行诸如高度、重量等众多计量单位间的换算，只需在搜索框中输入您想要进行的换算即可看到结果。Google 也有内置计算器功能，在搜索框中输入算式即可。

3. 查邮编、区号、手机归属地

用 Google 查询邮政编码或长途电话区号，只需输入关键词（“邮编”、“yb”和“YB”任选其一；“区号”、“qh”和“QH”任选其一）和要查找的城市地名或邮政编码或电话区号即可，如“广州 邮编 区号”。Google 会为您提供相关的所有信息，包括所在地的省市名称、邮政编码及长途电话区号。用 Google 查询手机电话号码归属地时，您只需直接输入要查的号码即可（不需要任何关键词）。Google 能自动识别以 13 开头的 11 位数字为手机号码而返回相关的网站链接，让您即刻知道答案。

4. 本地搜索

如果想要查找商店、餐馆或其他本地商户，您可以搜索商户类别和位置，如“广州 云吞面”，Google 会将搜索结果连同地图、评论及其联系方式一并返回。要获知附近正在上演的电影的评论和放映时间，只需在 Google 搜索框中键入“电影”、“影讯”、影院名称或近期电影的名称即可。要查看指定区域内的房源信息，只需在 Google 搜索

框中键入"房地产"以及城市的名字。

5. 查询优化

Google 会忽略诸如"的"、"吧"、"呢"此类的常用字词和字符，还会忽略其他一些降低搜索速度却不能改变搜索结果的数字和字母。如果必须使用某个常用字词来获得相应的搜索结果，可在此字词前输入加号（+），如"合适+的工作"，这样 Google 就不会忽略该字词。若要搜索与指定网站有相似内容的网页，可在 Google 搜索框中键入 related:，并在其后键入相应的网址，如 related:www.baidu.com，系统将列出与百度网站功能相似的网站。有时，最好的提问方式是让 Google"填空"：只需在 Google 搜索框中键入句子的一部分，然后加星号（*）即可，如"最（*）的大学"（如图 6.3.11 所示）。

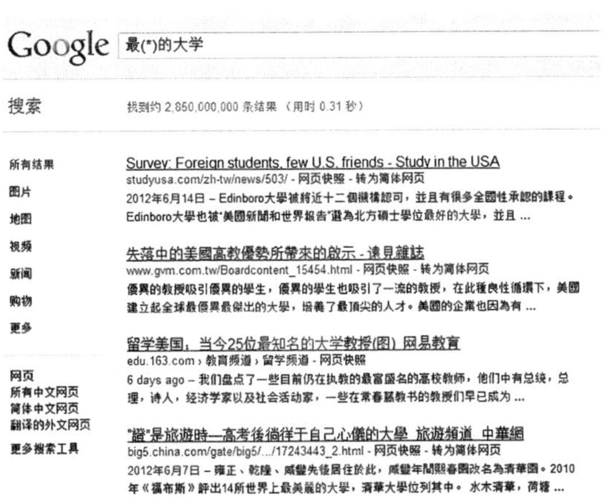

图 6.3.11 模糊搜索结果

图 6.3.12 高级搜索参数设置

6. 高级搜索

对于某些复杂的搜索，可以尝试访问高级搜索页，得到更精确、更实用的搜索结果。要访问该页面，可以先点击搜索结果页右上角的齿轮图标，然后点击高级搜索，如图 6.3.12 所示。

二、网上百科全书

1. 维基百科

维基百科（http://zh.wikipedia.org）是一个内容自由、任何人都能参与、并有多种语言的百科全书协作计划。其目标是建立一个完整、准确和中立的百科全书（如图 6.3.13 所示）。目前已有 1 241 730 名注册用户，其中活跃用户有 6 866 名。所有这些志愿者通过互助客栈和讨论页进行合作与讨论。

2. 国内知名的百科网站

百度知道是一个基于搜索的互动式知识问答分享平台（http://zhidao.baidu.com）（如图 6.3.14 所示），于 2005 年 6 月 21 日发布，并于 2005 年 11 月 8 日转为正式版，2012 年 3 月 31 日发布百度知道台湾版。

互动百科（www. hudong. com）创建于 2005 年 7 月 18 日，通过维基（wiki）平台不断改善用户对信息的创作、获取和共享方式，如图 6. 3. 15 所示。截至 2012 年 4 月，互动百科已经发展成为由超过 456 万用户共同打造的拥有 640 万词条、64. 6 亿文字、678 万张图片的百科网站。

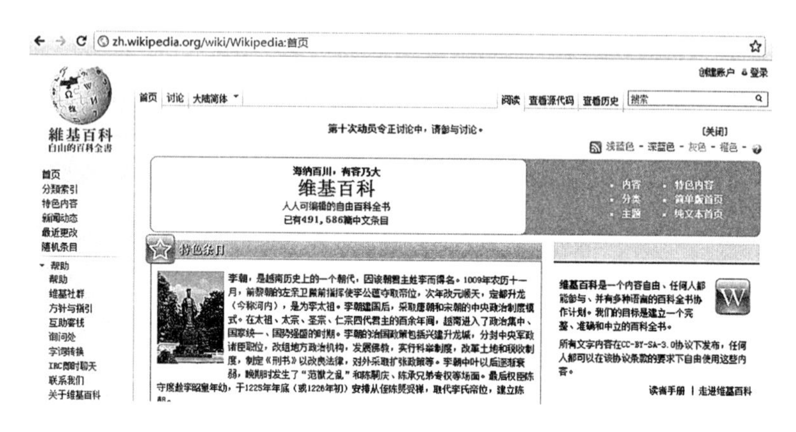

图 6. 3. 13　**维基百科界面**

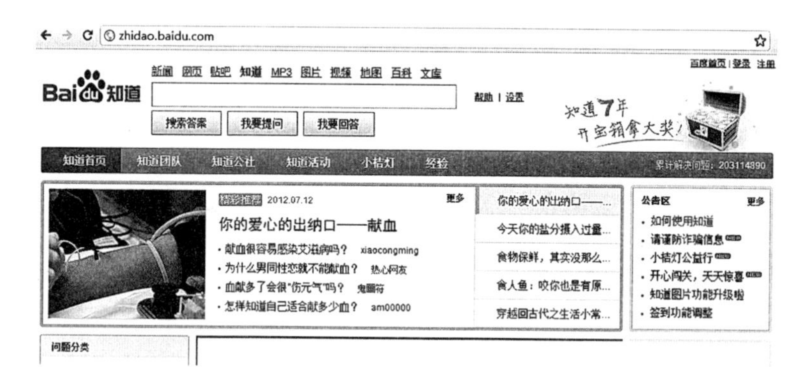

图 6. 3. 14　**百度知道界面**

图 6. 3. 15　**互动百科界面**

案例四　电子邮件的使用

案例说明

电子邮件是一种通过网络实现相互传送和接收信息的现代化通信方式。我们可以通过电子邮件将个人制作的《常用浏览器调查报告》发送给其他人共享。

知识准备

一、电子邮件的概念

电子邮件（electronic mail，简称 E-mail）又称电子信箱、电子邮政，它是一种用电子手段提供信息交换的通信方式。它是 Internet 应用最广的服务，即通过网络的电子邮件系统，用户可以用非常低廉的价格（不管发送到哪里，都只需负担电话费和网费即可），以非常快速的方式（几秒钟之内可以发送到世界上任何你指定的目的地），与世界上任何一个角落的网络用户联系，这些电子邮件可以是文字、图像、声音等各种方式。同时，用户可以得到大量免费的新闻、专题邮件，并实现轻松的信息搜索。

二、电子邮件的格式

电邮地址的格式是：用户名@ 主机名。其中@ 是英文 at 的意思，所以电子邮件地址是表示在某部主机上的一个使用者账号（例：user@ host. net），电邮文件格式扩展名为“. eml”。

三、如何申请电子邮箱

电子邮箱和手机号码一样，先申请后使用。电子邮箱有收费和免费两种，收费邮箱提供更高的安全性能、更大的邮箱容量以及其他增值服务。免费邮箱基本满足一般需求，建议先申请试用，根据个人需求再升级收费服务。申请电子邮箱要事先准备几个候选用户名和密码，确保申请成功。

操作步骤

一、申请免费电子邮箱

① 登录 126 网易免费邮主页 www. 126. com，点击“注册”按钮，进入注册页面（如图 6. 4. 1 所示）。

② 填写申请资料，点击“立即注册”（如图 6. 4. 2 所示）。

➢用户名：就是邮件地址@ 前面的名称，请准备几个候选用户名，避免用户名已被别人注册。

➢密码：重复输入密码，确保两次输入内容一致。

➢验证码：仔细辨认并正确输入图片中字符。

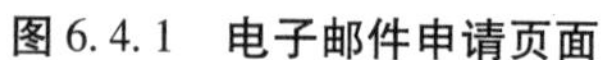
图 6.4.1　电子邮件申请页面

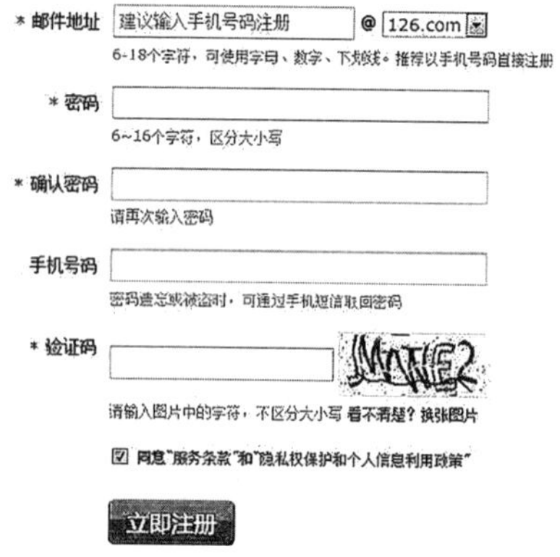

图 6.4.2　填写申请资料

③ 系统提示注册成功。

二、利用浏览器发送电子邮件

① 在浏览器地址栏输入邮箱网址 www.126.com，输入用户名和密码登录邮箱（如图 6.4.3 所示）。

② 点击“写信”按钮创建邮件。

③ 填写各项参数：收件人、主题、邮件正文为必填内容，本案例中的调查报告可以压缩成 1 个文件，作为附件添加到邮件中。

④ 填写完毕，单击“发送”按钮。

⑤ 如果发送成功，系统会反馈发送成功的消息，在浏览器左侧的“已发送”栏目可以看到该邮件的详细情况。

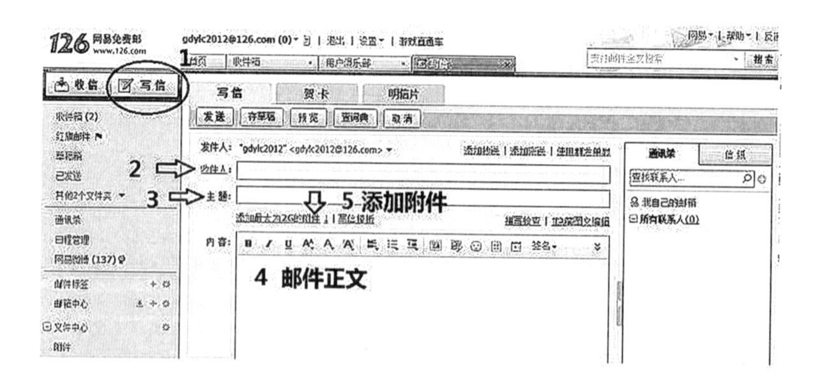

图 6.4.3　登录 126 邮箱创建邮件

三、接收邮件

① 在浏览器地址栏输入邮箱网址 www.126.com，输入用户名和密码登录邮箱。

② 点击浏览器左侧的“收件箱”栏目，查看收到的邮件。

③ 点击目标邮件项目，阅读邮件内容。

技能拓展

一、电子邮件发送技巧

1. 如何将一封邮件发送给多个人

将一封邮件发送给多个人，可以在“收件人”一栏中一次填写多个邮件地址，中间用分号或逗号隔开，也可以在抄送和密送栏一次填写多个邮件地址。

2. 电子邮件是否可以发送文件夹

在正常的状态是不可以的，因为文件夹并非文件，没有文件信息，电子邮件不支持此形式的信息传输。

在发送多个文件时，应该把这些文件存放在一个文件夹中，把这个文件夹压缩成压缩文件后，作为邮件附件发送出去。

二、常见的电子邮件协议

常见的电子邮件协议有以下几种：SMTP（简单邮件传输协议）、POP3（邮局协议）、IMAP（Internet 邮件访问协议）、HTTP、S/MIME。这几种协议都是由 TCP/IP 协议族定义的。

➢ SMTP（Simple Mail Transfer Protocol）：SMTP 主要负责底层的邮件系统如何将邮件从一台机器传至另外一台机器。

➢ POP（Post Office Protocol）：目前的版本为 POP3，POP3 是把邮件从电子邮箱中传输到本地计算机的协议。

➢ IMAP（Internet Message Access Protocol）：目前的版本为 IMAP4，是 POP3 的一种替代协议，提供了邮件检索和邮件处理的新功能，这样用户可以完全不必下载邮件正文就可以看到邮件的标题摘要，从邮件客户端软件就可以对服务器上的邮件和文件夹目录等进行操作。IMAP 协议增强了电子邮件的灵活性，同时也减少了垃圾邮件对本地系统的直接危害，同时相对节省了用户查看电子邮件的时间。除此之外，IMAP 协议可以记忆用户在脱机状态下对邮件的操作（如移动邮件、删除邮件等）在下一次打开网络连接的时候会自动执行。

➢ HTTP（S）：通过浏览器使用邮件服务时使用。

三、中国的第一封电子邮件

1987 年 9 月 14 日中国第一封电子邮件是由“德国互联网之父”——维纳·措恩与王运丰在北京的计算机应用技术研究所发往德国卡尔斯鲁厄大学的，其内容为英文，原文是：“ Across the Great Wall we can reach every corner in the world. ”中文大意：“跨越长城，走向世界。”这是中国通过北京与德国卡尔斯鲁厄大学之间的网络连接，向全球科学网发出的第一封电子邮件。

四、垃圾邮件

垃圾邮件（spam），指的就是不请自来、强行塞入信箱的垃圾邮件。近年来垃圾电邮（Spam E-mail）的问题相当严重，有调查报告指出，用户收到的电邮之中，平均有60% ~90%是垃圾邮件。这些垃圾邮件除了广告以外，部分更包含诈骗内容，甚至包含了间谍软件、木马程序等，以盗取用户的私人资料。

防范 SPAM 的技巧如下：

➢申请多个 E-mail：将重要的 E-mail 只通知给认识的人，其他的则利用较不重要、不在意且较少使用、打开的信箱。

➢不轻易公开自己的 E-mail，即使在个人网站也应谨慎处理。

五、Outlook Express 的使用

Outlook Express（简称 OE）是 Windows 操作系统所带的 POP3 电子邮件收发软件，使用 Outlook Express 必须先设置电子邮件账户。

使用 Outlook Express 收发邮件，可以直接把邮件下载到本机上阅读，而不必登录网站，还可以分类管理邮件。此外，它可以发送带声音、信纸的邮件，还有定时发送、增加签名等功能。OE 的使用可以参考网上相关教程。

案例五　FTP 的使用

案例说明

FTP（File Transfer Protocol）即文件传输协议是用来在两台计算机之间传输文件的TCP/IP 通信协议。客户端可以从服务器下载文件，也可以上传文件到 FTP 服务器。我们可以通过 FTP 文件传输功能将收集制作的《常用浏览器调查报告》上传到公共 FTP 服务器，以便老师和同学们共享。

知识准备

一、FTP 协议

什么是 FTP 呢？FTP 是 TCP/IP 协议组中的协议之一，是英文 File Transfer Protocol 的缩写。该协议是 Internet 文件传送的基础，它由一系列规格说明文档组成，目标是提高文件的共享性，提供非直接使用远程计算机，使存储介质对用户透明和可靠高效地传送数据。简单地说，FTP 就是完成两台计算机之间的拷贝，从远程计算机拷贝文件到自己的计算机上，称之为“下载（download）”文件。若将文件从自己的计算机中拷贝至

远程计算机上，则称之为“上传（upload）”文件。在 TCP/IP 协议中，FTP 标准命令 TCP 端口号为 21，Port 方式数据端口为 20。

二、FTP 服务器和客户端

同大多数 Internet 服务一样，FTP 也是一个客户/服务器系统。用户通过一个客户机程序连接至在远程计算机上运行的服务器程序。依照 FTP 协议提供服务，进行文件传送的计算机就是 FTP 服务器，而连接 FTP 服务器，遵循 FTP 协议与服务器传送文件的电脑就是 FTP 客户端。用户要连上 FTP 服务器，就要用到 FPT 的客户端软件，最常使用的 IE 浏览器就支持 FTP 方式浏览网络。

三、FTP 基本操作

在 IE 地址栏输入地址然后回车就可以访问 FTP 服务器。例如，ftp://user:password@ myftp. server. com。

➢“ftp://”这段地址是告诉 IE 使用标准 FTP 协议访问网络（我们访问网页使用的是 HTTP 协议）。

➢“user:password”冒号之前是访问该服务器的用户名，冒后之后是对应的登录密码（这里的账户名是 user，密码是 password）。

➢“@ myftp. server. com”是 FTP 服务器的网络域名，也可以使用 IP 地址。

另外，FTP 服务的默认端口是 21，如果使用了非标准端口，则需要在服务器地址后再加上一个冒号和服务端口。比如，上述服务器地址可以这样写：

ftp://user:password@ myftp. server. com:21

登录服务器之后，通过 IE 您就能够像浏览本地文件夹一样进行复制、粘贴、移动等操作（需要服务器端对所登录账户开放相应权限）。

一、文件的上传与下载

➢打开桌面上“我的电脑”（或“我的文档”、“网上邻居”等），在地址栏里输入服务器的地址（如 192. 168. 0. 100）（如图 6. 5. 1 所示）。

➢在用户名称框里输入用户名称，在密码框里输入密码，单击“登录”按钮后，会看到该服务器中的文件和目录，下载和上传选择复制和粘贴即可，用法与资源管理器对文件的操作步骤相同。

二、FTP 客户端的使用

利用浏览器进行 FTP 操作具有方便、快捷、适用性广的特点，因为浏览器是每台上网设备必装的软件。然而，在大量文件传输和网站维护的情况下，我们更多地使用 FTP 客户端工具，如 FileZilla，Cuteftp，Flashfxp 等工具。它们更能充分展现 FTP 强大功能，如快速文件传输、断点续传。

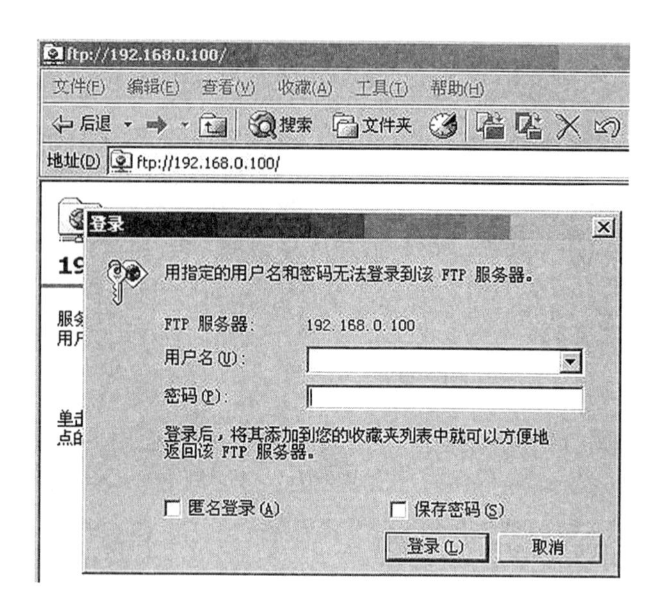

图 6.5.1 FTP 登录界面

FileZilla 是一个免费开源的 FTP 客户端软件，集成了其他优秀的 FTP 客户端软件的优点，如 CuteFTP 的目录比较、支持彩色文字显示；BpFTP 的支持多目录选择文件、暂存目录；LeapFTP 的界面设计。

FileZilla 支持目录的文件传输、删除；支持上传、下载，以及文件续传；可以跳过指定的文件类型，只传送需要的文件；可自定义不同文件类型的显示颜色；暂存远程目录列表，支持 FTP 代理及 Socks 协议；有避免闲置断线功能，防止被 FTP 平台踢出；可显示或隐藏具有“隐藏”属性的文档和目录；支持每个平台使用被动模式等。

Filezilla 简单易用，访问 http://filezilla-project.org 即可免费下载、安装，网络上也有大量的教程（如图 6.5.2 所示）。

技能拓展

一、匿名 FTP

许多 FTP 服务器被称为“匿名”（Anonymous）FTP 服务器。这类服务器的目的是向公众提供文件拷贝服务，不要求用户事先在该服务器进行登记注册，也不用取得 FTP 服务器的授权。

匿名文件传输（Anonymous）能够使用户与远程主机建立连接并以匿名身份从远程主机上拷贝文件，而不必是该远程主机的注册用户。用户使用特殊的用户名“anonymous”登录 FTP 服务，就可访问远程主机上公开的文件。许多系统要求用户将 E-mail 地址作为口令，以便更好地对访问进行跟踪。匿名 FTP 一直是 Internet 上获取信息资源的最主要方式，在 Internet 成千上万的匿名 FTP 主机中存储着无数的文件，这些文件包含了各种各样的信息、数据和软件。人们只要知道特定信息资源的主机地址，就可以用匿名 FTP 登录获取所需的信息资料。虽然目前使用 WWW 环境已取代匿名 FTP 成为最

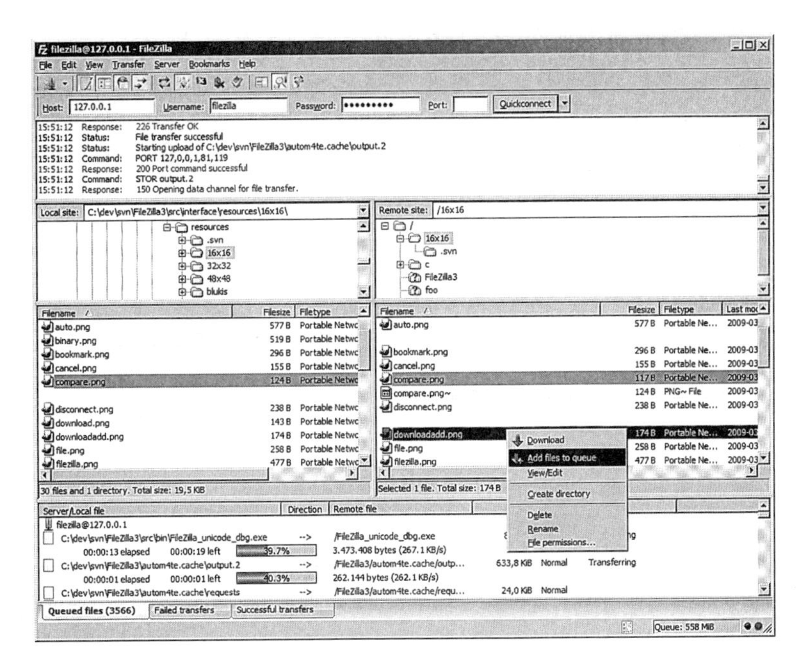

图 6.5.2 FileZilla 界面

主要的信息查询方式，但是匿名 FTP 仍是 Internet 上传输分发软件的一种基本方法。

二、FTP 使用注意事项

➢避免出现零字节文件。在上传时，不要随意中途停止操作，最好不要中途下线。

➢需上传的文件过大时要先压缩，这样会大大节省你上传和别人下载的宝贵时间。

➢因为 FTP 站是多用户系统，因此对于同一个目录或文件，不同的用户拥有不同的权限。如果你不能上传或下载某些文件，或者抓下来的文件是零字节，一般是因为用户的权限不够。

➢ FTP 密码和文件内容都使用明文传输，可能被拦截、窃听。FTP 在传输大量的小文件时，效率不高。

三、FTP 的工作方式

FTP 支持两种模式，一种是 Standard（ PORT 方式，主动方式），另一种是 Passive（PASV，被动方式）。Standard 模式 FTP 的客户端发送 PORT 命令到 FTP 服务器。Passive 模式 FTP 的客户端发送 PASV 命令到 FTP 服务器。

Standard 模式 FTP 客户端首先和 FTP 服务器的 TCP 21 端口建立连接，通过这个通道发送命令，客户端需要接收数据的时候在这个通道上发送 PORT 命令。PORT 命令包含了客户端用什么端口接收数据的信息。在传送数据时，服务器端通过自己的 TCP 20 端口连接至客户端的指定端口发送数据。FTP server 必须和客户端建立一个新的连接用来传送数据。

Passive 模式在建立控制通道的时候和 Standard 模式类似，但建立连接后发送的不是 PORT 命令，而是 PASV 命令。FTP 服务器收到 PASV 命令后，随机打开一个高端端口（端口号大于 1 024）并且通知客户端在这个端口上传送数据的请求，客户端连接 FTP 服务器此端口，然后 FTP 服务器将通过这个端口进行数据的传送，这个时候 FTP 服务器不再需要建立一个新的和客户端之间的连接。

很多防火墙在设置的时候都是不允许接受外部发起的连接的，所以许多位于防火墙后或内网的 FTP 服务器不支持 PASV 模式，因为客户端无法穿过防火墙打开 FTP 服务器的高端端口；而许多内网的客户端不能用 PORT 模式登陆 FTP 服务器，因为从服务器的 TCP 20 无法和内部网络的客户端建立一个新的连接，造成无法工作。

复习思考题

1. IP 地址是一个四字节的________位二进制数。
   (A) 16　(B) 8　(C) 32　(D) 64
2. 为网络数据交换制定的规则、约定和标准称为________。
   (A) 接口　(B) 网络协议　(C) 拓扑结构　(D) TCP 参考模型
3. Internet 实现了分布在世界各地的各类网络的互联，其最基础和核心的协议是________。
   (A) TCP/IP　(B) HTTP　(C) FTP　(D) HTML
4. 在下列选项中，关于域名书写正确的一项是________。
   (A) college,edu1,cn　(B) college. edu1. cn
   (C) college,edu1. cn　(D) college. edu1,cn
5. 为了解决 IP 数字地址难以记忆的问题，引入了域名服务系统________。
   (A) DNS　(B) SNS　(C) PNS　(D) MNS
6. 因特网能提供的最基本的服务有________。
   (A) Newsgroup，Telnet，E-mail　(B) Gopher，finger，WWW
   (C) E-mail，WWW，FTP　(D) Telnet，FTP，WAIS
7. ________类 IP 地址的前 8 位表示的是网络号，后 24 位表示的是主机号。
   (A) D　(B) B　(C) A　(D) C
8. 关于电子邮件，下列说法中错误的是________。
   (A) 发件人必须有自己的 E-mail 账号　(B) 必须知道收件人的 E-mail 地址
   (C) 发送电子邮件需要 E-mail 软件支持　(D) 收件人必须有自己的邮政编码
9. 电子邮件地址的一般格式为________。
   (A) 用户名@域名　(B) 域名@用户名
   (C) IP 地址@域名　(D) 域名@IP 地址
10. 计算机网络最突出的优点是________。
   (A) 容量大　(B) 文件传输快　(C) 资源共享　(D) 信息量大
11. FTP 协议是一种用于________的协议。
   (A) 网络互联　(B) 传输文件
   (C) 提高计算机速度　(D) 提高网络传输速度
12. 在浏览网页的过程中，为了方便再次访问某个感兴趣的网页，比较好的方法是________。
   (A) 为此页面建立地址簿　(B) 为此页面建立浏览
   (C) 将该页地址用笔抄写到笔记本上　(D) 将该页加入到收藏夹中
13. 在给别人发送电子邮件时，________不能为空。
   (A) 收件人地址　(B) 抄送地址　(C) 主题　(D) 附件
14. ________协议用于将电子邮件交付给 Internet 上的邮件服务器。

（A）POP3　（B）ICMP　（C）PPP　（D）SMTP

15. 发送电子邮件时，如果接收方没有开机，那么邮件将________。

（A）丢失　（B）退回给发件人

（C）开机时重新发送　（D）保存在邮件服务器上

16. 要将一个 fun. exe 文件发送给远方的朋友，可以把该文件放在电子邮件的________中。

（A）正文　（B）附件　（C）主题　（D）地址

模块七　常用的工具软件

通用型工具软件技术是计算机应用基础的重要组成部分。网络上能免费获取各式各样的常用工具软件。高校计算机应用基础的学习应选择普及面广、有发展趋势、方便易用无干扰的工具软件。本章分别以 WinRAR 4.2、金山毒霸 2012 SP 5.0、印象笔记 4.5、QQ 影音 3.4、光影魔术手 3.1.2 为平台，介绍文件压缩软件、安全维护软件、笔记编辑软件、媒体播放软件、图像处理软件的实际应用技术。

知识点列表

案例名称	能力目标	相关知识点
案例一 WinRAR 快速整理文档	➢快速提取压缩成批文件 ➢快速搜索备份同类文件	1. 压缩现有文件夹里的多个文件 2. 设置文件类型 3. 生成压缩包的自解压格式 4. 加密压缩文件 5. Windows 快速搜索同类文件 6. 在 Windows 搜索器中压缩文件
案例二 金山毒霸维护系统安全	➢安装金山毒霸软件 ➢查杀系统病毒和木马 ➢设置系统安全维护	1. 获取金山毒霸安装文件 2. 安装金山毒霸软件 3. 云查杀病毒 4. 设置系统实时保护与安全
案例三 印象笔记打造个人知识宝库	➢摘录和搜索笔记 ➢分类管理笔记 ➢收集各类文档笔记 ➢移动管理笔记	1. 笔记摘录 2. 同步信息 3. 添加标签 4. 收集各种文档 5. 即使搜索笔记 6. 多平台查阅与编辑笔记
案例四 QQ 影音处理媒体素材	➢播放音视频 ➢截取素材 ➢合并音视频	1. 播放一个视频文件 2. 实时播放多个视频文件 3. 播放 3D 视频与适时 2D 转 3D 4. 截取一段视频 5. 截取 GIF 动画并上传到 QQ 6. 截取一幅视频画面 7. 合并多个音视频文件 8. 向 iPad 传输视频与字幕
案例五 光影魔术手编辑与美化数码照片	➢数码照片的编辑与美化 ➢制作证件照 ➢数码照片自动批处理	1. 浏览图片 2. 风光照的快速美化 3. 人物照的美容 4. 证件照的制作 5. 数码照片的自动批处理

案例一　WinRAR 快速整理文档

案例说明

在公司服务器里，每周都会接收到员工发送的文件。这些文件过多过乱地占据了硬盘的许多存储空间。每隔一段时间，管理员小王都会对这些文件进行压缩整理备份。最近，由于工作紧张，公司责成小王将一项工程的任务书分解给 200 多名职工分别进行处理，每个人负责的任务均记录在名字不同的"XXX 分项目 XXX. DOC"文档中。当小王打开服务器汇总材料时，才发现 200 多份文档分散在名为"工作资料库"的磁盘驱动器的各个文件夹中，若一个个复制出来，其工作量比较大，而且可能还会产生遗漏。对此小王借助了 WinRAR 快速整理档案功能。另外，小王准备更换一个大硬盘，原来硬盘中有许多以前记录产品信息的重要文档资料需要备份出来。但是，由于这些重要文档资料分布在硬盘的许多文件夹中，不便于挑选。于是，小王还是借助 WinRAR 解决了问题。

以上任务有两项要做的工作。第一项是把文件过滤抽取和压缩打包工作交给 WinRAR 软件一次性完成。另外，还需要将压缩包转为自解压格式，目的是让压缩包独立于 WinRAR 程序自行解压安装。第二项工作是结合 Windows 系统搜索和 WinRAR 加密打包两个步骤来完成。两项工作都可以达到备份不同文件夹下同类文件的目的，可以灵活选择使用。

知识准备

一、文件压缩软件的概述

文件压缩软件可以将用户的文件或文件夹生成为另一种占用存储空间小、不破坏原来内容并且能够还原的格式的文件，称为压缩文件。

用户什么情况下需要压缩文件呢？一方面，用户在使用自己的计算机时，往往会感到文件太多，对于一些暂时不用但又比较重要而不能删除的文件（如备份文件），或是需要进行交流的一些文件，人们希望它们尽可能少占用磁盘空间；另一方面，在网络时代经常要通过网络传送大量的文件，如果文件太大，网络传输会消耗许多时间。这时，文件压缩就变得很重要了。文件经过压缩后大大地节省了磁盘空间。同时，压缩后的文件会减少木马病毒的侵害，更加安全可靠。文件压缩软件一般适用于重要资料备份或程序安装，它的功能主要包括：压缩、分卷、备份、加密和自解压。

现在市面上比较流行的压缩软件有 WinRAR，WinZip，WinAce 等。其中，WinRAR 界面友好，操作简便，压缩率和压缩速度优越，受到广大用户的青睐。它能备份用户数据，减少 E-mail 附件的大小，解压缩 RAR、ZIP 和其他格式的压缩文件，并能创建 RAR 和 ZIP 格式的压缩文件。WinRAR 3. 3 版本增加了扫描压缩、文件内病毒查杀、解压缩"增强压缩"、ZIP 压缩文件等功能，并升级了分卷压缩的功能。

操作步骤

一、快速提取压缩成批文件

1. 建立收集文件夹

在硬盘里，创建一个名为“项目文件集合”的文件夹，用于存放压缩包。

2. 添加到压缩包

将系统中存放着200多份文档的上级文件夹选中，然后，右击，弹出快捷菜单，选择“添加到压缩（档案）文件”命令。此时会打开“压缩文件名和参数”对话框（如图7.1.1所示）。

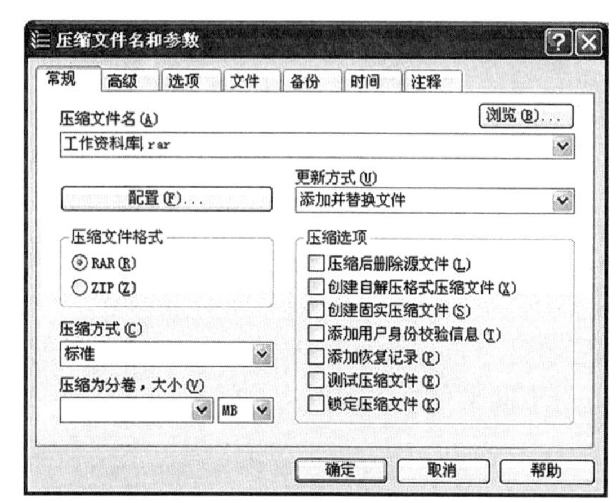

图7.1.1 打开压缩对话框

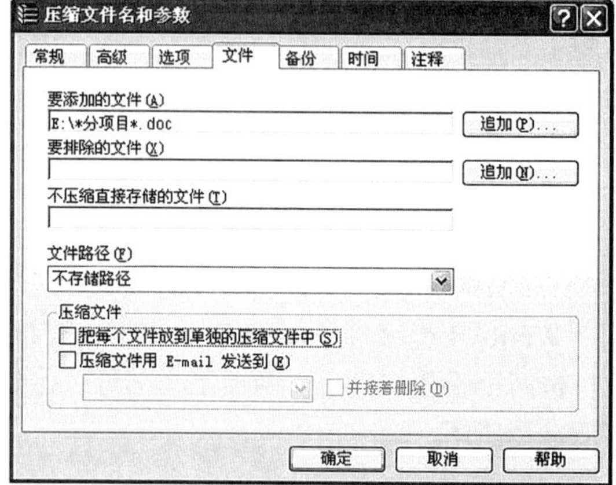

图7.1.2 设置要压缩的文件过滤条件

3. 设置文件类型

单击选择“文件”选项卡，由于需要将文件名中包含“分项目”字符的文件添加进来，因此，在“要添加的文件”栏中键入“*分项目*.doc”，“文件路径”一项选择“不存储路径”，以便免去生成的压缩文件还具有层级目录结构处理时引起的麻烦，其余设置为默认值即可（如图7.1.2所示）。

4. 修改压缩文件的路径

单击“常规”选项卡，将压缩文件名改为“F:\项目文件集合\公司文件.rar”，单击“确定”执行压缩操作，很快就可以将所有含有“分项目”的DOC文件打包提取出来，存放在“项目文件集合”文件夹中（如图7.1.3所示）。

❖**提示**：如果还要将其他文件添加到已经创建的压缩包中，只需将文件直接拖动到已经创建的压缩包文件的图标上即可自动添加。

5. 生成压缩包的自解压文件

在“项目文件集合”文件夹中，双击压缩包“公司文件.rar”打开WinRAR程序窗口，在菜单栏里单击执行“工具”→“将压缩文件转换为自解压格式”命令，在自解压选项卡中单击选择“添加新的自解压模块”项（如图7.1.4所示）。最后，单击

“确定”按钮，将会在同一文件夹中生成“公司文件 . rar”的自解压文件“公司文件 . exe”。

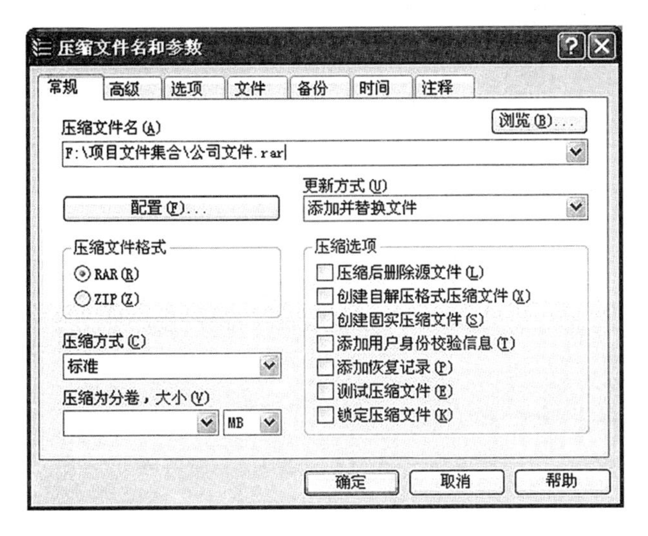

图 7.1.3　设置压缩文件路径和名称

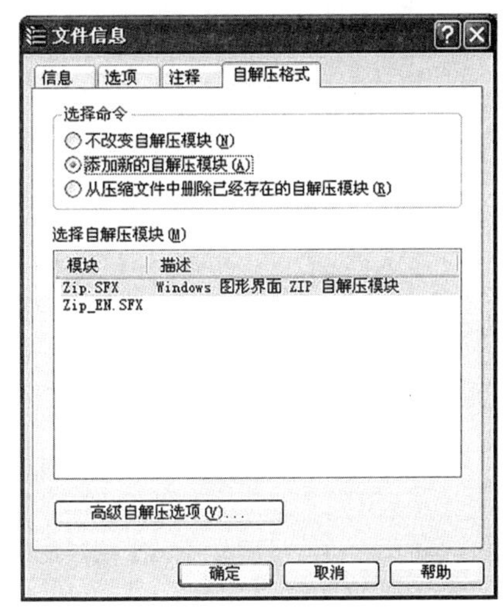

图 7.1.4　添加自解压文件

❖**提示**：自解压文件无需 WinRAR 程序就能独立运行解压，但无法将文件添加到已经生成的自解压文件中。

二、快速搜索备份同类文件

1. 用 Windows 搜索器查找出硬盘中所需的同类文件

打开 Windows 资源管理器，选择同类文件存放的盘符，在搜索器的“全部或部分文件名”文本框中输入“*. txt; *. xls; *. doc; *. mdb”，在高级选项中选中“搜索子文件夹”和“搜索隐藏的文件和文件夹”两项，然后单击“搜索”按钮。

2. 用 WinRAR 对搜索结果进行加密打包

搜索结束后，查实所需同类文件全部显示在搜索结果窗口的右侧。用【Ctrl】+【A】组合键全选所有搜索出来的文件，然后在选区上右击，在弹出的快捷菜单中选择执行“WinRAR”→“添加到压缩文件”命令，输入压缩文件存放的路径和文件名，并在“高级”选项卡中单击“设置密码”按钮，在如图 7.1.5 所示的对话框中输入密码(适当加长口令的长度)。密码设置完毕后，单击“确定”按钮，就可以将重要文件加密压缩了。

技能拓展

一、WinRAR 解压缩包

WinRAR 压缩包的解压方法比较便捷。右击压缩包文件，如“公司文件 . rar”，在弹出的快捷菜单中选择命令“解压到 公司文件\ ”（如图 7.1.6 所示），WinRAR 会自动创建一个名为“公司文件”的子文件夹，然后，将解压后的文件或文件夹存储在此文件夹下。

图 7.1.5 压缩包加密

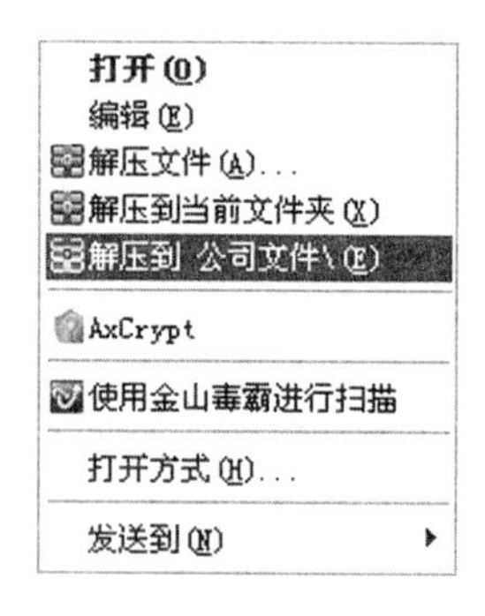

图 7.1.6 解压缩

❖**提示：**在弹出的快捷菜单中还有一项“当前文件夹”命令，会直接将压缩包中的文件解压到当前文件夹。如果压缩包内容过多会给当前文件夹的管理带来麻烦，建议视情况而定。

二、WinRAR 分卷压缩

有时候，我们需要将一个 1 GB 甚至 5 GB 以上的文件夹刻录到 CD-R 光碟里。一张 CD-R 光碟的容量是 700 MB。这时，就须想办法将这个文件夹或文件分割为几个压缩包，然后分别刻录到每一张光碟里。WinRAR 不仅可以将文件或文件夹压缩为单个文件，还可以将文件或文件夹压缩成若干大小相等的文件，这种压缩方式称为分卷压缩。

一般的操作方法为：右击选中需要压缩的文件或文件夹，在弹出的快捷菜单中执行“添加到压缩文件”选项。在打开的压缩对话框中单击“压缩分卷大小，字节”下拉列表，选择分卷文件大小（如图 7.1.7 所示）。

三、WinRAR 快速合并与还原 Mpeg，MP3 文件

在计算机多媒体应用中，视频或音频的合并是常见的技术应用。有时，我们会使用 QQ 影音、超级解霸、会声会影等媒体软件工具的“MPEG 文件合并”功能来合并多个 MPEG 格式的视频文件，虽然这样操作很容易，但要把合并后的文件还原回去就得另想办法。在本例中，学习一种便捷的方法——借助 WinRAR 又好又快地实现上述操作，其最大的优点就是随时想合就合、想分就分。

一般操作方法为：首先，用鼠标同时选中要合并的多个 MPEG 文件，右击，在弹出的快捷菜单中，选择执行“添加到压缩文件”命令。然后，在 WinRAR 程序窗口的“压缩文件名”里输入合并后的文件名，注意一定要把默认的扩展名“.rar”改为“.mpg”。接着，在“压缩方式”下拉列表中选择“存储”选项。最后，单击“确定”按钮即可把多个 MPEC 文件合而为一。

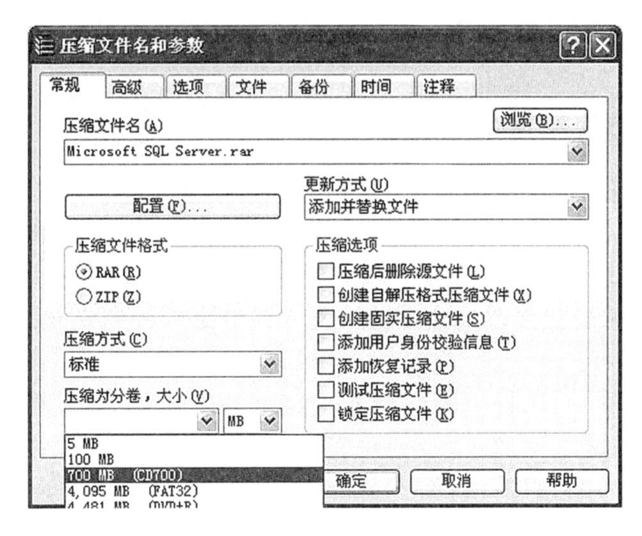

图 7.1.7　设置分卷文件大小

用这种方法合并的 MPEG 文件可以非常轻松地还原回合并前的那些 MPEG 文件，方法是将合并后的 MPEG 文件的扩展名改为“.rar”，再用 WinRAR 将其打开，就会看到合并前的那些 MPEG 文件了，解压缩即可实现还原。

上述方法同样适用于 MP3 文件的快速合并与还原。

案例二　金山毒霸的系统安全维护

案例说明

李明回家后，准备上网查阅明天会议事项的内容。当打开电脑时发现系统变得反应缓慢，出现蓝屏甚至死机。重启系统后，发现情况更糟糕，有些启动程序竟然打不开。惨了！工作没办法干了。经验表明：计算机中毒了。由于这台计算机刚刚升级安装了 Windows 7 系统，还没来得及安装安全维护软件，导致感染了病毒。病毒的来源可能是网络，也可能是从公司带回来的 U 盘。这时应赶快杀毒，安装安全维护软件。

发生上述情况后，电脑无法直接上网。所幸的是，系统能够进入安全模式，并且李明在自己的备份光盘中存有“金山毒霸”安装程序文件。在 Windows 启动时，按【F8】功能键进入启动菜单，选择“安全模式”启动。进入系统后，运行备份光盘的“金山毒霸”安装程序。安装过程能执行一般查杀功能。安装完毕后，再执行全盘查杀，以彻底清除病毒和木马的困扰。同时，系统需要开启实时保护，以防未来上网或使用外源设备时再次感染。大量的木马捆绑、钓鱼、网银诈骗等欺骗行为层出不穷。自己的电脑系统需要真正地被保护起来！

知识准备

一、常用杀毒软件简介

计算机病毒由来已久，影响也较广泛，网络的出现加速了计算机病毒的传播和蔓延。在实际生活中，使用计算机的人都或多或少地受到过病毒的困扰，计算机感染病毒后通常会表现出一些异常现象，比如系统启动异常、运行速度变慢、内存不足、系统资源急剧下降，文件无故被修改或删除等。然而，杀毒软件和安全维护软件能防范于未然。

现在市场上杀毒软件的种类越来越多，功能也越来越全，技术越来越稳定。目前的杀毒软件包括病毒查杀、安全维护、系统优化和升级更新功能。综合来看，杀毒软件都具有以下基本功能。

➢查毒：计算机染上病毒就像人得了病一样，需要“治病”，如果连“病因”都不知道，“治病”就无从谈起。因此，计算机杀毒软件首要功能就是查毒，尤其是要针对存储设备进行查找病毒，查出计算机感染了什么病毒才是杀毒的先决。

➢杀毒：查毒是为了杀毒。杀毒软件是专门用来对付计算机病毒的，不但要查找出病毒，还应该对这些病毒进行消除，这才是杀毒软件的重要功能。

➢防毒：杀毒是治标，防毒才是根本。杀毒软件可以对计算机的输入输出进行监视，以防止病毒侵入计算机系统。

➢数据的恢复：杀毒软件仅有查毒和杀毒功能是远远不够的，它还需要在计算机被破坏后能够采取一定的补救措施，特别是对存储器设备的修复，因此，目前有些杀毒软件也提供对硬盘数据的恢复功能。

值得一提的是，每个杀毒软件都有自己的误杀率。这与杀毒软件、文件本身有关。在杀毒软件方面，如何识别病毒很重要；在文件方面，文件的结构若是病毒的方式之一，两者识别非常相似时，文件就容易被误杀了。尽管如此，大家可以放心使用杀毒软件，因为现在的杀毒软件误杀率都很低。

在本例中，选择金山杀毒软件讲述系统安全维护技术。金山毒霸软件开启了全球首创敢赔模式，在市场上有较高的信用度，同时，也是国内利用云安全系统查杀病毒的先驱。

二、云安全系统简介

云安全系统主要由云安全中心和云安全客户端两大部分组成（如图 7.2.1 所示）。云安全（Cloud Security）是网络时代信息安全的最新体现，它融合了并行处理、网格计算、未知病毒行为判断等新兴技术和概念，通过网状的大量客户端对网络中软件行为的异常监测，获取互联网中木马、恶意程序的最新信息，推送到服务端进行自动分析和处理，再把病毒和木马的解决方案分发到每一个客户端。

来自互联网的主要威胁正在由电脑病毒转向恶意程序及木马，在这样的情况下，采用独立的病毒特征库查毒显然已经过时。云安全技术应用后，识别和查杀病毒不再仅仅依靠本地硬盘中的病毒库，而是依靠庞大的网络服务，实时进行采集、分析以及处理。

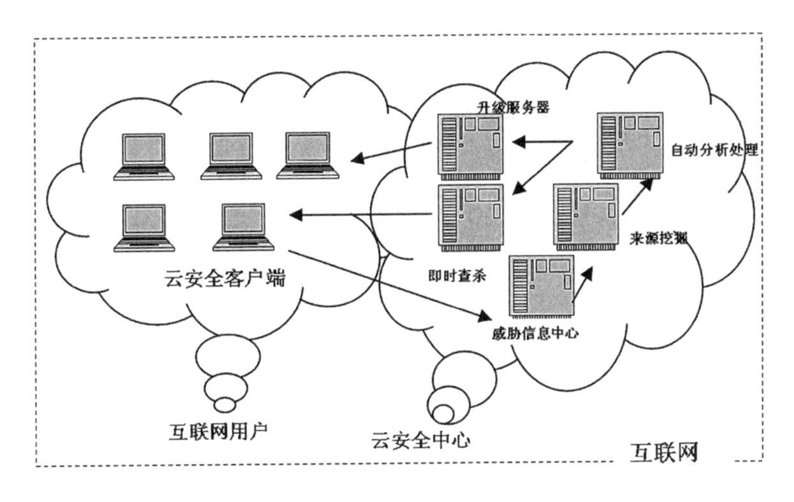

图 7.2.1　云安全系统

整个互联网就是一个巨大的“杀毒软件”，参与者越多，每个参与者就越安全，整个互联网就会更安全。互联网的云安全系统，变成了一个超级杀毒软件，这就是云安全计划的宏伟目标。

操作步骤

一、云查杀病毒

双击桌面的金山毒霸图标，打开金山毒霸程序窗口（如图 7.2.2 所示）。在首页窗口中，单击“一键云查杀”按钮，开始扫描文件和注册表项，检查病毒和木马以及是否有受威胁的异常项。待查杀完毕后，显示扫描结果。

❖**提示：**为了提高杀毒软件的运行速度，同时保护杀毒软件的特征库不被删除或破坏，可将杀毒软件安装在非系统盘。也就是说，在设置安装路径时，修改默认路径为非系统盘的路径，如“D：\ Kingsoft \ Kingsoft Antivirus”。

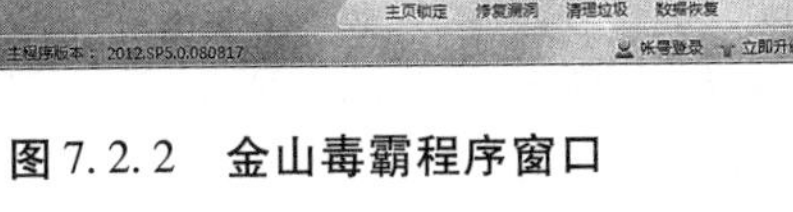

图 7.2.2　金山毒霸程序窗口

图 7.2.3　全盘查杀病毒

二、全盘查杀

单击窗口上方的“病毒查杀”按钮，选择执行“全盘查杀”。该查杀方式能够更加详细地扫描系统各部分的病毒和木马以及异常项，但这种查杀方式需要消耗更多的运行时间。在查杀过程中，可以将程序放入到系统后台运行。实在等不及需要离开电脑时，可设置“查杀完毕后自动关机”的功能（如图 7.2.3 所示）。

三、设置系统实时保护与安全

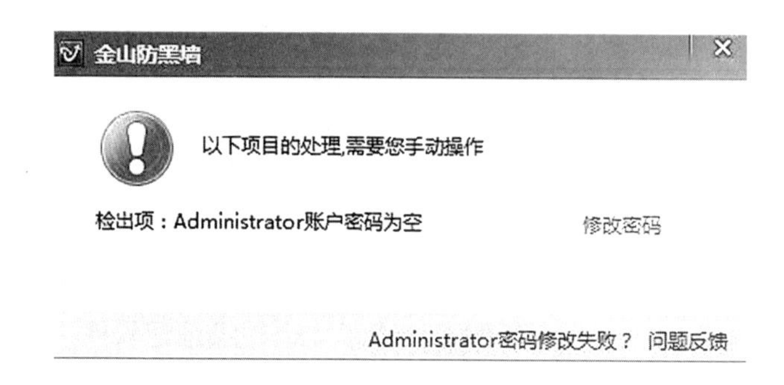

图 7.2.4　扫描漏洞后提示修复

在首页窗口中，单击“实时保护”按钮，开启边界防御和系统防御的各项实时保护功能。同时，在右下角单击“立即锁定”，锁定 IE 主页不受肆意修改。

单击首页中的“防黑墙”按钮，选择“立即扫描”，扫描易受黑客攻击的“系统默认隐藏的共享目录”、“注册表远程连接服务”、“访客账户和远程协助账户”、“Windows 远程桌面连接”4 项内容是否已关闭，并指明其他待修复的漏洞。在“有风险的项目”中，单击“查看详情”，会显示修复漏洞的手动操作的对话框（如图 7.2.4 所示）。依据对话框的提示修复漏洞即可。

❖**提示**：在首页中，单击右下角的“修复漏洞”，运行“金山卫士”能详细检查系统各部分的漏洞并在连接 Internet 的状态下自动修复漏洞。如果遇到修复漏洞后系统无法进入的情况，那么可以用 Windows 的安装盘修复即可。

技能拓展

一、用金山卫士优化系统

金山公司将金山卫士软件与金山毒霸软件捆绑在一起共同组成个人电脑系统实时安全维护的后盾。金山卫士安装可以通过金山毒霸的首页启动。安装完毕后，金山卫士图标出现在桌面和任务栏右端。这说明电脑系统正处于金山卫士的实时保护中。打开金山卫士的首页，会发现窗口上方有几个功能选项，其作用分别是：

➢查杀木马：使用云安全数据库的云查杀流行木马和识别可疑文件。

➢系统优化：通过减少启动项目加快开机启动的速度。

➢垃圾清理：清理电脑系统的垃圾文件、注册表项、上网痕迹、临时文件等等，释放出被占用的存储空间。

➢修复漏洞：自动检测当前操作系统和第三方软件包含的安全漏洞及其相关信息，并自动执行下载补丁修补漏洞。

➢软件管理：免费下载数千款均经过安全验证的软件，同时强力卸载软件功能，彻底清除无残留。

➢专家加速：优化专家免费远程一对一提供服务。

二、用“金山U盘卫士”鉴定U盘质量与修复

1. 问题U盘

人们经常用U盘来备份、携带、转移文件。但是，由于使用不当、使用时限过长或某些厂商的不规范商业行为等因素，消费者常在U盘使用过程中发现各类问题。例如，U盘读写变慢、文件丢失、U盘容量缩水等，存在这些问题的U盘被统称为“问题U盘”。表7.2.1列出了“问题U盘”的鉴定、危害及其应对策略。

表7.2.1　“问题U盘”的鉴定、危害及其应付策略

名称	鉴定说明	危害	应付策略
缩水U盘	不法厂商使用一种量产工具软件，改变U盘上的主控信息，将U盘容量标注到远大于其实际容量，以欺诈消费者的手段谋取暴利；当U盘的实际容量小于或等于其标称的90%时，即被认定为存在质量问题的缩水盘	文件无法被正常读取。一旦文件超过缩水盘的实际空间大小，复制到缩水盘中的文件便会以快捷方式的形式被写入，造成用户丢失数据、延误工作等不便	从可靠、有信誉的商家处购买U盘，尽量挑选有质量保证的品牌；保留U盘保修单、发票等票据，便于享受厂商提供的维修与质保服务；若不慎买到缩水U盘，可尝试与商家沟通进行退换货或索赔
老损U盘	U盘使用时间过久可能会造成存储芯片部分或全部损坏，此时由于引导芯片依然完好，故U盘仍能继续使用，但可使用的实际容量远远低于读盘容量	依然能使用，但实际容量远远低于读盘容量，易给用户带来使用上的不便，情况严重的话还会造成客户信息丢失等不便	在使用过程中应规范操作，将U盘拔出来前务必点击“安全删除硬件”后再拔U盘；若U盘出现老损，要酌情使用或更换
坏盘	由于使用不当或产品质量低劣导致引导芯片损坏，U盘根本无法使用	坏盘会导致用户存储信息丢失，给使用者带来严重的不便	用户应首先尝试将U盘上的数据备份到本地；若无法备份，则尝试用金山软件的“数据恢复”；同时，使用市面上的坏盘修复工具修复坏盘；若以上方式均无效，则建议用户尽快更换U盘

2. 用“金山U盘卫士”鉴定“问题U盘”

插入U盘，在桌面右下方右击“U盘悬浮窗”，弹出“金山U盘卫士”窗口，单

击执行“容量鉴定”，执行“开始鉴定”即可。图 7.2.5 就是一个缩水 U 盘的鉴定结果，这个 U 盘显示大小是 7 784 MB，实际容量是 3 551 MB。如果用户将 5 GB 左右大小的东西复制进该 U 盘，就只有部分文件能够打开，其余文件显示损坏或无法打开。

3. 数据恢复

面对“问题 U 盘”损坏文件的情况，用户希望恢复 U 盘中的数据。这里建议使用金山毒霸的“U 盘数据恢复”功能，图 7.2.6 是“数据恢复”的功能显示。另外，也可以找专业数据恢复公司寻求帮助。

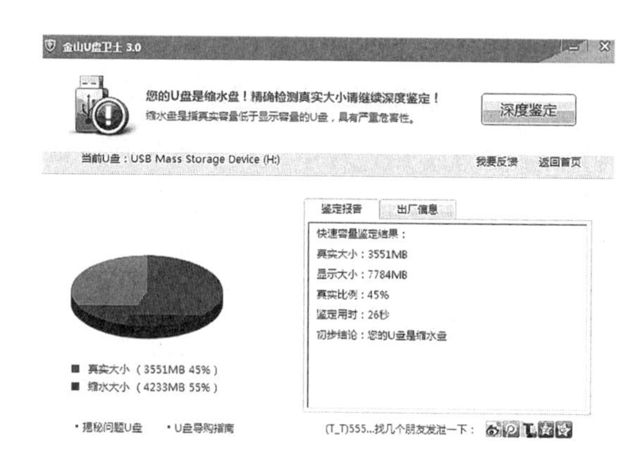

图 7.2.5 一个缩水 U 盘的鉴定结果

图 7.2.6 金山数据恢复对话框

三、用“金山手机卫士”维护手机系统安全

金山手机卫士是一款手机安全软件，目前覆盖 symbian 和 android 两大主流移动平台。它以手机安全为核心，提供有流量监控、恶意扣费拦截、防垃圾短信、防骚扰电话、风险软件扫描及私密空间等实用安全功能。这些功能能帮助用户拦截恶意扣费，防止骚扰；迅速扫描手机软件，发现病毒木马；云鉴定可疑文件，保护手机安全。

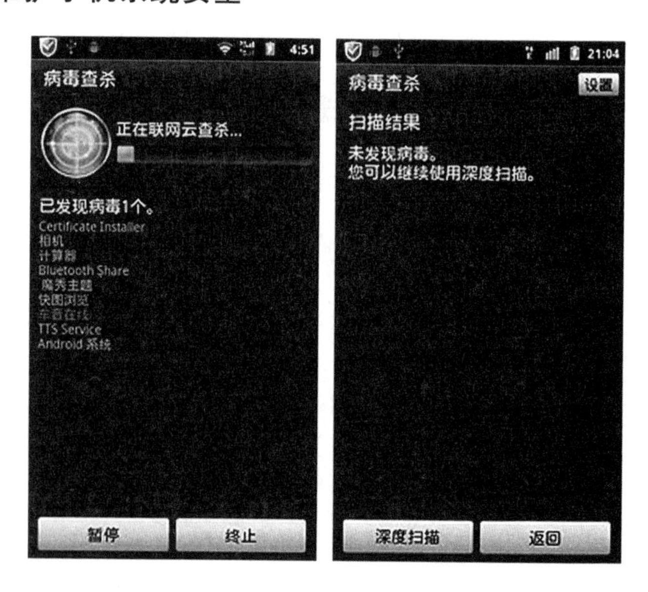

图 7.2.7 金山手机卫士查杀手机病毒

进入金山手机卫士官网（http://m.ijinshan.com/），单击“免费下载”，选择“稳定版下载”，将文件“MoSecurity.apk”下载到本地硬盘后，再传送到连接好的手机，在手机里运行该文件启动安装即可。如图 7.2.7 所示是金山手机卫士在手机系统中联网云查杀病毒。

案例三　印象笔记打造个人知识宝库

案例说明

李庆是一名高校数字艺术专业的学生，平时喜欢收集各种来源不同的资料，并将自己的想法、创意、灵感以及需要记忆的信息放入自己的电脑，作为点滴日记、业余爱好、专业学习、宣传工作和学术科研的知识文档，发布到校园网站和个人博客里。“收藏知识，分享快乐”是他的人生乐事。

寻找符合自己需求的笔记软件就成了当务之急。目前，市面上的笔记软件主要有：印象笔记 Evernote、为知 Wiz、Onenote、有道笔记、麦库等。其中，Evernote 的中国名叫做“印象笔记”，是国际上著名的笔记软件，技术相对成熟，不仅具备强大的笔记捕捉功能，支持各类文档收集和独特的分类管理方式，而且支持 filter 的自动整理、即时搜索，同时支持多种移动终端设备访问。

知识准备

一、学生个人知识管理需求

目前，高校的大学生有记录感兴趣的知识文档的习惯，但存在一些问题。比如，个人知识管理意识比较薄弱，几乎是课后或者网上搜集材料后不作整理，杂乱无章；没有备份资料的习惯，一旦遇到系统故障或移动磁盘丢失，往往导致资料丢失；三是虽然网络存储手段很多，但是大部分不会使用，仍习惯使用纸质存储的方法；四是虽然都拥有电脑、移动磁盘、手机甚至 iPad，但真正会将其用于知识管理的不多。因此，现代大学生对于个人知识管理的需求日益明显。

1. 知识存储

知识存储是共享、协作、同步的基础。大学生需要存储的知识内容大致有：搜集的文章和论文、学习生活的相片、自己创作的作品和他人的作品，如讲稿、动画、数据分析结果、音频语音教程等；通信讯息，如同学、老师的联系方式，交流的书信、电子邮件等；思想记录，如在学习过程中对自己学习的专业知识的思考评价；学习心得、脑子中瞬间想出的点子等；备忘录和日程安排等的记录。随着科学技术的发展，知识存储的手段越来越丰富多彩，主要有电脑磁盘的存储方式。若是有私人电脑的话存储方便，存储量也大，任何电子式的文件都可以存储。另外，移动磁盘、手机等设备的最大特点是可以移动、携带方便。随着技术的发展，移动存储器越来越小巧、方便。还有，就是在线存储方式，如博客空间、网络磁盘等，它们都是一些流行的网络空间。

2. 同步发展

随着社会的发展，生活节奏的加快，知识仅仅在一个位置存储是远远不够的。网络技术的发展使知识的存储更加方便、快速，为知识的存储提供了同步。同步是指两个或两个以上随时间变化的量在变化过程中保持一定的相对关系。知识存储的同步则是本地与网络上的同步。这也是支持跨平台存储的基础。很多知识存储的工具都提供了同步功能，如微软的 Onenote。这些工具的同步功能背后都有强大的网络支撑。

3. 协作交流

知识需要扩展，需要创新，所以大学生需要学会与他人交流和分享知识。协作交流能够扩大知识面，提高学习效率；能够激发思维，提高创造能力；能够增进交流人之间的感情，提高自身的素质。网上提供协作交流的平台很多，如博客。它不仅提供了存储知识、发表观点、记录知识的平台，也提供了与他人交流的平台。不只是同学间的交流，而且其他网民也可以参与交流。网络论坛也是流行的交流协作平台。

二、笔记软件的简介与发展趋势

笔记软件是一类简单快速的个人记事备忘工具，可以利用计算机终端设备（如 PC、iPad、手机等）将会议记录、日程安排、生活备忘、奇思妙想、快乐趣事以及任何突发灵感快速记录和存储起来的软件工具。它的用户有大学生、中小学生、商务办公人士、行政管理人员等。

在信息技术发展日新月异的时代，社会对知识管理能力的要求越来越迫切。笔记软件的需求量明显增长，并将成为知识管理形式的主流工具。随着移动互联网逐步推动中国市场变革，笔记软件的特点和功能必须有适应性的更新。迎合客户需求是首选的发展出路。本地文件夹式的存储方式已经无法满足现代用户的需求，互联网上的云存储为流动性工作带来便利。目前，成熟的笔记软件使用方便和随意，同时带有云存储。市面上笔记本、手机、平板电脑等移动设备种类多样，计算机的应用面向跨平台操作的转变。现代用户对知识管理更加注重同步和协作，所以，笔记软件要有支持多平台以及同步协作的特点才能占据有利的竞争地位。目前，具备上述发展趋势的笔记软件有印象笔记、OneNote、为知、麦库、有道等。它们都有各自独有的功能。比如，印象笔记（Evernote）有强大稳定的移动技术，OneNote 更好地联系 Office 编辑，为知（Wiz）网页收集和日历事务是两大特色，有道笔记免费的云存储容量是一大优势，等等。表 7.3.1，列举了几款笔记软件进行比较。

表 7.3.1 几款笔记软件的比较

名称	容量	使用量	文件限制	支持系统	安全功能	独有功能
印象笔记	无限	60 M	25 M	MAC, Windows, Iphone/Ipod Touch/IPad, Android, Palm Pre & Pixi, Sony EricssonX, Windows Mobile	为整个笔记加密，密码与用户密码一致	可新建手写与摄像笔记，手机版可录音
Onenote	25 GB	无限制	无限制	Windows, Windows Mobile	本地密码	与 Office 集成
麦库	500 M	无限制	无限制	Windows, Android, Iphone/Ipod Touch	本地密码	无
为知	10 GB	100 M	10 M	Windows, Iphone/IPad, Android, Windows Mobile	证书加密	朗读、日历、日记功能
有道笔记	1 GB	无限制	无限制	Windows, Iphone	无	白板

摘录关于印象笔记在移动技术方面的体验，有：

➢用手机给名片拍张快照，就可以方便地保存和查找。

➢保存机票、验证码、护照、身份证、酒店账单和收支详情。

➢获得灵感，记录思想的火花，留下一份音频备忘录，以及各种精彩。

➢保存会议时的白板照片，以供以后调阅。

➢旅行规划中，截取网页、地图和路线，拍摄风光、声音、小吃，记录旅行所见所闻。

➢通过浏览器迅速调阅网站和网页摘抄。

➢记住事务，建立一个待办事项。

操作步骤

一、笔记摘录

1. 新建笔记

创建空的笔记，自己输入新的内容，如课堂笔记、生活感想、突发灵感等。单击“文件”→“新建笔记”命令，或者，直接单击工具栏的“新建笔记”，窗口的右下方的笔记面板里会出现空白的编辑窗口，在中间的笔记列表面板上会出现新笔记的标题（如图7.3.1所示）。然后，在编辑窗口上，输入笔记内容、添加笔记标题名称、作者和标签（可以加多个标签便于交叉管理）。若笔记有网址链接，可以单击“单击设置来源网址”添加网址。一般来说，网络剪辑插件得到的笔记都自动填入源网页的链接。若手机设备带有GPS定位功能，则在“单击设置地点”的地址栏里会自动填入地理位置信息。

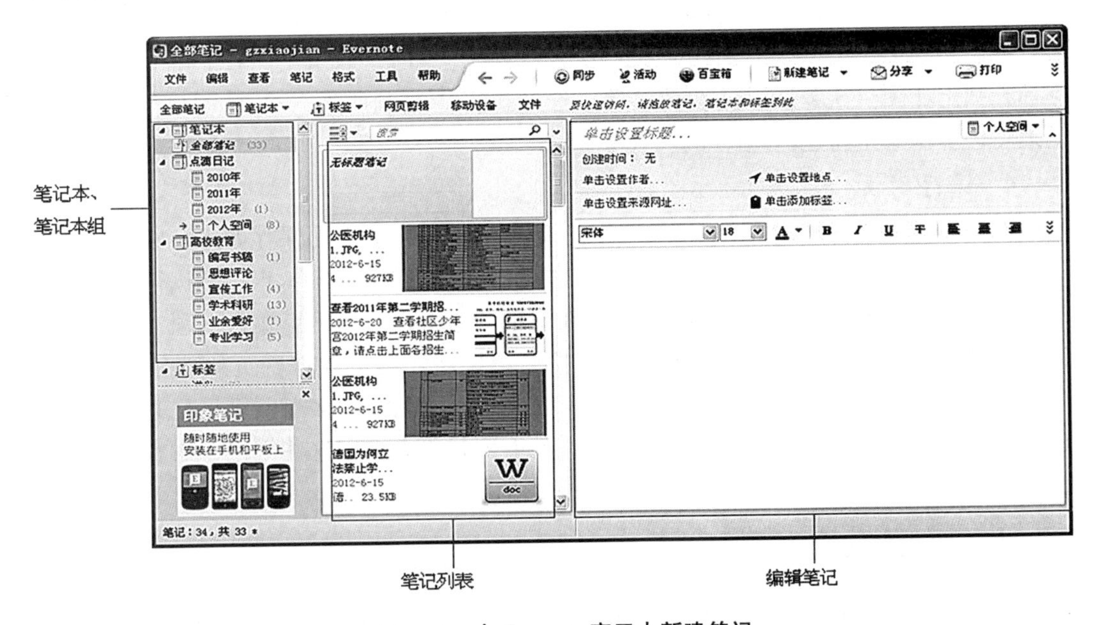

图7.3.1　在Evernote窗口中新建笔记

❖**提示**：在新建笔记之前，首先确定好要将新建的笔记放在哪个笔记本里，若无此笔记本，则应新建一个用于存放新笔记的笔记本。一个笔记本隶属于一个笔记本组，印象笔记的笔记本和笔记本组的数量总和能达到250个。笔记的分类管理意识不能忽略。

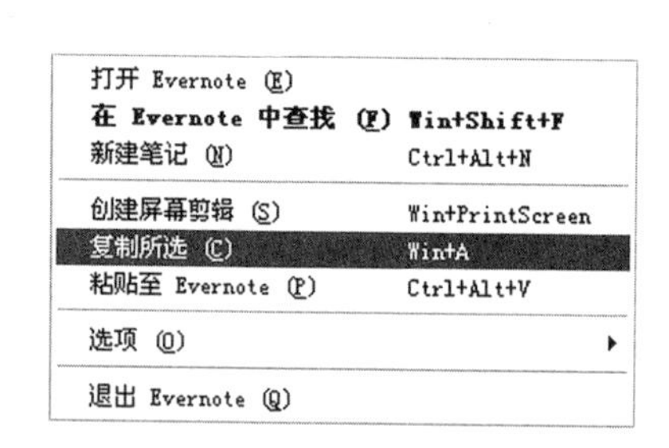

图 7.3.2 摘录文字的选项

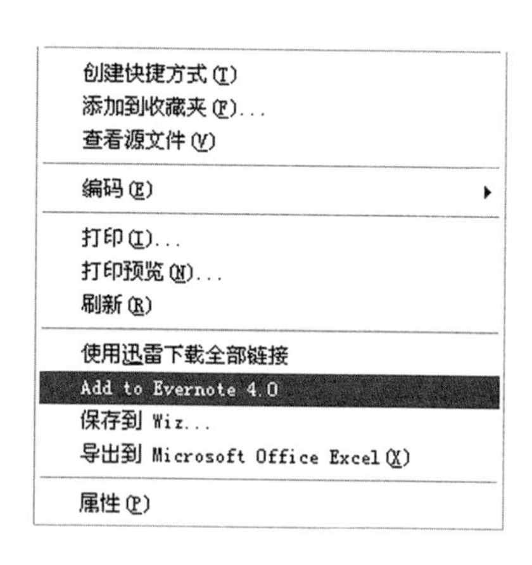

图 7.3.3 用 Evernote 保存页面

2. 屏幕剪辑

除了创建空的笔记用手输入以外，还有捕捉屏幕的功能。把印象笔记的编辑窗口关掉，并不代表这个软件已经退出了，在桌面右下方的任务栏上有印象笔记的图标。当需要截屏记录时，只要打开要截屏的内容，再在任务栏的印象笔记的图标上右击选择“创建屏幕剪辑”，在截屏内容上按住鼠标左键拖动选框，当松开鼠标后就完成了截屏，并在印象笔记窗口中自动创建了一个以“屏幕剪辑”命名的新笔记。

3. 摘录文字

捕捉屏幕是以图片的形式存储的，不易编辑。印象笔记提供摘录当前所选文字的功能，存储后的笔记是可以编辑的。当选中要摘录的笔记时，右击桌面右下角的印象笔记图标，弹出如图 7.3.2 所示的快捷菜单，选择执行“复制所选”命令，印象笔记就自动地将内容摘录至新建的笔记中。

4. 保存网页

网页资料收集是笔记摘录的重要工作。印象笔记提供了页面保存方式，如果用户想将某个页面保存下来，只需在该页面上右击，在弹出的快捷菜单里选择执行“Add to Evernote 4.0”命令（如图 7.3.3 所示）。在出现的新剪辑对话框里输入标题、标签和笔记本组后单击“确定”按钮。这时，在印象笔记里新建笔记并将网页的部分资料或整个网页保存在笔记里。若要实现多个网页资料的合并，只需在多个网页重复上述操作生成多个新的笔记，然后，在笔记列表中按【Shift】并单击选定这些笔记，在右边的笔记面板窗口里选择执行“合并笔记”即可（如图 7.3.4 所示）。

二、同步模块

印象笔记可以记录一个文本，录制一段音频，或者拍下一张重要的照片。所有这些，印象笔记都能永久存储，并同步到电脑和手机上，无论你在哪里都可以随时查看。

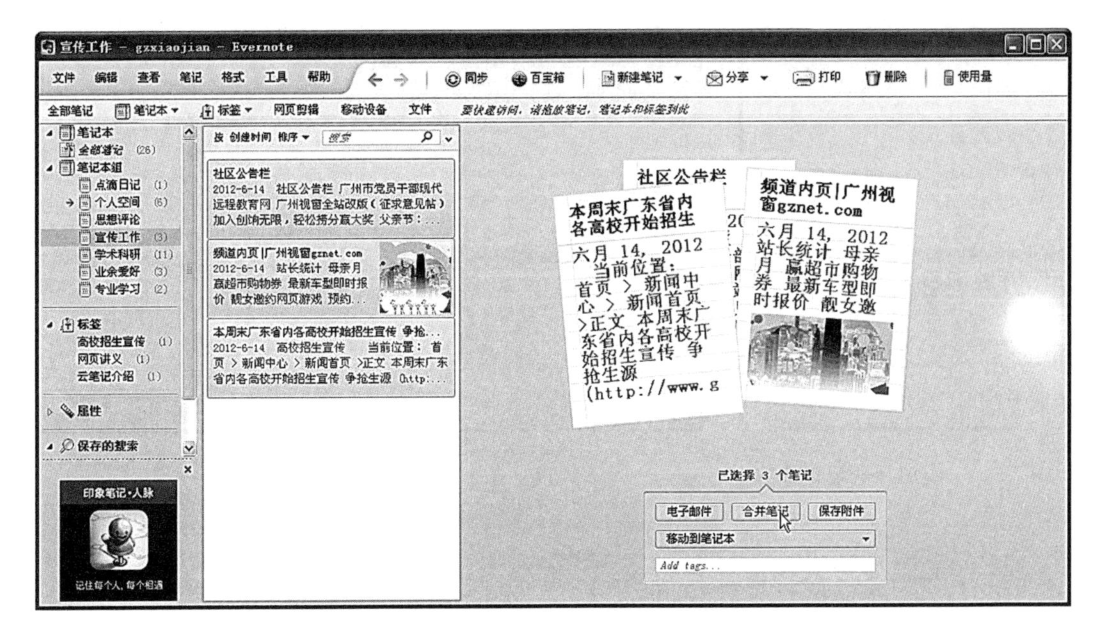

图 7.3.4　合并笔记

同步是多终端共享信息，保持信息一致性的手段。在 Evernote 窗口中，单击工具栏的“同步”按钮，出现提示输入密码的窗口，输入对应的账户密码即可。同步完成以后，所有放在同步类型的笔记本里的笔记都被发送到 Evernote 公司的网络数据库中。若在计算机上没有安装印象笔记软件，可以通过 IE 浏览器访问印象笔记的官网（http://www.yinxiang.com 或者 http://www.evernote.com），在“登录”页面上输入用户名和密码进入印象笔记的网页版。

❖**提示：**笔记本有同步和本地两种类型，后者只能在本地计算机里阅读和编辑，无法同步。

三、添加标签

笔记尚未添加标签时，只会按创建的时间顺序排列。添加标签后，可以给笔记分门别类，易于管理，查找方便。某些内容可能同时属于不同的类别，如果使用复制的方法管理，增加容量不说，管理时也不方便。同类笔记用同一标签，若给笔记添加多“标签”，就可以实现交叉管理。例如，进入笔记列表，选择“云笔记比较”笔记，添加“学习”标签。以后只要在工具栏上选择“学习”标签，则所有带有“学习”标签的文件都会显示出来。另外，给“云笔记比较”笔记添加“宣传”标签，就可以把“云笔记比较”列入宣传资料归类。

添加标签的方法有两种：一是创建新笔记时，在输入笔记名称的下方有个“单击此添加标签”框，在其中输入即可；二是给已经创建好后的笔记添加标签。只要在该笔记上右击，选择“添加标签”，在如图 7.3.5 所示的分配标签对话框中添加新标签，也可以选择已有的标签。最后，单击“确定”按钮即可。

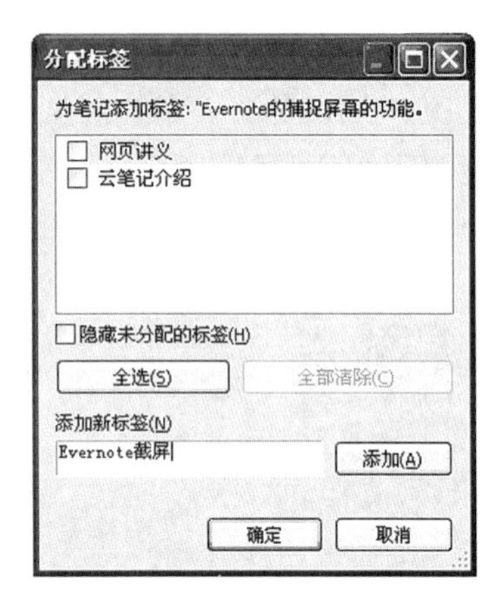

图 7.3.5 添加（分配）标签

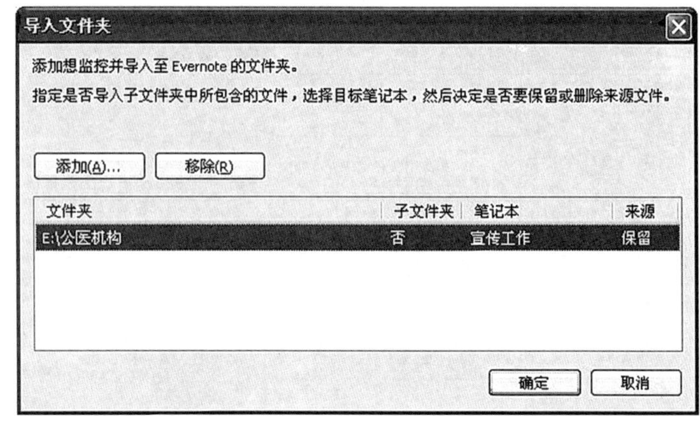

图 7.3.6 导入外部文件到印象笔记

四、收集各种文档

印象笔记几乎支持目前所有的主流文件导入到笔记中。这些文件有图片文件、Office文档、文本文件、PDF 文件、Onenote 笔记文件、音频文件（如 mp3）、HTML 文件、压缩文件等等。下面就来认识几种导入方法。

1. 用导入文件夹工具导入

这种方法适合收集数量比较多的文件。我们将导入这些文件所在的文件夹称为来源文件夹。单击菜单“工具”的“导入文件夹”会出现导入文件夹对话框，单击“添加”按钮选择来源文件夹，或单击“移除”删除非来源文件夹，然后指定在导入过程中是否包括子文件夹里的文件，选择目标笔记本，决定是否要保留或删除来源文件夹里的文件。最后，单击“确定”按钮。此时，会在笔记列表里出现新的笔记，在笔记面板里显示这些文件名称、类型、导入日期和文件大小（如图 7.3.6 所示）。

❖**提示：**由于印象笔记的导入文件功能的局限性，最好事先建好一个来源文件夹，将选择好的文档文件复制进去，再统一导入。

2. 用鼠标拖动导入

这种方法适合于收集单文件或少量文件。打开 Windows 系统的资源管理器，选择需要导入的文档文件，用鼠标将选定的文档文件拖动到印象笔记的左面板笔记本里即可自动完成导入。

3. 用附加文件导入

这种方法适合在线编辑过程中的文档添加。在笔记面板里右击，在弹出的菜单中选择执行“附加文件”命令（如图 7.3.7 所示），在打开的“文件”对话框里选择添加的文档文件。

在实际测试过程中，会发现一些导入的文档无法直接打开查看，如 Office 文档、视频文件等，用户需要在在线阅读和编辑过程中通过链接程序方式在另一个程序窗口查看这些文档文件，十分影响阅读的流畅度。如图 7.3.8 所示，打开笔记，在笔记面板里用“附加文件”命令导入图片文件和 Office 文档（. doc 或 . docx），此时，图片能显示而

Word 文档无法直接打开显示。

❖**提示：**若要在笔记面板里打开扩展名为 .doc 或 .docx 的 Office 文档，则要在系统里安装 Microsoft Office Word，Excel 和 PowerPoint 文件格式兼容包“File Format Converters”。

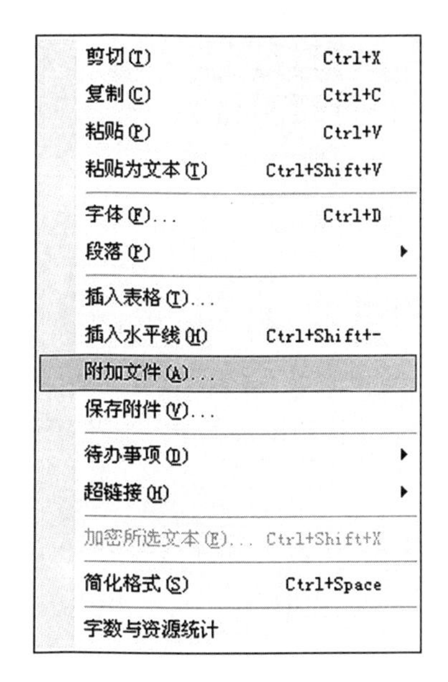

图 7.3.7 在笔记中用附件导入文件

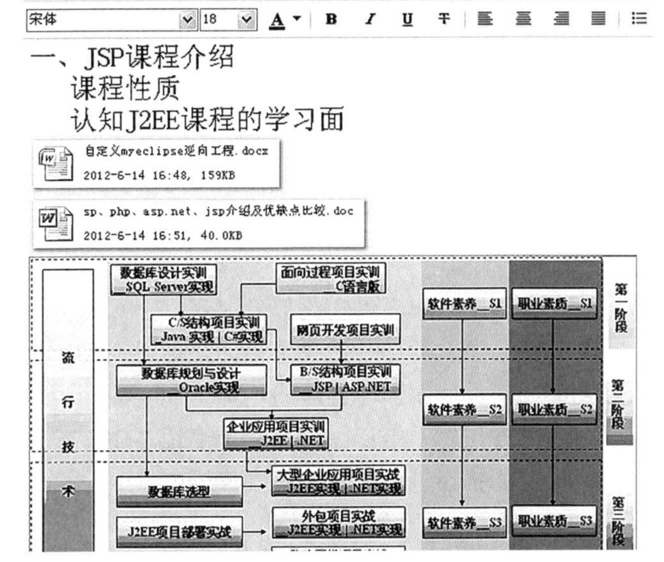

图 7.3.8 将文档和图片文件导入到笔记中

五、即使搜索笔记

在海量的资料中，印象笔记拥有如 Windows 7 快速搜索那样强大的即时搜索功能。这里给出两种搜索方法：

1. 输入字眼即时搜索

选定要查找的笔记本，单击笔记列表的“搜索”栏，输入要查找笔记的一个字眼或者多个字眼，就能即时搜索到当前笔记本里的相关笔记。必要时，可以保存这些搜索条件。如图 7.3.9 所示，输入 jpg jav，找到带有“jav”的 JPG 图片笔记。利用印象笔记提供的图形化文字识别技术，甚至能将图片文字也搜索出来。

2. 选择笔记属性搜索

单击笔记左面板的“全部笔记”，再单击“属性”项，在展开属性树里方便地查找相关笔记。在图 7.3.9 的属性列表中选择“待办事项”，那么就可以将笔记中记录的待办事项全部找出来。

笔记除了标题和正文的属性外，还有如下一些属性：

➢笔记创建和更新时间。

➢笔记源链接：通过印象笔记（网络剪辑插件得到的笔记都包含源网页的链接，否则一般不包含此部分。

➢笔记创建位置：通过带有 GPS 定位功能的移动设备创建的笔记都带有经纬度等

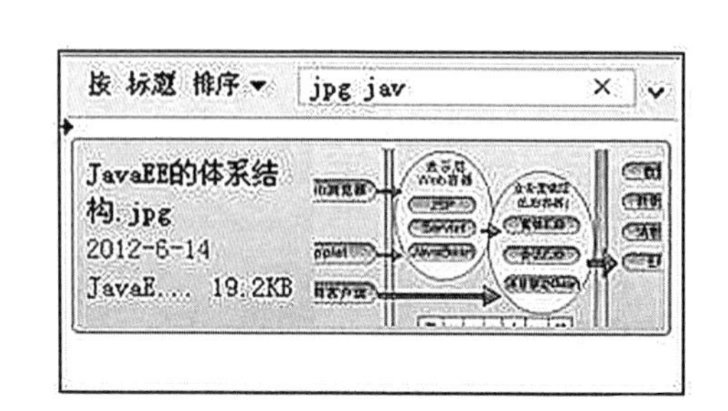

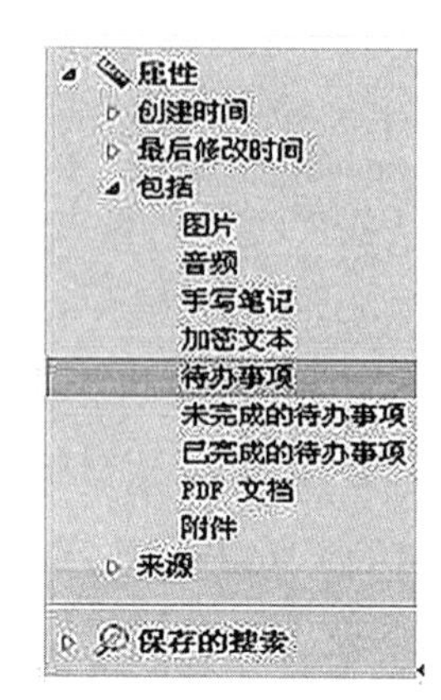

图 7.3.9 即时搜索的输入字眼和选择属性

位置信息，否则一般不包含此部分内容。

➢笔记来源：此部分记录了笔记是通过何种方式创建的（移动设备、电子邮件等），或者是使用何种应用程序创建的（Microsoft Word，PDF 等）。

➢笔记本位置：笔记保存在哪个笔记本中。

➢标签：描述笔记内容的只言片语。

六、多平台查阅与编辑笔记

1. 手机笔记的查阅与编辑

只要能上网，就能用手机终端查阅笔记。打开手机浏览器，输入网址www. evernote. com或者www. yinxiang. com，成功登录自己的账号后查看笔记。智能手机用户可以安装印象笔记的移动客户端版，通过手机随时随地查阅笔记、收集资料和在线编辑。图 7.3.10 是 iPhone 版手机查阅和编辑笔记的界面。

2. 笔记编辑的拍照和录音

在编辑笔记过程中，点击如图 7.3.10 所示的右图屏幕上方的“照相机”、“胶卷”和“音频”三个按钮，印象笔记会启动 iPhone 的照相、附件图片和录音功能，并将所拍摄的照片或录音添加到编辑的笔记中。

3. 笔记编辑的 GPS 定位

每当使用 iPhone 创建笔记时，应用程序都会尝试记录用户的位置信息到笔记的属性信息中，而位置信息的精确程度取决于 iPhone 手机是否带有 3G 移动网络功能，是否已经接入 WiFi 网络，以及用户当时所处的气候、建筑、地理环境，等等。

通过点击笔记右上角的“详细信息”查看创建时的位置信息。如果想在一页地图中查看所有笔记的位置信息，那么在主界面上点击“更多”，然后选择“位置”即可。地图上每个位置的数字表示在此位置创建的笔记数量。如图 7.3.11 所示，手机上记录了在旅游过程中用手机摘录的笔记数量和地理信息。这些笔记主要是旅游采集的资料和规划行程的记录。

图 7.3.10　iPhone 手机查阅和编辑笔记

4. 手机同步

目前，在 iPhone 版中不能修改笔记的位置信息，不能创建笔记本组。不过，可以让手机笔记同步到网络数据库，在 Windows 版或 Mac 版中修改。大多数情况下，iPhone 版会自动同步。若要手动同步，点击“立即同步”按钮即可。

❖**提示**：iPhone 版的同步需要通过 WiFi 或者 2/3G 网络接入互联网，由于通过 2/3G 网络传输数据可能会超出通信运营商的流量限制，所以用户可以勾选“仅在 WiFi 连接时同步”，以避免 2/3G 流量使用过度。

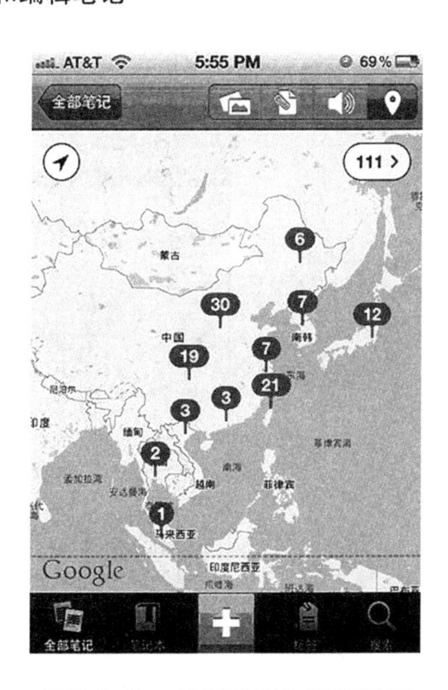

图 7.3.11　笔记数量和地理信息

技能拓展

简述国产笔记——为知笔记

为知笔记（简称 Wiz）（如图 7.3.12 所示）是最有潜力的国产笔记软件之一。它带有许多符合中国用户习惯的个人知识管理功能。其中，网页收集和日历事务是为知笔记的两大特色。Wiz 可以作为轻量级的 sharepoint，wiki 来使用，可以用于时间管理、文档管理、任务管理、离线网摘、日记博客、桌面便笺等。相对印象笔记而言，为知笔记拥有自己的一些特色功能，如：

➢使用 Web 捕捉工具快速收集有价值的网页或其中的片段。

➢导入 Office 文档、PDF 文档、图片和源代码建立个人文档库，并直接查看这些文档。

➢使用 WizHtmlEditor 创建图文并茂的日记、日志和博客，符合中国人的日记书写习惯。

➢使用 WizNote 做桌面即时贴、灵感便笺和 GTD 时间管理。

➢使用 WizCalendar 做个人日程安排和提醒，提供较强的日历事务管理。

➢使用多级分类管理笔记。

➢导入文件工具带有列表选择导入。

➢带有插件和模板机制，随意添加更多的功能，如 QQ 记事本、发布博客、订阅 RSS、设计网站、发布电子书，等等。

➢安装程序文件小，携带轻便，仅占 10 MB 左右的容量。

上述的特色功能使为知笔记占据了一定分量的国内市场。但是，在实际使用过程中，为知笔记也有一些缺陷。比如，为知在导入 PDF 文件时，采用图文分离格式，破坏了文章原貌。有些用户不喜欢这一点。而印象笔记就能很好地保留 PDF 文件格式的原貌。又如，在技术的稳定性和移动应用方面，为知笔记目前还不如印象笔记优越。因为为知笔记可以导入印象笔记的笔记文件，两套软件又有 160 MB 免费的云存储空间，所以，许多国内的用户喜欢将为知笔记和印象笔记结合起来同时使用。例如，写日记时用“为知”，获取媒体资料时用“印象”。鉴于上述情况，同学们在学习过程中可以酌情选择合适的笔记软件。

图 7.3.12　为知笔记的主窗口

案例四　QQ 影音获取媒体素材

案例说明

近期，小王帮助公司拍摄了许多工作视频，生动地记录了公司员工的生活点滴。公司的网站围绕着“一滴汗水，一笑家园”的主题，宣传员工们在公司内外辛勤奋斗、和谐友好的工作与生活的片段。小王的工作视频是其中的宣传媒体素材。由于视频素材一般比较大，小王利用周末放假时间，打开电脑，用“QQ 影音播放器”查看和摘录视频素材。在查看过程中，他发现许多有价值可共享的信息片段。于是，小王截取了带有这些信息片段的视频和画面作为网站的新闻素材。剪辑后的部分视频还要合并加工，生成完整的视频文件，传输到自己的 iPad 里。待第二天上班时，放到公司网站上共享。

启动 QQ 影音播放程序，根据播放器里的画面提示播放视频文件。在默认状态下，同一时间只运行一个 QQ 影音程序。若想在屏幕上实时播放几个视频画面，便于比较，则需要设置实时多播放模式。QQ 影音允许同时运行多个播放窗口，只要设置好该项功能并打开多个视频就可以了。音视频截取、GIF 动画截取、截图的操作可以在音视频播放过程中选取影音工具箱里对应功能的小工具实现，截取后的视频、动画和画面可以转换为相应的视频、动画和图形图像格式，以文件形式保存到指定的文件夹里。

知识准备

一、媒体文件类型与媒体播放软件简介

1. 流媒体基础理论

QQ 影音支持任何格式影片和音乐文件，其中，包括互联网上的流媒体格式。

流媒体是采用流式传输的方式在 Internet/Intranet 上播放的媒体格式，如音频、视频或多媒体等。

流媒体的工作原理是：在播放前并不下载整个文件，只是将文件的一部分存入内存，在计算机中对文件的数据包进行缓存，然后对数据包进行解包并使其正确地输出。

流媒体的数据流实时传输实时播放，初始阶段有缓冲现象。

流媒体采用流式传输技术。流式传输是指将多媒体文件（主要包括图形图像、音频、视频等）经过特定的压缩方式压缩成一个个数据包，然后由服务器顺序或实时传输到用户计算机上，用户计算机利用个人计算机上的解压缩设备对传输过来的一个个压缩包解压、播放，同时继续接受服务器传输过来的多媒体文件的剩余部分。

与下载方式对比的优点是：流式传输使得启动延时大幅度地缩短；对系统缓存容量的需求也极大地降低；缩短了用户的等待时间；最大的优点是互动性超强，该点也是 Internet 最吸引人的地方。

常用的流媒体格式有 SWF（micro media 的 real flash 和 shockwave flash 动画文件）、RA（实时声音）、RM（实时视频或音频媒体）、RT（实时文本）、RP（实时图像）、SMIL（同步的多重数据类型综合设计文件）。

2. QQ 影音媒体播放器简介

QQ 影音是腾讯公司推出的一款免费的媒体播放器。它首创轻量级多播放内核技术，在播放过程中追求更小、更快、更流畅，方便、易用、无干扰（没有任何插件和广告）的五星级视听享受。同时，它也是国内首创的 3D 播放器。下面列举 3.1 版本以上的 QQ 影音的一些特色功能：

➢高清加速的智能启动。

➢字幕的超强支持：双字幕、字号任意调节、超长字幕自动折行、拖拽加载字幕。

➢音量的人性化功能：智能调整音量、变速不变调、鼠标滚轮和快捷键【↑】放大10倍音量。

➢ DIY功能：截屏、视频截取、GIF截取。

➢支持缩略图查看播放列表文件。

➢支持视频90°旋转、字幕跟随视频旋转。

➢支持【Ctrl】+鼠标选取区域放大。

➢支持实时2D转3D播放。

➢支持遮挡字幕（辅助外语学习）。

➢支持实时多画面播放。

至于3D播放，QQ影音没有要求用户需要使用3D显示器或3D显卡才能实现3D效果。用户戴上一副符合与影片类型相符的3D眼镜，然后通过QQ影音的3D播放模式就可以欣赏到具备3D效果的影片或3D图片。3.1版本以上的QQ影音支持“左右叠加”、“上下叠加”的实时2D转3D的转换模式，还增加了3D播放的红蓝交换、视差调节、支持交错格式等功能。

二、认知3D影片与电脑3D播放

3D是指三维空间。国际上以3D电影来表示立体电影。人的视觉之所以能分辨远近，是靠两只眼睛的差距。人的两眼分开约5 cm，两只眼睛除了瞄准正前方以外，看任何一样东西，两眼的角度都不会相同。虽然差距很小，但经视网膜传到大脑里，脑子就用这微小的差距，产生远近的深度，从而产生立体感。这种叫做“偏光原理”。根据这一原理，如果把同一景像，用两只眼睛视角的差距制造出两个叠加的影像，然后让两只眼睛一边一个，各看到自己一边的影像，透过视网膜就可以使大脑产生景深的立体感了。

3D时代正一步步朝我们走来，热度也愈来愈高。大部分对3D感兴趣的用户都会关心电脑怎样才能播放3D画面。在这里，尝试讲解电脑的3D播放。普通的电脑可以看到很多种3D立体图片，如红蓝、平行、交叉，这些图片只需要简单地观看设备（建议勿用裸眼观看）即可。图像并没有什么特异之处，只是普通的图片加上特殊的画面摆放方式就行了。电脑的i3DPhoto软件就是利用这一原理制作3D立体图片的。更复杂的裸眼、偏振、分时技术的3D也可以在普通电脑上实现，但需要更昂贵的显示设备。其中，裸眼3D需要一块能裸眼显示的显示屏；偏振和分时的3D可以通过显示屏和专用立体眼镜实现。最好的方法就是使用3Dvision立体幻镜，但同样需要一块够级别的显卡才行（3Dvision系列NVIDIA产品）。当然，120 Hz的显示器也是绝对不能缺少的，所匹配的屏幕越大效果越好。若想要达到电影院中《阿凡达》那样的效果，就不是普通用户目前能够达到的了。总的来说，电脑的3D发展目前不是最快的，但是绝对是后劲最足的，将来的电脑3D设备会逐渐廉价化、多样化。

电脑能实现2D转3D的技术是在二维（2D）影像的基础上制作三维（3D）影像时采用的技术。目前，2D转3D技术的进步非常显著，正在逐步达到可实时地自动将2D电视节目或用2D摄像机拍摄的全高清影像转换为自然的3D影像的水平。例如，将过去受欢迎的2D电影转换为3D电影时也采用了这种技术。这种技术虽然可以大幅降低拍摄时的人力、时间与成本，但2D转3D工作本身需要花费庞大的人工和时间。因为大部分工作是通过手工作业为影像追加视差的。美国知名2D转3D技术企业In-Three透露，转换一部电影需要300～400名工作人员花费4～6个月的时间才能完成，并且，1分钟影像的制作成本甚至高达上万元。而且，对普通家庭来说，电脑软件2D转3D的技术还有待成熟。这种模拟3D会让人眼感到不适。

操作步骤

一、视频播放

1. 播放一个音视频文件

双击桌面的“QQ影音”快捷方式，打开“QQ影音”播放窗口（如图7.4.1所示）。单击播放窗口中的“打开文件”按钮，在打开的文件对话框里找到要播放的文件（影片格式或音乐格式），单击“打开”，播放窗口开始播放视频，直至视频播放完毕。

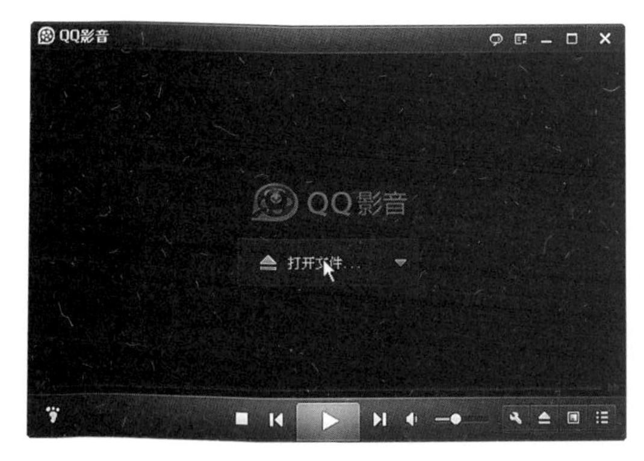

图7.4.1　QQ影音的播放窗口

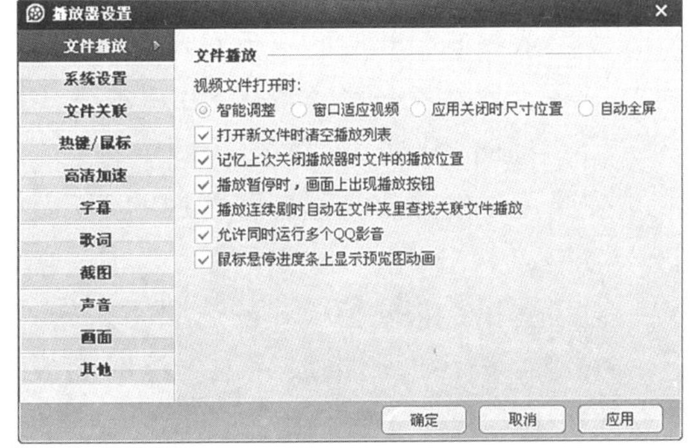

图7.4.2　播放器设置对话框

2. 实时多画面播放

在播放窗口的右上角，单击“主菜单”小按钮弹出主菜单，选择执行“设置”的“播放器设置”命令，打开播放器设置对话框。然后，在“文件播放”项中，勾选“允许同时运行多个QQ影音”一项，单击“确定”按钮，如图7.4.2所示。最后，依据要同时播放的文件数量，多次重复双击“QQ影音”图标，打开多个QQ影音播放窗口，每个窗口播放一个音视频文件。这时，可以看到显示屏上出现实时多画面的播放效果。

3. 播放3D视频与适时2D转3D播放

（1）播放3D视频

打开“QQ影音”播放窗口，单击播放窗口中间“打开文件”按钮旁边的小三角形按钮，会弹出菜单，选择执行“打开”→“打开3D视频”命令（如图7.4.3所示），在文件对话框里找到要播放的3D视频文件，单击“打开”按钮，播放窗口开始播放视频，直至视频播放完毕。当然，这种3D我们裸眼是没法看的，需要一副与影片格式相关的3D眼镜才能欣赏。例如，若影片是红蓝3D格式，就要佩戴红蓝镜。值得注意的是，应该优先选择有上下、左右、交错格式的影片。因为，这些格式播放成红蓝或黄蓝格式后，其立体效果远超于合成的红蓝、黄蓝电影，残影基本上没有，而合成的红蓝电影，残影很厉害，立体感不好。

图 7.4.3　打开 3D 视频

图 7.4.4　设置 2D 转 3D 播放

❖**提示**：不要长时间地使用双色眼镜来观看 3D，长时间观看对眼睛有一定的伤害，同时，要尽可能找一些高清 3D 片源观看。

(2) 适时 2D 转 3D 播放

按照正常的播放流程打开普通的 2D 影视，然后右击屏幕打开快捷菜单，随后依次进入“播放”→“3D 播放模式”一项，单击“3D 播放模式”，在弹出的“3D 播放设置”对话框里，将转换模式的选项调整为“2D 转 3D”（如图 7.4.4 所示）。最后，单击“确定”按钮返回播放界面。这时会发现播放影像已经产生了叠影的变化（如图 7.4.5 所示）。

QQ 影音支持大多数 3D 影片格式，播放 3D 影片时也像播放普通影片一样亮度调节、画质增强等操作，在播放时“播放效果调节栏”中会自动出现“开启 3D 播放”或“关闭 3D 播放”的小按钮，让用户灵活地在 3D 与 2D 画面中进行切换。另外，进度栏预览功能则方便用户快速定位与预览影片。

图 7.4.5　2D 转 3D 后的影像叠加效果

图 7.4.6　影音工具箱

❖**提示**：2D 转 3D 技术仍在发展，一些影片转为 3D 后可能会让人眼感到不适，可以试着对一些色彩丰富、画面清晰的动画片进行转换，注意适时应用！

二、截取素材

1. 截取一段视频

打开要播放的视频文件，单击播放器底行的“影音工具箱”小按钮，在工具箱里单击选择“截取”工具（如图 7.4.6 所示）。这时，视频播放停止，播放窗口进入视频截取状态。

用鼠标拖动时间刻度上的起点游标找到起点画面，再拖动时间刻度上的终点游标找到结束点画面，其中，微雕游标用于精确选取。然后，单击“保存”按钮，打开“视频/音频保存”对话框，选择“输出类型”为“无损保存视频”，并在“保存文件”中输入文件名和文件格式（如图 7.4.7 所示）。最后，单击“确定”按钮即可开始保存截取的音视频，直至完成。值得注意的是，在“输出类型”中选择“仅保存音频”，则是截取视频文件中的声音或音乐，并将其保存为 mp3 或 wma 格式的音频文件；在“输出类型”中选择“保存视频”，则可以设置画面尺寸、视频质量和视频格式（wmv，3gp，avi，flv，mp4）。

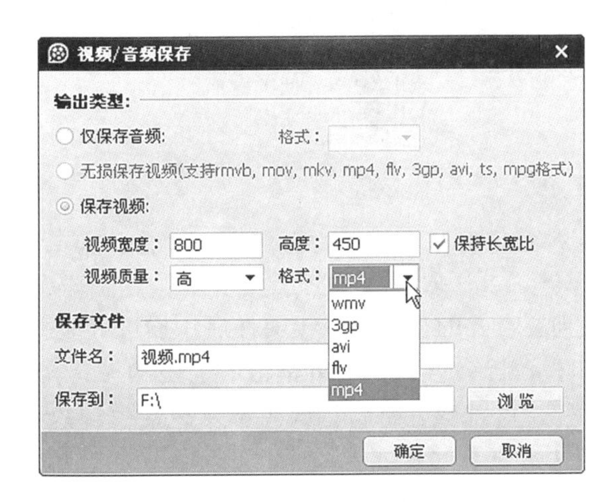

图 7.4.7　保存截取的视频片段

截取 GIF 动画的操作类似于视频截取，不同的是，GIF 动画截取的画面尺寸只有大、中、小图 3 种，并在时间刻度上只有起点游标，在时间刻度下方有动画长度游标设置，最大长度是 10 s（如图 7.4.8 所示）。这样，截取出来的 GIF 动画适合上传到 QQ。

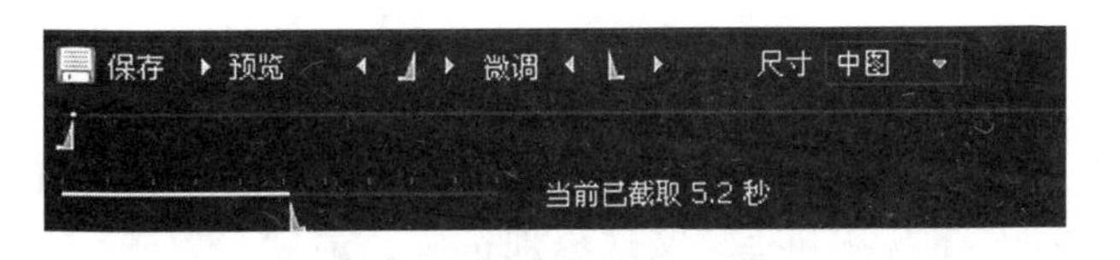

图 7.4.8　截取 GIF 动画

2. 截取一幅视频画面

如果在播放过程中喜欢某一个画面，当播放到该画面时，单击“暂停”按钮，使视频播放暂停，然后单击影音工具箱里的“截图”，在弹出的保存对话框中选取保存路径和文件格式（bmp，jpg，png），单击“确定”按钮即可（如图 7.4.9 所示）。

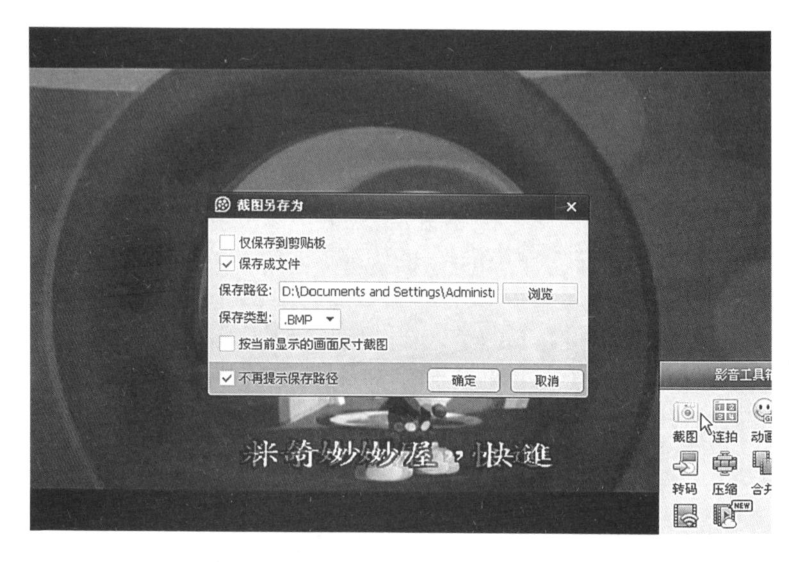

图 7.4.9　截图操作

三、音视频合并

在某些情况下，用户希望将截取出来的音视频文件合并为一段完整的视频。首先，单击打开“QQ 影音工具箱”，选取“合并”工具。然后，在音视频合并对话框中单击“添加文件”按钮，找到要合并的视频或音频文件后添加进列表，若一次没选完，可重复执行添加文件的操作；若选择有误，则可单击右上角的“删除”去掉已选文件。接着，单击“自定义参数”，设置视频格式、视频参数和音频参数（如图 7.4.10 所示）。最后，输入合并后文件名和保存路径，单击“开始”按钮。此后，QQ 影音将完成多个视频的合并。

❖**提示**：可以通过“替换背景音乐”给合并后的视频安排一段美妙的背景音乐，制作一段有个性的 MTV。

四、向 iPad 传输视频与字幕

QQ 影音能通过 PC 向 iPad 的传输功能，通过 WiFi 向 iPad 版 QQ 影音传输视频和字幕。操作方法是：打开“QQ 影音”播放器的“影音工具箱”，单击选择“传输”，开始 WiFi 连接 iPad。当检测成功时，会出现要求选择要连接的 iPad 类型；当连接不成功时，会提示“请在 iPad 上打开 QQ 影音 HD，然后单击这里刷新”的信息。连接成功后，单击“添加文件”将视频和字幕文件添加进去，最后，单击“开始”即可（如图 7.4.11 所示）。

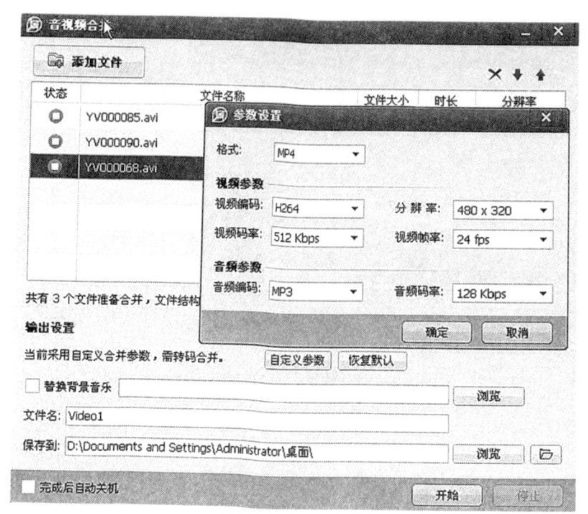

图 7.4.10　音视频合并操作

图 7.4.11　将视频和字幕文件传输到 iPad

技能拓展

QQ 影音的云播放服务

当前互联网涌现出各式各样新潮的云应用。随着国内宽度网络速度的提高，如想实现不下载视频到本地而照样可以实现流畅播放，那就要使用云端播放（简称“云播放”）。云播放是一种享受互联网上海量影音娱乐的云服务平台。我们可以在网络上欣赏最新的影片、电视剧或音乐等，但同时我们也遇到一些问题。举个例子，对于自己喜爱的影视资源，因为单个文件容量很大，一般会将其下载到自己硬盘空间里再进行播放，或者可以用 QQ 旋风在异地完成离线下载，在本地进行播放。但是，这样既浪费时间又占用硬盘空间。有没有好的办法呢？用 QQ 影音的云播放就可以解决这个问题。

在互联网连通状态下，打开“QQ 影音”窗口，单击右下角的“影音工具箱”→“播放”，在弹出的云播放登录窗口中使用拥有离线下载权限的 QQ 账号进行登录。成功登录后可以看到离线空间里存储的视频文件列表（如图 7.4.12 所示）。然后，双击某个视频文件，QQ 影音会进行载入操作，等待数据缓冲完成就可以看到播放效果。在播放过程中，若网速足够快，播放网络视频犹如播放本地视频一样操作方便。在上网的时候，将自己看中的影视资源及时保存到 QQ 旋风的离线空间，如果是热门资源，几乎可以瞬时完成，而利用 QQ 影音的云播放则能随时欣赏，同时保证效果流畅。另外，云播放还会在缓存目录下自动保存最后播放的文件，这样可以在后面播放时减少等待缓冲的时间。

值得注意的是，如果发现硬盘剩余空间变小了，那就得及时清理硬盘空间了。可以设置“QQ 影音”自动清理功能，或者用金山卫士的“清理垃圾”功能。若手动清理，则需要关闭 QQ 影音之后进入缓存目录删除其中的文件（如图 7.4.13 所示）。

图 7.4.12　QQ 影音离线空间的视频列表

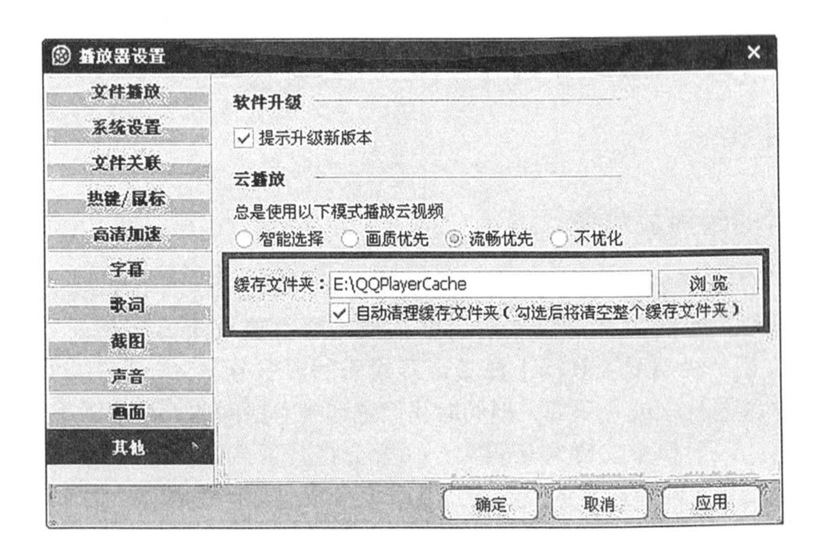

图 7.4.13　自动清理缓存文件夹

案例五　光影魔术手编辑与美化照片

案例说明

公司里的小李刚刚旅游归来，第一时间是将数码相机的照片传送到电脑硬盘里保存，然后刻录到光盘备份。一些相片照得实在不理想，但小李对照片后期处理的专业工作感到陌生。幸好，她在电脑里安装了一套名叫“光影魔术手（nEO iMAGING）”的图像处理软件。这是一套功能丰富、易学易用的照片编辑与美化软件。它能制作精美相框、艺术照、专业胶片效果，完全免费；对硬件要求不高，入门快，不需要任何专业的图像处理技术，就可以制作出专业胶片摄影的色彩效果。在摄影作品后期处理、图片快速美容、数码照片冲印整理方面，表现优异。因此，光影魔术手在 2007 年荣获第二届中国共享软件英雄榜“最佳图像辅助软件”。

知识准备

数码照片的文件格式

图像的存储方法有好多种，比如使用画笔将图像画在纸上，通过摄影将图像存储在胶卷上，用数码相机、扫描仪等设备将图像存储在各种存储介质里。而这些图像可以归为两类，即传统图像和数码图像。与传统图像不同的是，数码图像使用数字来记录物体的形状和色彩。数码图像又分为两大类，一类是位图，另一类是矢量图。位图由不同亮度和颜色的像素所组成，适合表现大量的图像细节，可以很好地反映明暗的变化、复杂的场景和颜色。它的特点是能表现逼真的图像效果，但是文件比较大，并且缩放时清晰度会降低并出现锯齿。位图文件格式包括 JPEG，BMP，GIF，TIFF 等。大部分数码照片的位图格式都是 JPEG（简称 Joint Photographic Experts Group）。它的文件后辍名为“. jpg”或“. jpeg”，是目前网络上流行的位图格式。它可以用最少的磁盘空间得到较好的图像质量。因为 JPEG 格式的文件尺寸较小，下载速度快，使得 Web 页有可能以较短的下载时间提供大量美观的图像，JPEG 也就成为网络上最受欢迎的图像格式之一。

由于数码相机拍摄技术的特殊性，数码照片的文件本身附有拍摄时的记录信息，这需要一定的格式支持。常见的数码照片格式有：

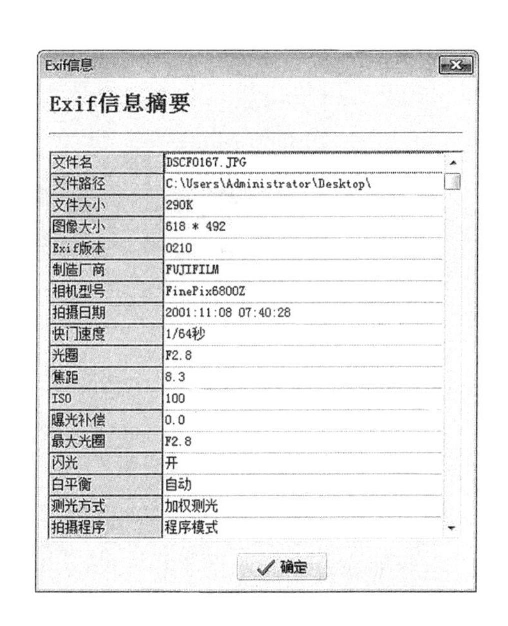

图 7.5.1　数码照片的 Exif 信息摘要

➢ Exif 格式：Exif 是 Exchangeable image file（可交换图形文件）的缩写，这个格式是专门为数码相机照片设定的。这个格式可以记录数字照片属性信息。图 7.5.1 是一张 JPG 格式的数码照片的 Exif 信息摘要。

➢ Exif2.2 格式：是一种新改进的数码相机文件格式，其中包含实现最佳打印所必需的各种拍摄信息。

➢ DPOF（Digital Print Order Format）格式：是一种标准的印相订购资料格式。当消费者想要把数码相机中的影像，由个人印相机、打印机输出或交由专业印相输出服务中心输出时，用这种格式可自动将记录的订购需求传递给输出设备输出。

➢ DCF 格式：是数码照相机的统一记录格式。是为了方便相关装置间使用画像文件而制定的日本电子工业振兴协会（JEIDA）规格中的 Design Rule of Camera File system 的简称。

➢ RAW 格式：是直接读取传感器（CCD 或者 CMOS）上的原始记录数据，也就是说，这些数据尚未经过曝光补偿、色彩平衡、GAMMA 调校等处理。简而言之，就是没有经过任何人为因素而拍出的图像，不经过压缩。因此，专业摄影人士可以在后期通过专门的软件，如 PhotoShop，对照片进行曝光补偿、色彩平衡、GAMMA 调整等操作。

操作步骤

一、浏览图片

在桌面上双击“光影魔术手”图标，打开程序窗口。在主画面窗口的左上角单击“浏览”工具进入“光影管理器”，选择左边“文件夹”里图片存放的合适位置后会在右边显示该位置里所有图片的略缩图（如图 7. 5. 2 所示），然后，双击对应图片的略缩图在“光影魔术手”里打开并编辑图片。

图 7. 5. 2 用光影管理器浏览图片

二、风景照的快速美化

1. 梦幻柔光

柔光镜又叫柔焦镜，它可以完成画面元素的柔化处理。在很多情况下，风景照片并不是越清晰越好，使用柔光镜，往往可以为画面增添浪漫和婉约的情调。数码时代，传统滤镜逐渐退出历史舞台，而同样的艺术表现手法，则可以使用光影魔术手的梦幻柔光镜特效加以完成。

一般的操作方法是：使用光影魔术手打开准备处理的照片，在上方的工具栏中单击“柔光镜”工具图标，在随即打开的控制窗口中进行设置。其中，柔化程度的滑块决定着画面整体的柔化效果，而高光柔化则主要针对风光照片中的天空、反光的水面等高光区域，设置完成后，单击“确定”按钮。图 7. 5. 3 是经过“柔光镜”处理的一幅天鹅湖图像，具有梦幻柔光的图像效果。

为了保存原始照片，需要对处理为柔光镜效果的照片进行保存。单击“另存为”

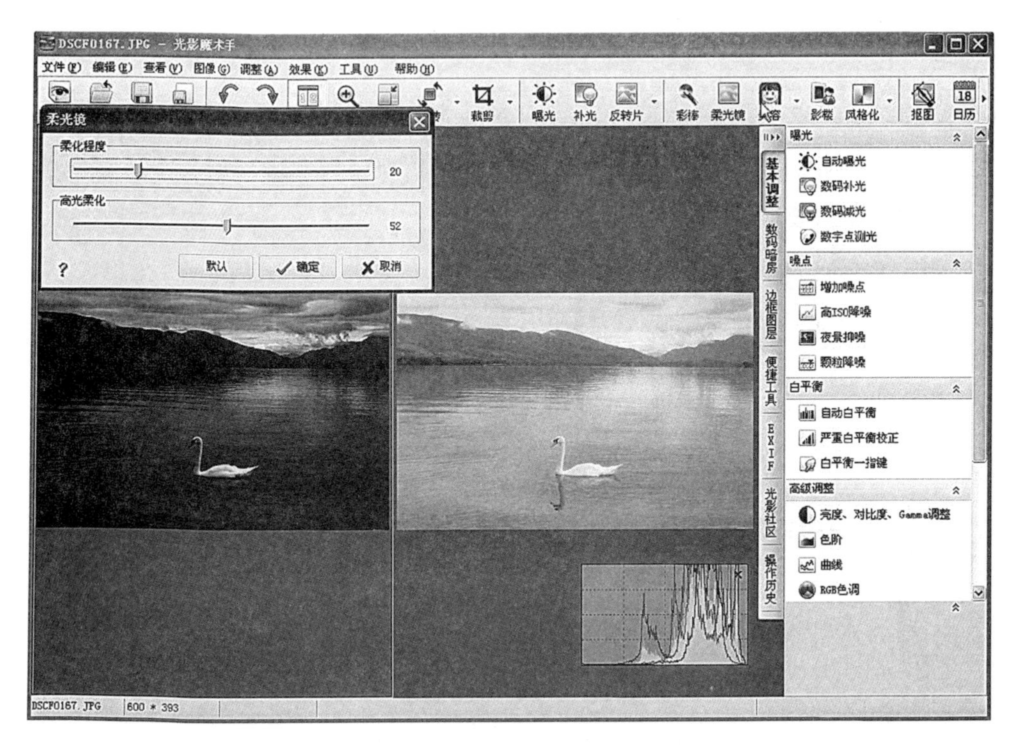

图 7.5.3　**梦幻柔光美化照片**

工具按钮，在弹开的控制窗口中可以对 JPEG 格式照片的质量以及 EXIF 信息（照片的拍摄信息）的去留进行设置。

2. 晚霞渲染

晚霞的拍摄对技巧和经验的要求很高，晚霞的光线和色彩效果转瞬即逝，出色的作品需要极佳的天气和把握最佳的拍摄时间，本例中的数码照片原图不够精彩，也许是拍摄时间早的原因，画面的色彩效果不够强烈，这也是影友们经常面对的情景。此时，利用光影魔术手的晚霞渲染功能，可以使普通的晚霞照片立刻变身为成功的摄影作品。

一般操作方法为：单击选择菜单项“效果”→“其他特效”→“晚霞渲染”，在控制窗口中对处理效果进行设置。其中，域值用来控制晚霞色彩渐变中色彩的边界，过渡范围用来控制晚霞色彩渐变的色彩渲染效果，而色彩艳丽度则用来设置晚霞的色彩饱和度，根据照片的实际情况进行合理设置后，单击“确定”按钮即可。图 7.5.4 是一幅经过“晚霞渲染”后的海边日落渔归的风景照，利用“轻松相框”功能特意给照片加上小黑相框，与照片色调相映衬。

3. LOMO 角楼风格

影友们拍摄的风光照片中不免有许多构图、用光平淡之作。此时，不妨尝试光影魔术手的 LOMO 特效功能，为照片增加个性，如 LOMO 角楼风格。单击选择菜单项“效果”→“风格化”→“LOMO 风格模仿”，在处理效果的控制窗口中，通过滑块的移动，对照片的暗角范围、噪点数量以及对比度进行调整。LOMO 风格的主要特点就是富有形式感的暗角，奇异的色调以及程度不同的画面噪点。图 7.5.5 是一幅北京钟楼照

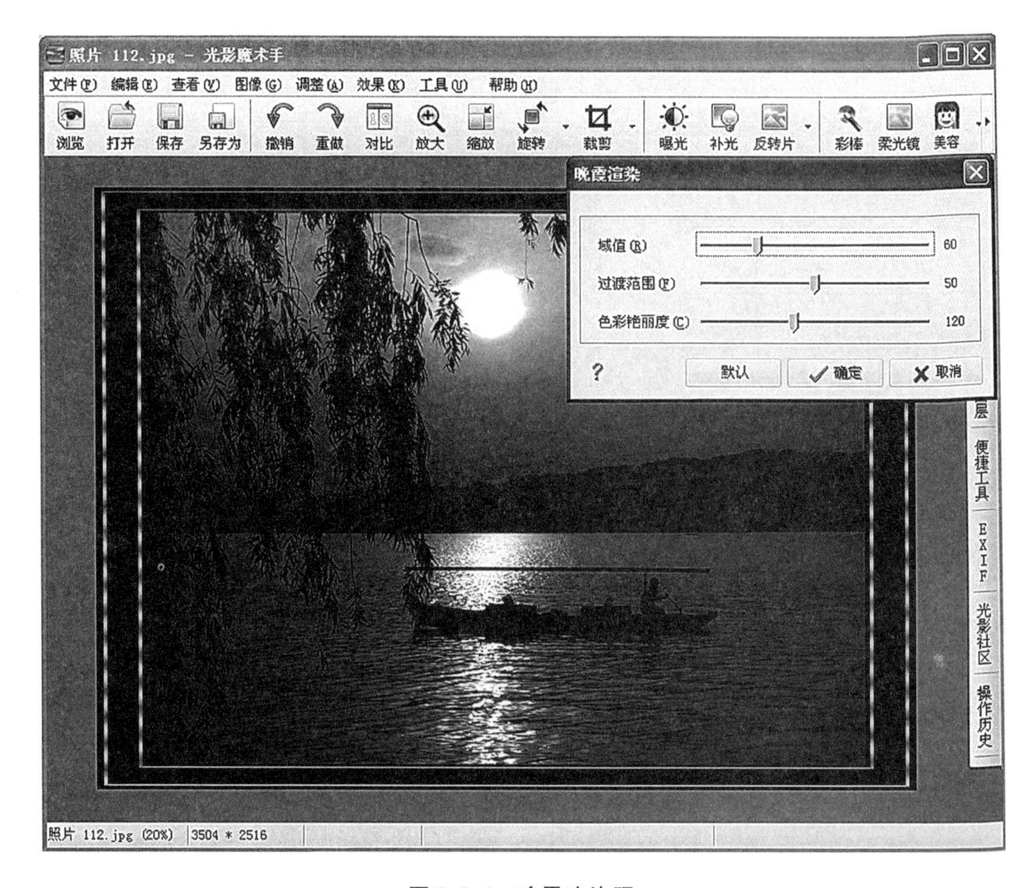

图 7.5.4 晚霞渲染照

片，裁掉部分图像后，再经过 LOMO 角楼风格处理后显得格外神秘。

4. 曝光调整

（1）自动曝光

在日常的拍摄中，很多时候会用到闪光灯。这时最令人烦恼的便是发生曝光不足的情况。一旦曝光不足，色彩就会变得十分灰暗。这说明需要对照片进行曝光调整处理。打开需要处理的照片，右击，在弹出的快捷菜单中，执行“调整”→“自动曝光”命令。软件会自动调整照片的曝光程度。

（2）数码补光

如果调整后还是不满意，则可以用“数码补光”。由于在逆光条件下拍摄，画面中阴影区域曝光不足，画面对比度过大。数码补光的功能可以针对数码相片的影调分布，有选择地对画面元素的亮度进行提亮操作。右击，在弹出的快捷菜单中，执行“效果”→“数码补光”命令，打开控制窗口（如图 7.5.6 所示）。此时有三项调节：

“范围选择”用于控制照片中需要补光的影调区域。数字越小，补光面积越小。当此数值比较小的时候，不会影响画面中亮部区域的曝光。

“补光亮度”是提高亮度的程度，一般设置在 70 以下比较合适。

“强力追补”是当照片欠曝情况比较严重时，即使提高了亮度数值，暗部区域还是很暗，效果不明显时就用这个参数合适地调节。调整后可以让照片暗部的亮度有效提

图 7.5.5 LOMO 角楼风格增加照片个性

高，同时照片亮部的画质不受影响，明暗之间的过渡十分自然，暗部的反差也不受影响。

图 7.5.6 是一幅曝光不足的雨天草地风景照，经过自动曝光和数码补光后，变成了一幅光亮的草地风景照。

（3）数码减光

有的照片拍摄的时候离得太近，而此时又打开了闪光灯，结果有的部分太亮，看不清原来的颜色；有的照片的天空明明应该很蓝，但拍出来不是特别蓝，这是因为出现曝光过度的情况；还有，在正午强烈的光线条件下拍摄，大片反光区域的曝光过度，照片亮度过高会导致缺少细节和层次。对于这类局部曝光过度的照片，可以用“数码减光”。打开照片，右击，在弹出的快捷菜单中，执行“效果”→“数码减光”命令。在控制窗口中，设置“范围选择”和“强力增效”参数。如图 7.5.7 所示，经过“数码减光”处理的北京故宫照格外显得庄重，天空也变蓝了。

5. 白平衡调整

（1）自动白平衡

许多用户在拍摄照片时，往往不会使用数码相机的白平衡功能，导致拍摄后的照片不够理想，比如，颜色饱和度不够。遇到这样的问题，可以执行菜单中的“调整”→“自动白平衡”选项。这样会自动对照片的白平衡进行适当调整。有些朋友使用数码相机的自动白平衡功能，这样在光线不足条件下拍摄时，效果较差，比如在多云天气下，

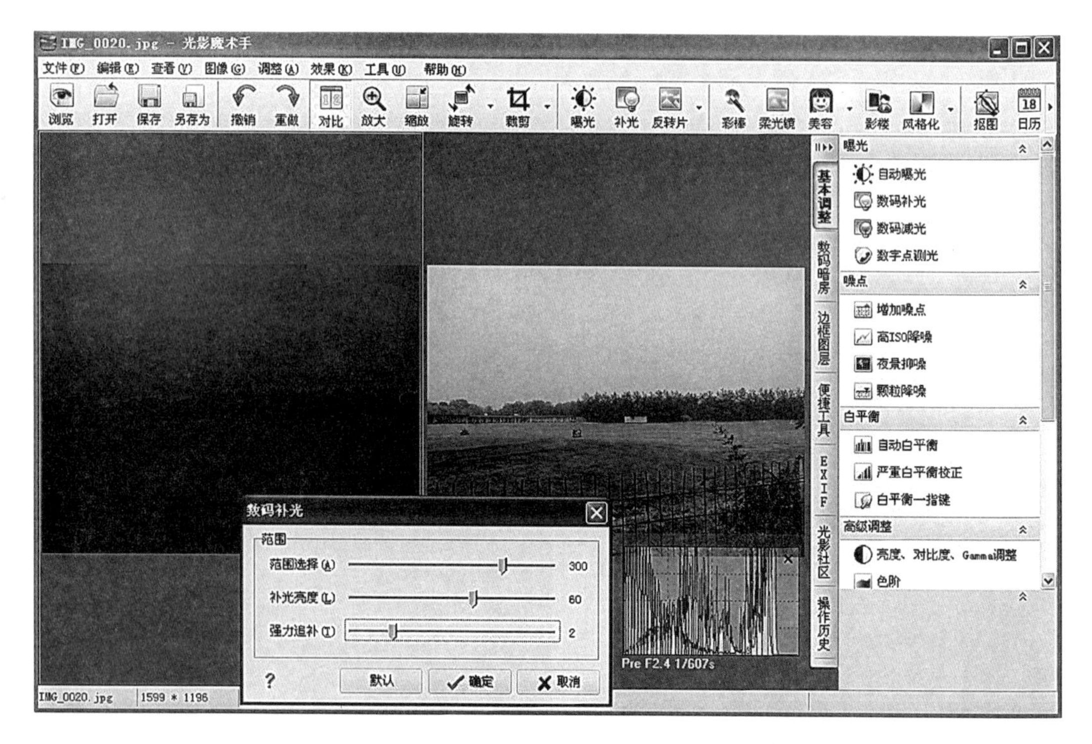

图 7.5.6 用自动曝光和数码补光功能处理曝光不足

许多自动白平衡系统的效果极差，它可能会导致偏蓝，因而后期手工校正画面白平衡是有必要的。

（2）白平衡一指键

“白平衡一指键”采用的校正原理与数码相机白平衡功能的原理一样。打开照片，执行菜单中的“调整”→“白平衡一指键”命令，可以单击“轻微纠正”或“强力纠正”来对照片进行调节。但需要注意的是，在使用“白平衡一指键”时，用户需要从原图的画面中找到“无色物体”，这样才能还原真实色彩。例如，人物照中的眼睛、牙齿、头发，风景照中的水泥地面、白墙、灰树皮，物体如碗、纸等，都可以用做选色目标。用鼠标点一下原图画面上的图色后，就会在右边的图中体现效果。另外，有的照片由于拍摄时白平衡设置错误，发生了很严重的偏色情况，此时照片内部有些色彩实际上发生了溢出。针对这种严重偏色的照片，可以单击“严重白平衡错误校正”对照片进行校正。如图 7.5.8 所示，经过“白平衡一指键”处理后的花朵特写照变得更加鲜艳。

三、人物照的美容

光影魔术手提供了专门针对人像美容的多项工具，可以帮助拍摄者弥补这些拍摄缺陷，让人物照片焕发出迷人的风彩。

1. 去斑

去斑就是去掉脸上皮肤的斑点、疤痕和污迹等，将皮肤调整平滑。用光影魔术手打开要处理的人像照片后，执行菜单中的“效果”→“更多人像处理”→“去红眼去斑”选项后，打开“去斑”窗口。此时，软件会将图片放大，只显示局部画面，将画

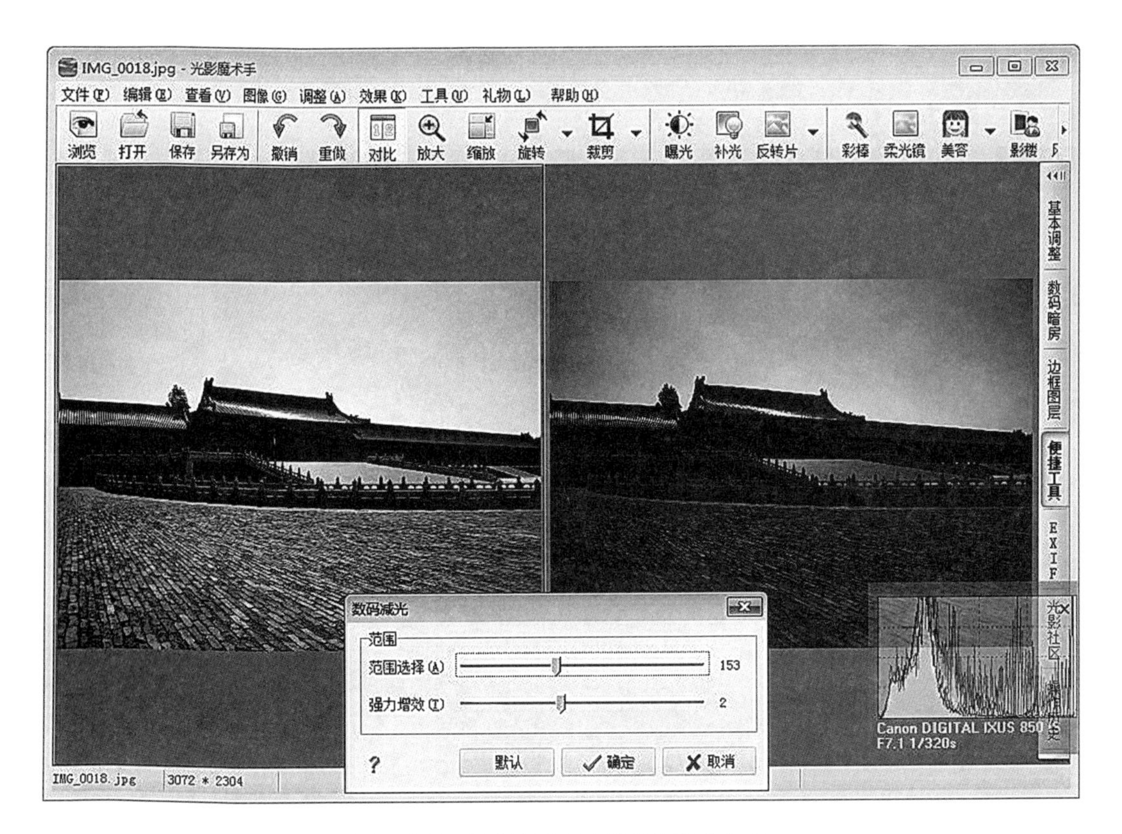

图 7.5.7　用数码减光功能处理曝光过度

面调整到脸部位置，可以清楚地看到脸部皮肤上的各种斑点、污迹等瑕疵。我们要做的就是将它们全部磨平去掉。将“光标半径”设为9，将“力量”设为140（根据实际需要进行调整），然后用鼠标在斑点位置上轻轻涂抹，软件会自动选取相近的颜色覆盖斑点，操作几下后斑点就会被完全清除，看不出一点痕迹来（如果感觉去斑效果不太明显，可以适当加大“力量”值）。用同样的方法将其他斑点全部清除。最后，单击“确定”按钮即可。如图7.5.9所示，正在对一张人物照进行去斑处理。

2. 磨皮

磨皮就是对皮肤进行模糊处理以减少皮肤上的噪点，进一步提高皮肤的光洁度、亮度和美白度等，这也是人像美容最出彩的环节。执行菜单中的“效果”→“人像美容”选项，打开“人像美容”窗口，可以看到有“磨皮力度”和“亮白”两个主要调整工具。其中，磨皮力度数值越大皮肤细节越少，当皮肤比较粗糙、毛孔较多时，适当提高磨皮力度数值可以获得更好的磨皮效果。亮白则是提升皮肤的亮度和美白度，当皮肤颜色较暗时增大该数值可获得更好的皮肤美白效果。勾选“柔化”选框可以添加一些高光和模糊效果，使皮肤感觉更平滑细腻。根据需要对这三项进行调节，软件会实时显示磨皮效果。这样边调边看就可以调整出最佳的磨皮效果来。最后，单击“确定”按钮即可。

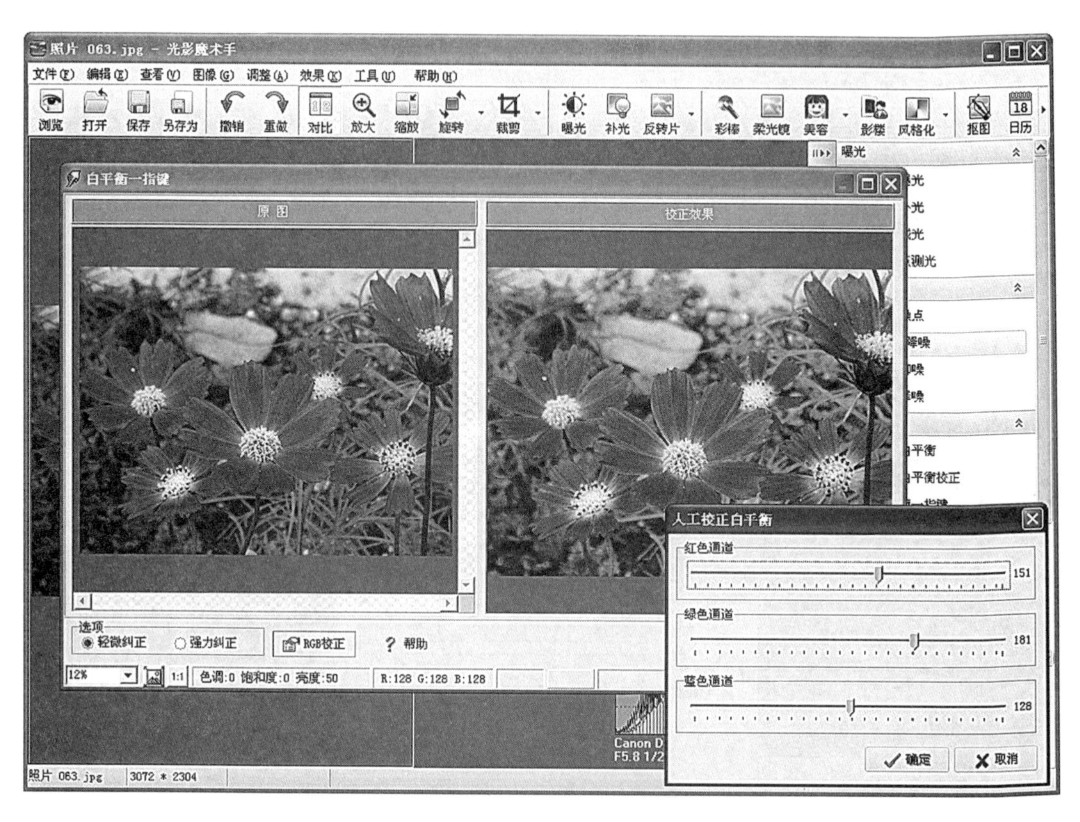

图 7.5.8　用白平衡一指键功能调整照片色彩

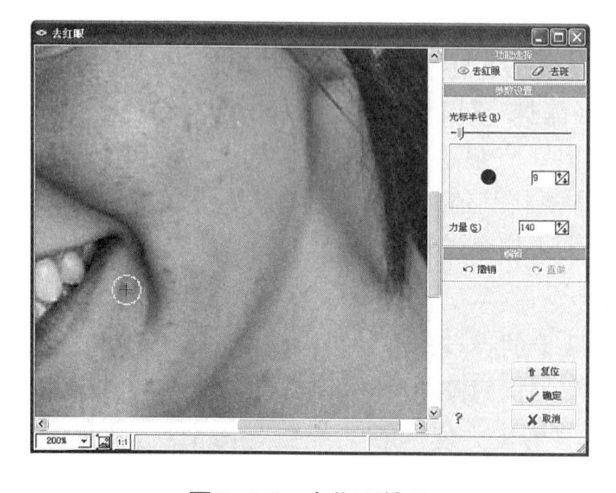

图 7.5.9　人物照祛斑

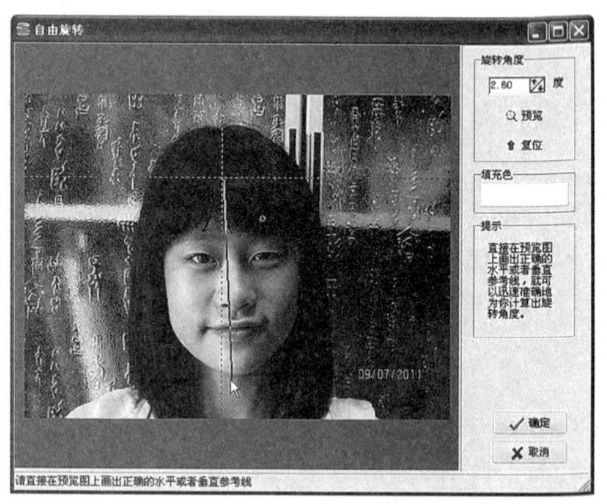

图 7.5.10　头像角度矫正

四、将普通照制作成证件照

普通照虽然有正面的头像，但在拍摄过程中可能会出现倾斜，这时需要用工具校正照片中倾斜的头像。不但如此，还需要把人像从背景中抠出来，更换证件照背景，同时裁剪后进行证件照排版打印。

1. 头像角度校正

找一张脸部正对镜头、背景较干净的照片用“光影魔术手”打开。单击工具栏上的“旋转”按钮后的下三角，从出现的菜单中选择“自由旋转”，打开“自由旋转”窗口，用鼠标在照片上拉出一条与照片中鼻梁线平行的直线，如图 7.5.10 所示。再单击“确定”按钮，返回编辑区，即可校正照片中头像的角度。

2. 头像裁剪

单击工具栏上的“裁剪”按钮，打开“裁剪”窗口，拖选照片中的头像区域，如图 7.5.11 所示，单击“确定”按钮返回编辑区。这时再单击“裁剪”按钮后的下三角从中选择“按 2 寸/2R 照片比例裁剪”项，即可把照片处理成标准的 2 寸证件照了。

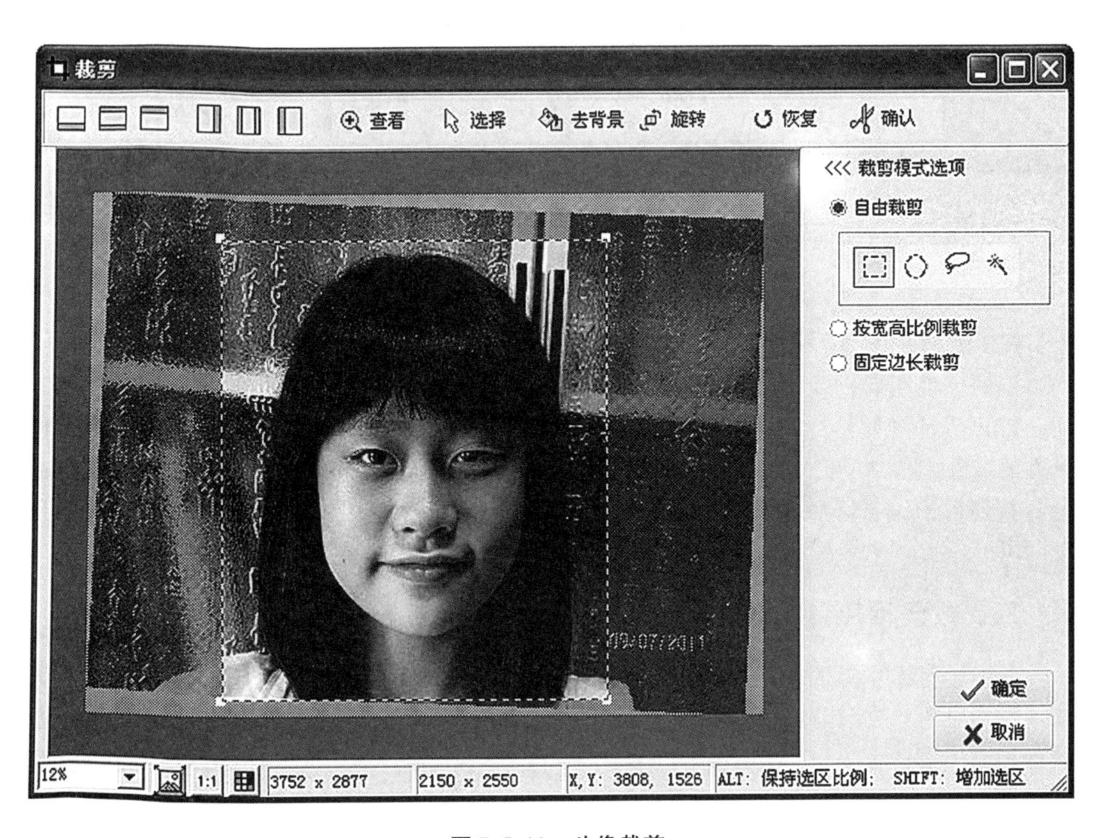

图 7.5.11　头像裁剪

3. 更换背景

由于要求 2 寸证件照的背景是红色，需要对头像照抠图和更换背景操作。单击工具栏上的“抠图”按钮打开“容易抠图”窗口，如图 7.5.12 所示，用鼠标左键在照片上拖动标记前景，右键拖动标记背景，拖动时按住【Ctrl】键可多次选择。标记好后，在背景操作中切换到“填充背景”下，单击“选择颜色”按钮，在出现的“颜色”对话框中选择“红色”，单击“确定”后返回，这时单击“预览”按钮就可以查看抠图和更换背景的效果了，如对显要位置不满意，可以进行多次抠图操作，直到满意为止。最后，单击“确定”按钮返回编辑区。

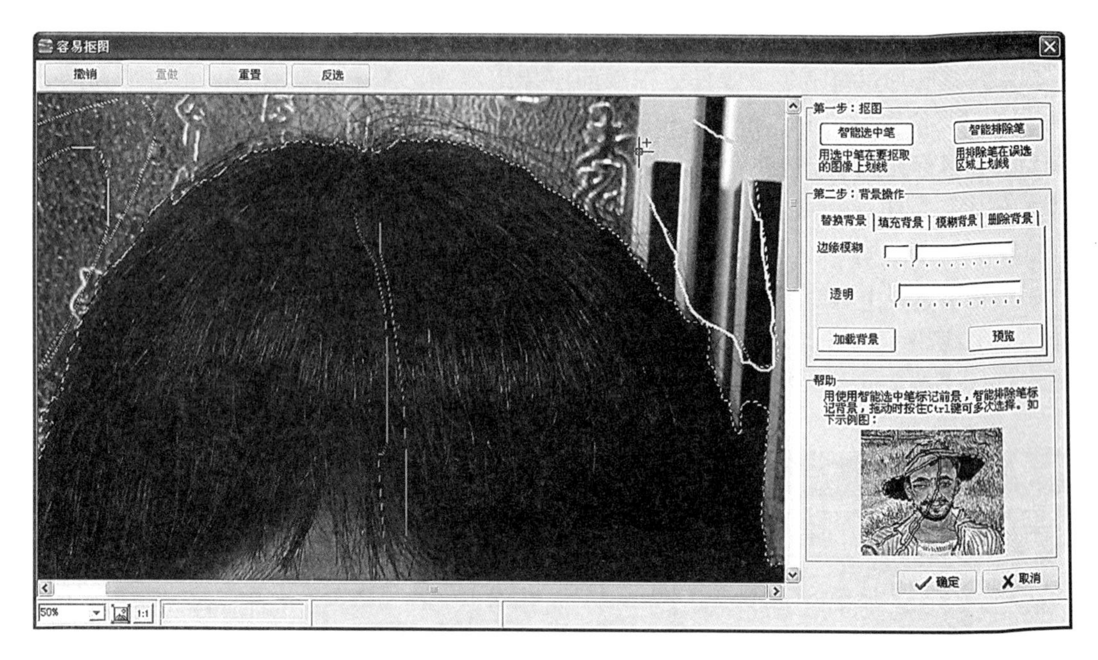

图 7.5.12　更换背景前对头像抠图

4. 排版打印证件照

得到证件照后，就可以打印了，单击“工具”菜单，选择“证件照片冲印排版”项，打开“证件照片冲印排版”对话框，排版样式下选择“8 张 2 寸照”后，再单击下方的“预览”按钮，即可从右侧看到照片输出效果，如图 7.5.13 所示。单击“确定”按钮返回编辑区后，就可以看到 8 张 2 寸照排版的图像了，这时直接用相纸打印出来即可。

五、数码相片自动批处理

在光影魔术手界面中，单击菜单的“文件”→“批处理”命令，弹出“批量自动处理”对话框（如图 7.5.14 所示）。在该对话框中完成需批量处理照片的添加、处理设置和输出设置。

1. 照片添加

单击“照片列表”，选择“增加”，找到要自动批处理的照片的文件夹，选择好需要处理的照片后，单击“打开”按钮。此时即完成了需要批量自动处理的照片添加工作。此步任务也可通过“目录”找到文件夹后，单击“确定”按钮来实现。

2. 处理设置

单击“自动处理”，选择“动作选项设置”中的“缩放”，弹出“批量缩放设置”对话框后，输入需要的边长像素值（如 300 像素）后，单击“确定”按钮。另外，选择“轻松边框”一项，给该批次的照片自动添加漂亮边框，如图 7.5.14 所示。

❖**提示：**缩放设置中的边长像素值与限制文件大小值要相互协调，照片需要合理搭配边框，增加美观效果。

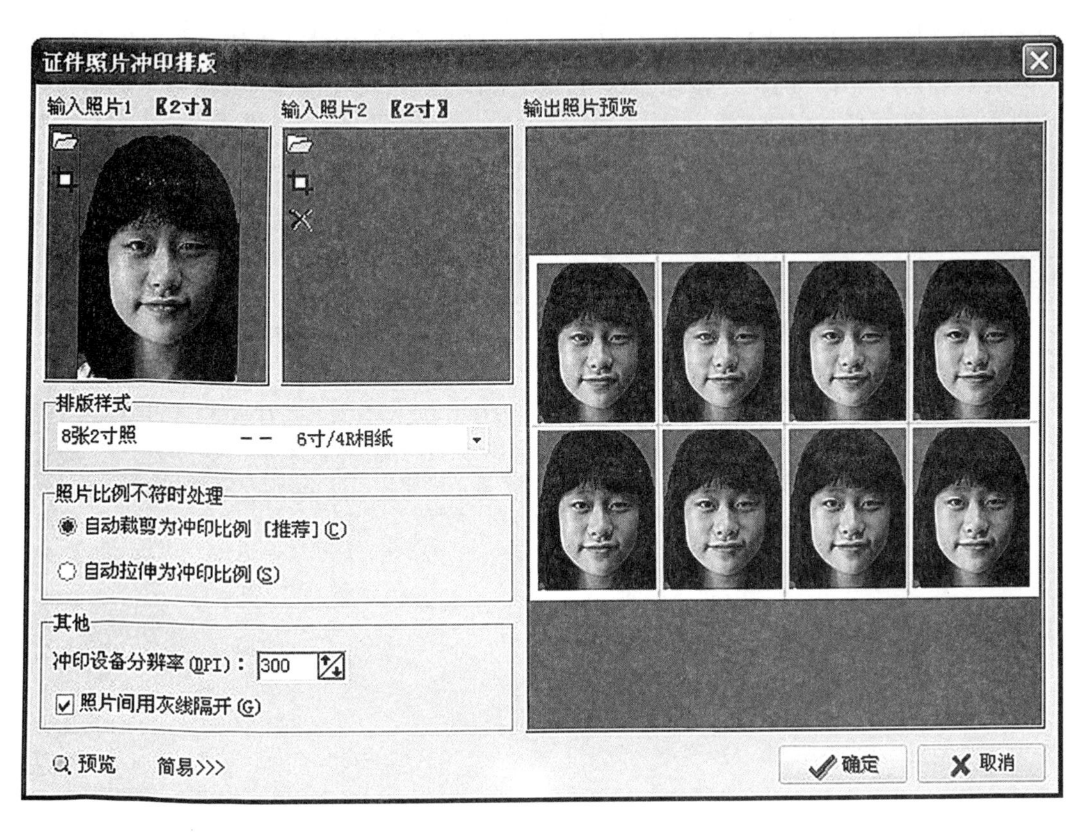

图 7.5.13　给证件照排版

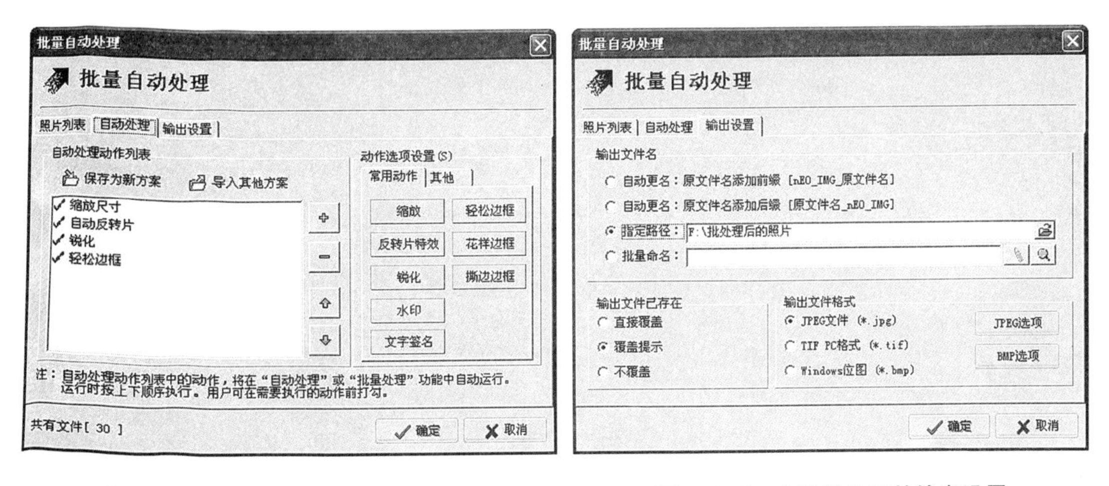

图 7.5.14　自动批处理的动作设置　　　　图 7.5.15　自动批处理的输出设置

3. 输出设置

单击“输出设置”，对该批次的照片在自动处理后进行输出文件的位置和格式进行设定。如图 7.5.15 所示，在“输出文件名”中选择“指定路径”，指定输出到您已经创建用于存放批处理后照片的文件夹。然后，将所拍摄的 RAW 图片格式统一转换成 JPEG 格式，在“输出文件格式”一项选择“JPEG 文件”。接着，在“JPEG 选项”中，对输出文件的质量和大小进行限定。例如，可以限制该批次输出文件的大小均不超过300 K。最后，单击“确定”按钮。这时，会弹出“高级批处理”对话框显示自动批处理过程的信息，直至完成。

❖**提示：**在自动处理后指定输出文件时一定要创建一个新文件夹，原始文件保持不变，存档备查。

复习思考题

1. 为什么要对文件进行压缩处理呢？怎样利用文件压缩软件对文件进行解压缩呢？除了对文件进行解压缩外，WinRAR 还有什么功能吗？
2. 用 QQ 影音抓取一幅视频画面并保存到 Evernote 作为新笔记的操作过程是什么吗？利用视频和音频素材，制作一个自己的 MTV 作品，并用光盘刻录出来。制作完成后，请写出操作步骤。
3. 用摄像头给自己拍照（正对镜头，背景干净），并将获取的照片通过光影魔术手软件制作成身份证的证件照。制作完成后，请写出操作步骤。

参 考 文 献

［1］叶惠文，杜炫杰．大学计算机应用基础．北京：高等教育出版社，2010.

［2］张彩霞，崔雪炜．计算机应用基础与案例教程．北京：北京师范大学出版社，2008.

［3］汪卫星，左德伟，薛涛．计算机应用基础．长春：吉林大学出版社，2010.

［4］赵浩婕，张珊靓．计算机网络技术基础．长春：吉林大学出版社，2010.

［5］李忠信．计算机应用基础．北京：人民邮电出版社，2009.

［6］教育部考试中心．全国计算机等级考试一级 B 教程．北京：高等教育出版社，2008.

［7］姜丹，万春旭，张飏．计算机应用案例教程．北京：北京大学出版社，2007.

［8］罗克露，等．计算机组成原理．北京：电子工业出版社，2006.

［9］陈文斌，陈培军．计算机应用基础实训教程．长春：东北师范大学出版社，2011.

［10］张斌．黑客与反黑客．北京：北京邮电大学出版社，2004.

［11］高鹰，程安运．计算机应用初级教程：Windows XP + Office 2003 版．广州：中山大学出版社，2007.

［12］高鹰，邬家炜．计算机应用初级基础实验：Windows XP + Office 2003 版．广州：中山大学出版社，2007.

［13］苑鸿骥，黄学光，陈强，等．计算机公共基础．北京：清华大学出版社，2004.

［14］孙文力，万春旭，刘红梅，等．计算机应用基础案例教程．2 版．北京：北京大学出版社，2011.

［15］王顺利，张云云，梁政，等．计算机应用基础．北京：北京交通大学出版社，2010.

［16］肖金秀．新编计算机应用基础．北京：冶金工业出版社，2010.

［17］唐天国，张晓琪．计算机应用基础．北京：中国水利水电出版社，2008.

［18］陈绥阳．计算机应用基础．北京：北京理工大学出版社，2010.

［19］余桥伟，等．计算机应用基础．北京：中国地质大学出版社，2011.